PIONNIERS DE L'ATOME

Du même auteur

L'Aventure atomique, Fayard, 1962.

Les Rivalités atomiques 1939-1966, Fayard, 1967.

Le Complexe atomique, Fayard, 1980.

Bertrand Goldschmidt

Pionniers de l'atome

Stock

CRÉDITS PHOTOGRAPHIQUES HORS-TEXTE

Page 1 : Droits réservés. Page 2 : Keystone. Page 3 : en bas, film la Bataille de l'eau lourde. Page 4 : Droits réservés. Page 5 : Lawrence Berkeley Laboratory. Page 6 : Camera Press, Keystone, UKAEA Photographic Library, Keystone. Page 7 : Photo France-Illustration, Otto et Pirou. Page 8 : Droits réservés.

Avant-Propos

Abandonner à l'âge de quarante ans une carrière scientifique bien établie à cause d'un traité international qui n'a jamais vu le jour, voilà qui paraît peu banal. C'est pourtant ce qui m'est arrivé.

Au début de l'année 1953, j'étais responsable de la chimie au Commissariat à l'énergie atomique (CEA). Un matin, Pierre Guillaumat, l'administrateur général, me demanda, toutes affaires cessantes, de descendre le voir du bureau que j'occupais au dernier étage jusqu'au sien dans un des salons d'apparat du bel hôtel de Clermont, rue de Varenne, siège du CEA.

« Monsieur le spécialiste du plutonium, avez-vous lu le traité de la Communauté européenne de défense (CED) ? » me demanda-t-il et, sans me laisser le temps de répondre par la négative, il ajouta : « Moi non plus et nous avons eu tort ! »

Il avait trouvé sur sa table en arrivant un tract de la CGT expliquant que la mise en application du traité de la CED — objet de controverses violentes dans les partis politiques et dans la presse — aurait pour effet de restreindre notre indépendance nationale dans le domaine de la production du plutonium. Le texte du traité, signé par la France depuis près d'un an, mais non encore ratifié, limitait à cinq cents grammes de plutonium la quantité annuelle que nous pourrions produire en toute liberté. Cela au moment où le CEA venait de se voir octroyer par le Parlement un premier plan quinquennal dont précisément l'objectif principal, la production d'énergie, passait par celle de cinquante kilogrammes de plutonium par an, quantité cent fois supérieure à la limite imposée.

« Puisqu'il s'agit de plutonium, c'est à vous de vous en occuper, reprit Guillaumat, et d'ailleurs, il nous faut au CEA un responsable des relations internationales. Vous avez une femme anglaise, vous aimez voyager, vous connaissez le gotha nucléaire international, je vous confie donc cette nouvelle tâche. » Je suis devenu ainsi progressivement un spécialiste de la politique nucléaire internationale, dont j'ai tenté d'écrire l'histoire par ailleurs [1]. Cette transformation s'est faite aux dépens de mon rôle à la tête de la direction de la chimie que je dus finir par abandonner, après une vingtaine d'années de vie professionnelle bouleversée par la guerre et rendue passionnante par ma participation aux recherches des débuts de l'ère atomique.

Ce livre est le récit de cette carrière scientifique de 1930 à 1953 dans le contexte de l'histoire politique et technique de l'uranium, du radium, et des premiers travaux qui ont mené d'abord à l'arme atomique, puis à la production d'électricité d'origine nucléaire. Il est particulièrement axé sur la période de la guerre, car c'est entre 1939 et 1945 que presque tout fut découvert, engagé et décidé pour l'avenir de l'énergie atomique. Il s'agit d'un témoignage personnel, mais s'appuyant pour cette période sur des documents officiels aujourd'hui sortis du secret et accessibles au public dans les archives nationales américaines, britanniques et canadiennes. J'ai tenu non seulement à consulter ces documents inédits en France, mais aussi à en obtenir une collection complète pour les archives du CEA dont ils constituent la préhistoire immédiate.

L'étude de ces documents relatifs aux problèmes politiques posés par la présence des Français dans l'entreprise atomique alliée pendant la guerre, et mentionnés dans les ouvrages fondamentaux d'historiographes [2] sur ce sujet, a été une véritable révélation pour moi en raison de la violence des réactions — je dirais même des passions — soulevées par notre participation.

Il est tout à fait extraordinaire pour quelqu'un présent alors dans cette affaire, à un niveau peu élevé de la hiérarchie scientifique, de voir dans quels termes exacts cette participation a été discutée à la Maison-Blanche ou à Downing Street, ou d'apprendre, en le voyant noir sur blanc, que l'on avait envisagé de nous interner pendant plusieurs mois jusqu'à la fin de la guerre, ou enfin de lire le compte rendu d'une réunion où l'on discutait ce que j'avais en tête — c'est-à-dire les données secrètes

1. *Le Complexe atomique*, Fayard, 1980.

2. Richard Hewlett et Oscar Anderson, *The New World, 1939-1946*, The Pennsylvania State University Press, 1962. Margaret Gowing, *Dossier secret des relations atomiques entre Alliés (1939-1945)*, Plon, 1965. Spencer Weart, *La Grande Aventure des atomistes français*, Fayard, 1980.

que j'aurais pu acquérir au cours de tel stage ou de telle visite.

Grâce à ces documents, quelque trois mille pages photocopiées, comprenant souvent des brouillons ou des projets successifs d'un même rapport ou d'un même télégramme, et aussi des journaux privés tenus au jour le jour par des acteurs importants de cette aventure, j'ai pu suivre ce qui se passait à l'échelon des chefs de projet, des ministres concernés, et quelquefois même de Churchill et de Roosevelt, et connaître l'enchaînement d'événements que j'ignorais à l'époque tout en en subissant les conséquences proches ou lointaines en laboratoire.

J'ai pu ainsi revivre toute cette période de ma participation au projet atomique anglo-canadien avec deux clefs, celle de mes souvenirs et celle des écrits officiels couvrant parfois les mêmes événements ou problèmes du point de vue des trois différentes capitales impliquées.

Je souhaite que les pages qui vont suivre apportent une contribution à la saga de l'uranium, à l'histoire du secret atomique, à celle des relations entre les Alliés dans ce domaine capital durant la guerre et enfin, en l'absence du livre blanc officiel envisagé en 1946 mais jamais rédigé, à ce que l'on pourrait appeler, non sans prétention, le rôle joué par les « Français nucléaires libres » pendant la guerre et après celle-ci dans les débuts du CEA.

Première Partie

Les pionniers

1

De l'école au laboratoire

Les aléas du destin

Ma carrière s'est décidée un matin de juin 1933, quelques semaines avant les examens de troisième année et de sortie de l'École de physique et de chimie. Le surveillant général, M. Leducq, vint vers moi dans la cour. Il avait proposé mon nom au directeur de l'École, Paul Langevin, pour un poste qui ne se refuse pas : préparateur de Mme Curie à l'Institut du radium.

Leducq était une personnalité. Il tenait les promotions d'une main ferme, rendue plus nécessaire par un certain éloignement de Langevin des problèmes de la vie quotidienne de l'école. Il s'intéressait aux élèves et à leur avenir. Toujours très amical avec moi, il limitait à une plaisanterie ses menaces de sanction quand j'avais été mêlé à un chahut : « ... Si vous recommencez, Bertrand, je vous enverrai à l'école d'en face... » Il s'agissait de l'École rabbinique de France, située juste de l'autre côté de la rue Vauquelin.

Notre école, pas celle d'en face, était célèbre. Elle avait abrité le hangar délabré où Pierre et Marie Curie avaient découvert le radium à la fin du siècle dernier, ouvrant ainsi la porte à l'étude de l'atome et à l'alchimie moderne.

En août 1932, Marie Curie avait été bouleversée par la mort accidentelle dans une rivière de l'Ardèche de son préparateur, également ancien de l'École, François Reymond, passionné par la nature et le sport. « Une si belle jeunesse, tant de grâce, de noblesse, de charme, et des dons intellectuels aussi remarquables — tout cela disparu pour un méchant bain d'eau froide », écrivit-elle au sujet de ce drame navrant. C'était pour remplacer ce collaborateur qu'elle s'était adressée à Langevin. Connaissant mon intention de me consacrer à la recherche, Leducq avait suggéré mon nom.

La vie se présente ainsi comme un puzzle tridimensionnel où les événements ne s'emboîtent l'un dans l'autre que si le facteur temps s'y prête exactement. Il en est de même du destin des peuples et des civilisations. Cet accident tragique allait donc modifier complètement le cours de ma carrière comme devait le faire près de dix ans plus tard la conjonction de la découverte de la fission de l'uranium et du début de la Seconde Guerre mondiale.

Le passage de l'École de physique et de chimie à l'Institut du radium n'avait rien d'exceptionnel. Bien d'autres l'avaient pratiqué avant moi. Les Curie puis Mme Curie, devenue veuve, s'étaient entourés d'anciens élèves de l'Ecole. Leurs liens avec celle-ci s'étendaient bien au-delà du célèbre hangar.

J'allais passer les neuf années précédant la guerre dans l'un ou l'autre de ces deux établissements séparés au Quartier latin par quelque cinq cents mètres de l'étroite rue Lhomond, par laquelle était arrivé, en 1898, le camion à cheval chargé de sacs de minerai de Bohême d'où allait être extrait le premier décigramme de radium.

La fondation de cette école d'ingénieurs était une conséquence de la défaite de 1870. La perte de l'Alsace-Lorraine avait aussi entraîné pour la France l'abandon de sa seule bonne école de chimie, celle de Mulhouse. Deux de ses anciens professeurs, Charles Lauth et Paul Schutzemberger, cherchèrent à convaincre les pouvoirs publics de créer une grande école de chimie industrielle, domaine où l'Allemagne jouissait d'une suprématie inquiétante. La Ville de Paris releva le défi et son conseil municipal fonda en 1882 l'établissement proposé en élargissant ses attributions à la physique industrielle, suivant un pressentiment heureux du lien appelé à se renforcer entre ces deux disciplines.

L'originalité de cette école municipale, réservée en principe aux Parisiens et gratuite pour ceux-ci, était qu'il était possible d'y accéder — par concours — dès l'âge de seize ans avec ou sans baccalauréat ainsi que la priorité donnée aux travaux de laboratoire. Tout l'après-midi leur était consacré, en complément des cours du matin. Les études duraient trois ans avec spécialisation à mi-parcours vers la chimie ou la physique.

Pierre Curie en parla avec éloge et reconnaissance en 1905 dans une conférence à la Sorbonne : « Les professeurs de l'École, les élèves qui en sortent constituent un milieu bienfaisant et productif qui m'a été très utile. C'est parmi les anciens élèves de l'École que nous avons trouvé nos collaborateurs et nos amis et je suis heureux de pouvoir ici les remercier tous. » Deux des élèves des premières promotions, André Debierne, un collaborateur de la première heure, et Paul Langevin, tinrent une place spéciale dans la vie de Marie Curie, veuve dès 1906 après la tragique mort accidentelle de Pierre Curie.

Paul Langevin, né en 1872, fut un des grands physiciens français de la première moitié du XXe siècle. Ayant fait Normale supérieure après Physique et Chimie, il fut un spécialiste du magnétisme, des ultrasons et de la relativité. La célèbre formule $E = MC^2$ lui est autant redevable qu'à Einstein. Il consacra en partie les quarante dernières années de sa vie à l'École de physique et de chimie dont il fut, de 1906 à 1946, successivement directeur des études, puis directeur.

C'est par lui que le scandale arriva pour Marie Curie. Le drame éclata dans la presse le 4 novembre 1911, trois jours avant l'annonce de l'attribution d'un second prix Nobel à la célèbre savante. Les deux physiciens se trouvaient à Bruxelles au Congrès Solvay, sans doute la plus brillante réunion scientifique de tous les temps par la qualité de ses deux douzaines de participants. Pendant deux semaines les journaux parisiens à grand tirage ou à sensation étalèrent en première page des « révélations » vraies ou inventées sur la liaison des deux savants, allant jusqu'à publier en fac-similé des lettres de Marie Curie à Langevin trouvées par l'épouse de ce dernier. Langevin provoqua et rencontra en duel le directeur de la feuille ayant publié cette correspondance. Ce dernier refusa de tirer et le physicien en fit autant.

Mon oncle, Robert Goldschmidt, pionnier belge de la télégraphie sans fil, était avec les physiciens français Maurice de Broglie et anglais Frederick Lindemann l'un des trois secrétaires du Congrès Solvay de 1911. (Ils sont debout sur la photo de la célèbre réunion où Marie Curie est assise à côté du mathématicien français Henri Poincaré devant Albert Einstein et Paul Langevin.) Mon oncle m'a souvent raconté l'émotion de la communauté scientifique devant ce drame qui allait longtemps marquer ses deux protagonistes. Ceux-ci n'étaient plus de ce monde quand, une quarantaine d'années plus tard, leurs petits-enfants Hélène Joliot-Curie et Michel Langevin se marièrent.

Ce n'est pourtant pas par mon oncle que j'ai entendu parler pour la première fois des mérites de l'École de physique et de chimie mais par un professeur de lycée rencontré en vacances. Le moment était bien venu, car mon frère, de cinq ans mon aîné, qui venait d'obtenir, deux années de suite, un accessit de mathématiques au concours général, était prédestiné à l'École polytechnique. Par contre, mon père avait déjà décidé que mes chances de jamais porter le bicorne glorieux étaient minimes. Mon frère entra à l'X, mais seulement à son deuxième concours. La tension familiale causée par son premier échec acheva de m'ôter toute velléité de suivre son exemple.

Heureusement un penchant assez banal pour manipuler en appartement les quelques produits chimiques disponibles chez le marchand de couleurs du voisinage m'avait valu en famille la réputation d'avoir une vocation de chimiste, cela malgré les trous dans mes vêtements et les dégâts aux cuvettes de lavabos, principaux résultats de mes expériences.

En raison d'un livret scolaire où le « Pourrait faire mieux » l'emportait sur tout autre éloge, mon père, qui suivait de près et avec sévérité nos études, décida de me retirer de Janson-de-Sailly pour me faire effectuer au collège Chaptal la préparation de la seconde partie du baccalauréat. Il me rendit un grand service, car je me trouvais dans un milieu stimulant de camarades très motivés dont les parents se privaient pour leurs études. L'année suivante, à dix-sept ans, je fis la préparation à Physique et Chimie dans une classe spécialisée qui n'existait alors qu'à Chaptal et dans quatre ou cinq collèges de la Ville de Paris.

En 1930, l'année du centenaire de la conquête de l'Algérie, je fis partie d'un groupe de quelque cent cinquante « bons » élèves des classes préparatoires parisiennes aux écoles d'ingénieurs, invités à visiter Alger et ses environs. Mes souvenirs de ce premier voyage hors d'Europe sont bien épars : logement au grand lycée d'Alger, oranges en quantité illimitée, rues étroites de la Casbah, singes de la vallée de Blida, et danse du ventre à Bou-Saâda organisée par la garnison. On ne chercha en aucune façon à nous représenter les bienfaits de la colonisation, cela allait de soi.

Le concours d'entrée à l'École eut lieu trois mois plus tard. Je fus reçu premier, mais il n'y avait jamais eu aussi peu de candidats, à peine plus de soixante pour une bonne trentaine de places. Avec les démissions, même le quarantième fut admis.

Mon père m'avait convaincu de faire, en même temps que les trois ans d'École, ma licence en droit, les connaissances juridiques étant, selon lui, indispensables à un ingénieur pour gravir les échelons élevés dans l'industrie. Il avait raison, mais mon succès à l'entrée me permit d'y échapper en m'encourageant à me diriger vers une carrière universitaire et je fis à la place ma licence ès sciences.

N'étant resté major qu'un semestre, mes tâches de représentant de ma promotion furent limitées à quelques corvées plaisantes, comme l'accueil à la gare Saint-Lazare de l'ancien élève de l'École, le plus illustre à l'époque — tout au moins dans la presse et le public —, Georges Claude, l'homme de l'air liquide. Il revenait triomphalement de Cuba ; il y avait réalisé la première expérience de récupération de l'énergie des mers. Encore un des brillants espoirs d'énergie nouvelle qui n'a pas, à ce jour, tenu ses promesses !

Mes trois années d'École furent des années heureuses et passèrent rapidement. Aucune hésitation sur le choix entre la physique et la chimie. La première de ces deux disciplines me paraissait trop difficile et au-delà de mes capacités en mathématiques.

Les laboratoires de chimie, vieux et délabrés, remontaient à la fondation de l'École et allaient être bientôt démolis et remplacés. Celui de chimie minérale avait notre préférence, car il donnait sur la rue Lhomond et une petite place où il y avait, en face, un grand bâtiment : le Concordia — il y est toujours —, maison d'accueil de jeunes étudiantes, source de distraction et de charme.

Le fameux hangar des Curie avait disparu depuis longtemps, mais il restait à l'École l'un des trois auteurs de la découverte du radium : Gustave Bémont, un vieil homme chauve, avec des yeux clairs et une barbe blanche en pointe. Langevin lui avait laissé, après sa retraite, un coin du laboratoire de chimie minérale où il avait régné en maître de 1887 à 1927 ; il y faisait tout seul, en grommelant, des expériences dont nous n'étions pas sûrs qu'il en sût la finalité. Il était le seul chimiste expérimenté de l'équipe initiale de la découverte de 1898 ; il était alors chef de travaux de chimie, comme Pierre Curie l'était pour la physique.

Il avait apporté à Pierre et Marie Curie une « aide passagère », selon les termes mêmes de Mme Curie. Personne ne sait aujourd'hui pourquoi cette collaboration fut si courte et apporta si peu de gloire à son auteur. Certes, il était modeste, mais aussi bourru et avec une brusquerie voulue. Les quarante promotions de chimistes qu'il avait formées parlaient avec crainte et respect de Bichro, surnom peut-être lié à une ancienne coloration rousse de sa barbe, couleur de bichromate. Il avait largement contribué à la réussite de l'objectif de l'École : l'enseignement des sciences expérimentales grâce au laboratoire, par le contact avec la réalité.

Je fus l'un des rares de ma promotion à avoir eu affaire à lui et dans des conditions qui n'étaient pas à mon avantage. Il s'agissait d'une filtration, qui n'en finissait pas, d'un précipité noir et fin de sulfure de plomb. Irrité par la lenteur de l'opération et par les sarcasmes d'un de mes camarades sur la façon dont je m'y étais pris, je lui lançai le filtre et son contenu en pleine figure. Blouse et chemise furent irrémédiablement tachées, mais surtout le produit noir répandu sur son visage était récalcitrant à mes tentatives de nettoyage physique ou chimique. Il se faisait tard et ma victime et moi étions restés les derniers au laboratoire. A notre étonnement, Bichro, sorti de son coin, vint vers nous et presque sans un mot sauf un grognement de désapprobation, prépara une concoction à base de savon, l'appliqua calmement sur la figure et les cheveux noircis, qui reprirent enfin un aspect normal. Il mourut l'année suivante en 1932 des suites d'une opération.

Manipuler — ou comme nous le disions dans notre argot « gadouiller » — était pour moi un plaisir : faire naître un solide — un précipité — d'un mélange de deux liquides, faire apparaître des cristaux par évaporation d'une solution, séparer deux liquides en les distillant, purifier un composé ou réussir une analyse.

Je fus vite séduit par la chimie organique, l'étonnante diversité des composés, l'éclat de leurs couleurs, la finesse de leurs cristaux, la variété de leurs odeurs, si tenaces que souvent elles me suivaient le soir à la maison ; le monde extraordinaire de la synthèse organique, ses vastes horizons tournés vers l'industrie des colorants, des parfums, de la médecine et, de plus en plus, vers la compréhension des mécanismes biologiques.

Notre professeur de chimie organique, Charles Dufraisse, accepta de m'accueillir à la sortie de l'École pour faire ma thèse de doctorat dans son laboratoire du Collège de France. Il y étudiait une famille de composés susceptibles d'absorber et de rejeter l'oxygène comme l'hémoglobine et pouvant être envisagés comme substituts à ce composé vital.

L'entrevue

Mon flirt avec la chimie organique fut de courte durée et ne résista pas à la proposition de Langevin de devenir le préparateur de Mme Curie. Mes connaissances de la radioactivité et des théories nouvelles sur la constitution de la matière étaient des plus élémentaires. Ce domaine, plus proche de la physique que de la chimie, était assez éloigné de mes goûts scientifiques, mais pas un instant l'idée ne me vint de refuser l'offre de travailler pour la femme la plus illustre de l'époque.

J'avais d'ailleurs plusieurs fois assisté, en fin de journée, parfois accompagné d'une petite amie que je tenais à impressionner, au cours de Mme Curie dans l'amphithéâtre de l'Institut du radium, attiré, comme d'autres curieux, plus par la célébrité du professeur que par la matière enseignée.

L'Institut du radium était une entreprise commune, fondée en 1910 par l'Institut Pasteur, organisme financé sur fonds privés, et l'Université de Paris. Il allait comprendre deux parties distinctes, un laboratoire de radioactivité dépendant de la Sorbonne, et placé sous la direction de Mme Curie, et un laboratoire de recherches biologiques et de curiethérapie relevant de l'Institut Pasteur et dirigé par le Pr Claudius Regaud, cancérologue spécialisé dans la thérapeutique par rayonnements.

La construction, qui dura trois ans, fut achevée en 1914 à la veille de la Première Guerre mondiale. Elle se fit à fonds communs, chacune des deux institutions fournissant quatre cent mille francs-or, c'est-à-dire au total à peine plus que le prix à l'époque (sept cent cinquante mille francs-or) d'un gramme de radium, quantité que Mme Curie avait isolée et dont elle donna l'usage à son laboratoire, avant de le lui léguer.

L'Institut du radium fut érigé sur un vaste terrain proche de l'École normale ayant appartenu à la congrégation des Dames de Saint-Michel. Au cours des années vingt, ce site deviendra une véritable cité scientifique avec l'hôpital Curie, l'Institut de chimie de Paris, l'Institut de chimie physique de Jean Perrin et l'Institut de biologie physico-chimique fondé par Edmond de Rothschild.

J'étais terriblement intimidé, ce matin de juin 1933, quand je franchis pour la première fois le perron du laboratoire Curie. Mon entrevue se fit en deux temps. Je fus d'abord accueilli par Frédéric Joliot, le plus connu alors des jeunes physiciens français. Né avec le siècle, ancien élève de Physique et de Chimie, il était entré au laboratoire à la fin de 1924, grâce à Langevin qui lui avait obtenu une des rares bourses disponibles alors pour des chercheurs débutants, celles de la fondation Rothschild créée à cet effet en 1921. Il avait, deux ans plus tard, épousé Irène Curie, l'aînée des deux filles du célèbre ménage, qui avait choisi la carrière de ses parents.

Joliot était le dernier de six enfants d'une famille bourgeoise pas très aisée. Son père, courtier en cotonnades, avait participé à la Commune et s'était exilé jusqu'à l'amnistie de 1879. Sa mère était originaire d'une famille protestante d'Alsace. Il avait fait ses études au lycée Lakanal et était entré à Physique et Chimie à son deuxième concours en 1920. Il était extrêmement brillant et séduisant, sa belle figure et son profil fin reflétaient son intelligence. Il représentait, pour le débutant que j'étais, un modèle de réussite. Sa femme et lui venaient, à deux reprises, de contribuer par des travaux expérimentaux de grande classe à la découverte de deux particules fondamentales de la matière : l'électron positif et le neutron. Cependant ils n'avaient pas pu, ni dans un cas ni dans l'autre, trouver la bonne explication du phénomène observé. La gloire de la découverte et le prix Nobel avaient échu respectivement aux deux physiciens qui avaient résolu l'énigme : l'Américain Carl Anderson pour le positron et l'Anglais James Chadwick pour le neutron.

Joliot m'expliqua ses débuts au laboratoire, comme préparateur de la « patronne », si intimidante au premier abord, mais finalement compréhensive et humaine.

Quelques minutes plus tard, Mme Curie m'accueillait dans la petite pièce de chimie attenante à son bureau ; elle y travaillait debout, vêtue de noir — elle était la seule dans son laboratoire à porter ainsi une blouse sombre. Avec ses cheveux blancs, son regard un peu figé des opérés de la cataracte, son visage ridé et usé, elle me parut petite et frêle et nettement plus âgée que ses soixante-cinq ans. D'une voix douce, avec un léger accent slave, elle me dit : « Vous serez mon esclave pendant un an, ensuite vous commencerez une thèse sous ma direction, à moins que je ne vous envoie vous spécialiser dans un laboratoire étranger. »

Elle précisa ce dernier point. Elle voulait, me dit-elle, obtenir une valeur plus exacte pour la masse atomique du radium en faisant effectuer cette mesure sur une quantité relativement importante de deux ou trois grammes. Le meilleur laboratoire pour un tel travail, difficile et minutieux, très peu mon genre pensai-je, se trouvait en Allemagne sous la direction du Pr Hönigschmid. D'ici un ou deux ans, ajouta-t-elle, l'antisémitisme se sera sans doute considérablement atténué, car Adolf Hitler y ayant eu recours comme tremplin pour arriver au pouvoir — il était chancelier du Reich depuis le début de l'année — n'en aurait plus besoin.

Même un grand esprit comme celui de Marie Curie, qui avait souffert en Pologne durant sa jeunesse de l'oppression russe et avait plus tard subi douloureusement l'intolérance de ses contemporains, se trompait sur la vraie nature de l'antisémitisme du dictateur nazi.

Malheureusement je ne pouvais commencer à travailler tout de suite au laboratoire; car je devais d'abord effectuer, à partir du mois d'octobre, mon année de service militaire. Mme Curie émit le souhait que je puisse le faire à Paris et ainsi de temps à autre passer une journée au laboratoire. Au début de 1934, je pus quelquefois le samedi effectuer avec elle mes premiers pas dans la chimie radioactive. Elle m'enseigna la technique de la cristallisation fractionnée, grâce à laquelle elle avait séparé le radium du baryum à partir de cristaux mixtes de bromure des deux éléments.

La cristallisation fractionnée est un moyen de séparer deux éléments dont les propriétés sont si voisines que les méthodes chimiques classiques ne peuvent s'appliquer. L'évaporation d'une solution de leurs sels donne naissance à des cristaux mixtes, toutefois la proportion des deux éléments dans ces cristaux est différente de celle de la solution mère, d'où une possibilité de les séparer l'un de l'autre par des opérations successives. Il en est ainsi du baryum et du radium dont la cristallisation du bromure des deux éléments permet de concentrer le radium par rapport à la composition de la solution de départ.

Pendant un tiers de siècle les procédés de cristallisation ou de précipitation fractionnées avaient permis à Marie Curie de découvrir plusieurs autres radioéléments naturels ; ils représentaient une ligne de travail directrice, simple et fructueuse. Avec son bon sens et son obstination caractéristiques, elle ne s'en était jamais départie et l'avait inculquée à ses collaborateurs et à son laboratoire. J'étais loin de me douter que de tels procédés de séparation par fractionnements successifs marqueraient aussi la plupart de mes travaux dans les dix à quinze années à venir.

Au début de 1934, Mme Curie eut une grande joie : celle de voir ses deux élèves préférés, son gendre et sa fille, révolutionner la physique moderne par la découverte de la radioactivité artificielle. La porte venait d'être ouverte à la création de nombreux radioéléments nouveaux, sortes de jumeaux, dits isotopes, plus ou moins instables, des éléments connus. L'alchimie, rêve des savants du Moyen Âge, était enfin à la portée de l'homme.

Le service militaire me priva de participer à l'enthousiasme suscité au laboratoire Curie par la découverte sensationnelle de la radioactivité artificielle, la plus importante jamais réalisée à l'Institut du radium depuis sa fondation.

La préparation militaire supérieure (PMS), suivie d'un concours donnant accès aux écoles d'élèves officiers, était obligatoire à Physique et Chimie. Mais la plupart d'entre nous préférions une autre solution conditionnée préalablement par un échec à l'épreuve de la PMS : trois mois de classes comme simple soldat au fort d'Aubervilliers dans la banlieue parisienne suivies d'un concours de chimie militaire. Selon notre rang à ce concours, nous étions affectés pour le reste du service en tant que « chimistes de laboratoire » à un certain nombre de laboratoires civils parisiens dirigés par des professeurs travaillant ou ayant travaillé pour la défense nationale.

Ce dernier concours était truqué, car les directeurs des instituts concernés communiquaient à l'avance au ministère de la Guerre leur choix parmi les candidats à la suite des visites que ceux-ci leur avaient rendues. De ce fait, le rang de chacun de nous dans cette épreuve était décidé d'avance, c'était le rang de notre futur patron sur la liste des professeurs classés par ordre d'importance.

Pour ma part, l'affaire faillit tourner mal. Dans mon désir de rester près du laboratoire Curie pendant mon service, j'avais poussé trop loin mes efforts pour être assuré de ne pas être reçu à la PMS. Sur quelque neuf cents candidats pour trois cents places, je me trouvais troisième avant-dernier pour toute la France. Or, à mon insu, un oncle, colonel en retraite et ami du général Maurin, ministre de la Guerre, m'avait recommandé à celui-ci pour le concours de la PMS. Furieux de ma contre-performance et jugeant que je m'étais moqué de l'armée, le ministre menaça de m'envoyer dans un régiment de l'Est. Il fallut une nouvelle intervention, cette fois d'un conseiller d'État de nos amis, pour m'épargner cette punition et me permettre de rejoindre mes camarades à Aubervilliers. Je passai ensuite environ neuf mois au laboratoire du Pr Damiens à la faculté de pharmacie et m'y familiarisai avec la délicate chimie du fluor.

Nous étions ainsi une trentaine de chimistes militaires répartis dans la capitale. En principe, nous devions loger à la caserne de l'infanterie coloniale, boulevard du Port-Royal, mais une boîte de cigares offerte à l'adjudant de semaine nous en dispensait. Une exception : lors de l'émeute du 6 février 1934, liée au scandale Stavisky, où la police dut tirer sur la foule des manifestants, rassemblée place de la Concorde, pour l'empêcher de franchir le pont et de s'emparer de la Chambre des députés, toutes les troupes de la garnison de Paris furent consignées.

A Pâques de cette même année 1934, Mme Curie tomba malade. Elle devait décéder le 4 juillet dans un sanatorium de Savoie, minée et anémiée par des années de travail acharné sans précautions suffisantes contre les radiations. Très bouleversé de n'avoir pu travailler longtemps avec elle, je n'envisageai pas un instant de renoncer à entrer à l'Institut du radium.

Début août, Joliot m'écrivit pour me faire savoir qu'il était très probable qu'André Debierne prendrait la direction du laboratoire et que celui-ci était prévenu de ma situation. Il ajoutait : « Au cas où il désirerait que je me charge de vous pour un travail, j'ai un sujet pour vous, mais il est possible qu'il vous engage dans un travail qu'il dirigerait. »

Le 1er octobre 1934, peu avant mes vingt-deux ans, j'étais rendu à la vie civile avec un beau certificat de bonne conduite et le grade de brigadier de réserve au 22e bataillon d'ouvriers d'artillerie.

Le choix d'un patron

Arrivé au laboratoire avant la nomination du successeur de Marie Curie, je fus d'abord chargé de coller des étiquettes sur les vieux flacons de réactifs de l'armoire de la salle commune de chimie. Puis on me confia l'émouvante tâche de faire un premier classement des documents et papiers personnels de la patronne laissés dans la grande pièce qui lui servait de bureau. « C'est vous qui l'avez la moins connue, c'est à vous que ce sera le moins pénible. »

Je dus d'abord me livrer à un travail de détective, car chaque tiroir était fermé à clef, et celle-ci se trouvait dans un autre tiroir ou classeur fermé à son tour. J'appris qu'elle avait, chaque année, proposé sans succès au comité Nobel, pour le prix de physique, Paul Langevin et le physicien français Pierre Weiss pour leurs travaux sur le magnétisme. Sa correspondance reflétait sa persévérance et son refus de la célébrité. Il faut à ce propos rappeler le mot d'Einstein qu'Ève Curie cite dans l'introduction du beau livre qu'elle a écrit sur sa mère en 1938 : « Mme Curie est, de tous les êtres célèbres, le seul que la gloire n'ait pas corrompu. »

La nomination d'André Debierne à la tête du laboratoire se faisant attendre, Joliot me proposa de travailler pour lui, mais sans salaire, dans un premier temps au moins. L'offre était tentante et, si je l'avais acceptée, j'aurais sans doute pris part aux travaux préparatoires à la découverte clef de l'énergie atomique, celle de la fission de l'uranium. Mais mon père, qui était mort soudainement au début de cette année 1934, m'avait mis en garde contre l'acceptation à mes débuts d'un travail de recherche non payé, car il jugeait que cela me donnerait un statut d'amateur.

Presque sûr d'être prix Nobel cette année-là ou en tout cas l'année suivante, Joliot, à trente-quatre ans, ne me donnait pas tout à fait l'impression d'être un patron sûr de son avenir et, derrière sa réussite, se cachait un certain manque de confiance en lui-même. Ce trait me fut révélé dans notre première longue conversation après mon admission au laboratoire. Après m'avoir donné d'une façon presque affectueuse toute une série de conseils utiles pour ma future carrière de chercheur, il conclut en me souhaitant, plus que tout, d'être populaire parmi mes collègues, car, ajouta-t-il : « Moi, on me déteste. »

Il avait sûrement eu des débuts difficiles à l'Institut du radium. Mme Curie l'avait obligé à passer rapidement son baccalauréat puis sa licence ès sciences. Plus tard, au début de son mariage avec la fille de la patronne, de deux années son aînée, aussi distante en apparence et silencieuse qu'il était chaleureux et volubile, sa belle-mère le présentait comme « le jeune homme qui a épousé Irène ». Son mariage avait sûrement été critiqué par ceux-là mêmes qui plus tard seraient jaloux des succès scientifiques du jeune couple. Il s'était senti longtemps un intrus dans le milieu universitaire libéral et assez fermé où évoluait Marie Curie et où le diplôme de normalien et souvent des liens de parenté étaient le meilleur passeport. Joliot, après la guerre, chargé de fonctions et d'honneurs, disait encore avec de la rancœur dans la voix : « ... Et quand il venait au laboratoire des visiteurs étrangers illustres, on ne me présentait même pas et j'étais déjà marié à Irène. »

Joliot en avait certainement souffert, et il lui en était resté un besoin de sympathie et de chaleur humaine, une nécessité d'être entouré de collaborateurs et d'amis lui étant profondément attachés. Plus tard, dans ses activités politiques, il avait une satisfaction intense à être approuvé et suivi par une foule de partisans enthousiastes. Sous cet aspect, il était l'antithèse de Marie Curie avec son mépris du qu'en dira-t-on, sa timidité, sa phobie des foules et sa difficulté à supporter la gloire.

De ce même point de vue, Debierne était par contre très proche de celle auprès de qui il avait passé toute sa carrière scientifique. Il était d'une modestie poussée à l'excès, timide et renfermé. Dès 1899, à l'âge de vingt-cinq ans, il avait pris auprès des Curie la place de chimiste que Bémont n'avait sans doute pas pu ou voulu garder. Parlant de Debierne, Marie Curie avait écrit : « Il fit la découverte de cet élément nommé actinium. Bien que travaillant au laboratoire de chimie-physique de la Sorbonne dirigé par Jean Perrin, il venait nous voir fréquemment dans notre hangar et devint bientôt un ami très proche pour nous, pour le Dr Curie (son beau-père) et plus tard pour nos enfants. » Il sera le parrain d'Ève née en 1904. Resté célibataire, il sera un des très rares intimes à fréquenter le foyer en deuil après 1906. Il continuera à travailler avec Marie Curie, et ils prépareront ensemble en 1910 le premier échantillon de radium métallique. Au retour de la guerre qu'il avait accomplie comme simple soldat — il avait conservé au laboratoire sa gamelle marquée de son initiale — il s'était isolé au laboratoire et ses travaux étaient devenus assez mystérieux.

Sitôt nommé à la direction du laboratoire, il me convoqua pour me dire qu'il était décidé à assumer l'engagement pris par Mme Curie à mon égard. J'avais cette fois moins de raisons d'être intimidé. Debierne avait été l'un de mes professeurs à Physique et Chimie et ces quelques semaines d'attente, avant d'être fixé sur mon sort, m'avaient permis d'apprécier l'atmosphère sympathique du laboratoire.

Âgé de soixante ans à cette époque, André Debierne, petit et trapu, les yeux légèrement bridés, chauve avec une barbe en pointe grisonnante, avait toujours été d'une grande courtoisie avec ses très rares collaborateurs. Il pouvait toutefois se mettre dans une grande colère, sa figure et son large cou s'empourpraient alors. C'est ce qui se passait parfois, en ma présence gênée, avec Irène Joliot, sous-directrice du laboratoire, qui signait encore ses communications Irène Curie mais se faisait appeler Joliot-Curie.

Debierne était par contre proche d'Ève, la plus jeune fille des Curie, sa filleule, différente de sa sœur et portée vers les arts. Elle avait alors trente ans, était une pianiste de talent et très liée avec le célèbre dramaturge Henry Bernstein. Je fus ébloui par sa beauté et son élégance la première fois que, venant chercher son parrain, elle était entrée directement dans la petite pièce de chimie où je travaillais, par la porte vitrée donnant sur le jardin.

Debierne me serrait la main plusieurs fois par jour de crainte sans doute de ne pas l'avoir encore fait. Parfois en fin d'après-midi, après m'avoir précisé ses instructions pour les dernières opérations à effectuer ce jour et m'avoir une dernière fois donné la main, il passait dans son bureau attenant et éteignait la lumière de la pièce où je travaillais. Il avait en quelques secondes oublié ma présence.

Les lettres s'accumulaient sur son bureau. Il les ouvrait rarement et j'étais de temps à autre conduit à y mettre un peu d'ordre. Il m'arriva ainsi d'en récupérer une qui n'avait pas été ouverte et que je lui avais laborieusement écrite de Bali au cours des vacances trois mois auparavant. Pour ses rares correspondances, il s'achetait parfois un carnet de timbres auquel il donnait aussi un usage inattendu. Il en détachait en effet les bordures de papier collant blanc et les appliquait avec soin, au lieu de sparadrap, sur ses radiodermites, les plaies ouvertes sur ses doigts provenant de la manipulation passée de sources intenses de radiations.

Debierne n'avait en 1934 qu'un seul collaborateur, Marcel Guillot, pharmacien en chef de l'hôpital Broussais, fin lettré : il préparait une thèse sur le costume chinois à travers les âges, et de surcroît était spécialiste des problèmes d'odorat et de parfums. Tous deux furent de remarquables mentors pour m'initier aux dédales de la chimie des radioéléments descendants de l'uranium.

En 1933, Debierne avait publié la découverte inexpliquée d'un nouvel élément à la fois distinct et voisin du radium, il l'avait nommé néoradium. Je devins le troisième membre de cette équipe à la poursuite de ce mystérieux néoradium tantôt présent, tantôt introuvable après la même longue suite d'opérations de séparation, parmi lesquelles la cristallisation fractionnée, que m'avait enseignée Mme Curie, jouait un rôle important. Il s'agissait en partant de sources assez intenses de radium, par de longs processus, d'en éliminer à la fois le radium et les dernières traces de ses descendants.

Hélas ! ma contribution pour cerner le néoradium et vraiment l'identifier aboutit à le chasser peu à peu. Il fallut se rendre à l'évidence : ce que l'on avait cru découvrir résultait d'une insuffisante élimination de certaines impuretés radioactives connues, en particulier du polonium, un des descendants radioactifs du radium.

La vie du laboratoire

Au début de 1936, Debierne, découragé par le tour que j'avais donné à ses recherches et conscient du fait que je ne croyais pas à sa découverte, à son phénomène, me proposa de commencer à travailler seul et de faire une thèse de doctorat, précisément sur le mécanisme de la cristallisation fractionnée, opération qui venait de lui jouer un tour avec son néoradium, mais qui avait permis, près de quarante ans auparavant, d'isoler le vrai radium.

Trois ans d'expérimentation aboutirent à un long mémoire imprimé sur beau papier glacé, intitulé *Étude du fractionnement par cristallisation mixte à l'aide de radioéléments*. J'en étais très fier alors. Le relisant aujourd'hui, je le trouve bien terne. Mais le fait d'explorer un terrain relativement vierge, d'un intérêt limité (l'un découlant de l'autre), me passionnait. Aucun résultat révolutionnaire, mais un espoir d'améliorer le procédé d'extraction du radium du minerai. Car il s'agissait de mieux comprendre la théorie même de la cristallisation fractionnée, par la mesure précise du coefficient de fractionnement et de ses variations sous l'influence de divers facteurs.

Le travail consistait à faire croître lentement en deux ou trois jours et à température rigoureusement constante un cristal unique d'un sel contenant des traces de radium à partir d'une solution à peine sursaturée. L'opération était suivie d'un nombre important de mesures de radioactivité pour évaluer le comportement du radium dans les différents cas étudiés. L'appareillage nécessitait une surveillance fréquente et j'avais plaisir à retourner souvent, le soir après dîner, au laboratoire pour vérifier la bonne marche de l'opération dans une maison vide et silencieuse.

Ne travaillant plus dans la pièce de chimie attenante au bureau de Debierne, je participais beaucoup plus à la vie du laboratoire dominée par les Joliot, Fred et Irène, comme nous les appelions familièrement. Ils inspiraient et souvent dirigeaient la plupart des recherches en cours. La célébrité de l'Institut du radium attirait des jeunes chercheurs du monde entier, particulièrement d'Europe centrale. Parmi les plus brillants étaient arrivés en fin 1935, Bruno Pontecorvo, un Italien de mon âge plein de charme et tout de suite très populaire, et Hans von Halban, de quelques années plus vieux, un Autrichien ambitieux et sûr de lui. Ils y avaient été précédés de peu par un autre acteur de cette histoire, un Russe émigré, sorte de géant timide, Lew Kowarski, ingénieur chimiste devenu physicien et qui n'avait pas encore fait parler de lui.

On comptait une quinzaine de nationalités différentes parmi cette quarantaine de chercheurs. Un nombre exceptionnel de jeunes femmes s'y trouvaient, attirées par le prestige de Mme Curie, symbole du succès de la lutte pour l'émancipation de la femme. Plusieurs d'entre elles, comme Sonia Cotelle et Marguerite Perey, se disputaient d'ailleurs la gloire d'avoir été la préférée de la patronne.

Il n'y avait guère de distinctions entre Français et étrangers. Parmi ces derniers, certains étaient soutenus financièrement par leur gouvernement, d'autres réfugiés politiques ou décidés à ne pas retourner dans leur pays d'origine étaient dépendants de bourses accordées par des organismes français.

La seule distinction au laboratoire était entre physiciens et chimistes, ceux-ci étant considérés par ceux-là comme étant d'une caste inférieure et condamnés à un rôle d'intendance en particulier pour la préparation des sources sophistiquées de radioéléments nécessaires pour les expériences nobles : celles de physique. J'appartenais à la classe inférieure, mais je n'en ai jamais souffert et je trouvais tout à fait normal de jouer parfois pour les anciens du laboratoire le rôle de préparateur que je ne tenais plus pour Debierne.

Il y avait parmi les chercheurs deux Juifs palestiniens, frère et sœur, Moshé et Malka Feldenkrais. C'était l'époque où la Palestine était sous mandat britannique. Leur situation financière était précaire, mais Moshé était ceinture noire de judo. Pour les aider, il fut décidé de louer une salle de gymnastique et, tous, nous prîmes des leçons de judo, mêlant nos sueurs. J'en fis même avec Irène Joliot. Feldenkrais travailla pour l'Amirauté anglaise pendant la guerre, puis retourna en Israël, devint un spécialiste d'eurythmie, joua un rôle de gourou auprès de Ben Gourion, donna des cours de posture à des troupes d'acteurs comme celle de Peter Brook et acquit une célébrité dans sa nouvelle spécialité.

L'atmosphère du laboratoire était ainsi intime et sympathique et l'on trouvait souvent, sur les marches de l'escalier dans le vestibule d'entrée, de petits groupes discutant de problèmes scientifiques complexes, comme de questions politiques brûlantes. C'était l'époque où, en réaction aux tendances fascistes, concrétisées par la manifestation tragique du 6 février 1934, Langevin avait créé un Comité des intellectuels antifascistes, auquel Joliot s'était rallié.

Je fus même — insigne honneur — invité deux ou trois fois au « Thé Perrin », le lundi en fin d'après-midi, après la séance hebdomadaire de l'Académie des sciences, au laboratoire de chimie-physique voisin. On y trouvait l'élite de la physique avancée française ainsi que des intellectuels d'autres disciplines. Il y avait là aussi deux générations : le maître de cérémonie Jean Perrin, prix Nobel en 1926, et son fils Francis, déjà réputé pour ses premières publications.

Irène Curie et Francis faisaient partie d'un groupe d'enfants de professeurs à la Sorbonne qui, avant la Première Guerre mondiale, avaient été éduqués dans une sorte de coopérative d'enseignement, où les cours étaient donnés par leurs parents au domicile ou au laboratoire de ceux-ci. Marie Curie en avait été le promoteur. Elle s'était chargée des mathématiques, Langevin de la physique, Jean Perrin de la chimie, et d'autres aussi illustres, pour les sciences naturelles, la littérature, l'histoire, les arts et les langues vivantes.

Professeurs et élèves se retrouvaient presque tous l'été en Bretagne, à l'Arcouest, un site superbe découvert en 1895 par l'historien Charles Seignobos et le physiologiste Louis Lapicque

Marie Curie viendra plus tard séjourner dans cette colonie de savants, surnommée par un journaliste « Fort de Science ». Les générations suivantes, celles des Joliot, des Perrin, des Lapicque et d'autres continuèrent la tradition qui se poursuit encorc aujourd'hui. Des mariages s'ensuivirent, ainsi Francis Perrin épousa-t-il la sœur de son collègue physicien Pierre Auger, et sa sœur épousa le fils de Lapicque.

Francis Perrin fut une des réussites de ce type particulier d'enseignement. Né en 1901, il n'alla au lycée que pour passer, avec dispense, son premier baccalauréat à l'âge de quatorze ans, et deux ans plus tard fut reçu premier à l'École normale supérieure. Il n'aurait été reçu que second — disait-il modestement — si celui qui aurait dû être premier n'était mort d'une méningite entre l'écrit et l'oral. Une critique toutefois pour cette éducation à part, la discipline n'y était pas enseignée. Francis Perrin expliquait ainsi lui-même la cause de son inexactitude chronique, qui marqua toujours son emploi du temps et ses rendez-vous.

J'étais émerveillé d'être au contact de ces célébrités présentes ou à venir et de pouvoir assister à certains de leurs rites. Il y avait parfois à midi sur les marches du perron de l'Institut de chimie physique les adieux « publics » de Jean Perrin et de Francis, le père avec sa crinière et sa grande barbe d'un blanc éclatant et ses merveilleux yeux bleus, le fils plus petit avec les mêmes yeux perçants, une barbe en pointe et un nez busqué à la suite d'un accident de plongée en eau trop peu profonde. Le père embrassait le fils qui tenait sa bicyclette avant de retourner déjeuner chez lui. Il y avait Irène Joliot, restant de longs moments à se chauffer debout contre le radiateur du vestibule d'entrée du laboratoire et soudain soulevant sa jupe à la recherche d'un mouchoir logé dans une poche de son jupon noir. On la voyait aussi dans le même vestibule, elle qui avait la notion de l'exactitude, tirant la manche de la veste ou du manteau de son mari discutant avec quelques collègues : « Viens, Fred, on va encore être en retard », et Fred continuait à discuter...

Le gouvernement de Front populaire de Léon Blum fut, en 1936, le premier à nommer des femmes ministres ; Irène accepta, sur l'insistance du président du Conseil, un sous-secrétariat d'État pour la recherche scientifique. Aucun ministre ne s'est probablement autant ennuyé en Conseil des ministres ou au banc du gouvernement à la Chambre des députés. Elle céda bientôt son portefeuille, comme convenu au moment de sa nomination, à Jean Perrin. Celui-ci put ainsi enfin donner un statut et un cadre à la recherche scientifique française par la création de la Caisse nationale de la recherche scientifique, le futur CNRS.

La même année, quelques mois après avoir reçu avec sa femme à la fin de 1935 le prix Nobel de chimie (Chadwick reçut en même temps celui de physique pour le neutron), Joliot fut nommé professeur au Collège de France. Ce ne fut pas sans difficultés. Deux ans auparavant, une chaire de chimie minérale avait été supprimée pour raisons d'économie après la mort de son titulaire. Puis, en 1936, la chaire de langue et littérature sanskrites étant libérée au décès du célèbre orientaliste Sylvain Lévi, il fallut départager par un vote les professeurs désireux de voir se poursuivre cette discipline et ceux partisans d'une chaire pour Joliot. Comme pour l'élection infortunée de 1911 à l'Académie des sciences, où Marie Curie avait été battue de peu, il fallut deux tours mais le vainqueur fut cette fois-ci le prix Nobel, la chaire de chimie nucléaire l'emporta par une seule voix de majorité.

Joliot attira bientôt auprès de lui dans son nouveau laboratoire des vedettes de l'Institut du radium comme Bruno Pontecorvo et Hans von Halban — Lew Kowarski, ayant temporairement abandonné la recherche, le suivit aussi comme secrétaire scientifique.

Joliot me proposa au printemps de 1937 un poste d'assistant ; mais son offre arrivait quelques mois trop tard, je venais d'accepter de retourner à l'École de physique et de chimie où j'avais été nommé à la fin de janvier à un poste de sous-chef de travaux (préparateur du directeur des études). Je devais cette nomination à mon patron Debierne, qui était en même temps le directeur des études à l'École. Il n'était pas question que je l'abandonne si peu de temps après son geste en ma faveur, même pour un travail sûrement plus intéressant et prestigieux au Collège de France.

Ce fut pour moi une grande satisfaction de retourner à l'École à laquelle je devais ma formation, trois ans juste après l'avoir quittée. Je me sentais encore très proche des élèves des nouvelles promotions. La fonction n'était pas très astreignante : préparation et supervision des travaux pratiques de physique et interrogations sur le cours Debierne ; elle me laissait amplement le temps de continuer ma thèse, effectuant certaines expériences à l'École et faisant toutes les mesures de radioactivité à l'Institut du radium.

Après le départ de Frédéric Joliot pour le Collège de France, le laboratoire Curie fut de plus en plus dirigé par Irène Joliot, Debierne continuant à rester très isolé bien qu'étant le directeur en titre du laboratoire. Proche de longue date de la famille Curie, il passait aussi ses vacances à l'Arcouest. Cette intimité de promenades en bateau, de pêche, de chansons et de soirées en commun, ne se retrouvait guère au laboratoire où les contacts étaient rares entres les Joliot et Debierne.

Il en résultait des situations étranges, comme celle qui entoura la plus grande découverte réalisée au laboratoire Curie après celle de la radioactivité artificielle. En 1938, Debierne et Irène Joliot, l'un à l'insu de l'autre, demandèrent à une de leurs collaboratrices, Mlle Marguerite Perey, de préparer une source extrêmement pure d'actinium, un élément découvert par Debierne près de quarante ans auparavant. Debierne était à la recherche d'un néoactinium mystérieux, Irène Joliot voulait déterminer la période de décroissance radioactive de l'actinium encore mal connue.

Marguerite Perey, jeune technicienne spécialisée par Mme Curie dans la chimie de l'actinium, travaillant avec grand soin, s'aperçut que l'actinium fraîchement purifié donnait naissance à un nouveau radioélément à vie courte dont l'identification avec une des dernières cases inoccupées de la classification périodique, la case avant celle du radium, fut bientôt confirmée par son comportement chimique. Elle avait demandé conseil et tenu indépendamment au courant ses deux patrons du résultat inattendu et passionnant de son travail, sans jamais informer chacun qu'il n'en était pas le seul instigateur et inspirateur.

L'affaire se termina par un drame, le jour où les deux patrons se rendirent compte qu'ils étaient tous les deux les coauteurs de la découverte que chacun d'eux croyait avoir dirigée seul. Plusieurs mois furent nécessaires pour un retour au calme et Marguerite Perey fut alors autorisée par ses deux maîtres à publier seule la découverte du dernier élément trouvé en France et qu'elle nomma francium. Vingt-trois ans plus tard, Marguerite Perey fut la première femme à entrer à l'Académie des sciences, dont les portes étaient restées fermées pour Mme Curie et le restèrent aussi pour sa fille Irène, qui d'ailleurs ne chercha jamais à y faire acte de candidature.

Mon retour à l'École de physique et de chimie fut de courte durée. Au début de 1938, à ma grande surprise, Debierne m'annonça ma nomination imminente au premier échelon de la carrière universitaire : assistant à la faculté des sciences, auprès du laboratoire Curie, en remplacement de Marcel Guillot nommé à la faculté de pharmacie. Mes liens au sein de l'équipe de la chasse, même infructueuse, au néoradium n'avaient sans doute pas été étrangers à cette promotion. Elle me remplit de fierté ; à vingt-six ans, j'étais le plus jeune assistant à la faculté des sciences de Paris.

Irène Joliot s'était opposée fortement à ce choix et ne le cacha pas. Dix ans plus tard, en 1948, me trouvant à l'Arcouest chez les Joliot, au cours d'une réunion détendue consacrée au programme du jeune Commissariat à l'énergie atomique, Irène me raconta les circonstances de cette nomination. Elle était allée trouver Debierne et avait énuméré les noms de tous ceux qui incontestablement avaient plus d'ancienneté et de mérites que moi pour ce poste envié. Debierne lui répondit : « Tu as raison, je suis d'accord, mais Goldschmidt a une qualité que tous les autres n'ont pas », et devant Irène interloquée, il ajouta : « Il n'a pas travaillé avec ta mère, fous-moi le camp. » Pourtant, il avait passé toute sa vie dans l'ombre de Mme Curie.

Les savants sont des femmes et des hommes comme les autres avec leurs rancunes et leurs passions, leur petitesse et leur grandeur, dans la vie courante comme dans leur carrière et la compétition scientifique. Justement, en 1938, allaient se dérouler les dernières péripéties d'une compétition entre plusieurs équipes européennes, en cours depuis cinq ans et dont le résultat allait révolutionner la science de l'atome par la découverte du phénomène de la fission.

2

La découverte de la fission

Quelques années de plus ou de moins dans la découverte du phénomène de la fission de l'uranium auraient changé le cours de l'histoire. La mise au point de la première bombe atomique en aurait été avancée ou reculée d'autant et celle-ci aurait même pu être obtenue dans un pays différent et dans un autre camp du conflit à venir. Cette découverte fut l'aboutissement d'environ cinq années de recherches dans les principaux centres européens consacrés à l'étude de la constitution de la matière. Par une de ces extraordinaires coïncidences de l'histoire, elle eut lieu au moment précis qui lui permit, de justesse, d'abréger la phase finale de la Seconde Guerre mondiale.

Ces années de préparation de la découverte furent celles de la montée des périls. Hitler mettait à exécution point par point le programme qu'il avait décrit sans ambiguïté en 1925 dans son ouvrage *Mein Kampf*. Son accession au pouvoir comme chancelier, en janvier 1933, avait été suivie dès octobre par le retrait de l'Allemagne de la Société des Nations. Nommé chef de l'État en août 1934, et confirmé par un plébiscite avec 90 % des suffrages, il dénonce, début 1935, le traité de Versailles et annonce un vaste programme d'armement. La remilitarisation en mars 1936 de la Rhénanie et de la rive gauche du Rhin, nouvelle violation des engagements de l'Allemagne, ne suscite que des réactions verbales d'un gouvernement français divisé à quelques mois des élections qui amènent au pouvoir le Front populaire.

En cette même année 1936, la politique des sanctions de la SDN contre la conquête de l'Abyssinie par l'Italie, et le début de la guerre d'Espagne poussent Mussolini à s'allier avec Hitler et à créer l'axe Rome-Berlin qui assure au Führer la neutralité du Duce lors de l'Anschluss, l'annexion sans résistance de l'Autriche en mars 1938. Six mois plus tard, Hitler obtient par les accords de Munich la région tchèque des Sudètes en majorité germanophone, mais comprenant les fortifications ouest de la Tchécoslovaquie, à la suite de la capitulation des gouvernements britannique et français afin de « sauver » la paix. Cela laisse leur alliée sans défense pour l'étape suivante de la conquête de l'« espace vital » du IIIe Reich. Celle-ci ne tarde pas et le 15 mars 1939 c'est le viol et l'annexion de la Tchécoslovaquie, vingt ans après sa création. La revendication suivante, abolition du couloir polonais de Dantzig et retour à l'Allemagne de cette ville, renforcée, le 23 août 1939, par l'accord germano-soviétique qui garantit à l'armée allemande qu'elle n'aura pas à se battre sur deux fronts, aboutit le 1er septembre à l'invasion nazie de la Pologne déjà partagée entre Hitler et Staline par une clause secrète de leur accord. Le surlendemain les gouvernements britannique et français déclarent la guerre à l'Allemagne.

Pendant ces mêmes années la politique raciale du IIIe Reich n'avait cessé de s'aggraver. Chassés de la fonction publique, puis du commerce après les destructions de la nuit de Cristal en novembre 1938, les Juifs allemands se voient apposer la mention *Jude* sur leurs cartes d'identité et à la fin de 1938 une trentaine de milliers d'entre eux avaient déjà été arrêtés et internés dans les camps de concentration de Dachau et de Buchenwald avec les principaux opposants au régime.

Chassés de leurs chaires, puis de leurs laboratoires, les savants juifs allemands, ou considérés comme tels, prirent le chemin de l'exil. Ils avaient pourtant apporté depuis 1905 dix prix Nobel de science à leur patrie. Des scientifiques juifs, nationaux des pays d'Europe centrale attirés par la réputation des instituts de recherche allemands et par des célébrités comme Albert Einstein, en firent autant. Ce dernier avait donné l'exemple en s'expatriant aux États-Unis dès décembre 1932 pour prendre la tête de l'Institut des sciences avancées de Princeton récemment créé. Il renonça à la citoyenneté allemande en mars 1933 après le triomphe nazi aux élections du Reichstag. L'hémorragie se poursuivit jusqu'au début de la guerre, profitant aux deux pays les plus hospitaliers : la Grande-Bretagne et surtout les États-Unis où une centaine de savants réfugiés renforcèrent une science américaine en pleine ascension. Le rôle considérable joué dans l'entreprise atomique américaine durant la guerre par quatre physiciens juifs hongrois, John von Neumann, Leo Szilard, Edward Teller et Eugene Wigner, en est une preuve.

Malgré l'exode des savants juifs, la science allemande restait puissante, organisée et acceptée dans le monde scientifique. Elle allait jouer un rôle majeur dans la découverte de la fission. Les circonstances de celle-ci sont un exemple caractéristique du processus d'une recherche internationale effectuée dans divers laboratoires européens, comme dans une partie à plusieurs joueurs où le ballon passerait de l'un à l'autre, se jouant des frontières, des politiques et des rivalités, de Paris à Cambridge, puis de Paris à Rome, de Rome à Berlin, puis de nouveau à Paris pour finir à Berlin et à Copenhague.

Au début des années trente les deux pôles de la scène de l'étude de la constitution de la matière se trouvaient à Cambridge et à Copenhague, sous l'influence de deux géants de la physique moderne, lord Rutherford et Niels Bohr. Le premier, Ernest Rutherford, néo-zélandais, né en 1871, avait au début du siècle expliqué brillamment le phénomène de la radioactivité. Récompensé par le prix Nobel en 1908, il avait dirigé depuis 1919 le laboratoire Cavendish à Cambridge, véritable pépinière des grands physiciens de l'entre-deux-guerres. Il s'y était illustré en 1919 par l'obtention des premières transmutations instantanées en bombardant des éléments stables avec des rayons radioactifs. Son élève le plus célèbre, le Danois Niels Bohr, né en 1885, avait reçu en 1922 le prix Nobel pour sa théorie planétaire de l'atome constitué par un noyau central de particules de matières autour duquel gravitent des grains d'électricité sur des orbites définies. Il était devenu dans les années vingt en son institut à Copenhague le maître à penser de tous les spécialistes de la physique théorique.

Les tout premiers laboratoires de radioactivité, comme l'Institut du radium de Marie Curie et l'Institut Kaiser-Wilhelm d'Otto Hahn à Berlin, faisaient alors figure de parents démodés, bien qu'étant à la pointe des problèmes de la chimie des corps radioactifs. C'est pourtant dans ces deux laboratoires que vont se dérouler les étapes décisives de la découverte de la fission, les chimistes y prenant leur revanche sur les physiciens dans une suite d'étapes où ils jouaient tous un rôle.

Le prologue se passe en 1932 à Paris, Frédéric et Irène Joliot étudient le bombardement d'une cible de béryllium par les rayons d'une source intense de polonium, descendant radioactif du radium. Ils analysent un rayonnement mystérieux dont ils n'arrivent pas à définir la nature. L'explication satisfaisante du phénomène est donnée à Cambridge par un élève anglais de Rutherford, James Chadwick, né en 1891. Il démontre qu'il s'agit de neutrons, particule sans charge électrique et de masse prise comme unité de matière. Prévue par la théorie, elle n'avait jamais encore été décelée expérimentalement.

La découverte du neutron confirmait la validité d'une notion connue depuis une vingtaine d'années, celle d'isotope (du grec « même place » dans la classification périodique). Pour un élément donné, il peut exister des atomes dont les noyaux diffèrent les uns des autres par quelques unités de masse, tout en ayant des propriétés physico-chimiques quasi identiques ; ce sont des isotopes. Il devenait maintenant évident que ces isotopes différaient par le nombre de neutrons contenus dans leur noyau. L'hydrogène, l'élément le plus léger de la classification, et l'uranium le plus lourd ont chacun deux isotopes principaux, ils joueront un rôle important dans l'aventure atomique.

Après une dizaine d'années où l'étude de la constitution de la matière semblait avoir marqué un peu le pas, 1932 fut une année exceptionnelle par le nombre de découvertes considérables qui chacune apporta le prix Nobel à son ou ses auteurs : le cyclotron, machine à accélérer les particules, dû au physicien américain Ernest Lawrence, l'isotope lourd de l'hydrogène, découvert par le chimiste américain Harold Urey, l'électron positif entr'aperçu par les Joliot et découvert par le physicien américain Carl Anderson, le neutron de James Chadwick et enfin les premières transmutations obtenues par un accélérateur de particules grâce aux physiciens anglais John Cockcroft et irlandais Ernest Walton. Le VIIe Congrès Solvay se tint à Bruxelles en octobre 1933 et fut consacré uniquement à la physique atomique et au feu d'artifice des découvertes de l'année précédente. Les Joliot y participèrent (ainsi que Mme Curie), sans doute frustrés de ne pas avoir à leur actif une de ces grandes découvertes et d'autant plus qu'ils les avaient frôlées à deux reprises. Ils n'allaient pas avoir longtemps à attendre pour devenir membres confirmés du club des grands de classe internationale de la science. Dès janvier 1934, ils avaient trouvé le phénomène de la radioactivité artificielle, le point de départ du processus aboutissant à la découverte de la fission.

Les Joliot voulaient étudier la production d'électrons positifs produits par le bombardement d'une feuille d'aluminium sous l'impact des rayons de la plus forte source de polonium préparée à cette date. Ayant progressivement retiré la source de polonium, ils s'aperçurent, à leur grande surprise, que l'émission d'électrons positifs persistait tout en décroissant de moitié en quelques minutes. Ils en déduisirent qu'ils avaient créé un radioélément qui n'existait pas dans la nature.

L'expérience avait eu lieu en fin de journée et son interprétation était indiscutable, sous une condition : que l'instrument de mesure des électrons positifs émis, le compteur Geiger, fût en bon état de fonctionnement, ce qui souvent n'était pas le cas à ce stade de la technique. Les Joliot étaient pressés, ils étaient invités à dîner et, avant de partir, ils demandèrent, à la hâte, à un des travailleurs du laboratoire, spécialiste de cet instrument de mesure, le physicien allemand Wolfgang Gentner, d'en vérifier l'état de marche. Le lendemain, ils trouvèrent un mot les rassurant sur la santé du compteur.

Gentner n'avait pas eu à dépanner le compteur Geiger. Sept ans plus tard, revenu à Paris, au laboratoire de Joliot au Collège de France, comme représentant de la puissance occupante, il procéda à des « dépannages » autrement plus importants. Il fit libérer en novembre 1940 Paul Langevin, après un mois de détention à la prison de la Santé, puis en juin 1941, Frédéric Joliot, après une journée de garde à vue et d'interrogatoire par les SS.

Satisfaits du bon fonctionnement de leur compteur, Fred et Irène déduisirent qu'ils avaient produit un isotope radioactif du phosphore, élément voisin de l'aluminium bombardé. Ayant l'habitude de faire, en un temps très court et sur des traces de radioéléments, des identifications chimiques, ils le firent dans ce cas et trouvèrent la validité de leur hypothèse. Ils venaient de bouleverser la physique moderne. L'alchimie, rêve des savants du Moyen Age, était enfin à la portée de l'homme.

Au moment de la constitution de l'écorce terrestre, il s'est probablement formé toutes sortes d'édifices à partir des quelques particules fondamentales de la matière. Les uns étaient stables, ce sont les éléments qui constituent le globe terrestre, d'autres étaient un peu instables, mais suffisamment peu pour survivre aux quatre milliards et demi d'existence du globe, ce sont les éléments radioactifs naturels. Enfin un grand nombre de ces édifices étaient trop instables pour avoir survécu, c'est l'un de ceux-ci qu'ils avaient réussi à recréer, trouvant par là même le moyen d'en reconstituer beaucoup d'autres.

Après ce prologue et ce point de départ, toute une série d'étapes suivirent : l'idée au stade brut, l'idée plus raffinée, l'expérimentation, l'hypothèse raisonnable, l'hypothèse inattendue fondée sur l'intuition, l'expérimentation plus poussée, l'expérimentation contradictoire et enfin la découverte énoncée par les chimistes et confirmée par les physiciens.

L'idée au stade brut est proposée par les Joliot dès leur découverte de la radioactivité artificielle en 1934 : d'autres particules que celles émises par les rayons du polonium devraient aussi permettre de créer de nouveaux radioéléments n'existant pas dans la nature.

L'idée plus raffinée et l'expérimentation correspondante relèvent d'une petite équipe de jeunes et brillants chercheurs travaillant à Rome sous la direction du physicien italien Enrico Fermi, né en 1901, donc d'un an plus jeune que Joliot. Selon lui, la particule de choix pour pénétrer dans le noyau de l'atome — qui est chargé électriquement — devrait être la particule sans charge électrique, le neutron découvert deux ans auparavant par James Chadwick en Angleterre. L'expérience est réalisée dès le printemps de 1934 et confirme cette hypothèse ; de nombreux nouveaux radioéléments sont obtenus, en général appartenant à la case suivant celle de l'élément bombardé dans la classification périodique.

L'hypothèse raisonnable découle de ce qui précède. Si l'on bombarde avec des neutrons l'uranium, l'élément le plus lourd et complexe et le dernier de la classification, ne devrait-on pas créer un radioélément plus lourd encore appartenant à la case au-delà de celle de l'uranium ? donc un élément inconnu. L'expérimentation réalisée est trop fructueuse, car, au lieu d'un nouveau radioélément, on en trouve une bonne demi-douzaine avec des propriétés chimiques variées. Ceux-ci sont d'autant plus difficiles à identifier et à assigner à des cases vides jusque-là, que l'uranium lui-même continue à produire ses propres descendants radioactifs à vie courte dans le mélange qu'il faut démêler. Fermi conclut que l'on a affaire à des éléments « transuraniens », c'est-à-dire situés au-delà de l'uranium dans la classification ; mais il reste prudent, l'identification précise relève de la chimie pour laquelle le groupe n'est pas très bien équipé. Il se refuse à donner des noms aux nouveaux éléments, malgré des pressions du gouvernement fasciste à l'affût de toute occasion de glorifier le régime.

L'hypothèse inattendue fondée sur l'intuition est émise par une chimiste allemande de talent, Ida Noddack, auteur de la découverte, dix ans auparavant, du rhénium, un des derniers éléments de la classification restant à trouver. Elle publie à la fin de 1934 une critique des conclusions du groupe italien et suggère que l'action des neutrons sur les éléments les plus lourds pourrait bien aboutir à « leur division en plusieurs fractions assez grandes », isotopes radioactifs d'éléments connus au milieu de la classification, mais non d'éléments voisins de l'élément bombardé. C'est exactement ce qui se passe en réalité. Mais l'idée est si révolutionnaire que Fermi et les chercheurs qui reprendront l'affaire par la suite, la rejettent sommairement. Pour sa part, Ida Noddack ne cherche ni ne peut vérifier son hypothèse, elle n'est pas équipée pour faire de la chimie radioactive.

En 1935, devant la montée du fascisme, ses excès et son intolérance, l'équipe de Fermi se dispersa ; son plus jeune membre Bruno Pontecorvo devait ainsi rejoindre Paris et le laboratoire Curie.

L'expérimentation poussée sera réalisée, de 1935 à 1938, à l'Institut Kaiser-Wilhelm à Berlin, par Otto Hahn et Lise Meitner, une équipe appartenant à la génération précédente ; ils sont proches de la soixantaine, lui chimiste allemand pionnier de la chimie radioactive classique, elle, physicienne de nationalité autrichienne. Ils travaillent ensemble depuis 1907, souvent en compétition avec le laboratoire Curie.

Les résultats de leurs expériences chimiques avancées les conduisent à identifier une série d'éléments transuraniens. Quand l'ensemble de leurs travaux fut connu en 1937 à Paris, Irène Joliot nous réunit pour en discuter. Il était, à son avis, impossible de procéder à de telles identifications sur un mélange aussi complexe de radioéléments. Elle jugeait donc leurs résultats en grande partie entachés d'erreurs.

La contre-expérimentation viendra du laboratoire Curie, Irène Joliot, assistée du physicien yougoslave Pavel Savitch, décide de se concentrer sur l'identification d'un seul radioélément au sein du mélange, d'une période de demi-décroissance de 3,5 heures, ce qui laisse du temps pour les opérations, et d'un rayonnement pénétrant assez caractéristique, ce qui en facilite les mesures. Par deux fois ils proposent une solution sur laquelle ils reviennent pour finalement conclure, dans une note publiée en septembre 1938, que les propriétés chimiques du radioélément étudié ressemblent étrangement à celles du lanthane, élément connu situé au milieu de la classification périodique.

Ce résultat ne pouvait s'expliquer que par l'hypothèse d'Ida Noddack rejetée et sans doute même oubliée. A plusieurs reprises, les travaux d'Irène Joliot et de Savitch furent discutés lors de séminaires réunissant les chercheurs du laboratoire Curie et du

Collège de France. J'y participai chaque fois et aucun de nous n'entrevit la solution révolutionnaire de l'énigme.

Quant à Hahn, chacune des publications de Paris, remettant en cause ses conclusions qu'il jugeait parfaitement démontrées, augmentait son courroux. Elles l'obligeaient à perdre son temps pour démontrer les erreurs de cette « dame » qu'il accusait d'employer des méthodes démodées remontant à l'époque de la gloire de sa mère. Il en était enfin arrivé, par un jeu de mots, à appeler « curiosium » le fameux radioélément de 3,5 heures de période.

La découverte fut finalement provoquée par la dernière publication d'Irène Joliot et sans doute sous l'impulsion de Fritz Strassmann, un chimiste qui avait remplacé auprès de Hahn, sa collaboratrice de longue date, Lise Meitner. Celle-ci avait dû fuir l'Allemagne pour la Suède, après l'Anschluss, la perte de sa nationalité autrichienne la laissant sans protection contre les lois raciales du IIIe Reich, car elle était de parents juifs convertis au christianisme. Hahn et Strassmann reprirent donc une fois de plus leur puzzle. Ils s'attaquèrent à l'identification non seulement du curiosium mais aussi à celle des autres éléments de la purée chimique. Utilisant cette fois la cristallisation et la précipitation fractionnées que Hahn avait pratiquées lors de ses débuts en radioactivité vers 1905, ils trouvèrent que les trois radioéléments supposés être des jumeaux, isotopes du radium, étaient en réalité inséparables du baryum et qu'il en était de même pour trois autres vis-à-vis du lanthane.

Le 22 décembre 1938, ils rédigèrent une publication où ils disaient qu'en tant que chimistes ils étaient conduits à conclure qu'ils avaient affaire à des radiobaryum et des radiolanthane, éléments beaucoup plus légers que l'uranium, situés au milieu de la classification ; ils ajoutaient : « Comme chimistes nucléaires relativement proches des physiciens, nous ne pouvons encore franchir ce grand pas qui va à l'encontre de toute l'expérience passée de la physique nucléaire. »

Quelques jours auparavant, Fermi avait reçu à Stockholm le prix Nobel de physique, amplement mérité pour l'ensemble de son œuvre, mais décerné pour ses travaux de 1934. Dans son discours d'acceptation, il succomba à la tentation à laquelle il avait résisté jusque-là, il donna le nom d'ausonium et de hesperium à ces éléments présumés nouveaux à tort et situés au-delà de l'uranium. Six ans plus tard, en 1944, quelques mois avant l'effondrement du IIIe Reich, Otto Hahn à son tour reçut le

Nobel de chimie pour avoir trouvé la solution de l'énigme. Il avait toujours gardé ses distances vis-à-vis du régime nazi et avait refusé de travailler pendant la guerre sur les éventuelles applications militaires de sa découverte.

La preuve définitive de l'hypothèse de Hahn et Strassmann ne s'était pas fait attendre. Avant que ne paraisse la note du 22 décembre, Hahn avait mis au courant, en Suède, Lise Meitner. Celle-ci s'y trouvait avec un neveu, Otto Frisch, un physicien allemand réfugié à Copenhague au laboratoire du célèbre savant Niels Bohr. Le 15 janvier 1939, de retour au Danemark, Frisch donna la preuve physique de l'éclatement du noyau de l'atome d'uranium sous l'impact d'un neutron. La fission se produisait avec un dégagement considérable d'énergie. La confirmation fut apportée avant la fin du mois dans de nombreux laboratoires américains et européens, en particulier au Collège de France grâce à un montage d'une grande simplicité fait par Joliot.

Le phénomène de la fission comporte ainsi deux caractéristiques principales : la libération d'énergie et la formation de produits radioactifs. Il explique la limitation des éléments présents sur terre, puisque l'addition d'un grain de matière au noyau du plus lourd d'entre eux, l'uranium, peut le faire éclater comme une goutte d'eau trop volumineuse. L'intérêt de la fission se limiterait à cet important aspect théorique s'il ne portait en lui une troisième caractéristique : l'émission de plusieurs neutrons qui va permettre de l'étendre, par réaction en chaîne, à des masses importantes de matière.

Rien ne me permettait de le prévoir alors, mais quelques années plus tard, le cours de ma carrière allait s'orienter, pour ne plus jamais les quitter, vers les conséquences techniques et politiques de la fission de l'uranium, étape révolutionnaire d'une saga qui avait débuté plusieurs siècles auparavant.

3

La vallée de Saint-Joachim

Dans le jeu de devinettes de mon enfance, la première question posée était de savoir à quel règne, animal, végétal ou minéral appartenait le sujet à découvrir. Deux acteurs vont tenir la vedette dans ce récit, le premier relève du règne animal, c'est l'auteur lui-même et je me suis décrit au début de mes aventures ; le deuxième, l'uranium, appartient au règne minéral, ce qui ne veut pas dire qu'il est inerte. En effet, il se désintègre sans cesse, possède des descendants tels ceux nommés radium et polonium, peut être scindé par fission et peut même subir la transmutation et devenir un autre élément : le plutonium. Il a enfin une longue histoire mouvementée derrière lui.

Avant de poursuivre le récit de ma carrière et des événements l'ayant marquée, le moment est venu de faire la connaissance de l'uranium et à cette fin d'effectuer un retour dans le temps de plus de quatre cents ans.

Une ruée sur l'argent

A la fin du XVe siècle, au moment où Christophe Colomb découvrait l'Amérique, il existait en Europe centrale des régions totalement inhabitées. C'était le cas de la chaîne montagneuse peu élevée (aujourd'hui l'Erzgebirge ou monts Métallifères) séparant la Bohême de la Saxe. Elle était couverte d'une forêt difficilement pénétrable, refuge des ours et surtout des loups. Le peuplement par l'homme s'y faisait lentement le long des petits cours d'eau.

La découverte, au début du XVIe siècle, d'une veine d'argent natif dans une de ces petites rivières allait d'abord attirer quelques mineurs, puis d'autres veines ayant été décelées, ce fut une véritable ruée de prospecteurs et d'ouvriers venant d'Allemagne, surtout de Saxe où des mines d'argent exploitées au siècle précédent avaient été écrémées et se trouvaient en déclin. Devant cette affluence et l'importance de l'enjeu, les seigneurs de la région, les comtes de Schlick, prirent en main l'opération et fondèrent, en 1516, la ville de Sankt Joachimsthal (la vallée de Saint-Joachim), devenue rapidement le plus grand centre minier de l'Europe à cette époque. A son apogée, dès 1530, la ville comptait vingt mille habitants, chiffre considérable, puisque Prague, la capitale du royaume de Bohême, n'en comptait alors guère plus de cinquante mille et Paris environ cent mille.

La célébrité de la ville y attira de nombreux savants et artistes. La technique et le droit miniers, la minéralogie scientifique y prirent leur essor ainsi que la médecine du travail. Celle-ci devait faire face aux conséquences, pour les mineurs, de leur labeur pénible dans les galeries à peine ventilées : maladies des voies respiratoires dues aux poussières et eczéma lié à la présence d'arsenic dans le minerai d'argent.

Dès 1520, les Schlick obtinrent, par charte royale, l'autorisation de battre monnaie. En huit ans, ils produisirent près de deux millions de belles et grandes pièces d'argent à leur effigie. Dénommées *Joachimsthaler*, puis simplement *Thaler*, elles vont avoir cours dans le monde entier au moment où s'amplifie le commerce international. Elles seront à l'origine du mot le plus respecté aujourd'hui dans toute l'Amérique du Nord et dans bien d'autres parties du globe : le mot dollar, déformation de thaler.

La prospérité de Joachimsthal ne dura qu'une trentaine d'années. En 1528, la couronne de Bohême étant passée aux mains des Habsbourg, ceux-ci retirent aux Schlick le droit de battre monnaie, puis quelque vingt ans plus tard, les mines sont « nationalisées », devenant possession de la couronne. Le déclin de Joachimsthal commence. La gestion royale laisse à désirer. Les mines s'épuisent, les moyens techniques sont insuffisants pour le pompage de l'eau et l'exploitation en profondeur, mais surtout une concurrence redoutable apparaît avec l'importation en Europe de quantités croissantes d'argent des colonies espagnoles et portugaises du Nouveau Monde.

L'exploitation du bismuth, et surtout du cobalt pour la coloration en bleu des verres et faïences, ralentit le déclin pendant la seconde moitié du XVIe siècle. Mais, après une épidémie de peste en 1613 et la guerre de Trente Ans achevée en 1648, Joachimsthal, bien que toujours dotée des privilèges d'une cité minière libre royale, était presque devenue une ville fantôme. Au XVIIIe siècle on y crée néanmoins la première école de formation minière, et la production d'argent reprend lentement avec les perfectionnements apportés aux techniques d'exploitation et la découverte de quelques nouveaux gisements. Mais ce sont les progrès de la chimie qui vont apporter au gisement une nouvelle orientation et un second souffle.

Un chimiste modeste

Dans des galeries de plus en plus profondes, les mineurs avaient décelé des quantités croissantes d'un minerai noir et brillant dont la présence semblait incompatible avec celle de l'argent. L'impopularité de ce minerai auprès des mineurs lui avait valu le nom de *pechblerde*, ou minerai noir comme de la poix ou portant poisse, car *Pech* signifie en allemand à la fois poix et poisse, et *Blende* minerai.

L'analyse de la pechblende ne fut effectuée pour la première fois qu'en 1789, à Berlin, par un chimiste de talent, Martin Klaproth, contemporain de Lavoisier, le père de la chimie moderne, dont il défendit avec ardeur les thèses controversées à l'époque. Autodidacte, il avait appris la chimie dans une pharmacie où il était commis. De plus il était modeste, car ayant découvert un nouvel élément dans la pechblende, il renonça à lui donner son nom et à l'appeler klaprothium, contrairement à l'habitude prise souvent par des chimistes soucieux de leur gloire posthume.

Il avait réalisé sa découverte pendant l'été où le peuple de Paris prenait la Bastille, car sa publication date de septembre 1789. Il y précise qu'en attendant de trouver un nom plus approprié, il propose de prendre exemple sur les Anciens et de s'inspirer du nom d'une planète. Il va rendre ainsi hommage à son compatriote William Herschell, musicien de talent, émigré en Angleterre et devenu un illustre astronome. Sans doute un des meilleurs observateurs de tous les temps, ce dernier découvrira plus de trois mille étoiles nouvelles et se vantera d'avoir regardé plus loin dans le ciel qu'aucun homme avant lui. Devenu directeur de l'orchestre de la ville d'eau de Bath, il y construit lui-même ses télescopes et, en 1781, devient célèbre dans toute l'Europe en découvrant une nouvelle planète qu'il nomme Uranus en l'honneur d'Uranie, la muse de l'astronomie et de la géométrie. Celle-ci sera ainsi doublement comblée, car le nouvel élément sera baptisé *uran* par Klaproth. Le nom de ce dernier allait s'estomper rapidement dans la mémoire des générations futures.

Pendant une centaine d'années, la carrière du nouvel élément se déroula sans grande originalité à une exception d'importance près. L'uranium, ce sera son nom définitif, fut identifié comme étant le plus lourd et le dernier des corps simples présents sur terre, selon la célèbre classification des éléments par masses atomiques croissantes établie en 1869 par le chimiste russe Dimitri Mendeleiev, commençant par l'hydrogène de masse 1 et finissant par l'uranium de poids 238. Cet élément sera trouvé un peu partout sur le globe, sous forme de minerais variés, mais toujours dans des gisements moins riches que celui de Bohême. On le décèle pour la première fois en France, en 1800, dans le Morvan, près d'Autun.

L'uranium métallique, aussi dense que l'or, sera seulement préparé en 1841, non sans difficulté, par le chimiste français Eugène Peligot. Les belles couleurs vives de ses oxydes et de ses sels vont être à l'origine de sa première, et pendant longtemps sa principale, application : la coloration des verres en jaune avec des reflets fluorescents verts, et la glaçure des porcelaines en jaune, orange, rouge, vert et noir. Ses sels serviront aussi dans les débuts de la photographie pour le virage au brun des épreuves sur papier et des diapositives, ainsi que pour le renforcement des clichés.

L'utilisation de l'uranium pour les verres et faïences, mise en œuvre d'abord en Bohême, va donner un regain d'activité industrielle à Joachimsthal, la production des composés colorés d'uranium prenant le pas sur celle de l'argent. Ces procédés de coloration élaborés initialement par Klaproth sont jalousement gardés et le secret apparaît ainsi pour la première fois dans l'histoire de l'uranium. Il y reviendra en force un siècle plus tard.

A partir de 1850, l'exportation des composés d'uranium comme colorants minéraux devient une source notable de revenus pour l'activité minière locale. Mais à la fin du siècle, l'exploitation du gisement cesse à nouveau d'être rentable. Les galeries sont de plus en plus profondes et le prix des colorants d'uranium baisse sensiblement sur le marché mondial en raison d'une concurrence croissante. Joachimsthal, maintenant ville impériale minière libre, est à nouveau menacée de voir ses mines abandonnées par son propriétaire, la monarchie austro-hongroise. Une fois de plus une découverte scientifique va la sauver, due cette fois-ci non à un autodidacte allemand, mais à des savants français dont le premier fut Henri Becquerel.

Dynasties de savants

Cas unique en France, quatre générations successives de physiciens ont occupé de père en fils pendant plus d'un siècle la même chaire. Habitant sur leur lieu de travail au jardin des Plantes, les Becquerel ont vécu dans la même maison, le même jardin, ont travaillé dans le même laboratoire, ont tous été reçus à l'École polytechnique, et sont tous devenus membres de l'Académie des sciences.

Le premier d'entre eux, Antoine César Becquerel, est reçu à Polytechnique en 1806, douze ans après sa fondation. Il en sort dans le Génie, s'illustre et est blessé dans la campagne d'Espagne de 1810 à 1812, quitte l'armée après la chute de l'Empire, décide de se consacrer à la science et devient le premier titulaire de la chaire de physique du Muséum national d'histoire naturelle.

Son fils Edmond sera reçu à Polytechnique, mais son père, pressé de l'avoir comme assistant, l'empêche d'y entrer et en fait son collaborateur à l'âge de dix-huit ans. Edmond devra attendre quarante ans pour succéder à son père, car, la retraite n'étant pas alors obligatoire, Antoine César ne quitte sa chaire qu'avec la vie, en 1878, à l'âge de quatre-vingt-dix ans. Henri, le troisième de la lignée, né en 1852, le plus illustre, devra attendre moins longtemps car Edmond meurt en 1891.

La continuité des remarquables travaux des trois premiers Becquerel consacrés à l'électricité, l'électrochimie, la phosphorescence et la fluorescence, tout spécialement à celles des sels d'uranium, fut telle qu'Henri se plaisait à répéter que « la découverte de la radioactivité devait être faite dans notre laboratoire et si mon père avait vécu en 1896, il en aurait été l'auteur ».

Il semble cependant que, près de quarante ans auparavant, en 1858, Abel Niepce de Saint-Victor, cousin de Nicéphore Niepce, le pionnier de l'invention de la photographie, avait manqué sa chance de découvrir la radioactivité. Il avait en effet trouvé que les sels d'uranium sont susceptibles de voiler la plaque photographique. Mais une certaine confusion régnant dans l'organisation et le déroulement de ses expériences, il n'avait nullement souligné ni pressenti l'importance du phénomène.

Il fallut donc attendre 1896 et Henri Becquerel. Celui-ci va démontrer que l'uranium n'est pas un corps aussi simple que les autres corps simples. Un an après la découverte des rayons X par Wilhelm Roentgen, Henri Becquerel s'interroge sur les phénomènes de luminescence provoqués par ces rayons sur un grand nombre de solides qu'ils frappent. Henri Poincaré, illustre mathématicien et collègue de Becquerel à l'Académie des sciences, lui demande d'examiner si la luminescence spontanée de certains sels d'uranium n'est pas en relation avec l'émission spontanée par ces sels d'un rayonnement du genre des rayons X.

Becquerel commence par exposer au soleil des sels fluorescents d'uranium et trouve que ceux-ci émettent effectivement ensuite un rayonnement qui voile la plaque photographique à travers un papier noir. Quelques jours plus tard, le soleil étant resté caché, il découvre que l'exposition préalable à la lumière solaire n'était pour rien dans l'effet observé.

Par la suite, il répéta l'expérience avec de nombreux sels d'uranium fluorescents ou non, le phénomène se maintint et il était d'autant plus prononcé que la teneur en uranium du composé étudié était plus élevée. L'émission des rayons Becquerel, comme on les appelait alors, relevait donc de l'atome d'uranium lui-même et était indépendante de l'état de combinaison de celui-ci.

La capacité de découvrir ou même seulement d'étudier scientifiquement de nouveaux rayonnements n'étant pas héréditaire, le quatrième Becquerel, Jean, se trouva au début de sa carrière de physicien mêlé à l'affaire de fausse science des rayons N, extraordinaire par son ampleur et tragique par son dénouement, car leur « inventeur » René Blondlot s'étant aperçu qu'il avait été trompé par son préparateur en est mort de chagrin ou s'est peut-être même suicidé. Selon les physiciens et biologistes, victimes de l'illusion, ces rayons étaient détectés et mesurés par la variation de luminosité perçue en provenance d'une bougie, ou d'une tache de sulfure fluorescent observée dans le noir. Après la présentation en 1903 et 1904 de quelque soixante-dix notes aux comptes rendus de l'Académie des sciences dues à une quinzaine d'expérimentateurs, l'illusion collective fut enfin démasquée, la preuve étant apportée que les effets observés étaient purement subjectifs et de nature psychique. Jean Becquerel y avait contribué par une dizaine de publications, certaines étaient même consacrées à la disparition des « rayons N et N_1 » à la suite d'une « anesthésie » par le chloroforme ou l'éther des métaux censés les émettre. Selon lui, les rayons étaient l'un des phénomènes fondamentaux de l'activité vitale.

Ce « péché de jeunesse » n'empêcha pas son auteur, à la mort de son père Henri, quatre ans plus tard, en 1908, de lui succéder à l'âge de trente ans à la chaire et au laboratoire héréditaires qu'il conservera jusqu'en 1949.

Tout au contraire pour Pierre et Marie Curie, en ce même début de siècle, la lutte pour obtenir une chaire et un laboratoire, malgré leur découverte du radium en 1898, avait été ardue ; ce fut presque un calvaire. Lui n'était ni polytechnicien ni normalien. Elle était femme et d'origine étrangère. De plus, ils s'affichaient comme libres penseurs. Il fallut une offre de chaire à Pierre Curie en 1900 par l'université de Genève et l'attribution du prix Nobel de physique en 1903 à Henri Becquerel et à Pierre et Marie Curie pour la découverte de la radioactivité pour que justice commence à leur être rendue.

Si les Becquerel avaient monopolisé une chaire et un laboratoire, la famille Curie devait en faire autant pour les prix Nobel. Marie, la première femme à le recevoir, allait être aussi le premier lauréat à l'obtenir deux fois et le seul pour des travaux scientifiques seulement. Elle obtint en effet celui de chimie en 1911 pour la découverte du radium. Vingt-quatre ans plus tard, sa fille Irène et son gendre Frédéric se verront attribuer ce même prix de chimie pour la découverte de la radioactivité artificielle. Enfin, son second gendre, le diplomate américain Henry Labouisse, mari d'Ève Curie, allait en 1965 recevoir le prix Nobel de la paix, cette fois non pour lui-même, mais pour l'UNICEF dont il était alors le directeur général.

Fille d'un professeur de lycée de Varsovie, Marie Sklodowska, née en 1867, après s'être placée pendant six ans comme gouvernante d'enfants pour permettre à sa sœur aînée de faire ses études de médecine à Paris, l'y rejoignit en 1891 à l'âge de vingt-quatre ans. Reçue brillamment aux licences en physique et ès mathématiques en 1893 et 1894, elle épouse l'année suivante Pierre Curie, son aîné de huit ans.

Celui-ci, fils et petit-fils de médecin, était déjà un physicien reconnu pour sa découverte, avec son frère Jacques, du phénomène de la piézo-électricité du quartz (effets électriques produits par des pressions exercées sur un cristal de quartz, et à la base de la marche des montres actuelles au quartz). Il était depuis 1882 chef de travaux de physique à l'École de physique et de chimie industrielles de la Ville de Paris.

Marie Curie est décidée à passer sa thèse de docteur (elle sera la première femme en France à accéder au doctorat ès sciences, à l'agrégation de mathématiques et au professorat d'université). Elle choisit comme sujet, en 1898, l'étude quantitative du rayonnement que Becquerel avait découvert deux ans auparavant et auquel aucun autre chercheur ne s'était encore sérieusement intéressé. Elle confirme d'abord les résultats de Becquerel sur la proportionnalité entre l'intensité du rayonnement et la teneur en uranium de divers composés de cet élément, mais quand elle passe à des échantillons de deux minerais d'uranium présents dans la collection de minéralogie de l'École de physique et de chimie, dont l'un est précisément de la pechblende de Bohême, grande est sa surprise de se trouver face à un rayonnement plusieurs fois plus intense que celui correspondant à la teneur en uranium. Dès avril 1898, elle conclut que « ce fait est très remarquable et porte à croire que ces minéraux peuvent contenir un élément beaucoup plus actif que l'uranium... ».

C'est alors, et Marie Curie se plaisait souvent à le rappeler, qu'elle vint demander aide à son mari. Celui-ci abandonna de mauvaise grâce ses travaux en cours sur le magnétisme pour éclaircir, en quelques jours espérait-il, l'énigme du phénomène. Les dés étaient jetés, les clefs de l'étude de la structure de la matière étaient à leur portée. Ils allaient en franchir la première étape sur la longue et passionnante route où nous cheminons encore aujourd'hui.

Dès le mois d'avril 1898, ils pensent avoir décelé un élément nouveau et, dans une note à l'Académie des sciences intitulée « Sur une substance nouvelle radioactive contenue dans la pechblende », ils écrivent : « Si l'existence de ce nouveau métal se confirme, nous proposons de l'appeler *polonium*, du nom du pays d'origine de l'un de nous. » Puis en décembre de la même année, dans une nouvelle note, cette fois signée aussi par Gustave Bémont, collègue de Pierre Curie à Physique et Chimie, où il est responsable des travaux pratiques de chimie, ils annoncent l'existence dans la pechblende de traces infimes d'un nouvel élément très voisin chimiquement du baryum auquel ils proposent de donner le nom de « radium » et dont la radioactivité doit être « énorme ».

Mais il faut essayer de passer de traces infimes à des quantités pondérables du nouvel élément pour confirmer la découverte et convaincre les sceptiques qui sont nombreux. Cela nécessite des tonnes de minerais coûteux de Joachimsthal, hors de la portée des moyens — ô combien limités — du couple et des crédits modestes qui leur sont accordés. Heureusement, selon leur étude sur l'échantillon de pechblende, l'extraction de l'uranium comme colorant minéral devrait laisser intacts le polonium et le radium dans les résidus du traitement du minerai.

Les Curie écrivent donc au président de l'Académie des sciences de Vienne pour lui demander si de tels résidus sont disponibles et à quel prix. La réponse, à leur grande satisfaction, est doublement positive : les résidus des dernières opérations n'ont pas été dispersés et le gouvernement impérial, propriétaire de l'usine, est prêt à mettre gracieusement à leur disposition une première tonne. Il autorise aussi la société minière à en fournir ultérieurement plusieurs autres à un prix raisonnable.

Quelques semaines plus tard, une lourde voiture à chevaux, semblable aux camions de livraison de charbon de l'époque, apporte à Physique et Chimie des sacs de toile remplis de minerai brunâtre auquel sont encore mêlées des aiguilles de pin. Ce sera le premier transport de résidus radioactifs. Il n'aura soulevé aucune des difficultés que nous connaissons aujourd'hui à propos du problème des « déchets » de l'énergie atomique.

Pierre et Marie Curie vont pouvoir s'attaquer à leur tâche. Il leur faut disposer d'appareillages industriels. Une petite firme, la Société de produits chimiques, consent, sans chercher de bénéfices, à effectuer le traitement initial de ces résidus sous la direction d'un jeune ingénieur de Physique et Chimie, André Debierne. Celui-ci, peu après, va découvrir un troisième élément radioactif nouveau, l'actinium, « cousin » du polonium et du radium. Les concentrés résultant de l'opération industrielle sont ensuite traités à Physique et Chimie dans un laboratoire des plus primitifs, ouvert à tous vents, glacial en hiver, torride en été, mis à la disposition des Curie par la direction de l'École : le fameux hangar qu'ils auront l'émotion et la joie de trouver un soir faiblement éclairé par la luminescence de leurs précieux concentrés de radium.

Après quatre ans de travail exténuant, la pechblende de Joachimsthal leur livre en 1902 son plus grand trésor : un sel de radium pur, un décigramme de bromure séparé par une série de cristallisations successives en partant de kilogrammes de bromure de baryum contenant le radium. Deux ans plus tard, en 1904, ils auront isolé un gramme de radium à partir de huit tonnes de résidus du minerai de Bohême.

A la fin de 1903, les honneurs affluent de l'étranger : une haute récompense de la Société royale de Londres et le prix Nobel décerné par l'Académie des sciences de Stockholm. Pierre Curie, à qui ont été refusés plusieurs postes depuis la découverte du radium, reçoit enfin en 1904 une chaire à la Sorbonne. Il rendra hommage à la seule institution française qui ait encouragé et soutenu ses efforts : l'École de physique et de chimie où il a travaillé vingt-deux ans. Son premier directeur, Paul Schutzemberger, dira-t-il, « a permis à Mme Curie de venir travailler près de moi et cette autorisation, à l'époque où elle a été donnée, était une innovation peu ordinaire ».

La chaire de physique attribuée à Pierre Curie était assortie d'un embryon de laboratoire avec trois collaborateurs : Marie Curie, nommée chef de travaux, un préparateur et un garçon de laboratoire.

Après un premier échec en 1902, Pierre Curie, dont la santé est vacillante, est élu de justesse à l'Académie des sciences en 1905, un an avant sa mort tragique, à quarante-sept ans, écrasé par une voiture à cheval, rue Dauphine, non loin de l'Institut où précisément il se rendait.

Le manque d'un laboratoire approprié avait hanté la vie de Pierre Curie. Après sa mort, le gouvernement envisagea une souscription nationale afin d'en édifier un pour Marie restée seule. Elle refusa, ne voulant pas monnayer son avenir scientifique avec la mort de son mari. Ce n'est qu'en 1910 que l'Université se décida à lui construire un vrai laboratoire et, encore, il avait fallu que l'Institut Pasteur propose d'abord de le lui offrir.

L'année suivante, 1911, fut particulièrement dramatique pour Mme Curie. Elle débuta par son échec en janvier à l'Académie des sciences. La femme, l'étrangère et libre penseur fut battue, au second tour, de deux voix par Édouard Branly l'inventeur du « cohéreur », appareil conçu pour capter les ondes hertziennes. Le nom de Branly serait presque oublié du grand public aujourd'hui, comme l'est celui de son invention, s'il n'avait été donné à un des quais de Paris au pied de la tour Eiffel, notre premier émetteur national de télégraphie sans fil. Dix mois plus tard, l'Académie des sciences de Stockholm répare cet affront et décerne un second prix Nobel à la savante que l'Institut de France avait rejetée. Peu de jours auparavant la liaison de Marie Curie et de Paul Langevin avait été révélée dans la presse dans des conditions révoltantes, donnant lieu au scandale qui la mena au bord de la dépression et la rendit malade pendant de longs mois.

Les années vingt seront celles de la revanche et de la gloire, la même presse, qui l'avait vilipendée, l'appelle maintenant l'ambassadrice de la France. 1921 : ce sera le voyage triomphal aux États-Unis. 1922, l'élection unanime à l'Académie de médecine. 1923, sur la proposition du gouvernement et après un vote unanime des deux assemblées, l'octroi d'une « récompense nationale », pension annuelle réversible sur ses deux filles. Cette gloire, elle résultait de sa ténacité, de sa modestie, de son génie propre, mais aussi des extraordinaires propriétés de son radium et de ses radiations.

L'uranium et sa famille

Martin Klaproth aurait sans doute été satisfait de son choix d'un nom de planète pour l'élément découvert dans la pechblende, s'il avait pu savoir que près d'un siècle et demi plus tard les propriétés de l'uranium contribueraient à résoudre l'énigme de la constitution de la matière en établissant le modèle planétaire de l'atome. Il aurait, en revanche, été stupéfait d'apprendre que ces mêmes étranges propriétés entraîneraient la destruction du dogme de son idole Lavoisier, celui de la conservation des éléments, un des piliers sur lesquels s'était développée la chimie au XIXe siècle.

Trois ans après la découverte du radium, en 1901, une équipe bien britannique : un physicien néo-zélandais Ernest Rutherford et un chimiste anglais Frederick Soddy, travaillant au Canada, élaboraient une brillante théorie des transformations radioactives : manifestation d'instabilité de la matière par laquelle un atome d'un élément se transforme en un atome d'un autre élément avec émission simultanée d'un rayon. Ce rayon étant un grain soit de nature corpusculaire (grain de matière), soit de nature électromagnétique.

Ainsi l'uranium, faiblement radioactif, se désintègre-t-il lentement mais immuablement à la cadence de seulement environ un milligramme par tonne et par an. Il se transforme en plomb, non directement mais par l'intermédiaire d'une chaîne de corps radioactifs, tous présents dans les minerais d'uranium. Chacun de ces corps radioactifs se désintègre à un rythme qui lui est propre pour créer le radioélément suivant, tandis qu'il est recréé par son prédécesseur. Le plomb, en fin de chaîne, est stable, et non radioactif.

Les alchimistes du Moyen Âge rêvaient de transmuter le vil plomb en or. C'est l'inverse qui se passe avec l'élément de Martin Klaproth, mais avec une telle lenteur que l'uranium est encore présent sur l'écorce terrestre malgré l'âge avancé de celle-ci : environ 4,5 milliards d'années.

Le radium des Curie est le cinquième élément d'une chaîne qui va de l'uranium au plomb. Son successeur est un gaz, émanation du radium ou radon, l'avant-dernier maillon de cette chaîne est le fameux polonium, le premier corps radioactif découvert par les Curie. Chacun de ces radioéléments a une cadence de désintégration qui lui est propre et constante. La durée de demi-décroissance, appelée *période* du radioélément, est le laps de temps pendant lequel un de ses atomes a une chance sur deux de se désintégrer. Elle est d'environ seize siècles pour le radium, de quelques jours pour le radon et de quelques mois pour le polonium. Dans le minerai, un équilibre s'est établi, et plus la période du radioélément est longue, plus la quantité présente est élevée. Ainsi, pour trois tonnes d'uranium, l'ancêtre commun dans le minerai, il y a un gramme de radium, mais seulement un quart de milligramme de polonium.

Soddy allait aussi découvrir en 1910 un fait capital. Des corps radioactifs de période différente peuvent appartenir à la même case de la classification périodique. Ce sont des isotopes. Cette notion fut étendue plus tard aux éléments non radioactifs qui peuvent être un mélange d'atomes de poids différents.

Bien avant que soient élucidés ces mécanismes complexes, difficiles à saisir pour les spécialistes et encore plus à expliquer à un public non averti, et avant même que soit isolé le premier gramme de radium, l'attention de ce public avait été frappée par une propriété originale de ces rayons radioactifs : leur action biologique.

Les rayons du radium exercent une action sur la peau et en détruisent les cellules. Ce fait fut d'abord observé par deux savants allemands, puis fut rapidement confirmé en 1901 par Pierre Curie et Henri Becquerel. Le premier exposa volontairement son bras et subit une ulcération qui mit deux mois à se cicatriser, le second subit aussi une brûlure, accidentelle, provoquée par un peu de radium contenu dans un petit tube en verre transporté dans la poche de son gilet.

L'utilisation médicale suivit rapidement. Pierre Curie y participa avec des médecins connus et ce fut tout de suite le succès et la publicité. Comme les rayons X, mais pouvant agir plus profondément, les rayons du radium (ou plus tard de son descendant immédiat, le gaz radon) peuvent détruire des cellules malades ; il fut d'abord utilisé pour guérir des lupus, des taches de vin, des granulations des paupières et surtout des cancers de la peau.

La curiethérapie était née, mise en jeu avec de fines aiguilles contenant du radium ou du radon ; elle deviendra avec la chirurgie, pendant plus de quarante ans, avant l'introduction de la chimiothérapie, le seul moyen de lutter contre le cancer dans ses atteintes en profondeur. La curiethérapie se répandra rapidement et sans doute, plus que toute autre, contribuera à la renommée du radium et à la gloire des Curie.

A cette époque, on connaissait mal, et on comprenait encore moins, l'action des radiations ; mais bientôt on se rendit compte que l'ingestion d'une quantité importante de corps radioactifs pouvait être dangereuse, et même fatale. Des accidents mortels survinrent dans les années vingt : deux physiciens français travaillant dans une usine de produits radioactifs et des ouvrières peignant des cadrans lumineux aux États-Unis. Ces dernières suçaient pour les effiler leurs pinceaux imbibés de peinture phosphorescente au radium et furent atteintes d'atroces cancers de la mâchoire. Enfin même en Bohême, on déduisit que les maladies respiratoires frappant les mineurs de Joachimsthal étaient le plus souvent des cancers des poumons qui atteignaient près de la moitié du personnel de fond.

Malgré tous ces signaux d'alarme, on continuait à penser que les radiations à petites doses étaient susceptibles d'avoir une action bénéfique, un « effet stimulant ». Quand Becquerel avait subi sa première brûlure involontaire, il s'était plaint à Pierre Curie, déclarant : « Ce radium je l'aime mais je lui en veux. » Trente ans plus tard, Mme Curie l'aime toujours et n'arrive pas à lui en vouloir. Elle termine un *Traité de radioactivité,* écrit de ses mains profondément brûlées, en 1934, l'année de sa mort (due à « une anémie pernicieuse aplasique à marche fébrile » selon le communiqué officiel) résultant de l'accumulation de l'effet des radiations.

Elle cite dans cet ouvrage comme thérapeutiques médicales : l'ingestion sous forme de boisson d'eau radioactive naturelle ou artificielle contenant du radon ; les injections dans les veines, muscles ou articulations de sérum physiologique contenant un radioélément en suspension ou dissous, l'inhalation d'air contenant du radon (l'empereur François-Joseph faisait dans ce but une cure annuelle à Badgastein), ou enfin les bains d'eaux radioactives naturelles ou artificielles ainsi que ceux de boue à base de radium. De quoi faire frémir d'horreur les responsables des services de protection de nos installations nucléaires actuelles, particulièrement vigilants et rigoureux.

Mme Curie reconnaissait toutefois dans ce passage consacré à « la curiethérapie par voie interne ou par bains » que « les bases scientifiques sont ici encore peu développées et le caractère empirique prédomine ».

Monopoles en série

Dès 1904, avec l'intérêt porté à la curiethérapie, les besoins de radium pour la médecine deviennent pressants et sa production industrielle indispensable. Les Curie vont veiller sur les débuts de cette jeune industrie. Ils ont, grâce en particulier à Debierne, l'expérience semi-industrielle acquise sur le traitement des huit tonnes de concentrés reçus de Joachimsthal. Ils ont d'ailleurs régulièrement publié les résultats de leurs travaux et les détails des procédés de séparation mis en jeu.

Ils n'ont pris aucun brevet sur ces procédés, considérant que ce serait contraire à l'éthique scientifique. Cette prise de brevet en tout état de cause n'aurait sans doute été ni facile ni efficace. En effet, on ne peut breveter la découverte d'un nouvel élément existant dans la nature, ni ses propriétés physiques ou chimiques ni des opérations de chimie classique permettant de séparer un élément des autres, qu'ils soient chimiquement distincts ou voisins. Ils auraient pu en revanche breveter les applications médicales du radium, mais ceci était impensable compte tenu de leur générosité.

Pierre et Marie Curie auraient aussi pu tirer un profit matériel de leur expérience en devenant conseils des futures industries du radium. Ils s'y refusèrent et au contraire fournirent aux intéressés tous les renseignements sollicités. Grâce à eux l'industrie du radium pourra se monter en toute liberté en France et à l'étranger, utilisant des procédés qui resteront très voisins de ceux qu'ils avaient mis au point. Mais cette nouvelle industrie se développera dans des conditions d'âpreté au gain et de brutalité commerciale indignes de l'élégance et du désintéressement des savants auxquels elle devait son existence.

L'industrie du radium prit tout naturellement son essor en France ; un industriel hardi, Armet de l'Isle, propriétaire à Nogent-sur-Marne d'une fabrique de quinine et d'autres alcaloïdes, la Société de traitement du quinquina, eut le courage de se lancer dans la production de radium. Il eut aussi la générosité de faire construire, à ses frais, un atelier pour permettre aux Curie et à Debierne d'effectuer des traitements semi-industriels de minerais. Une seconde usine, financée par Henri de Rothschild, médecin et mécène, sera installée à l'Île-Saint-Denis et appartiendra à la Société des traitements chimiques de Saint-Denis.

Le prix du radium va croître constamment. Il est vers 1906 de sept cent cinquante mille francs-or le gramme, c'est alors la substance la plus chère du monde.

Les recherches d'uranium dans la métropole et dans les colonies n'ayant donné lieu à aucune découverte de minerais riches, les usines françaises, qui jouissent alors d'un monopole mondial, sont essentiellement alimentées par du minerai de Bohême. Le gouvernement autrichien avait certes facilité les premiers travaux des Curie à un moment où la fermeture de ses mines et de sa raffinerie d'uranium avait de nouveau été envisagée. Il était donc inévitable qu'il finisse par voir d'un mauvais œil son propre minerai permettre à la France de monopoliser une industrie nouvelle tout en renonçant lui-même à donner à son exploitation quadricentenaire à la fois du prestige et un troisième souffle.

L'administration impériale autrichienne n'y alla pas de main-morte ; elle décréta en 1907 un embargo sur l'exportation de la pechblende et fit construire rapidement une fabrique de radium à côté de la raffinerie des sels d'uranium. Elle plaçait ainsi l'industrie française dans une situation plus que délicate.

Les Autrichiens avaient espéré ravir à la France son monopole, il n'en fut rien. Leur mesure d'embargo créa dans le monde une émulation dans la prospection de l'uranium et bientôt les usines françaises furent alimentées par des minerais en provenance du Portugal et des États-Unis ; la production française de radium resta voisine de celle du gisement de Bohême à la veille de la Première Guerre mondiale. Celle-ci allait mettre les deux concurrents à égalité, car l'un comme l'autre eurent alors d'autres soucis que celui de produire du radium. En tout, près d'une vingtaine de grammes de radium avaient été isolés dans le monde avant le début des hostilités en Europe.

Un nouveau producteur, les États-Unis, était entré dans la course en 1913 et dès le début du conflit mondial s'attribuait facilement à son tour le monopole. Celui-ci était fondé sur de vastes gisements d'un minerai de vanadium et d'uranium à faibles teneurs, mais facile à extraire et à traiter chimiquement. D'autant que les usines françaises avaient déjà été ouvertes par nécessité à des centaines de tonnes de ce minerai et par amabilité, à cette occasion, à plusieurs ingénieurs chimistes américains.

Les gisements étaient situés à l'ouest du pays, au Colorado et dans les États voisins, mais le raffinage se faisait au cœur de l'industrie chimique, en Pennsylvanie, sous l'égide de la Standard Chemical Company de Pittsburgh. Celle-ci mettra sur le marché, de 1913 à 1926, environ deux cents grammes de radium à un prix qui décroîtra de cent soixante mille à cent vingt mille dollars le gramme.

Seule une moitié environ de cette production ira à des hôpitaux, le reste servira à la fabrication de peinture lumineuse pour lire dans l'obscurité les cadrans de montre ainsi qu'à des appareils militaires.

Le monopole américain dura juste dix ans. En 1915, un prospecteur belge découvrit à Shinkolobwe, au Congo belge, un gisement de pechblende et d'autres minerais d'uranium d'une richesse inégalée au monde. La nouvelle fut gardée secrète par le trust minier belge, l'Union minière du Haut-Katanga, qui exploitait les grandes richesses de cuivre et de cobalt de cette région. Toujours en secret une usine fut construite à Olen, près d'Anvers, et le premier gramme de radium produit à la fin de 1922.

Les Belges font alors savoir à la Standard Chemical que leur capacité de production est aussi élevée que leur prix de revient est bas. La lutte est impossible, la firme américaine cesse toute activité en 1926 et disparaît non sans avoir cédé à la compagnie belge son dernier stock de radium, sa filiale commerciale et ses dossiers relatifs aux transactions passées avec ses clients.

Restée seul grand producteur, l'Union minière baisse le prix du gramme à soixante-dix mille dollars, mais garde secret le niveau de sa production annuelle. Celle-ci est sans doute comprise entre cinquante et cent grammes par an. Elle est limitée non pas par les capacités de production de la mine ou de la raffinerie, mais par les possibilités de vente et les crédits des hôpitaux. A ce propos, Mme Curie avait l'habitude de dire que le radium est infiniment difficile à séparer du minerai en raison de sa dilution extrême dans celui-ci, mais qu'il est encore plus difficile à vendre et que seule une personne au monde savait le faire : Boris Prégel, vendeur de l'Union minière.

Le monopole belge durera à son tour une dizaine d'années. En 1930, un grand gisement de pechblende est découvert, près du cercle polaire au Canada, au Grand Lac de l'Ours, par Gilbert Labine président d'une petite firme minière, l'Eldorado Gold Mines. Celle-ci va construire une raffinerie à Port Hope sur le lac Ontario et ses premiers grammes de radium sont produits en 1933. La production est très inférieure à celle des Belges et le gisement moins riche ; de 1933 à 1937, une soixantaine de grammes y sont raffinés. La concurrence est farouche et les prix dégringolent. En 1938, les Belges emportent un contrat de vente de six grammes à la Finlande au prix unitaire de quinze mille dollars. La situation financière des Canadiens est désastreuse, ils sont prêts à jeter l'éponge et envoient en avril 1938 un de leurs administrateurs négocier avec l'Union minière. La firme belge éblouit le visiteur par des chiffres impressionnants. La mine du Congo a été fermée, en 1937, car il restait sur son carreau du minerai très riche en quantité suffisante pour alimenter la raffinerie d'Olen pendant plus de vingt ans. Ils ont en outre en stock en Belgique un tonnage considérable de composés d'uranium purifiés. Ils peuvent produire au moins cent quatre-vingts grammes de radium par an, ont en stock déjà séparée une quantité égale à cette production annuelle et sont prêts à la mettre en vente à dix mille dollars le gramme ou moins et à en prêter gratuitement.

Au lieu de pousser leur avantage jusqu'à la mise à mort, comme dans le cas de la Standard Chemical, quinze ans auparavant, les Belges proposent à leur interlocuteur canadien l'organisation d'un cartel avec une remontée du prix unitaire à vingt-cinq mille dollars, le partage des ventes hors Belgique et Canada (où chacun restera seul maître chez soi) dans la proportion 60 % Union minière, 40 % Eldorado Gold Mines. Solution inespérée à laquelle l'émissaire canadien s'empresse de se rallier sans même en référer aux autres dirigeants de sa société.

On ne connaît pas les raisons qui ont poussé la firme belge à cette attitude relativement généreuse, sinon peut-être une vision inexacte des possibilités de nuisance et de survie de son rival canadien. Mais il faut s'en féliciter car si l'Eldorado Gold Mines avait été obligée de déposer alors son bilan, il n'y aurait pas eu, deux ans plus tard, après l'occupation d'une grande partie de l'Europe continentale de l'Ouest par les forces nazies, une mine et une raffinerie d'uranium en état de marche en Amérique du Nord. La raffinerie de Port Hope joua en effet un rôle dans l'entreprise atomique de guerre des alliés anglo-saxons et finira même par traiter les minerais riches stockés depuis 1937 sur le carreau de la mine au Congo.

Fin 1938, Bruxelles était aussi la plaque tournante de la vente de l'uranium dans le monde entier, car depuis 1927 l'Union minière était l'agent de vente du gouvernement tchécoslovaque, lien dénoncé par les Belges au début de mars 1939 par suite de l'annexion de la région des Sudètes par les Allemands.

La bataille du radium va s'achever, car la découverte de la radioactivité artificielle, suivie quatre ans plus tard par celle de la fission de l'uranium, va bientôt permettre de disposer de sources de radioéléments d'un ordre de grandeur sans mesure avec celles du passé. Moins de mille cinq cents grammes avaient été extraits depuis la découverte, dont un tiers se trouvait en Europe dans des hôpitaux et laboratoires. Le radium va progressivement disparaître de la scène mondiale et céder la vedette à l'élément de Martin Klaproth.

Jachymov 1981

Loin du combat des géants, la modeste production de radium de Joachimsthal n'avait jamais été complètement interrompue. Les mines avaient changé de nom et de maître en 1919 lors de la création de la Tchécoslovaquie. Devenues mines d'État de Jachymov et travaillant à perte, elles produisaient à la fois des colorants minéraux d'uranium et du radium à la cadence d'environ trois grammes par an.

Mais la Tchécoslovaquie ne reste indépendante que vingt ans. A la fin de septembre 1938, sacrifiée à Munich par ses alliés français et anglais, elle est démembrée et doit céder à l'Allemagne la région des Sudètes qui, située en bordure de la Bohême, comprend le gisement de Joachimsthal. Trois mois plus tard, c'est la découverte de la fission de l'uranium. L'exploitation des mines est alors poussée à fond par le IIIe Reich, leur nouveau propriétaire, et le minerai est envoyé en Allemagne pour traitement.

Après l'effondrement du régime nazi, Joachimsthal redevient Jachymov et le rideau du secret va couvrir tout ce qui touche à la production de l'uranium, car elle est destinée en totalité à l'Union soviétique.

En 1980, j'ai terminé ma carrière par une présidence du Conseil des gouverneurs de l'Agence internationale de l'énergie atomique, l'organisme de la famille des Nations unies consacré aux questions nucléaires et dont le siège est à Vienne. J'avais toujours entretenu des relations cordiales avec mon collègue tchèque Jan Neumann, président de la commission atomique de son pays. Je lui demandai la permission d'aller visiter enfin Jachymov que l'on appelle parfois en Tchécoslovaquie le berceau de l'âge atomique... et du dollar !

L'autorisation m'ayant été facilement accordée, je me suis trouvé, un jour d'avril 1981, dans une charmante petite ville tchèque, de quelques milliers d'habitants, entourée de collines boisées où l'on chercherait en vain les traces de la forêt vierge et des loups du XVIe siècle. Jachymov est à cent vingt kilomètres de Prague, non loin de Karlovy Vary (anciennement Karlsbad), la ville d'eau célèbre où royautés et hommes d'État venaient au début du siècle combattre les effets de leurs excès culinaires et de leur vie sédentaire.

Une déception : je ne suivrai pas l'exemple de Mme Curie qui avait visité le gisement en 1925 et était descendue jusqu'à cinq cent cinquante mètres au douzième niveau de la mine Concorde, la plus ancienne et la plus importante. En effet, l'exploitation, intensive pendant et surtout après la guerre, avait été arrêtée depuis la fin des années cinquante, le gisement étant considéré comme épuisé.

Depuis 1940, l'extraction du minerai avait été assurée pour les Allemands par le travail forcé des prisonniers français puis soviétiques. Après la guerre et le retour des mines à la Tchécoslovaquie, la nationalité des prisonniers utilisés change. Des Allemands et des Tchèques condamnés pour faits de collaboration, au maximum quarante mille, seront répartis dans les différentes mines qui alimentent l'effort nucléaire militaire soviétique.

En 1981, toutes les mines étaient fermées et inondées à l'exception de la plus fameuse, la mine Concorde exploitée d'une façon continue depuis plus de quatre siècles. Un sondage effectué en 1962 avait libéré à sept cents mètres de profondeur une abondante source d'eau radioactive à 28 °C, la source Behounek, ainsi nommée en l'honneur d'un physicien nucléaire et académicien tchèque, ancien chercheur du laboratoire Curie à Paris.

Behounek avait été un des membres de la tragique expédition de 1928 au pôle Nord en ballon dirigeable menée par le général italien Umberto Nobile. Le ballon s'étant écrasé sur la banquise, Behounek, le scientifique de l'entreprise, sans attendre les secours qui arrivèrent plus tard par avion, chercha avec deux autres membres de l'expédition, l'un italien, l'autre suédois, à regagner la terre ferme à pied. Ils y arrivèrent sans le dernier d'entre eux que les deux autres avaient mangé... après sa mort bien entendu. Quand j'ai fait la connaissance de Behounek dans les années trente au laboratoire Curie, il était de forte corpulence, preuve qu'il s'était bien remis de ses privations et de son régime exceptionnel !

Grâce à la source Behounek, quinze mille curistes de tous les pays de l'Est et même de l'Allemagne de l'Ouest proche, heureux élus parmi un nombre beaucoup plus élevé de candidats, viennent chaque année faire pendant trois semaines une cure de bains et d'exercices dans de l'eau chaude radioactive. L'établissement de bains qui les accueille n'a rien à envier à nos plus beaux centres français de thalassothérapie.

Un hôtel de trois cents chambres, le Radium Palace, datant de 1912, sert pour le logement. C'était l'établissement de bains initial. En 1913, un an après son ouverture, il avait déjà accueilli deux mille cinq cents curistes. A cette époque on buvait aussi l'eau, ce qui n'est plus le cas aujourd'hui.

De nos jours, de nombreuses brochures vantent les effets bénéfiques des bains d'eau chaude riche en radon pour combattre diverses maladies des nerfs, des artères et des os, tels que les rhumatismes, l'arthritisme et la goutte. Un de ces dépliants précise que « la radioactivité [...] mise en jeu à Jachymov à des doses strictement et scientifiquement mesurées est une médication unique dont l'efficacité est démontrée par le fait indiscutable de dizaines de milliers de malades guéris et reconnaissants ». Il y est aussi dit que « une cure faite à Jachymov, centre thermal moderne du XXe siècle, est une garantie de bonne santé, un investissement qui paiera toujours. Pensez à ses avantages et bienfaits pour vous-même et vos amis ».

Certes, il n'y a que la foi qui sauve, mais on ne peut pas trouver de plus bel exemple pour démontrer le caractère subjectif et irrationnel de la crainte des doses minimes et inoffensives de radiations qui freine ou paralyse aujourd'hui dans de nombreux pays du monde occidental le développement de la production de l'électricité d'origine nucléaire. Depuis est survenu, en 1986, le tragique accident nucléaire de Tchernobyl en Union soviétique. Il a dû contribuer à calmer l'enthousiasme de certains des candidats à la cure de Jachymov !

Mon pèlerinage à la vallée de Saint-Joachim avec le souvenir de ses maîtres successifs, comtes, rois, empereurs, présidents, Führer et secrétaires généraux de parti, de ses générations de mineurs soumis à un travail dangereux, de ses règnes de l'argent, du radium et de l'uranium, s'acheva ainsi sur une vision de quelques gros messieurs, pleins d'illusions et d'espoir, faisant des exercices tout nus dans une piscine d'eau chaude radioactive.

4

Brevets français et uranium belge

Grâce à la découverte de la fission, l'uranium, l'élément qui portait malchance aux chercheurs d'argent des mines de Joachimsthal, allait inévitablement influencer, en bien ou en mal, l'histoire de notre civilisation.

Depuis trente-cinq ans, il était permis de rêver de la domestication de l'énergie quasi illimitée présente au sein de la matière. Rêves roses avec le retour au paradis terrestre et l'éradication des déserts et des glaces polaires. Rêves noirs avec la destruction des villes et de la civilisation sous une avalanche de bombes radioactives. Parfois ceux-là suivant ceux-ci, un monde unifié et heureux émergeant des ruines du nôtre.

En 1903, Pierre Curie mesure la chaleur dégagée de façon spontanée et continue par le radium. Pour son explication, il envisage une transformation interne profonde, une modification continue de l'atome de radium. Il en conclut que, si cette hypothèse est valable, « l'énergie mise en jeu dans la transformation des atomes est considérable ». Toutefois, il envisage une autre hypothèse, celle-ci suppose que « le radium utilise une énergie extérieure de nature inconnue ».

Les travaux de Rutherford et Soddy vont rapidement confirmer la première hypothèse et Soddy deviendra le premier grand vulgarisateur des visions paradisiaques ou dévastatrices qui pourraient résulter de la conquête des forces mystérieuses présentes au cœur de l'atome.

Pierre Curie, dans son discours de réception du prix Nobel, souligna la double finalité des applications de la science : « On peut concevoir encore que dans des mains criminelles le radium puisse devenir très dangereux, et ici on peut se demander si l'humanité a avantage à connaître les secrets de la nature, si elle est mûre pour en profiter et si cette connaissance ne lui sera pas nuisible. » Puis, après avoir cité l'exemple de l'utilisation de la dynamite inventée par Nobel, il finit sur une note optimiste : « Je suis de ceux qui pensent avec Nobel que l'humanité tirera plus de bien que de mal des découvertes nouvelles. »

Quelques années plus tard, en 1913, le romancier de science-fiction H. G. Wells, s'inspirant des textes et conférences de Soddy, publie *The World set free (Le Monde libéré),* étonnant roman d'anticipation. Il y décrit la découverte de la radioactivité artificielle et la situe avec une précision surprenante en 1933, puis il dépeint les applications industrielles et militaires de l'énergie atomique, la destruction des grandes villes du globe par le feu et les radiations nucléaires au cours d'un conflit mondial en 1956. L'ouvrage se termine sur une conférence de la paix en Italie sur le lac Majeur et l'organisation par les survivants d'un monde nouveau où l'homme libéré jouira des bienfaits multiples de l'énergie atomique.

Vingt ans plus tard, on n'était pas plus avancé dans la conquête pratique de cette énergie, conquête que même Rutherford jugeait encore utopique en 1933. Certes, on avait mesuré avec précision l'énergie de transmutation du radium. Un gramme de cet élément se transforme à moitié en plomb en seize siècles durant lesquels il libère autant de chaleur que la combustion de trois cents kilos de charbon. Ainsi cette énergie ne se manifestait que selon son bon vouloir et au compte-gouttes. Situation irritante pour les savants impuissants à accélérer le processus naturel de désintégration.

Puis l'on s'approcha de la solution avec la découverte de la radioactivité artificielle. Joliot dans son discours de réception du prix Nobel en 1935, quelque trente ans après celui de son beau-père, qu'il n'aura pas connu, prédira que « des chercheurs brisant ou construisant des atomes à volonté, sauront réaliser des réactions nucléaires en chaînes explosives. Si de telles transmutations arrivent à se propager dans la matière, on peut concevoir l'énorme énergie utilisable qui sera libérée ».

Cette idée de réaction en chaîne entre atomes se désintégrant les uns les autres, un physicien hongrois, Leo Szilard, l'avait non seulement déjà eue en 1934, à l'âge de trente-sept ans, après la découverte du neutron, mais l'avait même brevetée en secret et mentionnée à l'Amirauté britannique. Pétillant d'intelligence et d'originalité, il fit preuve d'une remarquable prescience scientifique et politique dans cette aventure. Petit homme nerveux, vivant en général à l'hôtel, il était le prototype du savant juif errant. Ancien collaborateur d'Einstein à Berlin, il avait quitté l'Allemagne dès les premières mesures antisémites et s'était installé en Angleterre. Il s'y occupa à la fois de l'accueil des savants juifs allemands et de ses brillantes et multiples idées sur les applications de la physique nucléaire alors en pleine évolution.

Convaincu de l'imminence d'un conflit mondial, et malgré l'offre d'une situation à Oxford, il partira pour les États-Unis après la crise de Munich. Prévenu de la découverte de Hahn, il est convaincu de la réalisation proche des prédictions de Wells qui l'avaient impressionné auparavant et des siennes plus récentes sur la réaction en chaîne. Il est obsédé par le danger que représenterait pour la civilisation une victoire de l'Allemagne nazie dans une très probable course à l'arme atomique.

Dès la découverte de la fission, il entre en contact de New York avec ses collègues anglais et français pour leur proposer de cesser d'un commun accord toute publication sur la fission nucléaire. Dans une lettre du 2 février 1939 à Joliot, il précisait : « Si plus d'un neutron est libéré, une sorte de réaction en chaîne sera évidemment possible. Ceci, dans certaines circonstances, pourrait permettre la réalisation de bombes sûrement extrêmement dangereuses, mais plus particulièrement entre les mains de certains gouvernements. » C'est la première définition du grave problème de la non-prolifération et de son caractère discriminatoire : les pays possesseurs de l'arme atomique ont toujours été convaincus que celle-ci est moins dangereuse en leur possession qu'elle ne le serait dans celle des pays qui en sont encore démunis.

La proposition de Szilard fut reçue avec étonnement au Collège de France, et je me souviens des discussions qui s'ensuivirent sur la possibilité de réaliser un accord volontaire de secret sur les recherches à venir entre pays concernés redoutant une réussite allemande dans ce domaine. La chose paraissait particulièrement difficile en physique nucléaire, domaine de science pure ouvert à tous par définition. Le libre échange des connaissances y avait toujours eu cours et avait souvent même pris l'aspect d'une course : quelques jours de plus ou de moins dans la publication d'un résultat pouvant représenter pour son auteur la différence entre le prestige de la découverte ou la satisfaction moindre de sa confirmation.

Au début de 1939, Joliot m'avait proposé pour la troisième fois de venir travailler avec lui. J'achevais ma thèse et il fallait que je quitte le domaine de la cristallisation fractionnée pour un nouveau thème de recherche plus d'actualité. La possibilité de participer comme chimiste aux premières recherches suivant la découverte de la fission était une chance inespérée. Mais je devais ma formation à Debierne et celui-ci venait, contre toute attente, un an auparavant, de me mettre le pied à l'étrier de la carrière universitaire avec ma nomination d'assistant. Je refusai donc.

Halban, devenu le bras droit de Joliot dans ces nouvelles recherches et désireux de renforcer l'équipe, avait obtenu l'accord de celui-ci pour s'adjoindre Kowarski et aurait souhaité, aussi, m'y voir prendre place. Il m'en fit un vif reproche en soulignant le manque d'intérêt relatif de ma thèse. Je lui répondis d'assez mauvaise foi que s'il ne publiait pas ses résultats à une certaine date, ils le seraient la semaine suivante par des chercheurs d'un autre laboratoire, tandis que pour mes travaux, si je ne les avais pas poursuivis, ils n'auraient peut-être jamais été entrepris... par manque d'urgence.

La proposition de Szilard ne fut ni complètement comprise ni acceptée au Collège de France, mais quelques mois plus tard, la menace de guerre s'amplifiant, chaque pays concerné, y compris le nôtre, commença à garder secrets les résultats de ses recherches sur l'uranium. Mes contacts avec l'équipe du Collège de France s'en ressentirent et s'estompèrent. Mais avant que le rideau du secret ne retombât complètement, des résultats fondamentaux avaient été trouvés et publiés.

Les neutrons de fission

Le 7 mars 1939, Joliot et ses deux collaborateurs, Halban et Kowarski, étaient les premiers à annoncer que la rupture du noyau d'uranium sous l'impact d'un neutron s'accompagne, outre un dégagement d'énergie, de l'émission de nouveaux neutrons. C'est là le fait primordial qui va permettre la propagation du « feu » atomique par réaction en chaîne. Kowarski alla lui-même porter une lettre au Bourget pour qu'elle parte par le premier avion pour Londres et paraisse plus rapidement dans la revue anglaise *Nature*. Cette publication hebdomadaire de haute tenue scientifique acceptait de courtes communications jusqu'au moment d'aller sous presse. Une semaine plus tard, Fermi, installé depuis peu à New York, et Szilard publiaient ensemble le même résultat.

Le principe de la réaction en chaîne présente une analogie avec l'anecdote de l'inventeur du jeu d'échecs. Celui-ci ayant demandé en récompense à l'empereur des Indes quelques grains de blé, un sur la première case, deux sur la deuxième, quatre sur la suivante, et ainsi de suite, il n'y avait plus assez de blé dans les greniers du monde entier pour satisfaire sa requête à la soixante-quatrième et dernière case. Il en est de même pour la fission, si celle d'un noyau d'atome d'uranium sous l'action d'un seul neutron produit plusieurs neutrons et si ceux-ci ne sont pas absorbés par des impuretés présentes dans le milieu ou ne sont pas perdus à l'extérieur du système, ils produiront à leur tour de nouvelles fissions dans d'autres noyaux d'uranium et de proche en proche un nombre infiniment grand d'atomes d'uranium seront scindés en donnant lieu à un grand dégagement d'énergie. Si le temps séparant deux générations de fissions est infiniment court, on aboutira à une réaction explosive ; si au contraire on peut contrôler cet intervalle, on pourra obtenir une production d'énergie récupérable.

En ce début de printemps 1939, la presse mondiale s'était brièvement emparée du sujet. Toutes les anticipations furent envisagées : l'électricité en quantité illimitée et à bon marché, la superbombe et ses ravages incalculables ; et le sous-marin digne de Jules Verne, car son moteur ne nécessite plus d'oxygène. Bien entendu, l'opinion publique comme les dirigeants non avertis ne pouvaient guère juger de la part de science-fiction dans ces prédictions touchant un domaine qui les dépassait.

La montée des périls devenait de plus en plus inquiétante. Le rapt de la Tchécoslovaquie avait eu lieu le 15 mars en contradiction formelle avec les engagements pris par Hitler, à peine six mois auparavant, lors de la crise de Munich et de l'annexion de la région des Sudètes. Ne voulant pas être en reste, Mussolini agit à l'échelle de ses moyens et ses troupes débarquèrent le 7 avril dans le petit royaume sans défense d'Albanie.

Ce même 7 avril, malgré un échange de télégrammes assez confus avec Szilard et un de ses collègues, tous deux aux États-Unis, au sujet de l'éventuel embargo sur les publications, Joliot, Halban et Kowarski envoient à *Nature* une nouvelle note capitale. Ils y évaluent à 3,5 le nombre de neutrons secondaires produit dans chaque fission d'un noyau d'atome d'uranium. Ce nombre était un peu trop élevé, par suite d'une erreur d'interprétation des mesures. Cette surestimation ne pouvait que renforcer les chercheurs du Collège de France dans l'opinion que la réaction en chaîne était à leur portée. En réalité le nombre de neutrons secondaires par fission est en moyenne de 2,5. Cette donnée est un fait fondamental de la nature ; si ce nombre avait été voisin de l'unité, la possibilité de réaliser à partir d'uranium une production d'énergie atomique contrôlée ou explosive serait restée du domaine du rêve ; dépassant 2, cette possibilité devenait une quasi-certitude.

Francis Perrin entre-temps avait rejoint l'équipe et lui avait apporté ses connaissances étendues en mathématiques et en physique théorique. Il va être le premier à appliquer au phénomène de fission le concept de masse critique — valable pour la production d'énergie contrôlée comme pour l'explosion — en dessous de laquelle la réaction en chaîne ne peut pas se produire. Il en donne une première évaluation d'une quarantaine de tonnes d'uranium, la quantité nécessaire pour obtenir une explosion, ce qui représente un volume considérable. Il en déduit que l'élévation brutale de température détruira l'ensemble, le fera retomber au-dessous de la masse critique, ce qui limitera la puissance de l'explosion. Néanmoins l'idée de faire une expérience secrète au Sahara fut discutée alors, vingt ans avant qu'elle n'y fût effectivement réalisée avec du plutonium, élément encore inconnu à cette date.

En fait les conclusions de Perrin étaient inexactes, on ne peut pas obtenir une explosion avec de l'uranium naturel qui est un mélange de deux isotopes infiniment difficiles à séparer l'un de l'autre, l'un abondant, l'uranium 238, l'autre rare, l'uranium 235, en proportion constante de cent trente-neuf à un, soit 7 ‰ d'uranium 235 dans tout l'uranium de la nature. Personne ne se rendait encore compte alors de la possibilité de produire à partir d'uranium les deux explosifs nucléaires concentrés : uranium 235 et plutonium permettant de réaliser à partir seulement de quelques kilogrammes une explosion redoutable.

Ainsi les physiciens français — comme heureusement d'ailleurs indépendamment leurs collègues allemands — concentrèrent-ils par la suite leurs efforts sur l'obtention de la réaction en chaîne contrôlée d'un intérêt militaire plus limité, tout en gardant à l'esprit la possibilité d'application explosive. Ce fait sera d'une importance politique capitale, car Hitler ne donnera pas une priorité suffisante aux travaux atomiques considérés comme essentiellement énergétiques tandis que les savants en Angleterre, puis aux États-Unis, opteront pour une priorité inverse et la bombe et les événements leur donneront raison.

Au cours du mois d'avril, Joliot et ses collaborateurs, devançant de peu leurs concurrents Fermi et Szilard, précisèrent les conditions dans lesquelles ils espéraient que pourrait être construite et contrôlée une machine productrice d'énergie. Leur anticipation était brillante ; elle prévoyait, en effet, les organes de nos centrales nucléaires actuelles et leurs caractéristiques : modérateur pour ralentir les neutrons secondaires, fluide de refroidissement, barres de contrôle, enceinte de protection contre les radiations...

Joliot était ainsi confronté, pour la première fois de sa carrière, à des réalisations potentielles dont l'enjeu industriel pourrait être immense. La tradition des Curie avait toujours été de laisser à d'autres les problèmes de propriété industrielle, mais ce désintéressement n'avait pas été payé en retour par suite de l'âpreté au gain des monopoles américain et belge qui avaient dominé le marché mondial du radium. Après quelques hésitations, il se laissa convaincre par Halban et Perrin qu'il était de leur devoir de breveter secrètement leurs conceptions de ces futures machines, ne serait-ce que pour avoir une monnaie d'échange dans l'éventualité où des brevets d'application pris ultérieurement ailleurs joueraient un rôle important.

La Caisse nationale de la recherche scientifique (CNRS, appelée à devenir peu après Centre national de la recherche scientifique) avait accordé un support important aux recherches du Collège de France et assumé le salaire de Halban et Kowarski, le premier comme chargé de recherches, le second dans le grade moins élevé de boursier, tandis que Joliot et Francis Perrin étaient tous deux fonctionnaires, respectivement comme professeurs au Collège de France et à la Sorbonne. Trois brevets secrets furent donc déposés au nom de la CNRS entre le 1er et le 4 mai 1939. Le premier de ces brevets de base était intitulé « dispositif de production d'énergie », le second « procédé de stabilisation d'un dispositif producteur d'énergie », le troisième « perfectionnement aux charges explosives ». Dans ce dernier cas, l'anticipation des auteurs était moins bonne, mais ils n'en suggéraient pas moins des dispositifs d'amorçage d'explosion et d'obtention de taille critique (par rapprochement de deux masses ou par compression) qui devinrent classiques par la suite.

Dans une négociation avec Henri Laugier, le premier directeur du CNRS depuis sa fondation en 1935 par Jean Perrin, les quatre inventeurs renoncèrent à la majeure partie des éventuels bénéfices résultant de l'exploitation espérée de ces brevets de base, en assignant les gains au CNRS pour le développement de la recherche scientifique selon les directives d'une commission où ils siégeraient. Les inventeurs se réservaient chacun seulement 5 % des redevances. Une telle disposition entraînait un acte de donation au CNRS des 80 % restants. La rédaction d'un acte si inhabituel était compliquée et encore en discussion quand la guerre éclata en septembre, et l'on en resta à un engagement verbal.

Cette difficulté concernant la répartition des droits entre les inventeurs et le CNRS conduisit Halban, Joliot et Kowarski (Francis Perrin étant mobilisé) à prendre sous leurs propres noms deux autres brevets en avril 1940. L'un d'eux s'appuyait sur une prédiction théorique de Niels Bohr, faite lors de la découverte de la fission et confirmée expérimentalement en mars 1940 aux États-Unis, selon laquelle c'est l'isotope rare de l'uranium, le 235 contenu à sept parties pour mille dans le mélange naturel, qui subit la fission. L'équipe du Collège de France avait alors breveté l'idée que de l'uranium enrichi en uranium 235 serait plus favorable pour l'obtention de la réaction en chaîne.

Le projet d'accord franco-belge

Le dernier jour de la prise de ces premiers brevets, le 4 mai 1939, Joliot demanda rendez-vous à l'Union minière du Haut-Katanga, la firme belge détentrice des plus larges stocks d'uranium inutilisés dans le monde, une partie seulement de sa production trouvant acheteur comme colorant minéral. Au même moment, la publication dans *Nature* le 22 avril de la note du Collège de France, avec son chiffre de 3,5 neutrons, avait impressionné le physicien anglais George Thomson, prix Nobel récent et fils de prix Nobel. (Son père, Joseph John, l'avait eu, en 1906, pour la découverte de l'électron, le grain de matière d'électricité.) Il avait de suite alerté les autorités britanniques sur l'intérêt de prendre contact avec la même firme belge pour à la fois se procurer un tonnage important et empêcher que son stock passe tout ou partie aux mains des Allemands.

Le trust belge avait toujours entretenu de bonnes relations avec l'Institut du radium, lui prêtant plusieurs grammes de radium pour des travaux médicaux et fournissant le laboratoire Curie en résidus des traitements de minerais pour l'isolement et l'étude de sources concentrées de certains radioéléments naturels rares. Ces relations étaient toutefois limitées par le secret commercial entourant la production du radium. J'en fis personnellement l'expérience en 1935. Visitant l'université libre de Bruxelles, j'avais exprimé à un professeur accueillant mon intérêt pour la raffinerie de radium d'Olen. Il m'obtint sans difficulté d'un ami, dirigeant de l'Union minière, une autorisation de m'y rendre mais ayant ajouté *in fine* : « Cela l'intéressera d'autant plus qu'il est chimiste spécialiste du radium au laboratoire Curie. » L'autorisation de visite fut annulée à peine une minute après avoir été accordée.

Joliot se rendit à Bruxelles le lundi 8 mai 1939. La chronologie des rencontres de cette semaine-là est importante. Il fut reçu par Edgar Sengier, l'administrateur délégué de la société, et Gustave Lechien, directeur de sa division du radium. Il leur expliqua avec clarté et enthousiasme les perspectives nouvelles de leur sous-produit, et après s'être assuré à la fois de l'importance des stocks présents en Belgique et de l'absence de danger de réaction en chaîne dans leur configuration physique, il leur proposa de développer en commun ce nouveau domaine. Sengier, ingénieur de formation, qui avait dès 1911 assumé la direction technique de l'empire minier belge et le dirigeait depuis 1932, dut être impressionné car il accepta de se rendre à Paris à la fin de la même semaine.

Le surlendemain, le mercredi 10 mai, Edgar Sengier est à Londres. Un des vice-présidents de l'Union minière est anglais, lord Stonehaven, en raison des liens anciens de la firme belge avec la société de droit anglais, la Tanganyika Concessions Limited ; il organise dans son bureau une rencontre de Sengier avec sir Henry Tizard, un des principaux conseillers scientifiques du gouvernement britannique. Ce dernier, très dubitatif sur la possibilité de faire une arme à partir de l'uranium, n'était pas favorable à l'utilisation d'importants fonds gouvernementaux pour l'achat des stocks disponibles. Le principal résultat de cette réunion fut un engagement de Sengier de prévenir le gouvernement britannique de tout achat anormal et de son origine, ainsi qu'une acquisition d'une seule tonne d'oxyde d'uranium par les autorités anglaises pour un coût de sept cents livres.

Trois jours plus tard, le samedi 13 mai, Sengier et Lechien rencontrent, à Paris, Laugier, directeur du CNRS, Joliot et les trois autres auteurs des brevets. L'enthousiasme des quatre inventeurs n'a d'égale que leur hâte d'obtenir de l'uranium de l'Union minière. Un projet de convention est préparé précipitamment dans la journée et sa rédaction s'en ressent. Il sera paraphé par Joliot pour le CNRS et par Lechien, dont la signature composée d'une douzaine de boucles ressemble à un caniche et a de quoi faire les délices d'un psychanalyste graphologue. Dans sa version initiale la convention était prévue entre le CNRS et l'Union minière, rencontre inhabituelle entre un organisme d'État français et un trust privé belge. Dans une deuxième version, envoyée par Lechien à Laugier le 2 juin, le CNRS est remplacé par une société civile nationale à créer, titulaire des droits sur les brevets français concernés.

La convention avait pour but final une exploitation en commun, à travers un syndicat à créer, des applications des deux premiers brevets déposés par le CNRS, les 1er et 2 mai, sur le dispositif de production d'énergie et sur le procédé de stabilisation. C'est un contrat d'exclusivité, car les signataires de la convention s'engagent à ne pas s'intéresser individuellement à toute autre invention analogue mais à le faire seulement en commun à travers le syndicat. Le syndicat ne devait être créé qu'après le succès de deux expériences, dont la première devait porter sur cinq tonnes d'oxyde. La deuxième devait mettre en jeu une quantité dix fois supérieure. Il était précisé que, dans le cas où l'oxyde d'uranium mis à la disposition de la société française pour ces expériences ne serait pas détruit, il serait rendu à l'Union minière avec tous les produits qui pourraient y être associés ou qui en auraïent été retirés. La clause de destruction signifiait peut-être que l'on ne s'interdisait pas la réalisation d'une explosion expérimentale, mais plus probablement que l'on ne rejetait pas la possibilité d'un emballement explosif d'une réaction en chaîne contrôlée.

L'Union minière accepta aussi de prêter aux inventeurs un gramme de radium, sous forme de mélange de radium et béryllium, à cette date, source la plus efficace de neutrons par action des rayons du radium sur le béryllium. De plus la firme belge s'engageait à étudier dans ses bureaux techniques les installations nécessaires aux expériences envisagées, et à valoriser les brevets existants ou à venir grâce à l'organisation mondiale dont elle disposait. Enfin, elle acceptait de participer aux frais des expériences à concurrence d'un million de francs français, somme relativement faible représentant trente-cinq fois mon salaire annuel d'assistant à la Sorbonne à cette date.

Les bénéfices des opérations réalisées par le syndicat devaient être partagés à égalité, sauf ceux réalisés en France et dans ses colonies qui revenaient à 80 % à la société française, et ceux réalisés en Belgique, au Congo et au Luxembourg, qui seraient reversés pour 80 % à l'Union minière, clause qui ressemblait à celle du cartel belgo-canadien conclu entre l'Union minière et l'Eldorado à peine plus d'un an auparavant.

Cet accord ne fut jamais formellement ratifié, la difficulté principale résidant dans la définition de l'interlocuteur français de la firme belge avec laquelle les contacts furent maintenus jusqu'à l'invasion de la Belgique et de la France. Il eut néanmoins un début d'exécution : dès le 23 mai 1939, Lechien expédia à Joliot cent barils contenant chacun cinquante kilos d'oxyde d'uranium, soit les cinq tonnes prévues pour la première expérience. Plus tard, en mars 1940, trois autres tonnes d'oxyde seront mises à la disposition du Collège de France, en plus d'un prêt de plusieurs grammes de radium.

A le regarder de près aujourd'hui, ce projet d'accord était très favorable à l'Union minière, car si la guerre n'avait pas éclaté Joliot et son équipe auraient eu une bonne chance d'être les premiers à construire une pile atomique et les brevets de base français en auraient été considérablement valorisés, passant du stade d'hypothèses sur papier à celui d'une réalisation concrète. L'Union minière serait devenue bénéficiaire à 50 % des royalties de ces brevets et de ceux qui auraient été pris par la suite. Elle aurait obtenu cet avantage considérable sans hypothéquer en aucune façon ses stocks et ses réserves et en échange seulement d'un prêt d'une quantité d'uranium à peine supérieure à 1 % des stocks qui se trouvaient sous des formes diverses en Belgique et au Congo sur le carreau de la mine. Mais en contrepartie, dans la course à la réaction en chaîne, les Français, déjà en tête, avaient obtenu ce dont aucun des autres laboratoires engagés dans cette compétition en Allemagne, en Angleterre ou aux États-Unis, ne disposait encore : de l'oxyde d'uranium par tonnes.

Le stock d'uranium belge

Durant ces mêmes mois de 1939 précédant le début de la guerre en Europe, l'uranium belge continuait à susciter envie et inquiétude. A New York, Leo Szilard et un autre physicien juif, hongrois d'origine récemment naturalisé américain, Eugene Wigner, né au début du siècle, futur prix Nobel, cherchaient le moyen de mettre en garde le gouvernement belge contre toute vente d'uranium à l'Allemagne. Ils ont l'idée de faire intervenir Einstein, car il connaît bien la reine-mère Elisabeth de Belgique, protectrice des musiciens, artistes et savants. Ils ont d'abord du mal à trouver le père de la relativité, en vacances — en juillet — près de New York à Long Island, et ils sont les premiers à lui révéler les possibilités de réaliser une réaction en chaîne et ses redoutables implications militaires. Mais Einstein ne veut pas écrire à la reine. Ils envisagent alors une lettre à un membre du gouvernement belge, ou au Département d'État américain. Puis, quelques jours plus tard, après avoir pris conseil d'Alexander Sachs, un économiste membre de l'entourage de Franklin Roosevelt, ils convainquent Einstein de signer une lettre au président des États-Unis. Ce fut la seule contribution pratique du savant pacifiste à la réalisation de l'arme atomique dont le public lui attribue parfois à tort la paternité.

Cette lettre, rédigée par Szilard et datée du 2 août 1939, deviendra le coup d'envoi du projet atomique américain, qui se terminera cinq ans plus tard par Hiroshima et Nagasaki. Elle sera remise le 11 octobre par Sachs à Franklin Roosevelt avec un rapport de Szilard. Celui-ci mentionne les travaux français comme probablement les plus avancés à l'époque. La lettre envisage les effets d'une éventuelle bombe atomique, prévue alors comme très volumineuse, en termes frappants : « Une seule de ces bombes, introduite par bateau dans un port, pourrait fort bien détruire entièrement le port et raser complètement le territoire environnant. » Mais le but initial de la démarche était d'alerter le gouvernement belge et Sachs remet aussi au président une lettre signée par lui-même où il souligne, en raison du danger d'invasion de la Belgique par les Allemands, l'urgence de faire des arrangements avec l'Union minière du Haut-Katanga pour obtenir pour les États-Unis des ressources importantes en uranium.

Cette démarche officielle auprès de l'Union minière ne se fera que trois ans plus tard, en septembre 1942 ; elle aurait pourtant pu se faire bien facilement en ce mois d'octobre 1939, car Sengier venait de s'installer à New York où Lechien allait bientôt le rejoindre avec cent vingt grammes de radium, une fortune valant trois millions de dollars à cette date.

Sengier avait déjà connu l'exil à Londres et au Congo pendant la Première Guerre mondiale. Mais cette fois, au début des hostilités en septembre 1939, la Belgique est neutre, les États-Unis aussi et New York est choisi pour que la firme belge puisse continuer à avoir des relations commerciales avec le monde entier. L'Union minière jouera ainsi ultérieurement un rôle considérable dans l'alimentation de l'effort allié en cuivre, cobalt, étain et… uranium. Son chiffre d'affaires annuel sera supérieur à celui du budget du gouvernement belge en exil à Londres.

De New York, Sengier donnera ordre d'expédier aux États-Unis tout l'uranium présent à Olen sous quelque forme qu'il soit : composés raffinés ou résidus d'extraction du radium stockés sans précaution dans la nature autour de l'usine au bord de l'Escaut. Le 10 mai 1940, jour de l'invasion de la Belgique, cet uranium, en tout quelque mille deux cents tonnes de produits, se trouvait à quai à Anvers prêt à embarquer. Premier mystère : pourquoi plusieurs mois de délai avant d'exécuter l'ordre, et pourquoi n'avoir pas échelonné les envois dès la décision initiale ? Le second mystère réside dans le devenir, pendant la guerre, d'une partie de cet uranium qui avait manqué de peu son embarquement pour l'Amérique.

En 1980, j'ai interrogé longuement à ce sujet, quelques années avant sa mort, Gaston André, le successeur, au début de la guerre, de Gustave Lechien à la tête de la division radium de l'Union minière. Il était à la retraite et ne voulait pas remuer le souvenir d'événements passés qui avaient en leur temps soulevé des passions, sans doute en raison de problèmes de relations avec les Allemands. Il m'a affirmé — et je n'en ai trouvé nulle trace ailleurs — qu'environ six cents tonnes de produits bruts d'uranium avaient été évacués d'Anvers vers Le Havre devant l'avance des Allemands qui les y avaient repris, puis réexpédiés vers la Belgique et plus tard, avec ou sans raffinage, vers l'Allemagne. De plus, un certain nombre de wagons avaient été évacués à temps du Havre vers le sud-ouest de la France.

La majeure partie du stock belge, environ mille cent tonnes, fut récupérée par les troupes américaines vers la mi-avril 1945, au moment de l'effondrement nazi, dans une usine située près des mines de sel de Stassfurt en Allemagne orientale. Il se trouvait dans des barils éventrés, au ras du sol, dans un hangar. Rapidement reconditionné, ce stock fut expédié, par air et par mer, en Angleterre puis de là, aux États-Unis. L'Union minière avait reçu l'engagement des alliés anglo-saxons d'être payée pour les quantités pour lesquelles elle n'avait pas déjà été dédommagée… en marks !

Au moment de la libération de la Belgique, les dirigeants de l'Union minière interrogés par la mission spéciale américaine chargée d'évaluer l'état d'avancement des Allemands dans la course atomique et de récupérer tout matériau utilisable dans cette course, avaient fait savoir que sept wagons, contenant environ soixante-dix tonnes de composés raffinés d'uranium, avaient été évacués du Havre vers le Sud-Ouest en juin 1940.

Le 11 octobre 1944 au matin, Toulouse étant encore aux mains des Forces françaises de l'intérieur et en principe toujours interdite aux armées alliées, un convoi américain de camions et de huit jeeps, avec du personnel armé de mitrailleuses, fit irruption dans la ville et prit place autour de la poudrerie nationale. Peu de jours auparavant, quelques Américains, informés par Bruxelles et munis de compteurs Geiger, y avaient repéré le contenu de trois wagons, soit trente et une tonnes, sans doute d'uranate de soude. Le détachement avait ordre de prendre de force le stock d'uranium s'il y avait la moindre résistance; il n'y en eut pas quand l'ingénieur en chef, après avoir en vain demandé un ordre écrit, vit les mitrailleuses pointées sur la poudrerie. Le lendemain l'uranium était embarqué à Marseille pour les États-Unis.

La mission spécialisée américaine chercha sans succès dans la région de Bordeaux les quatre wagons d'uranium manquants. Trois d'entre eux avaient été sans doute retrouvés par les Allemands, qui avaient fait aussi, mais en vain, une descente à la poudrerie de Toulouse, car l'uranium y avait été camouflé en matériau de construction par son directeur. Le dernier wagon fut retrouvé après la guerre en gare du Havre, dont les employés avaient considéré pendant quatre ans son chargement jaune vif comme un colorant — ce qui n'était pas si inexact. Une fois analysé, il apparut qu'il s'agissait de neuf tonnes d'uranate de soude impur et humide, correspondant à un peu moins de trois tonnes d'oxyde.

Cette quantité, ajoutée aux quelque huit tonnes d'oxyde prêtées par les Belges à Joliot en 1939 et 1940, et heureusement cachées au Maroc pendant l'Occupation, représentait le stock initial du Commissariat à l'énergie atomique lors de ses débuts en 1946. La valeur de ce stock, d'une dizaine de tonnes d'oxyde, au cours moyen pratiqué durant les hostilités représentait une valeur totale d'une cinquantaine de milliers de dollars, montant qui ne fut jamais réclamé par l'Union minière. Cette dot fut toutefois vitale pour notre effort atomique renaissant, car, en 1946, tout l'uranium disponible sur le marché mondial avait été monopolisé par les gouvernements américain et britannique; elle nous permit de gagner trois précieuses années qui, sans cela, auraient été perdues jusqu'à la découverte, en 1948, de notre premier gisement national dans le Limousin.

Le directeur de la poudrerie nationale de Toulouse, pendant la guerre, Jean Fauveau, plus tard chef du service central des poudres, fut décoré, après les hostilités, par le gouvernement belge pour avoir sauvé le contenu des trois wagons. Quelques années plus tard, il raconta cet épisode et sa récompense à Mme Joliot qui lui fit grise mine. En effet, s'il avait réussi à camoufler ce produit des Américains, il n'aurait pas été décoré par les Belges, ni sans doute, à cette occasion, par les Français, mais il aurait rendu un fier service à son pays en augmentant la dot initiale du CEA en uranium.

Transfert de l'uranium au Maroc

Par contre, ceux qui sauvèrent le stock du Collège de France, en le transportant puis en le cachant au Maroc, ont rendu un service insigne au développement nucléaire français et ils l'ont fait en toute modestie ; car un secret absolu sur l'opération avait été maintenu jusqu'à ce que j'entreprenne, pour ce livre, le récit de ces événements. Halban, passé d'abord en Angleterre puis, plus tard, en Amérique du Nord, avait eu connaissance avant son départ de France, le 18 juin 1940, de ce transfert au Maroc, mais il n'en savait guère plus. Interrogé à plusieurs reprises par les Services anglais et américains (comme Joliot le fut durant l'Occupation par les Allemands), il ne put leur donner la moindre indication sur le lieu exact de stockage. S'il avait pu, il les aurait sûrement informés de bonne foi et le sort de cet uranium aurait été le même que celui de Toulouse, ce qui aurait porté un coup sérieux au démarrage ultérieur de notre effort national.

Voulant élucider cette question, je n'ai trouvé pour remonter la filière qu'une note cryptique dans le journal tenu par Halban à certaines périodes après son départ de France. Il y mentionne, en mai 1943, à propos d'une conversation avec Francis Perrin à New York, la vague impression qu'un physicien du laboratoire de Maurice de Broglie, Serge Gorodetsky, avait peut-être transporté cet uranium au Maroc en canot automobile à travers la Méditerranée.

Bien qu'il me parût peu vraisemblable que le transport d'un tel tonnage ait pu se faire en canot automobile et que le responsable en ait gardé le secret pendant près d'un demi-siècle, je décidai, au début de 1987, de m'en enquérir auprès de Gorodetsky qui venait d'achever sa carrière comme professeur à l'université de Strasbourg. Il avait effectivement joué un rôle majeur dans l'opération et n'avait jamais jugé nécessaire de s'en vanter.

Joliot, à l'approche des Allemands, aurait demandé aux services du ministère de l'Armement, dont il dépendait alors, de mettre en sûreté son stock d'uranium, et quelque cent trente caisses et barillets furent alors évacués sur Bordeaux. C'est là que Serge Gorodetsky entre en scène ; mobilisé au laboratoire de Louis Leprince-Ringuet à l'École polytechnique, il avait réussi à obtenir, au début de juin 1940, un ordre de mission du généralissime Maxime Weygand pour se rendre en Angleterre. Arrivé à Bordeaux, vers le 15 juin, et ne trouvant aucun moyen pour partir outre-Manche, il opta pour un cargo en partance pour le Maroc.

On lui demanda alors s'il se chargerait, en grand secret, de convoyer au Maroc et éventuellement en Angleterre ensuite, le stock d'uranium de Joliot ainsi que quelques appareillages, documents et objets précieux (dont le diplôme et la médaille du prix Nobel) du savant. Il accepta la mission, et le bateau, après avoir été épargné lors d'un bombardement allemand du port de Bordeaux, appareilla avant la demande d'armistice du 17 juin, puis longea les côtes du Portugal et arriva indemne à Casablanca une dizaine de jours plus tard.

Une confusion totale régnait alors au Maroc où venait d'arriver le paquebot *Massilia* chargé d'anciens ministres, de parlementaires et de personnalités ayant quitté Bordeaux pour le Maroc sur ordre du gouvernement, au moment où il avait été pratiquement décidé de replier celui-ci ainsi que les deux Chambres en Afrique du Nord. Plusieurs de ces parlementaires, dont Édouard Daladier et Pierre Mendès France, accusés d'abandon de poste, venaient d'être arrêtés par le général Charles Noguès, le résident général, sur ordre du gouvernement Pétain. Heureusement Jean Perrin, arrivé aussi par le *Massilia*, n'avait pas été inquiété. Gorodetsky se confia à lui, il n'était plus question évidemment de transférer l'uranium en Angleterre, et il devenait de plus en plus difficile d'éviter que ne s'ébruite la présence de ce stock encombrant à Casablanca. Déjà les dockers marocains avaient trouvé suspect le poids inattendu des caisses et barillets, et un médecin radiologue de Casablanca, prévenu, Dieu sait comment !, voulait absolument mettre la main sur le stock et le cacher dans sa cave.

Jean Perrin confia les documents à Jean Marçais, directeur de l'Institut scientifique chérifien à Rabat. Ce dernier mit Gorodetsky en contact avec la division des Mines et de la Géologie du protectorat, dont la responsabilité incombait à Jacques Bondon, un jeune ingénieur du corps des Mines, encore une personnalité modeste, ayant comme son collègue de l'Institut scientifique gardé le secret sur son rôle, jusqu'à ce que je les interroge récemment. Bondon, comprenant l'importance de sa tâche, fit transporter de nuit les lourds caisses et barillets de Casablanca à la mine de Khouribga de l'Office chérifien des phosphates, par le « train des phosphates » revenant à vide du port à la mine. Quelques jours plus tard, l'ensemble fut entreposé au fond d'une galerie désaffectée et celle-ci fut murée. Enfin, pour couvrir parfaitement toute trace de l'opération, dans l'éventualité d'une enquête indiscrète, Bondon fit procéder, toujours dans le plus grand secret, à l'établissement d'un nouveau plan de la mine sur lequel la galerie concernée avait disparu. C'est ainsi que nous devons au dévouement et à la discrétion de Gorodetsky, Jean Perrin, Marçais et Bondon, le sauvetage capital de cet uranium qui resta, de juillet 1940 au début de 1946, caché dans une mine appartenant à l'État chérifien, sans qu'aucun officiel marocain ni allié n'en ait jamais eu connaissance.

Les dernières relations avec l'Union minière

Le projet d'accord français avec l'Union minière du Haut-Katanga, interrompu par l'invasion nazie en 1940, fut suivi, quelque deux ans plus tard, par un contrat ferme entre le trust belge et le gouvernement américain qui put alors disposer pendant le reste de la guerre de tout le minerai déjà extrait au Congo, puis de la production ultérieure. L'ombre de ces fiançailles interrompues et de ce mariage réussi continua à peser, après la guerre, sur les relations nucléaires franco-belges, car l'Union minière était dans l'impossibilité d'envisager un contrat de fourniture d'uranium avec le CEA, toute sa production étant vendue d'avance aux Anglo-Saxons.

Ce n'est qu'en 1955 que les Américains autorisèrent la Belgique à disposer d'une partie de la production du Congo pour son usage et pour d'éventuelles exportations avec leur accord. Au moment de la relance européenne de cette même année, la France attachait une valeur de symbole à un achat d'uranium belge.

Le jour même de l'ouverture à Bruxelles des premières négociations sur le traité d'Euratom, le 9 juillet 1955, l'administrateur délégué de l'Union minière, Herman Robiliart, successeur de Sengier, nous fit, comme une grande concession, une offre de vente d'une vingtaine de tonnes à un prix de l'ordre du triple de celui qu'il faisait aux États-Unis à cette date. Cette offre, dénuée de tout « esprit communautaire », fut rejetée en ma présence par le chef de notre délégation, Pierre Guillaumat, alors administrateur général du CEA, avec un éclat de rire et une repartie : « Pour une si faible quantité et à ce prix je suis vendeur. »

Robiliart nous avait affirmé qu'il s'agissait d'une offre commerciale sans aucune interférence gouvernementale. Une heure plus tard, il fut gêné de nous croiser au ministère des Affaires étrangères où il venait de rendre compte de l'issue de notre bien courte et infructueuse négociation au directeur du cabinet du ministre.

Trente ans plus tard, je fus l'invité à Bruxelles des dirigeants de l'Union minière, le holding qui a succédé à l'Union minière du

Haut-Katanga. Le but était de me faire connaître les documents en la possession de la firme belge concernant l'historique du développement et de l'industrialisation du radium et de l'uranium.

J'eus la chance en effet de consulter, à cette occasion, le dossier que Sengier ne quittait jamais pendant la guerre lors de ses négociations avec les alliés anglo-saxons. Mais mon intérêt était surtout axé sur l'histoire des relations franco-belges de 1939 et 1940 vue du côté belge, ainsi que les données exactes sur ce qu'il advint, à partir de l'invasion de la Belgique jusqu'à la fin de la guerre, de l'uranium prêt à être embarqué pour les États-Unis en mai 1940. Ces documents semblent être encore dans des archives difficiles à atteindre pratiquement et peut-être politiquement. Le déjeuner donné par l'administrateur délégué réunissait quelques-uns des rares survivants parmi ceux qui avaient joué directement ou indirectement un rôle au cours de cette période si importante. Je leur fis part de mon étonnement du fait que dans la littérature officielle belge ou américaine, les Anglais et non les Français apparaissaient comme ceux qui avaient les premiers alerté Edgar Sengier. L'histoire exacte de cette période restait, à mon avis, encore à écrire et serait un passionnant travail pour un historien belge et j'étais prêt à lui apporter mon aide. La réaction de plusieurs participants fut nettement hostile à cette proposition. Selon eux, il n'y avait aucune raison de rendre publics des documents qui ne l'avaient pas été depuis une quarantaine d'années. Cette histoire reste donc à écrire.

Le contrat du 13 mai 1939 n'ayant jamais été conclu, l'Union minière n'avait contracté aucune dette vis-à-vis des Français et, s'il y en avait une d'un point de vue moral, celle-ci fut largement compensée par le stock d'uranium dont profita gratuitement le CEA à ses débuts, en 1946.

Le rôle de l'équipe du Collège de France vis-à-vis des Belges, si peu connu qu'il soit, fut néanmoins reconnu en 1957 dans une lettre en anglais de Sengier à Halban. Se référant aux réunions de 1939, il y reconnaissait : « Inutile de dire que ces conversations m'impressionnèrent beaucoup et attirèrent très sérieusement mon attention sur l'importance de l'uranium comme matériau potentiel pour des bombes et sur le danger de voir ces minerais passer dans les mains d'un ennemi possible... C'est la raison pour laquelle j'ai fait venir d'Afrique en Amérique un stock de minerai concentré et l'ai placé à la disposition de nos alliés. »

5

De Tahiti à Poitiers

Les rayons cosmiques ont du bon

Dans ce même mois de mai 1939 où le secret me tenait à l'écart des travaux du Collège de France sur l'uranium et sa fission, j'avais des préoccupations bien différentes car je préparais un projet de voyage à Tahiti.

J'ai eu très jeune le démon des périples lointains avec de longs passages en bateau. Mon premier voyage eut lieu en 1935, l'année suivant la mort de mon père. Nous sommes partis, ma mère et moi, en Orient, aux Indes néerlandaises : Sumatra, Java, Bali épargnées alors des ravages du tourisme. Pendant que ma mère faisait des photos, je sillonnais cette dernière île à bicyclette, avec un petit écureuil vert et jaune sur l'épaule, et ne manquais aucune danse ou cérémonie. Je me baignais souvent sur la plage déserte de Sanur, aujourd'hui bordée de palaces, les petits Balinais venaient m'y tirer les poils des bras qui les fascinaient, tandis que je l'étais par d'autres anatomies plus charmantes.

Au cours de la traversée de retour — trois semaines de bateau — nous fûmes arrêtés pendant toute une journée dans le canal de Suez par un impressionnant convoi se dirigeant en sens inverse et qui avait priorité : tous les plus grands paquebots de la flotte commerciale italienne, couverts d'immenses portraits de Mussolini et bondés de jeunes soldats enthousiastes chantant des hymnes fascistes, en route pour la cruelle et sanglante conquête de l'Abyssinie.

En 1937, ce fut un voyage vers le Nord et le Spitzberg, où nous vîmes le hangar qui avait abrité le dirigeable de la malheureuse expédition du général Nobile.

A Pâques 1939, au cours d'une croisière en Grèce, tôt le matin du 7 avril, près de Corfou, nous fûmes éveillés par des coups de canon. Un fils du roi d'Albanie était né la veille de sa jeune épouse française. Hélas ! l'artillerie ne célébrait pas cet heureux événement, mais annonçait l'occupation du pays par les troupes italiennes et la fuite précipitée de la famille royale.

Le représentant des Messageries maritimes, au cours de ce voyage, m'avait vivement recommandé, pour le rapport durée-qualité-prix, un aller et retour à Tahiti avec un mois de séjour dans les îles. Ce voyage tentant avait l'inconvénient, comme celui de 1935 en Orient, de dépasser la durée déjà longue des congés d'été du laboratoire. Le hasard me donna, coup sur coup, deux occasions de m'y intéresser sérieusement.

Une de mes fonctions accessoires au laboratoire était de servir de guide aux visiteurs importants et parfois importuns. En mai 1939, peu de semaines avant la présentation de ma thèse de doctorat, je dus m'occuper ainsi d'un as de l'aviation de la Première Guerre mondiale, Sacha de Manziarly. Grand et bel homme, boitant un peu, il s'intéressa vivement à nos travaux, puis, en fin de visite, il demanda à se reposer, car ayant été descendu par la chasse allemande, il avait une jambe de bois. Je l'emmenai dans mon local de travail : un bureau, un petit laboratoire et une terrasse, qui avait été longtemps celui de Debierne et était situé juste au-dessus des pièces de la « patronne », et je lui préparai une tasse de thé.

Manziarly m'interrogea sur ma vie privée et mes plans pour l'été ; je lui parlai de mon projet incertain de voyage à Tahiti et de mes hésitations en raison de la longueur de l'absence et des menaces de guerre. « On ne dit pas : “ Je vais peut-être à Tahiti ”, me répondit-il. On y va sûrement, car c'est le paradis sur terre, et si la guerre devait par malheur éclater, elle sera très longue et vous n'en aurez manqué qu'un petit bout. » Il venait de passer plusieurs mois dans le Pacifique, se consolant ainsi de la rupture d'une liaison passionnée avec Louise de Vilmorin.

Quelque trente mois plus tard, allant signer mon engagement chez l'agent recruteur de la France libre à New York, je retrouvai dans cette fonction Manziarly. « Y avez-vous été ? me demanda-t-il d'emblée, vous voyez bien qu'elle continue encore... » Par la suite, j'eus affaire à lui en 1946 et 1955 comme consul général de France à Los Angeles, puis à Genève, toujours grand charmeur et excellent chanteur de mélodies tahitiennes qu'il accompagnait lui-même à la guitare.

J'avais néanmoins renoncé à Tahiti, quand brusquement une

occasion se présenta au cours d'une conférence à la Sorbonne de Pierre Auger, jeune et brillant savant français, spécialiste des rayons cosmiques, mystérieux rayonnements de grande énergie en provenance des espaces intersidéraux et dont le flux nous bombarde sans cesse. Il venait de découvrir la production dans l'atmosphère de grandes gerbes de ces rayons et souhaitait évaluer l'influence du champ magnétique terrestre sur l'intensité de ces gerbes, expérience nécessitant des mesures sur une grande différence de latitude et qu'il ne pouvait effectuer rapidement par manque de collaborateurs et de crédits. L'idée me vint aussitôt de lui offrir de faire ces mesures entre la France et l'Océanie ; Raymond Grégoire, un de mes collègues au laboratoire Curie, étant prêt à s'associer aussi à cette mission qui justifierait notre longue absence.

Auger fut immédiatement d'accord. Il nous fournirait le délicat et complexe appareillage nécessaire et avant de partir nous ferions un court apprentissage à son laboratoire de l'École normale pour nous familiariser avec le fonctionnement des instruments de mesure.

Le comité de la France d'outre-mer auprès du Conseil supérieur de la recherche scientifique, ayant été saisi du projet, se félicita de ce que, pour une fois, une mission scientifique française ait lieu dans nos possessions du Pacifique et octroya des crédits supplémentaires permettant de nous adjoindre un des collaborateurs d'Auger, le physicien Roland Maze. Nous n'avions ainsi plus besoin de prendre des leçons préalables à notre expédition. Notre ordre de mission signé par Laugier, directeur du CNRS, stipulait que nous devions effectuer des mesures sur le rayonnement cosmique à bord du courrier France-Nouvelle-Calédonie. Rendez-vous fut pris pour l'embarquement à Marseille le 8 juillet 1939, Maze se chargeant de l'acheminement de tout le matériel nécessaire, dont il était spécialiste.

L'affaire faillit tourner mal dès le début, car en arrivant à Marseille nous fûmes confrontés à une situation des plus déplaisante : l'appareillage du bateau *Commissaire-Ramel* était fixé à 16 heures, mais il y avait un risque que nos appareils ne soient pas embarqués à temps. En effet, le matériel lourd et volumineux, deux amplificateurs avec une vingtaine de lampes chacun (le transistor n'avait pas encore été inventé) et une tonne de briques de plomb, avait été envoyé de Paris plusieurs jours auparavant par un camion de transport rapide tombé en panne dans les environs de Valence. Réparé, il avait repris la route le matin même, mais personne ne savait où il était, à quelle heure il arriverait à Marseille et combien de temps durerait son déchargement composé de bien d'autres envois que le nôtre.

Fallait-il laisser perdre les billets du voyage ou partir en mission scientifique sans avoir les moyens d'exécuter celle-ci ? Grégoire et moi décidâmes de partir, quitte à laisser le spécialiste et responsable de l'envoi du matériel affronter le courroux d'Auger et le déplaisir du CNRS. Le commandant du bateau accepta de reculer un peu le départ. A 16 heures, le camion était à quai, le déchargement fut rapide, et le bateau partit avec seulement une heure de retard, ce qui n'était pas beaucoup pour une traversée de trente-cinq jours avec escale à Alger, la Guadeloupe, la Martinique et à Colon à l'entrée du canal de Panama.

Les appareils de mesure furent disposés dans une sorte de très grande niche à chien construite spécialement et installée sur le pont, et leurs relevés nous prenaient environ un quart d'heure toutes les trois heures. Cela nous donnait à la fois une occupation relativement peu astreignante pour rompre la monotonie du voyage et une certaine importance aux yeux des passagers : jeunes ménages de fonctionnaires ou de militaires coloniaux avec enfants en bas âge, et touristes espérant vivre largement dans les îles en ne dépensant presque rien. Seul incident à l'aller, lors de la rencontre du premier grain tropical vers les Antilles, un court-circuit fit sauter les quarante-quatre lampes de nos appareils. Maze avait heureusement prévu une rechange pour chacune d'elles, une bâche goudronnée isola mieux notre niche à chien et les mesures se firent sans problèmes jusqu'en fin de mission.

Mobilisation à Tahiti

Après Panama, une certaine tension se manifesta à bord, chacun parmi ceux qui allaient s'installer à Tahiti se demandant si ses espoirs seraient confirmés. Pour ma part, je fus ébloui par la beauté et les formes de la montagne de l'île et du paysage de Moorea en face, par le parfum des frangipaniers, senti en mer plusieurs heures avant d'arriver au port, la couleur des fleurs, des papillons, et surtout des poissons du lagon, la gentillesse et la gaieté des Tahitiens contrastant avec le sérieux presque hautain et une certaine indifférence, vis-à-vis des Européens, des Balinais que j'avais vus quelques années auparavant. Mais naturellement Bali, avec ses temples et ses danses, représentait une civilisation absente de Tahiti.

Grégoire avait décidé de continuer avec le paquebot jusqu'à

Nouméa. Maze et moi devions faire des mesures à Tahiti pendant une quinzaine de jours et envisagions de visiter ensuite les plus belles des îles de la Société : Bora Bora et Raiatea. Hitler en décida autrement.

Nous avions loué une voiture, une superbe Matford jaune, la seule décapotable de l'île et avions transporté notre matériel dans l'un des bungalows de l'unique hôtel en dehors de Papeete à une vingtaine de kilomètres de la ville. Maze, neveu d'un peintre installé et apprécié en Angleterre, Paul Maze, spécialiste des tableaux des *Horse Guards*, peignait, tandis que je passais des heures dans l'eau du lagon, jamais lassé par la variété de ses coraux et de ses poissons.

Tahiti était très isolée, seuls deux courriers réguliers par mois y faisaient escale. L'un reliait San Francisco à la Nouvelle-Zélande, l'autre était celui que nous avions emprunté. J'ai encore une enveloppe couverte de tampons, dont ceux de la censure militaire, partie de Paris fin août, passée par New York, San Francisco, avec deux cachets tahitiens, l'un marqué « Voir Tahiti et y vivre », l'autre « Parti sans laisser d'adresse », puis même celui de Sydney en Australie, pour revenir à ma mère, son expéditeur, cinq mois plus tard, après avoir fait le tour du monde en bateau.

La vie y était encore relativement bon marché, mais nombre de personnes installées dans l'île, et vivant sur un assez grand pied, avaient laissé en Europe un passé douteux, faillites retentissantes, escroqueries camouflées, soupçons de crimes non démontrés ou seulement rupture avec une famille riche. Cela donnait une ambiance assez frelatée.

Qui aurait pu penser alors que les transports aériens, puis, une trentaine d'années plus tard, une conséquence inattendue de la fission de l'uranium : l'installation du Centre d'expérimentation nucléaire du Pacifique, bouleverseraient la vie de l'île par l'afflux d'argent et tripleraient sa population ?

Arrivés le 12 août, nous étions installés dans notre routine de mesures toutes les trois heures, avec en plus l'obligation d'alimenter en fuel le diesel de l'hôtel au milieu de la nuit pour éviter tout arrêt du courant électrique, quand la nouvelle du pacte germano-soviétique du 23 août 1939 nous parvint avec plusieurs jours de retard. Très rapidement les nouvelles d'Europe prirent le pas sur nos occupations : la peinture, la mer, les flirts ébauchés sur le bateau et poursuivis plus intimement dans l'ambiance libre des mœurs de l'île. La situation s'aggravait, mais d'une façon étrange, rien ne se passait pour nous dans la journée, car c'était la nuit en

Europe, et les événements s'accumulaient pendant notre nuit. Ayant vécu la crise de Munich un an plus tôt, nous avions encore un espoir que les choses s'arrangeraient au dernier moment.

Le jour où il nous revint que les affiches de mobilisation générale avaient été apposées à Papeete, nous prîmes la décision de charger tout le matériel et de rentrer en ville. Maréchal des logis, j'étais le quatrième en grade parmi les réservistes de l'île, et je fus un jour chargé de mener une troupe de jeunes Tahitiens chantant en chœur pour une corvée de cueillette de fougères destinées, une fois séchées, à servir de paillasses pour les jeunes mobilisés en raison du manque de lits. La vie de Papeete redevint vite normale après quelques émotions liées au souvenir d'un bombardement par un bateau corsaire allemand en août 1914. Le gouverneur décida d'interdire la danse dans la ville et au lieu d'aller au Queens qui était proche de notre hôtel, on continuait à danser toute la nuit, à quinze kilomètres de la capitale. La cueillette des fougères en chantant, la danse toute la nuit au Lafayette, la beauté et le calme du paysage représentaient un contraste, presque insupportable, avec les nouvelles d'Europe, les bombardements de Varsovie et les craintes d'une poussée allemande vers l'Ouest et d'attaques aériennes sur Paris et les villes françaises.

Les Français, établis même temporairement dans l'île, étaient mobilisés dans les troupes du Pacifique. Ce n'était pas notre cas, mais le gouverneur à qui nous avions rendu visite lors de notre arrivée, et dont nous avions été les hôtes à une partie de bridge, nous considérait comme un élément sérieux et l'île en manquait. Pour notre part, nous souhaitions rentrer en France, quels qu'en fussent les risques, en raison de l'ambiance débilitante d'un long séjour à Tahiti. Il nous fut facile de faire dire au gouverneur que les résultats de nos mesures présentaient un intérêt pour la défense nationale, et ce pieux mensonge garantit notre retour par le premier bateau : ce fut, le 15 septembre, notre *Commissaire-Ramel* revenant de Nouméa avec notre collègue Grégoire à son bord.

Autant notre voyage avait été calme à l'aller, autant celui du retour fut mouvementé ; néanmoins les mesures du rayonnement cosmique furent poursuivies tout au long de la traversée. Il n'y avait pas assez de peinture de différents tons de gris pour camoufler notre bateau à Papeete. On se limita, ce qui n'était pas très conforme aux règles internationales, à peindre la cheminée aux couleurs de la principale compagnie de navigation japonaise. Nous avions de plus à l'arrière, prêt à être hissé en cas de rencontre à distance avec un corsaire allemand, un pavillon de l'empire du Soleil-Levant.

Les hublots furent peints en noir et verrouillés de façon à rendre invisibles, de l'extérieur, les lumières nocturnes du paquebot. La chaleur devint intenable dans les cabines, et la plupart des passagers décidèrent de coucher sur le pont sous la Croix du Sud. Beaucoup parmi ceux-ci étaient encore imprégnés des mœurs tahitiennes, il y avait d'étranges scènes dans le noir, sans que chacun sache très bien où était sa chacune et dans les bras de qui !

Arrivé à Balboa, à l'entrée du canal de Panama, le bateau, appartenant à une puissance en état de guerre, fut pris en charge par la marine américaine qui craignait un sabotage susceptible de détruire une des écluses vitales au trafic. A l'arrivée à Colon, à l'autre extrémité du canal, on fit au *Commissaire-Ramel* la toilette aux différents tons de gris que l'on n'avait pu lui faire à Tahiti. Nous repartîmes ainsi camouflés dans une direction différente de celle de l'île de la Martinique, notre prochaine escale, avant de mettre le cap sur celle-ci, car il y avait fort à craindre que notre départ ait été signalé par le consul d'Allemagne.

La veille de l'arrivée à Fort-de-France, un Danois et sa compagne australienne réveillèrent à minuit le commandant de bord et, revolver au poing, l'obligèrent à aller, en chemise de nuit, ouvrir le bar qui, selon le couple armé, avait été fermé trop tôt. Le lendemain, à l'arrivée à Fort-de-France, un bataillon de fusiliers marins nous attendait à quai, le bateau fut cerné et, en quelque sorte, mis en état d'arrestation pour rébellion à bord en temps de guerre. Une fouille eut lieu pour rechercher le revolver. Elle permit de trouver chez le très charmant docteur du bord un attirail de fumerie d'opium. Un conseil de guerre, présidé par l'amiral Robert, rendit rapidement sa sentence : le Danois, l'Australienne et le docteur quittèrent le bateau menottes aux poignets.

Nous repartîmes pour la Guadeloupe, où cette fois une partie de l'équipage imbibé de rhum refusa de remonter à bord, ne voulant pas rentrer en France « où il y avait la guerre » ; les grévistes furent appréhendés. Un hydravion amena, de Fort-de-France à Pointe-à-Pitre, le même tribunal militaire et un certain nombre de marins quittèrent à leur tour le bord avec les menottes.

Le camouflage à Colon et les deux révoltes nous sauvèrent peut-être la vie, car les retards accumulés ne nous permirent pas de rejoindre à temps le convoi auquel notre *Commissaire-Ramel* avait été affecté. Ce convoi fut un des premiers à être attaqué dans l'Atlantique par un sous-marin allemand, et subit la perte d'un grand paquebot. Notre traversée de l'Atlantique se fit alors en zigzag et en solo, tous les passagers adultes prenant leur tour de guet pour déceler d'éventuels sous-marins. Nous arrivâmes ainsi sans encombre dans le port de Casablanca dévasté peu de temps auparavant par l'explosion d'un bateau de munitions qui avait fait de nombreuses victimes. Après quelques jours d'attente au Maroc, ce fut le départ dans un grand convoi qui, par Gibraltar, rallia Marseille le 2 novembre, jour anniversaire de mes vingt-sept ans. La traversée de retour avait duré quarante-cinq jours.

Les résultats de nos mesures étaient conformes aux prédictions de Pierre Auger : il y avait un effet du champ magnétique sur les grandes gerbes de rayons cosmiques. Nous en rendîmes compte au directeur de l'organisme complémentaire du CNRS, le Centre national de la recherche appliquée, Henri Longchambon, qui devait, quinze ans plus tard, devenir sous-secrétaire à la Recherche scientifique et au Progrès technique et, à ce titre être responsable du Commissariat à l'énergie atomique dans le gouvernement Mendès France. Grâce aux rayons cosmiques, j'avais manqué un petit bout de la guerre.

Drôle de guerre à Poitiers

Après une courte permission pour revoir les miens et me mettre dans l'ambiance d'une France en guerre mais sans combats, je partis pour Poitiers que j'aurais dû rejoindre dès le 2 septembre, veille de la déclaration de guerre.

J'étais affecté comme maréchal des logis à l'atelier de chargement du parc d'artillerie de Poitiers, où se trouvait entre autres un laboratoire militaire pour la protection contre les gaz toxiques. Soixante-dix chimistes et physiciens, ingénieurs, docteurs ès sciences ou agrégés, m'y avaient précédé, parmi lesquels plusieurs collègues rencontrés au service militaire ou à l'université.

Mon arrivée tardive se traduisit par une sanction vestimentaire. Comme il n'y avait plus de vareuse militaire, on me donna, en remplacement, une veste de lustrine noire, du genre de celle que portaient autrefois les employés de bureau. On y avait cousu mes galons de maréchal des logis, et l'ensemble avait un aspect hybride mi-civil, mi-militaire.

Nous étions autorisés à ne pas coucher à la caserne... en raison du manque de place. Mon premier souci fut de trouver un logement convenable, doté d'une salle de bains, ce qui était assez rare en province à cette époque. Je trouvai une belle chambre dans une maison située au centre, et admirablement meublée par un couple d'antiquaires parisiens y ayant pris leur retraite. Ils avaient transformé le rez-de-chaussée en un étrange établissement pseudo-médical où ils pratiquaient la « calcio-iodothérapie ». Les malades, surtout les rhumatisants, y subissaient une espèce de bain turc individuel à partir de vapeur obtenue en versant de l'eau sur de la chaux vive imbibée de teinture d'iode. En plus, ma logeuse soignait aussi à distance par les réactions du pendule sur un gant ou autre vêtement envoyé par le malade. Elle me battit froid pendant plusieurs jours après que j'eus osé émettre des doutes sur la validité de ses pratiques. Mais juste avant l'arrivée des Allemands, au mois de juin suivant, voulant sans doute se mettre en règle avec sa conscience, elle reconnut que tout était de la frime, ajoutant : « Que ne faut-il pas faire pour gagner sa vie ! »

Notre travail au laboratoire militaire était relativement plus sérieux. Nous étions chargés de vérifier tous les lots de cartouches protectrices pour les masques à gaz destinés à l'armée et à le protection civile. Pour chacun des produits toxiques, il y avait un seuil d'un certain nombre de minutes en dessous duquel les cartouches ne devaient en aucun cas laisser filtrer la moindre trace du produit considéré. Mais chaque fois que nous refusions un lot, il revenait avec des instructions diminuant le seuil de façon à la rendre acceptable. De ce fait, au fil des mois, nous étions obligés d'accepter des cartouches de moins en moins efficaces. Elles n'eurent heureusement jamais à servir.

Nous étions largement en surnombre, et sans doute en travaillant à plein temps, un tiers d'entre nous aurait suffi. Nous dépendions d'un commandant et d'un capitaine, assez peu compétents, mais très chatouilleux sur leur honneur. Ils s'étaient mis en tête qu'il était déshonorant pour eux de diriger un laboratoire de moins d'une centaine de scientifiques. Ils bombardaient donc le ministère de l'Armement, dont nous dépendions, de requêtes pour obtenir des armées une trentaine de chimistes ou physiciens de plus. Après un certain nombre de refus, le ministère excédé finit par autoriser le recrutement de civils... de sexe féminin. Vers la fin de l'année, nous vîmes ainsi arriver quelques charmantes jeunes filles, toutes licenciées ou même docteurs, dotées d'un véritable salaire comparé à notre solde symbolique. Il était évident que, dorénavant, elles allaient effectuer une grande partie du travail pour lequel elles étaient rémunérées et pour lequel nous ne l'étions pas.

Non seulement notre travail s'en trouva allégé mais nos conditions de vie à Poitiers devinrent plus agréables. Nous formions des groupes et presque tous les soirs l'une ou l'autre de nos camarades féminines nous faisait à dîner. Quand le printemps arriva, le rationnement d'essence n'étant pas trop sévère, nous pûmes visiter la belle région environnante jusqu'au Marais poitevin, avec de vraies ou de fausses permissions.

En avril, il fut décidé de monter un atelier spécial de fabrication de détecteurs d'oxyde de carbone, demandés d'urgence pour les casemates de la ligne Maginot. Il fallut recruter dans Poitiers des ouvrières pour cette fabrication délicate mettant en jeu de l'acide sulfurique très concentré. Les candidates furent nombreuses, je fus chargé de les sélectionner par des questions de bon sens, comme : « Quelle est la température d'un mélange à parts égales d'eau à 30° C et à 60° C ? » Une des futures ouvrières se présenta en me rappelant qu'elle avait l'habitude de me servir à la charcuterie. Finalement l'atelier était en état de fonctionnement en mai quand brusquement, le 10 mai 1940, la « drôle de guerre » cessa et les événements prirent un tour tragique.

J'étais précisément en permission à Paris la veille, le 9 mai, et j'avais été convoqué par Frédéric Joliot au Collège de France. Il m'annonça mon rappel prochain de Poitiers comme affecté spécial à son laboratoire pour étudier et mettre au point la purification poussée de l'uranium. Les travaux sur la fission, poursuivis avec l'appui complet du ministère de l'Armement et du gouvernement, étaient en bonne voie. Il paraissait convaincu de la possibilité de réaliser dans l'uranium une réaction en chaîne contrôlée.

C'était la quatrième fois que Joliot m'offrait de travailler sous sa direction, et cette fois aucun scrupule ne m'empêchait d'accepter. Il n'était, de plus, pas question de discuter un ordre militaire. J'étais enchanté de revenir à Paris et de participer aux recherches passionnantes de l'équipe du Collège. L'invasion nazie déclenchée le lendemain allait de nouveau en décider autrement. J'allais attendre environ deux ans pour prendre part aux travaux sur l'uranium et plus de cinq ans avant de le faire sous la direction de Joliot.

Le lendemain matin, tôt, ma sœur téléphona à ma mère ; elle venait d'apprendre la nouvelle de l'invasion de la Belgique et de la Hollande, elle allait emmener ses enfants en province et se proposait d'en faire autant pour notre mère. Je revois encore celle-ci, après s'être préparée en hâte, son chapeau un peu de travers, saupoudrant les tapis de l'appartement de produit contre les mites, pour le cas où son absence se prolongerait, geste hors de proportion avec les événements qui se préparaient. Nous ne devions nous revoir qu'un an plus tard, sur un autre continent.

Je rejoignis rapidement Poitiers. Cette ville si calme devint bientôt une étape pour le flot tragique de réfugiés sur la route de Bordeaux. Le gouvernement belge s'y installa quelque temps. La radio était le seul moyen de suivre les événements qui se chevauchaient. Les allocutions successives de Paul Reynaud, président du Conseil, avec sa voix de fausset sèment cette désastreuse période de repères accentués par une certaine outrance et sont restés dans ma mémoire.

Le 16 mai, après la rupture du front des Ardennes, Reynaud affirme que « le gouvernement est et demeurera à Paris ». Il y restera encore un peu plus de trois semaines. Le surlendemain il annonce que le gouvernement va passer aux actes et que le premier de ceux-ci est de confier la vice-présidence au maréchal Pétain. Le 28 mai, il s'acharne sur Léopold III de Belgique après la capitulation de l'armée belge. Le 6 juin, à la suite de l'évacuation réussie de Dunkerque, il annonce « la bataille de France qui décidera, comme l'a dit Hitler, du sort du monde pour des centaines d'années ». Enfin le 13 juin, trois jours après l'entrée en guerre de l'Italie et la veille de l'arrivée des Allemands à Paris déclarée ville ouverte, Reynaud prononce sa dernière allocution à la radio et souhaite qu'un jour proche : « Des nuées d'avions de guerre venus d'outre-Atlantique écrasent la force mauvaise qui domine l'Europe », et termine par : « Le jour de la résurrection viendra. »

Quant à nous, dans notre laboratoire de contrôle de masques à gaz, rien n'avait changé dans notre équipe de soldats et de sous-officiers en uniforme et de quelques jeunes filles en tenue civile. Nous vivions plus repliés sur nous-mêmes et quelques liens tendres s'étaient noués au cours des mois écoulés.

Notre insouciance avait été remplacée par un sentiment d'inutilité : les Allemands étaient en train de gagner la guerre avec leurs chars et leurs avions et n'avaient nullement besoin d'employer les gaz toxiques. Quant aux détecteurs d'oxyde de carbone, il était difficile de voir comment ils atteindraient les casemates de la ligne Maginot auxquelles ils étaient destinés.

Après m'être vanté de ma prochaine affectation spéciale au Collège de France entourée d'un certain mystère, j'avais compris que cette quatrième invitation de Joliot à travailler avec lui subirait le sort des précédentes, mais cette fois, contrairement aux trois autres, je ne pouvais pas me faire le reproche de ne pas avoir accepté.

Vers le 15 juin, le bruit courut que nous allions être évacués sur Port-Vendres et de là passer en Afrique du Nord. Ordre fut donné d'emballer tout notre matériel, ce qui n'était pas une petite affaire et nous tint fort occupés pendant quarante-huit heures.

Prisonnier... libéré par les Allemands

Puis vint la demande d'armistice annoncée à la radio le 17 juin par le maréchal Pétain avec sa voix chevrotante de vieillard. Le même jour, son gouvernement déclarait « ville ouverte » toute cité de plus de vingt mille habitants, leur défense devant être assurée à l'extérieur, et aucune obstruction ou destruction n'étant autorisée.

Poitiers, tombait dans cette catégorie. Le fait d'emballer notre matériel était-il considéré comme une destruction ? Ordre nous fut donné de le déballer et de le redisposer en parfait état de fonctionnement. Notre commandant avait beaucoup insisté sur ce dernier point en raison de la nécessité de présenter aux Allemands un laboratoire impressionnant et impeccable tant au point de vue de l'appareillage que de la propreté.

Nous étions occupés à cette tâche de remise en place quand, le 19 juin, Poitiers fut bombardé en plein jour. Tandis que quelques-uns de nos collègues essayaient pour la première fois d'utiliser des mitrailleuses installées sur le toit du laboratoire, exercice jugé par la plupart d'entre nous comme non seulement inefficace, mais aussi dangereux, car il risquait de nous faire repérer, la grande majorité d'entre nous s'était couchée sous les paillasses des pièces de chimie. C'était une solution de réflexe de peur plutôt que d'intelligence, car en cas de coup direct nous aurions été écrasés par l'épaisse dalle supposée nous protéger. Ce fut notre seule exposition au feu de l'ennemi. Les trois bombardiers, italiens je crois, volant à basse altitude avaient négligé notre parc d'artillerie et ses mitrailleuses, d'un intérêt douteux, pour s'en prendre à la gare et à un convoi de munitions qui n'aurait jamais dû être placé au voisinage de trains bondés de voyageurs. Il en résulta un nombre considérable de victimes.

Ayant pris soin de notre matériel, il restait à en faire autant pour les jeunes filles avec qui nous avions vécu depuis plusieurs mois, partageant travail et repas. Pour celles du petit groupe dont je faisais partie, une belle villa assez isolée et abandonnée nous fut signalée à quelques kilomètres de la ville, rien n'y manquait sauf les matelas partis sur les toits des voitures du propriétaire et de sa famille dans leur exode vers le Sud. On trouvait encore des provisions en ville et je rapportai pour ce nouveau domicile communautaire un sac de cinquante kilos de riz dans ma voiture qui fut ensuite cachée dans une grange au voisinage de la villa. Puis, sur ordre de nos officiers supérieurs, nous nous rendîmes, le 22 juin au soir, à la caserne pour y coucher... dans l'attente des Allemands.

Nous étions en principe consignés dans Poitiers déclarée ville ouverte, mais rien ne nous empêchait de nous mettre en civil et de partir avec le flot des réfugiés. Un seul d'entre nous, Roger Arnoult, futur professeur à la Sorbonne, collègue du laboratoire Curie, un de ceux qui auraient dû être nommés assistant à ma place, eut l'intelligence de le faire avec sa femme et un enfant en bas âge. Ils partirent simplement à bicyclette. Quand le soir à la caserne l'appel fut fait, Arnoult était le seul absent parmi les soixante-dix chimistes et physiciens du laboratoire militaire. Nous avons tous jugé son attitude condamnable : « Il avait déserté devant l'ennemi. » Telle était la déformation de nos esprits par la propagande défaitiste, à laquelle s'ajoutait un certain sentiment de culpabilité de n'avoir rien fait d'utile ni de courageux pendant cette période. Nous avions reçu l'ordre de rester sur place en attendant l'ennemi. C'était un des rares ordres qui nous avaient été donnés. Notre devoir était d'y obéir sans discuter.

A 6 heures du matin, le dimanche 23 juin 1940, nous fûmes chassés de nos chambres par de retentissants « *Heraus* » et placés tout au long du boulevard circulaire situé au bas de la ville. Nous y étions quelque 4 800 soldats et sous-officiers pris aussi sans résistance sur place. La journée se passa ainsi, en plein soleil, pendant que défilait un flot de voitures blindées impeccables bondées de jeunes soldats allemands, frais comme de jeunes permissionnaires, prenant des photos de la ville et de leurs captures. Puis en fin de journée, nous fûmes dirigés sur l'École d'artillerie, vers un grand enclos bordé de murs de trois côtés, où, en temps normal, les élèves officiers faisaient leurs exercices d'équitation ; un quatrième mur de sacs de sable érigé à la hâte le transformait en prison à ciel ouvert.

Depuis mon voyage à Tahiti, mon bien le plus précieux était un appareil de TSF portatif à piles donné, avec grande gentillesse, par des Américains sur le bateau du retour, avant leur descente à Colon pour rentrer aux États-Unis. C'était sans doute le premier modèle de radio portatif et il n'était pas encore disponible en France. J'avais suivi grâce à lui le drame des semaines passées et l'avais emporté avec moi lors de notre « capture sans résistance ». J'appris ainsi, le lendemain de cette capture, la signature de l'armistice, le cessez-le-feu prévu pour le 25 juin et surtout l'existence d'une zone non occupée proche de Poitiers.

C'est à ce moment-là seulement que mes yeux se sont enfin ouverts et que j'ai réalisé que nous avions été livrés aux Allemands par nos chefs. J'étais impardonnable de ne pas avoir suivi l'exemple d'Arnoult et de ne pas être parti en civil vers le Sud, mêlé au flot de réfugiés.

La vie était étrange dans ce camp de fortune, nous y étions en plein air, ce n'était pas gênant, car ces deux mois tragiques de mai et juin 1940 furent, sans aucun nuage, l'un des plus beaux printemps que la France ait connus depuis longtemps. La nourriture arrivait irrégulièrement ; un jour c'étaient des camions chargés de conserves de pêches, le lendemain de pain et un autre jour de viande en boîte. Le seul moment désagréable était celui de l'appel du soir : nous devions nous mettre par rangs de dix pour que nos gardiens puissent nous compter. Ce n'était ni facile ni rapide, et devant notre lenteur à prendre place et notre peu d'envie d'y rester, ils nous disaient : « Vous verrez si vous serez si lents à obéir quand vous partirez à pied vers l'Allemagne ! »

Je commençais à me résigner à notre sort mais soudain, le sixième jour de notre captivité, le 28 juin au soir, un certain nombre de civils français pénétrèrent à l'extrémité de notre enclos avec machines à écrire, chaises et tables. L'un d'eux monta sur une de ces tables et annonça au mégaphone : « Vous avez un quart d'heure pour être en civil. Vous êtes libres. » On aurait donné un coup de pied à une fourmilière, l'agitation n'aurait pas été pire que la nôtre. Comment être en civil ? « Vous abandonnez vos vareuses et coupez vos jambes de pantalon. » Ce fut fait en quelques minutes et nous devînmes, sans le savoir, les précurseurs de la mode actuelle de shorts en loques. Puis, l'un après l'autre, nous passâmes devant les tables, donnant notre nom qui était alors porté sur un billet polycopié d'avance rédigé en allemand, marqué d'une croix gammée et dénommé « Attestation » et spécifiant que « Le Goldschmidt Bertrand est renvoyé dans ses foyers par ordre des autorités militaires allemandes. On devra le laisser partout passer librement et l'assister dans la mesure du possible ». Signature illisible du commandant militaire départemental de l'armée allemande.

Le soir même, nous avions retrouvé la villa, le sac de cinquante kilos de riz, ma voiture, nos jeunes filles et enfin un vrai repas préparé par celles-ci. Le 4 juillet, jour où nous avions appris par la radio le drame de l'attaque par des navires anglais de la flotte française au mouillage à Mers el-Kébir, un de nos camarades chimistes parti vers Paris en voiture revint à Poitiers nous prévenir tous : il avait vu en route un camp de prisonniers et avait appris que partout ceux-ci avaient été gardés et étaient dirigés vers l'Allemagne. Dans trois autres villes du Sud-Ouest seulement, Angoulême, La Rochelle et Saintes, déclarées aussi villes ouvertes, les prisonniers subirent notre sort miraculeux. En tout moins de vingt mille soldats, une goutte d'eau par rapport au million et demi qui passèrent près de cinq ans en Allemagne.

Nous sommes tout de suite allés explorer à bicyclette, à quelque vingt kilomètres de Poitiers, la ligne de démarcation. On nous signala une petite route et un pont traversant la Vienne près de Chauvigny, non encore gardés par les Allemands. Cette fois, j'avais compris et n'allais plus perdre une minute ; le lendemain à 4 heures du matin dans ma voiture avec trois de mes collègues chimistes, nous avons traversé la ligne sans encombre. Après avoir déposé mes camarades à la gare de Le Blanc, je me dirigeai vers le château de Valençay, dans l'Indre, seul endroit où, sans nouvelles de ma mère, j'étais sûr de trouver un membre de ma famille. Mon oncle, Carle Dreyfus, conservateur au Louvre, y était responsable d'un des dépôts d'objets d'art du musée, mis à l'abri depuis le début de la guerre.

Le vaste et beau château, construit au XVIe siècle, avait eu de nombreux propriétaires dont John Law, l'inventeur de l'inflation. Devenu propriété de Talleyrand au début du XIXe siècle, il était resté dans la famille depuis. Ferdinand VII, roi d'Espagne, y avait été interné six ans par ordre de Napoléon. Au moment où je retrouvais mon oncle, une dame encore plus célèbre y logeait : la Vénus de Milo...

Le propriétaire de cette époque, le duc de Valençay, descendant de Talleyrand, homme âgé de belle prestance, ne tarissait pas d'éloges sur la conduite des Allemands. La région, devenue « zone libre », avait été momentanément occupée par les troupes nazies durant leur avance, mais celles-ci avaient respectueusement contourné les terres du duc, car celui-ci était aussi prince en Allemagne avec le titre de duc de Sagan.

Les militaires français étaient moins attentifs et, après le départ des Allemands, une partie du château avait été réquisitionnée par l'armée française. Je prenais mes repas avec mon oncle et le colonel responsable du détachement logé à Valençay. Au bout de quelques jours, ce dernier me demanda quelle avait été mon affectation pendant la guerre. Je lui parlai de Poitiers, de ma courte carrière de prisonnier et de ma « démobilisation » par les Allemands. Fureur du colonel : « Vous allez me faire le plaisir de vous rendre dès ce soir à la caserne de Châteauroux attendre que votre classe soit démobilisée par les autorités françaises. — D'accord, lui dis-je, j'ai ma voiture ici, un chauffeur du château pourra me conduire. »

Je pris tristement congé de mon oncle, et un chauffeur me conduisit, en fin de journée, à Châteauroux, pas à la caserne, mais à la gare. Ayant été prisonnier sur ordre de mes chefs, je n'avais aucune envie de me remettre dans les mains d'autres officiers français.

Ma voiture fut ramenée à Valençay, où elle passa plusieurs années dans le même glorieux hangar que la Vénus de Milo. Mais au moment où, chassé du château par le duc, mon oncle dut se cacher à la fin de 1943, il vendit, non pas la Vénus, mais mon petit cabriolet Citroën décapotable noir avec des coussins en cuir rouge.

Une nuit de train et me voici à Toulouse, où étaient repliés, à l'université, Langevin et plusieurs collègues du laboratoire Curie. On me montra une lettre de Joliot, envoyée de Dordogne. Il y disait : « H. et K. sont passés en Angleterre avec le glouglou. » H. et K., c'était Halban et Kowarski. Le glouglou était l'eau lourde, substance présente dans toute l'eau du globe, mais découverte seulement neuf ans auparavant, comme pour venir jouer juste à temps un rôle irremplaçable dans notre aventure. Rien ne permettait de prévoir alors que cette courte phrase de Joliot se référait à un événement fondamental destiné non seulement à conditionner ma carrière et mon avenir, mais surtout à jouer un rôle capital dans notre histoire atomique. Ce transfert allait permettre à la France, à la fois de ne pas rester à l'écart de la course atomique mondiale après la défaite de 1940, mais aussi de reprendre rapidement une place dans cette compétition après la guerre.

6

L'eau lourde norvégienne

Dès le début des hostilités, Joliot avait été mobilisé sur place au Collège de France avec rang de capitaine affecté spécial auprès du CNRS. Il avait pu conserver auprès de lui ses deux principaux collaborateurs d'origine autrichienne et russe Hans von Halban et Lew Kowarski, car ils avaient heureusement été naturalisés en hâte et de justesse en 1939, grâce en particulier aux efforts de Laugier et de Joliot lui-même. En revanche, Francis Perrin, officier de réserve, avait été mobilisé dans l'armée et affecté à la détection antiaérienne par le radar, encore à ses tout débuts.

Joliot était alors décidé à pousser ses recherches vers l'obtention d'une réaction en chaîne contrôlée ; son but était la réalisation d'un générateur d'énergie, son arrière-pensée celle d'un moteur de sous-marin. Dès l'automne de 1939, il décida de mettre au courant les instances gouvernementales et obtint rapidement une entrevue avec le ministre de l'Armement, Raoul Dautry. Celui-ci n'était pas un homme politique, mais un grand ingénieur respecté de tous les partis politiques après une brillante carrière dans les chemins de fer. Travailleur infatigable, patron responsable, il avait eu autant à cœur son réseau que le bien-être de ses cheminots. Sa nomination, à l'âge de cinquante-neuf ans, au ministère chargé de l'approvisionnement en matières premières et des fabrications militaires avait fait l'unanimité. Joliot dépendait de lui, car le ministre avait obtenu d'avoir la haute main sur le CNRS, retiré au ministère de l'Instruction publique et des Beaux-Arts, tant il était convaincu qu'une guerre moderne se gagne avec les savants.

Dautry, avec la largeur de vue caractéristique d'un grand serviteur de l'État, passionné par l'exposé de Joliot, lui promit les crédits nécessaires et les priorités indispensables. Il lui concéda la possibilité encore plus exceptionnelle de faire revenir des armées des collaborateurs jugés utiles ; j'avais été sur le point d'en être bénéficiaire au printemps de 1940. Ainsi l'entrée en guerre apporta-t-elle un appui gouvernemental supplémentaire aux travaux du Collège de France.

L'intelligence, la clarté de l'exposé, le prestige de Joliot avaient emporté la conviction du ministre, comme ils avaient convaincu quelques mois auparavant les dirigeants de l'Union minière à Bruxelles. Dautry ne chercha pas à s'entourer de l'avis d'autres scientifiques, et ne jugea pas nécessaire, comme ce fut le cas en Angleterre et aux États-Unis, de créer un comité officiel pour évaluer et superviser le problème de l'uranium. Il faisait confiance à Joliot et à la seule équipe nationale compétente, dont l'avance et l'autorité internationales étaient indiscutées.

A la veille de la guerre, les chercheurs du Collège de France étaient arrivés à préciser les conditions dans lesquelles une réaction en chaîne pourrait sans doute être réalisée. Les neutrons secondaires émis à grande vitesse au moment de l'éclatement du noyau d'uranium 235 devraient être ralentis pour avoir le plus de chances de provoquer de nouvelles fissions dans d'autres noyaux de ce même isotope. Pour cela, il faudrait mélanger à l'uranium une substance composée d'éléments très légers dont les noyaux d'atomes par collision avec les neutrons ralentiraient ceux-ci comme le font des boules de billard s'entrechoquant. De plus, il faudrait que cette substance ralentisse les neutrons sans trop les absorber. Ces principes avaient été exposés dans le premier brevet.

La substance idéale aurait été l'eau ordinaire, mais l'expérience montra rapidement qu'elle absorbait trop les neutrons. L'attention se porta ensuite sur le carbone sous forme de graphite, dont un stock relativement pur fut obtenu grâce à Dautry. Les résultats furent plus satisfaisants, mais insuffisamment concluants. Finalement le choix se porta sur l'eau lourde, dont Halban avait, quelques années auparavant à Copenhague, au laboratoire de Niels Bohr, mesuré la faible capacité d'absorption des neutrons.

En 1931, le chimiste américain Harold Urey avait découvert que tout l'hydrogène du globe n'est pas constitué comme on le croyait d'un seul type d'atomes de masse 1, mais contient aussi dans la proportion d'une partie pour six mille des atomes de masse double. Cet isotope fut nommé hydrogène lourd ou deutérium et son composé avec l'oxygène, eau lourde. Cette découverte aurait pu être faite depuis longtemps par un savant disposant d'un appareillage très simple, s'il avait eu la curiosité de déterminer si les propriétés de l'eau, comme sa densité ou son point d'ébullition, variaient à la suite d'un grand nombre d'opérations de fractionnements successifs, de distillation, par exemple.

Une année avant la découverte d'Urey, en 1930, deux chercheurs français, Charles Eichner, qui sera mon adjoint au Commissariat à l'énergie atomique, avant d'y créer avec talent la division de métallurgie, et Victor Lombard avaient décelé des anomalies en fractionnant l'hydrogène, mais les ayant trouvées tellement surprenantes et difficiles à expliquer, ils n'osèrent pas publier leurs résultats et déposèrent à la place un pli cacheté à l'Académie des sciences manquant ainsi de peu une part de la célébrité qui revint à Urey, lauréat du prix Nobel de chimie en 1934.

Dans un rapport soumis à Dautry, à la fin de 1939, Joliot spécifiait qu' « un mélange convenablement constitué d'uranium et d'hydrogène lourd présente dans l'état actuel de nos connaissances toutes les conditions favorables au développement de la réaction en chaîne et par conséquent au dégagement massif d'énergie ».

Or, le Collège de France ne disposait que de quelques grammes d'eau lourde sur un total de deux cents grammes dispersés en France dans divers laboratoires. Il proposa donc une prise de contact avec la Société norvégienne de l'azote (*Norsk Hydro-Elecktrisk Kelstofaktieselkab*), seule au monde à produire par kilogrammes cette précieuse substance uniquement utilisée, jusque-là, à des fins de recherche. Cette société, à capital en majorité français, possédant des ressources hydroélectriques très bon marché, en avait produit par électrolyse fractionnée, en l'absence de tout débouché industriel, environ deux cents kilos. Le prix de cette substance, si répandue, diluée dans l'eau ordinaire, mais alors si rare à l'état isolé, valait environ deux tiers de dollar le gramme, soit cent trente mille dollars pour le stock norvégien.

La mission Allier

Dautry obtint l'accord du président du Conseil, Édouard Daladier, également ministre de la Défense nationale, ainsi que celui de Paul Reynaud, alors ministre des Finances, pour organiser en février 1940 l'envoi en Norvège d'une mission secrète chargée d'obtenir un prêt de la précieuse substance plutôt qu'un achat coûteux. Joliot avait spécifié : « En cas de réussite de l'expérience, c'est-à-dire d'un dégagement massif d'énergie, les produits mis en œuvre risquent d'être détruits, mais leur valeur est négligeable devant les conséquences industrielles d'une telle réussite. En cas d'échec, les produits utilisés peuvent être récupérés intégralement... » Il prévoyait donc la restitution de l'eau lourde dans ce dernier cas.

L'envoi de la mission française fut accéléré par des nouvelles provenant de Norvège. La grande firme chimique allemande IG Farben voulait non seulement acquérir elle aussi le stock d'eau lourde, mais interrogeait la Société norvégienne sur la possibilité d'en accélérer la production, envisageant des achats mensuels de cinquante à cent kilos pendant plusieurs années. De plus, l'administrateur-directeur général de la Norvégienne de l'azote, Axel Aubert, était considéré par notre ambassade à Oslo comme une personnalité peu favorable à la France et ayant conservé des attaches avec l'Allemagne et IG Farben en particulier.

La mission fut confiée à Jacques Allier, ingénieur et financier, approchant de la quarantaine, mobilisé au service des poudres, et responsable de longue date des contacts avec la Norvégienne de l'azote à la Banque de Paris et des Pays-Bas, centralisatrice de l'actionnariat français dans cette société.

Il partit par train pour la Suède, muni de deux ordres de mission datés du 26 février. Le premier, signé Dautry, faisait mention d'une « mission en Norvège à l'effet de mener une négociation secrète pour le compte du gouvernement français ». Il était autorisé à se faire assister par tout officier (c'est-à-dire agent secret présent en Suède ou en Norvège). Le second ordre de mission (voir fac-similé en annexe) était signé par Daladier. Son libellé ne mentionne plus la Norvège et est du plus pur style roman d'espionnage. Son premier paragraphe stipule que « M. Jacques Allier est habilité par M. le président du Conseil à traiter avec les détenteurs de la matière faisant l'objet de cette mission pour assurer au gouvernement français la disposition des quantités les plus importantes possibles ».

S'étant assuré à Stockholm de la disponibilité de trois agents secrets français — deux officiers et un courrier — susceptibles de l'assister pour le transport éventuel de la « matière » en France, il se rendit à Oslo. Une surprise l'attendait : Axel Aubert, injustement soupçonné de germanophilie par le précédent ambassadeur français, était au contraire totalement dévoué à la cause alliée et avait même déjà fait une réponse négative à l'IG Farben. Il accepta de prêter à la France, pour la durée des hostilités, la totalité du stock présent à l'usine productrice située, non loin d'Oslo, à Rjukan, soit 185,5 kilos et, en cas de succès des expériences envisagées, de lui réserver, pendant la même période, la quasi-totalité de la production. Devant ces bonnes dispositions, Allier mit au courant son interlocuteur des objectifs des travaux de Joliot. Aubert, selon le rapport officiel de mission, lui répondit : « Veuillez dire de ma part à M. le président Daladier que ma société ne veut pas recevoir un centime, jusqu'à la victoire de la France, pour le produit que vous allez lui apporter. Quant à moi, je sais que, si les expériences dont vous m'avez entretenu réussissent et si, plus tard, par malheur la France devait perdre la guerre, je serais fusillé pour avoir fait ce que je fais aujourd'hui. Mais c'est une fierté pour moi de courir ce risque. » Aubert, heureusement, ne fut pas inquiété par les Allemands lors de l'occupation du pays.

L'affaire se termina à Oslo par un étrange *gentlemen's agreement* daté du 9 mars 1940 et présentant une certaine analogie avec celui paraphé le 13 mai précédent par Joliot et un dirigeant de l'Union minière, car on continuait à y partager les œufs d'or de la poule. Il y était envisagé la cession à la firme norvégienne de 15 % des bénéfices résultant des développements techniques dont l'origine première serait la fourniture d'eau lourde à la France.

Dans l'esprit d'Allier, ces développements techniques pourraient aboutir à une production d'électricité à un prix encore plus bas que celui, déjà étonnamment bas, obtenu grâce aux chutes d'eau norvégiennes. Il aurait pu en résulter un préjudice pour les intérêts économiques de la Norvégienne de l'azote comme productrice d'eau lourde et exploitante de forces hydroélectriques, d'où la compensation envisagée de 15 %. Il y a bien aujourd'hui dans le monde des centrales fonctionnant à partir d'uranium et d'eau lourde, mais le prix de leur électricité, bien qu'économiquement très acceptable, est encore nettement supérieur à celui de l'hydro-électricité norvégienne !

Ayant fait des réservations plusieurs jours de suite sur les vols Oslo-Amsterdam et Oslo-Perth en Écosse, et fait semblant de charger les récipients sur l'avion d'Amsterdam, Allier et un des agents secrets partirent vers l'Écosse le 12 mars avec dix des vingt-six bidons contenant sept litres chacun et fabriqués en hâte à cet effet à Oslo. Les seize autres bidons suivirent par la même voie deux jours plus tard, accompagnés par les deux autres agents. L'avion d'Amsterdam, qu'Allier avait fait le simulacre de prendre, fut obligé par la chasse allemande d'atterrir à Hambourg et subit une fouille poussée dont l'eau lourde était l'objet. Les services de renseignement allemands n'étaient pas restés inactifs durant cette mission !

Les 16 et 18 mars, trois semaines avant l'invasion allemande de la Norvège, Joliot signait un reçu à Allier pour les vingt-six récipients contenant du « protoxyde de deutérium (eau lourde) ». Peu avant, il avait réceptionné deux personnes non moins importantes pour ses travaux. Il s'agissait de ses deux plus proches collaborateurs, Halban et Kowarski, de retour d'un court exil forcé pour cause de naturalisation trop récente.

En effet, lors de l'organisation de la mission d'Allier, le Deuxième Bureau, ayant exigé un secret absolu, s'était inquiété du fait que les deux principaux assistants de Joliot, très récemment naturalisés, étaient originaires de pays ennemi ou peu favorable à la France dans le conflit en cours. Dautry s'était aussi ouvert de cette question quelques mois auparavant à Joliot. Ce dernier lui avait répondu que Halban et Kowarski étaient irremplaçables.

Hans von Halban était issu d'une famille autrichienne connue dans le monde viennois des arts et des sciences, qui comptait entre autres un gynécologue et une cantatrice célèbres. Son grand-père, conseiller financier de l'empereur François-Joseph, avait changé son nom de Blumenstock en Halban quand ce souverain l'avait anobli. Né en 1908, il avait perdu sa mère assez jeune et avait été élevé en Allemagne, où son père avait poursuivi une carrière de physicien-chimiste à l'université, puis dans l'industrie et enfin à Zurich comme professeur. Il était venu à Paris en 1935, à l'âge de vingt-huit ans, travailler avec Joliot, ne cachant pas l'avantage qu'il recherchait à devenir collaborateur d'un savant assuré d'avoir rapidement le prix Nobel. Bien de sa personne, bon skieur, cultivé et charmeur, il pouvait être autoritaire avec ceux qui lui étaient inférieurs professionnellement ou socialement. Il était marié avec la fille d'un banquier hollandais, la première de ses trois épouses, toutes fortunées. Joliot l'avait empêché, après sa naturalisation, de se faire appeler Jean d'Alban et lui avait conseillé de simplement supprimer le « von ».

Lew Kowarski avait eu, au contraire, une vie très difficile ; à demi-juif comme Halban et du même âge, il était le fils naturel d'un négociant de Saint-Pétersbourg et d'une chanteuse d'opéra de religion orthodoxe. A l'âge de onze ans, il avait fui en 1918 la révolution avec son père en laissant sa mère en Russie. Avec un appui financier de plus en plus réduit, il avait fait des études à Gand, avant d'obtenir un diplôme d'ingénieur de l'École de chimie industrielle de Lyon. Tout en travaillant à mi-temps dans l'industrie, il prépara une thèse de doctorat au laboratoire de Jean Perrin, puis passa quelque temps au laboratoire Curie.

C'est là où je l'ai rencontré d'abord. C'était une espèce de grand bonhomme bourru qui répondait par un grognement à votre bonjour. Nous l'appelions Gorgulov du nom d'un Russe blanc corpulent qui avait assassiné, en 1932, le président Paul Doumer. Il n'avait pas bien réussi à l'Institut du radium et Joliot l'avait alors pris comme secrétaire scientifique avant de l'associer, sur la suggestion de Halban, en 1939, aux travaux sur l'uranium. Il était à la fois fin et lourd, doué d'une mémoire d'éléphant, sa grande intelligence et sa finesse d'esprit dans un corps de géant allaient s'épanouir au fur et à mesure de sa réussite dans cette aventure nucléaire, ses complexes diminuant sans jamais disparaître complètement.

Pour être sûr qu'en cas de fuite pendant la mission secrète d'achat d'eau lourde ses deux assistants ne pourraient être soupçonnés, Joliot demanda à Halban et Kowarski de bien vouloir accepter d'effectuer pendant toute l'absence d'Allier un séjour dans une résidence surveillée de leur choix. Ils se plièrent à cette requête et choisirent le premier — plus raffiné — la Méditerranée et l'île de Porquerolles, le second — plus endurci — l'Atlantique et Belle-Île. Leurs vacances forcées cessèrent dès l'arrivée de l'eau lourde en France. De « personnes douteuses », ils redevenaient des savants indispensables.

Les deux mois suivants furent consacrés à la préparation de l'expérience décisive. Celle-ci devait aboutir soit à la réalisation même de la réaction en chaîne, soit à préciser si celle-ci était oui ou non réalisable dans le système uranium-eau lourde. Malgré l'intensité du travail, cette expérience n'était pas prête le 16 mai lors de la percée du front de Sedan. Sur instructions de Dautry, l'eau lourde, toujours dans ses vingt-six bidons, fut transportée de nuit à Clermont-Ferrand. Elle y passa une semaine dans les caves de la Banque de France, puis devant les réticences du directeur de la banque, elle fut transférée dans une cellule de la prison de Riom. Le stock français de radium lui fut adjoint.

Cette prison deviendra célèbre plus tard comme lieu d'internement de certaines des personnalités de la IIIe République, qui, comme Daladier et Reynaud, comparurent à partir de la fin 1941 devant la Cour suprême de justice à Riom sous l'accusation d'avoir insuffisamment préparé la guerre, procès interrompu au bout de six mois car il se retourna contre ceux qui, à Vichy, l'avaient initié.

Halban et Kowarski tentèrent de monter un laboratoire de

fortune dans une villa louée à Clermont-Ferrand. Après avoir brûlé tous les documents du Collège de France sur ses recherches secrètes, Joliot, accompagné de sa femme, les rejoignit le 12 juin avec des objets précieux du laboratoire Curie, des capsules en or et en platine, ainsi que le gramme de radium de Marie Curie.

Le 16 juin, Allier arriva à Clermont-Ferrand. Dautry avait continué à lui donner un rôle important dans cette affaire et l'avait même envoyé le 10 avril à Londres mettre au courant des travaux français le comité britannique chargé de l'uranium. Il était maintenant muni d'instructions de Dautry enjoignant à Joliot, Halban et Kowarski de se rendre avec l'eau lourde à Bordeaux pour partir en Angleterre. Le soir même, Paul Reynaud et son cabinet étaient démissionnaires et le maréchal Pétain, nommé à la tête du gouvernement, allait demander à Hitler l'armistice. Dautry devait se retirer en Provence, à Lourmarin, jusqu'à la libération du pays.

L'ordre de mission du 16 juin

Le lendemain, le 17 juin, à l'aube, Halban, Kowarski et leurs familles quittent Clermont-Ferrand à travers des routes bondées de réfugiés, et arrivent avec l'eau lourde, vers minuit, à Bordeaux. Ils y retrouvent Jean Bichelonne, chef de cabinet de Dautry, mêlé, de ce fait, à toute l'affaire de l'eau lourde depuis le début. Ils reçoivent un ordre de mission (voir fac-similé en annexe), daté de la veille, le 16 juin, avant la démission du gouvernement Reynaud, écrit à la main sur une feuille volante, intitulé « Ordre » et muni du cachet du ministre de l'Armement. Il spécifie que « MM. Halban et Kowarsky (*sic*) accompagnés de Mmes Halban et Kowarsky et de deux enfants en bas âge monteront à bord du vapeur *Broompark* à Bassens (Gironde). Ils sont confiés à M. le comte de Suffolk et Berkshire, afin de poursuivre en Angleterre les recherches entreprises au Collège de France, et sur lesquelles sera observé un secret absolu. MM. Halban et Kowarsky se présenteront à Londres à la mission française (colonel Mayer), 2 Stanley Street, Westminster House. Pour le ministre et par son ordre, pour le secrétaire général des Fabrications, le chef du cabinet, signé Bichelonne ».

Cet ordre de mission est un document capital de l'histoire de l'énergie atomique. Ses conséquences ont été considérables. De son exécution et du sauvetage de l'eau lourde ont dépendu pendant la guerre le maintien d'une présence française dans ce domaine, certaines des orientations de l'effort britannique, la création au Canada de la première entreprise scientifique multinationale, et après la guerre le succès en France du démarrage du Commissariat à l'énergie atomique. Il porte déjà en lui les deux faces de la France à venir. Le colonel Mayer est René Mayer, futur ministre du gouvernement de la France libre à Alger et président du Conseil de la IVe République. Bichelonne, brillant polytechnicien, reçu avec la plus forte moyenne jamais vue jusque-là au concours, allait choisir Vichy et la collaboration. Il sera secrétaire d'État à la Production industrielle des gouvernements Pierre Laval à partir du début de 1942, il suivra Pétain en Allemagne et mourra en 1944 dans de mystérieuses conditions à Sigmaringen au cours d'une opération.

Le comte de Suffolk était un personnage original, de haute noblesse, pharmacien de formation. Il avait été durant la « drôle de guerre » le représentant du département britannique de la Recherche scientifique et industrielle (analogue au CNRS) à l'ambassade de Grande-Bretagne à Paris. Bien décidé à se faire sauter la cervelle plutôt que de tomber aux mains des Allemands, il s'était assigné la tâche de ramener en Angleterre toute personne, tout matériel et tous matériaux susceptibles d'assister à la poursuite de la guerre. Inséparable de deux jolies secrétaires, l'une brune, l'autre blonde, il devait par la suite, avec cette dernière et son vieux chauffeur, constituer une équipe pour désamorcer à Londres, avec élégance et efficacité, des engins allemands non explosés après les bombardements. Ils se surnommèrent même « la Sainte Trinité ». La trente-cinquième bombe, d'un type nouveau, leur fit payer, en 1941, son dû et ce fut la fin de la Sainte Trinité. Churchill dans ses Mémoires, *la Deuxième Guerre mondiale,* citant leurs prouesses et leur fin héroïque, se dit sûr que « toutes les trompettes sonnèrent pour leur arrivée dans l'au-delà ».

Suffolk accueillit Halban, Kowarski et leurs familles à bord du *Broompark,* cargo anglais transporteur de charbon. Il avait, selon les souvenirs de Kowarski, l'air d'un pirate hirsute et dépoitraillé. Il était au courant de l'importance de l'eau lourde, et Halban et lui firent attacher à un radeau les vingt-six bidons ainsi qu'un stock important de diamants industriels en provenance d'Anvers, dans l'espoir qu'ils pourraient être quand même sauvés en cas de torpillage.

Joliot, pendant ce temps, avait fait un crochet par la Dordogne pour y laisser dans un sanatorium à Clairvivre Irène qui souffrait de troubles respiratoires sérieux. Il se présenta le 18 au matin à la préfecture de Bordeaux où Suffolk l'attendait. Celui-ci chercha instamment à convaincre le savant français de partir à Londres. Ce dernier avait accepté, peu de semaines auparavant, la présidence française d'une société scientifique franco-britannique en voie de formation. Suffolk s'engageait à faire venir en Angleterre Mme Joliot et leurs deux enfants de huit et treize ans restés en Bretagne, à l'Arcouest. Très hésitant, Joliot se rendit ensuite dans une école primaire, où Bichelonne, siégeant dans une classe, assis à la place de l'instituteur, cherchait encore à régler quelques-uns des problèmes inextricables posés aux services de son ministère. Joliot y avait donné rendez-vous à son ami Léon Denivelle, jeune chimiste de talent, déjà professeur à l'École supérieure de chimie de Mulhouse et qui, six ans plus tard, sera le premier secrétaire général du CEA. Denivelle mobilisé au ministère de l'Armement, assurait depuis plusieurs mois la liaison entre cet organisme et l'étonnant lord Suffolk dont le quartier général à Paris était l'hôtel Ritz, où il faisait une abondante consommation de kirsch, entouré de femmes jolies ou célèbres comme Coco Chanel.

Denivelle, dont je tiens ce témoignage, avait décidé de lier son sort à celui de Joliot et de partir éventuellement en Angleterre avec lui. Ce dernier, toujours incertain de la voie à suivre, envisagea néanmoins le départ, mais il ne voulait en tout cas pas le faire sans l'accord d'Irène qui avait toujours eu un grand ascendant sur lui. Pendant deux heures, il chercha en vain à atteindre sa femme par téléphone à Clairvivre. Durant ce temps, Bichelonne s'impatientait. Il avait d'autres problèmes pressants à résoudre, plus importants, à ses yeux, que le devenir de Joliot. Finalement, il décida de trancher et lui demanda ainsi qu'à Denivelle de rester en France. « Qu'adviendra-t-il de notre pays si tous les hommes de valeur, comme vous, le quittent à ces moments tragiques ? Rendez-vous compte de tout ce qu'il y aura à faire pour vous, même dans la situation navrante où nous sommes. » Ces quelques mots enlevèrent la décision. Joliot et Denivelle prirent le parti de rester sur le sol français, puis s'en allèrent déjeuner ensemble.

Dans l'après-midi, Joliot chercha à aller voir ses deux collaborateurs, mais il ne trouva pas le bateau, car, à la suite d'un bombardement allemand, le *Broompark* avait été ancré plus au sud dans la Gironde. De leur côté, Halban et Kowarski voulurent redescendre du navire pour essayer de rencontrer leur patron. Mais interdiction leur fut signifiée de quitter le bord.

Le *Broompark* descendit la Gironde en convoi ce même soir pour s'ancrer plus près de l'estuaire. Au cours de cette opération un bateau voisin fut bombardé et coula. Il y resta encore vingt-quatre heures et arriva sans encombre en Cornouailles le 21 juin avec ses précieux chargements. Les vingt-six bidons d'eau lourde furent d'abord entreposés dans une prison près de Londres, puis plus dignement confiés à la bibliothécaire du château royal de Windsor, pour enfin retrouver à Cambridge un laboratoire, le célèbre laboratoire Cavendish. L'eau lourde était enfin prête à servir dans l'expérience conçue au Collège de France quelque six mois auparavant.

Ainsi, trois mois après avoir été mis en résidence forcée, pendant la mission d'achat d'eau lourde en Norvège, Halban et Kowarski se voyaient-ils confier la responsabilité de maintenir au mieux la France dans la course atomique, après son excellent démarrage. Pour l'instant ils quittaient des rivages appelés à devenir inhospitaliers pour l'un comme pour l'autre. Ils allaient aborder une nouvelle étape de leur carrière pleine de graves décisions personnelles et d'événements dramatiques tant sur le plan scientifique que politique.

A Paris, le sort de l'eau lourde fut l'une des questions posées à Joliot par les Allemands, lors des négociations qu'il avait entreprises pour la réouverture de son laboratoire du Collège de France, sur les portes duquel les occupants avaient apposé des scellés, en raison des travaux qui y avaient été effectués pour la défense nationale. Joliot reconnut qu'elle avait été placée à bord d'un bateau anglais à Bordeaux, mais donna le nom d'un navire voisin du *Broompark* coulé à la suite d'un bombardement aérien. Il est intéressant de noter à ce propos l'erreur du général de Gaulle dans ses *Mémoires de guerre.* Il y parle de sa traversée, le 15 juin, de Brest à Plymouth, sur le contre-torpilleur *Milan,* avec un groupe de chimistes chargés par Dautry de mettre l'eau lourde à l'abri en Angleterre.

Joliot n'avait pas vraiment envisagé de partir en Angleterre, en ce fatidique 18 juin où si peu de gens en France entendirent à la radio l'appel du général de Gaulle. Rien ne l'y attirait, sinon la possibilité incertaine de réaliser l'expérience prévue avec le stock d'eau lourde ; ses deux collègues, dont les origines rendaient dangereuse la présence en France occupée, allaient y pourvoir. Son incertitude sur l'accueil et les facilités techniques dont il aurait pu disposer, son besoin d'être entouré de l'admiration et même de l'affection de ses collaborateurs et amis, sans compter enfin l'état de santé de sa femme et la dispersion de sa famille, ainsi que la pression de Bichelonne, contribuèrent aussi, à côté de son manque de connaissance de la langue anglaise, à l'empêcher d'abandonner son laboratoire et son cyclotron en construction et de faire ce saut dans l'inconnu.

S'étant engagé dans la voie des recherches sur le dispositif de production d'énergie, il n'avait aucune raison de penser que les travaux sur la fission puissent faciliter la libération de la France — ce qui ne fut pas le cas — ni même qu'ils pourraient permettre de gagner la guerre avec l'Allemagne, ce qui, à quelques mois près, aurait pu se réaliser. Il ne pouvait pas non plus pressentir l'immense développement que prendrait l'entreprise (elle était encore à l'échelle de deux ou trois spécialistes travaillant autour d'un chef de file), ni *a fortiori* le rôle considérable qu'il aurait joué comme prix Nobel, et, spécialement aux État-Unis, comme membre de la famille Curie. Les voyages de Mme Curie, dans les années vingt, y avaient eu un profond retentissement dans la presse et le public, et sa belle-sœur, Ève, très liée avec les Roosevelt, lui aurait ouvert les portes de la Maison-Blanche.

Se ralliant à la France libre, comme il se rallia après l'entrée en guerre de l'Union soviétique le 22 juin 1941 à la Résistance et au parti communiste, il aurait pu rassembler, dans une équipe autour d'un chef indiscuté et prestigieux, les scientifiques français qui, sans lui, contribuèrent à titre individuel, et non sans difficultés de toutes sortes, aux réalisations atomiques des Alliés. Le rôle de cette équipe dans l'entreprise aurait peut-être réservé à notre pays une place de membre associé dans le club atomique anglo-saxon créé durant la guerre.

7

La double révocation

De père belge

Le 17 juillet 1940, je devais à mon tour devenir une « personne douteuse », à la suite de l'annonce d'un décret-loi du gouvernement de Vichy, pris une semaine après le vote des pleins pouvoirs à Pétain. Commençant par la formule qui allait devenir tristement célèbre : « Nous, maréchal de France, chef de l'État, le Conseil des ministres entendu, décrétons... » Ce décret-loi conditionnait l'accès aux emplois dans les administrations publiques à la possession de « la nationalité française, à titre originaire, comme étant né de père français ». Les fonctionnaires ne remplissant pas cette condition étaient « immédiatement réputés démissionnaires de leurs fonctions ».

Or mon père, belge de naissance, l'était resté après son installation à Paris au début du siècle. Pour ma part, je n'avais jamais cessé d'être français, étant né à Paris d'une mère française ; j'avais toutefois possédé un droit d'option à devenir belge à ma majorité, mais j'y avais renoncé par anticipation lors de mon inscription au concours d'entrée à Physique et Chimie, réservé aux Français parisiens. Il était spécifié, dans ce décret-loi, que cette condition n'était pas exigée de ceux ayant servi dans une unité combattante de l'armée française, au cours des guerres de 1914 et 1939, ou de leurs descendants directs. Or mon père, âgé de quarante-cinq ans en 1914, n'avait pas été mobilisé et le laboratoire de Poitiers n'avait rien d'une unité combattante.

La nouvelle me surprit à Montpellier, où j'avais retrouvé mon frère, lieutenant dans le génie, qui suivait, au moment de l'invasion, une formation de spécialisation dans le radar. Je n'arrivais pas à prendre au sérieux la nouvelle loi, persuadé qu'elle ne s'appliquerait qu'à des Français de fraîche date ou originaires de pays hostiles à la France, mais non à un fils de Belge, français depuis sa naissance.

Mon frère et moi fûmes plus impressionnés, la semaine suivante, par un autre décret-loi, celui du 23 juillet, prononçant la déchéance de la nationalité française pour toute personne ayant quitté le territoire métropolitain pour l'étranger entre le 10 et le 30 juin 1940 sans ordre de mission régulier ou sans motif légitime. Cette loi de caractère rétroactif précisait que les personnes impliquées étaient regardées « comme ayant entendu se soustraire aux charges et aux devoirs qui incombaient aux membres de la communauté nationale et par suite avoir renoncé à la nationalité française ». La déchéance pouvait s'étendre à la femme et aux enfants de l'intéressé. Les biens des déchus seraient mis sous séquestre et liquidés après six mois, le produit de la vente étant versé au Secours national.

Mon beau-frère, Maurice Stern, banquier âgé d'une cinquantaine d'années, fit partie, avec plusieurs Rothschild, de la quinzaine de personnalités à qui fut appliquée cette loi. Il était parti, après la demande d'armistice, à Saint-Sébastien avec ma sœur et leurs enfants. Il demanda tout de suite l'autorisation de rentrer en France et attendit plusieurs mois cette autorisation qui lui fut finalement refusée par le gouvernement de Vichy, à la suite d'une décision prise personnellement par Pierre Laval, vice-président du Conseil. Il s'exila alors aux États-Unis. Il s'était beaucoup occupé, depuis le début des persécutions nazies, du sort des Juifs allemands réfugiés en France et, de ce fait, il était à la fois sur les listes noires de la puissance occupante et mieux placé que quiconque pour juger des redoutables dangers qu'allaient encourir les Juifs restés en France.

Quelques jours plus tard, nouvelle surprise, nous recevions à Montpellier un télégramme de notre mère, dont nous ignorions le sort, annonçant son arrivée à Saint-Domingue avec la femme de mon frère et plusieurs membres de la famille de celle-ci. Nous ne savions pas très bien où était Saint-Domingue. Un dictionnaire consulté chez le libraire en face de l'hôtel nous éclaira.

Ma belle-sœur était la fille de Jules Fribourg, un négociant en grains connu en France avant la guerre par l'importance de sa compagnie, La Continentale d'importation, son écurie de courses et un certain Millionnaire II qui s'était couvert de gloire à Auteuil. Le 19 juin, à Bordeaux, ma mère, âgée de soixante-sept ans, perdue dans l'agitation de la ville, rencontra Fribourg par hasard dans la rue ; il se rendait au consulat d'Espagne pour obtenir des visas pour les membres de sa famille dont ma belle-sœur. Il proposa à ma mère de se joindre à eux ; elle refusa d'abord car elle était sans nouvelles de ses deux fils. Fribourg fut péremptoire : « Venez avec nous. Je vous emmène aux États-Unis, c'est le plus grand service que vous pourrez rendre à vos fils. S'ils sont prisonniers, vous serez mieux placée pour correspondre avec eux et leur envoyer des colis. S'ils sont libres, il ne faut pas qu'ils restent en France et vous pourrez les aider à venir vous rejoindre. » Elle se laissa convaincre. Il avait raison et je ne lui en fus jamais assez reconnaissant.

Arrivés à Lisbonne, un cargo transporteur de blé de La Continentale, détourné de son chemin, les attendait pour leur faire traverser l'Atlantique et les déposer à Saint-Domingue, en tout vingt-six membres de la même famille et ma mère adoptée par celle-ci. Saint-Domingue avait été choisi, car les visas d'entrée s'y obtenaient sur place par négociation financière directe avec le dictateur Rafael Trujillo. Début septembre, ma mère arrivait à New York, les visas américains étant obtenus plus difficilement, mais à moindre coût que ceux de Trujillo.

Soulagé de savoir ma mère en sûreté, j'étais bien décidé à rentrer à Paris et au laboratoire Curie, avec devant moi une incertitude sur la possibilité de continuer à occuper le poste d'assistant. Je demandai conseil à Irène Joliot, encore en zone libre à Clairvivre en Dordogne. Joliot était déjà remonté à Paris et Debierne aussi. Sa réponse datée du 8 août me disait : « Cher M. Goldschmidt, j'ai été désolée d'apprendre que vous devez être atteint par la loi sur les naturalisations. J'espère bien que vous continuerez cependant à travailler au laboratoire. Nous verrons comment se présente tout cela quand nous serons à Paris. Indépendamment de l'opportunité d'une telle loi en général, je suis spécialement choquée par le fait de considérer comme des Français de qualité inférieure ceux qui sont de mère française, par rapport à ceux qui sont de père français. On dit pourtant “ la langue maternelle ” d'un enfant. Il se pourrait que ce contresens choque assez de gens pour que la loi soit modifiée sur ce point. Recevez mon cordial souvenir. » Le mot de naturalisation ne m'avait pas plu, et évidemment le cas d'Irène Joliot était l'inverse du mien, elle était de mère étrangère. En tout état de cause, elle considérait comme évident mon retour à Paris et au laboratoire.

Vers la mi-août, les fonctionnaires de la zone occupée se trouvant en zone libre furent convoqués à Vichy pour recevoir un laissez-passer leur permettant de franchir la ligne de démarcation et de retourner immédiatement occuper leur poste.

Bien que « réputé démissionnaire » du fait du décret-loi du 17 juillet, je me considérais toujours comme assistant à la Sorbonne n'ayant reçu aucun document signifiant le contraire. Je me rendis donc à Vichy au secrétariat d'État à l'Instruction publique, bien décidé à ne pas faire état de mon ascendance belge. Je fus accueilli par un homme jeune très affable, chef du cabinet du ministre, maître de requêtes au Conseil d'État, Jean Hourticq, fils d'un historien d'art renommé. Après m'avoir posé quelques questions sur l'Institut du radium, au moment de signer mon laissez-passer, il s'arrêta et me dit : « Me permettez-vous de vous poser une question indiscrète, êtes-vous juif ? » Comme je lui répondais par l'affirmative, il me fit part d'une instruction permettant de nommer à un poste équivalent en zone libre tout fonctionnaire susceptible, en zone occupée, d'être inquiété par les Allemands pour des raisons d'ordre politique. Je ne pense pas que cette instruction avait été conçue pour être appliquée aux Juifs, bien au contraire, mais Hourticq avait pris sur lui de le faire et de m'offrir cette solution de rechange.

Il me fallut prendre une décision rapide. La poursuite de ma carrière me faisait pencher pour le retour au laboratoire Curie, mais la présence de ma mère aux États-Unis et la menace du décret-loi du 17 juillet sur ma fonction d'assistant me firent choisir la zone libre. Hourticq me montra au mur une grande carte de France et m'offrit le choix d'une université. Quelques instants plus tard, je quittais l'hôtel où était logé le ministère avec ma nomination d'assistant à la faculté des sciences de Montpellier près de la chaire de chimie.

Le 7 septembre, je rendis visite à mon frère, ingénieur à l'Union d'électricité à Paris avant l'invasion, et affecté alors, près de Luchon, à la construction d'un grand barrage dans les Pyrénées. Le jour était bien choisi car la radio nous apprit la confiscation des biens de quinze personnalités, dont notre beau-frère, ayant été déchues de la nationalité française par le décret du 23 juillet. Sensibilisés par les accusations contre les personnes qui avaient quitté la France, mais aussi par l'éventualité de mesures antisémites en zone libre dont on pouvait craindre la venue, nous prîmes la décision de demander conseil au patron de mon frère, un homme de grande qualité, Pierre Massé, le futur commissaire au Plan et président d'Électricité de France. Il répondit avec netteté : « Tant que l'on ne discriminera pas entre vous et les autres

Français du fait de votre qualité de Juifs, vous ne devez pas chercher à partir de France, mais le jour où il y aura la moindre mesure discriminatoire antisémite de la part du gouvernement, ne perdez pas une minute et commencez les démarches pour quitter le pays. » Cet excellent conseil marqua notre ligne de conduite dans les semaines qui suivirent.

C'était l'époque où, éloigné de son milieu habituel, on se liait facilement avec d'autres personnes déplacées. En ce même début de septembre, je me trouvai trois fois de suite au restaurant, à Montpellier, à côté d'une agréable jeune femme, le second jour je la saluai, le troisième nous engageâmes la conversation. Elle était l'épouse de René Mayer dont j'avais entendu parler comme d'un homme du groupe Rothschild. Membre du Conseil d'État, il était le père du statut de la SNCF, lors de la négociation de 1937 sur la nationalisation des chemins de fer où il s'était trouvé opposé à Dautry, hostile à l'unification des réseaux. Denise Mayer m'expliqua que son mari était au Canada, après avoir dirigé, pendant cette guerre, la mission française d'armement à Londres. Elle venait d'ailleurs de le convaincre de la nécessité de rentrer en France, conseillée en cela par Pierre Laval dont il avait été quelques années auparavant le chef de cabinet. Elle avait vu, le mois précédent, le président du Conseil à Vichy et celui-ci ne lui avait pas caché que son mari en tant que Juif perdrait la plupart des postes qu'il occupait dans les affaires.

René, revenu, et Denise Mayer s'installèrent à Montpellier et, m'y sachant seul, leur maison et leur table me furent toujours très amicalement ouvertes. Ils avaient deux enfants, dont un fils brillant de seize ans, Antoine, qui devait malheureusement tomber sous les balles allemandes, en septembre 1944, dans le Jura où il avait été parachuté de Londres, comme jeune officier, pour encadrer les éléments des Forces françaises de l'intérieur.

Je devais, après la guerre, reprendre et garder le contact avec ces amis, et ce n'est qu'alors que j'appris que René Mayer était le représentant français devant lequel Halban et Kowarski avaient reçu l'ordre de se présenter dès leur arrivée à Londres en juin 1940. Membres de nombreux gouvernements de la IVe République, il allait, à plusieurs reprises, apporter un appui précieux à notre jeune effort atomique.

Dès la reprise des cours à Montpellier, je me familiarisai avec la faculté des sciences et son laboratoire de chimie. Je proposai au doyen de donner une série de leçons sur la radioactivité et reçus son accord. Une nouvelle, venue de Paris, me fit de la peine.

Debierne avait pris comme un manque de courage ma décision de rester en zone libre et jugeait que cela nuirait à ma carrière. Il devait vite changer d'avis, heureusement ! Après l'arrestation de Langevin, en octobre 1940, puis l'assignation de celui-ci à résidence forcée à Troyes, Debierne assura aussi la direction de Physique et Chimie, mais refusa dignement d'être nommé directeur, tenant à garder vide la place de Langevin.

Le 3 octobre, Charles Maurain, doyen de la faculté des sciences de Paris, signait une lettre formelle m'annonçant que par application du décret-loi du 17 juillet, je cessais mes fonctions à la faculté à la date du 30 septembre. Il ajoutait que je semblais avoir droit à une indemnité de dix mois de salaire et il terminait par : « Au cas où vous auriez des observations à présenter à l'application de ce décret-loi en ce qui vous concerne, je vous prie de me les communiquer d'urgence. »

Le lendemain 4 octobre, il m'envoyait une lettre aussi sèche que la première et encore plus courte, toujours adressée à M. Goldschmidt, assistant à la faculté des sciences : « J'ai l'honneur de vous faire connaître que la lettre que je vous ai envoyée le 30 octobre 1940 est la conséquence d'un malentendu téléphonique. En fait, je ne sais pas exactement actuellement à quelle date aura lieu l'application de la loi du 17 juillet 1940. Je vous en aviserai aussitôt que je la connaîtrai. »

De race juive

Je reçus ces deux lettres quelques semaines plus tard, mais, entre-temps, la situation avait changé, car les craintes envisagées par Pierre Massé s'étaient concrétisées. Le gouvernement de Vichy avait adopté le 3 octobre, date de la première lettre du doyen Maurain, la loi portant statut des Juifs, ce qui expliquait peut-être la seconde lettre. Ce statut interdisait aux Juifs non seulement l'accès à la fonction publique et bien entendu au corps enseignant, mais aux services publics comme les sociétés productrices d'électricité (ce qui touchait mon frère).

Le statut fut publié le 18 octobre au *Journal officiel.* Il y était précisé qu' « est regardé comme juif, pour l'application de la présente loi, toute personne issue de trois grands-parents de race juive ou de deux grands-parents de la même race si son conjoint est lui-même juif ». A noter que la définition du Juif dans la loi est fondée sur celle de la race juive qui, elle, n'est pas définie.

Les intéressés devaient cesser leurs fonctions deux mois plus tard. Il était aussi stipulé que « par décret individuel pris en

Conseil d'État et dûment motivé, les Juifs qui, dans les domaines littéraires, scientifiques, artistiques, ont rendu des services exceptionnels à l'État français, pourront être relevés des interdictions prévues par la présente loi. Ces décrets et les motifs qui les justifient seront publiés au *Journal officiel* ». Il y eut en tout moins de vingt exceptions pour toute la France, deux officiers supérieurs dont le général Bloch frère du constructeur d'avions, une dizaine de professeurs d'université et quelques spécialistes comme Jacques Rueff, l'économiste.

Dans mon cas, l'origine était indiscutable, mes grands-parents étaient tous les quatre juifs ; nés aux alentours de 1840, c'est-à-dire un siècle auparavant, ils étaient originaires de tous les horizons européens : d'Allemagne et de Suisse du côté de mon père, de France et d'Autriche du côté de ma mère.

Les Goldschmidt étaient une famille très prolifique. Notre ancêtre commun était né en 1738. Un siècle et demi plus tard, il avait eu près de cinq cents descendants. Il était pâtissier dans la rue des Juifs à Francfort. Selon la tradition familiale, son fils aîné, mon trisaïeul, voulant tout jeune économiser à ses parents le coût du seul commis de la boutique, avait, à l'insu de ceux-ci, fait son apprentissage chez un commerçant chrétien. Il avait dû le faire en secret entre 4 et 6 heures du matin, car il y avait alors interdiction d'employer de la main-d'œuvre juive en dehors du ghetto.

Autodidacte, mon trisaïeul avait réussi, de 1792 à 1812, à jouer un rôle croissant dans l'intendance de l'armée prussienne, au cours de sa lutte contre les armées de la Révolution française, puis de Napoléon. Il avait ensuite fondé une société consacrée au commerce du fer, non sans difficultés, car il avait dû obtenir une dérogation pour élargir son activité au métal neuf. En effet, à cette date, seul le négoce des métaux usés était accessible aux Juifs. La société avait fructifié, car c'était l'époque de la construction des chemins de fer, elle fut dissoute en 1868, l'année où mon grand-père, Benedict Goldschmidt, âgé de trente et un ans, obtint l'autorisation de venir habiter, « comme rentier », en Belgique avec les droits civiques de ce pays.

Mon père Paul devait naître l'année suivante à Bruxelles. Il fit de bonnes études d'ingénieur et vint à Paris en 1900, aussi à trente et un ans, pour essayer d'exploiter un brevet qu'il avait pris sur le moteur à deux temps, type de moteur qui sera utilisé pour les motocyclettes. Son associé étant parti avec la caisse, mon père, désillusionné, devint aussi rentier, au moment de son mariage en

1905, et le resta, ce qui était possible à cette époque heureuse où l'inflation était inconnue.

L'homme illustre de la famille de mon père était son frère Robert, de sept ans son cadet, un des secrétaires du célèbre Congrès Solvay de 1911. Physico-chimiste doué d'un extraordinaire esprit inventif, les rois de Belgique Léopold II, puis Albert Ier firent appel à lui pour l'étude ou pour l'exécution de vastes projets. Il fut responsable de la construction des premiers dirigeables belges, puis pionnier de la télégraphie et de la téléphonie sans fil entre la Belgique et le Congo ainsi qu'au sein de la colonie pour laquelle il inventa un véhicule à vapeur chauffé au bois et s'intéressa à la construction d'hydroglisseurs et de bateaux amphibies pour passer les rapides des fleuves. Il fut aussi un des premiers à pressentir l'importance des microfilms pour la reproduction et la conservation des documents. A la fin de sa vie, il s'occupa même de spécialités pharmaceutiques. De tout cela, il ne reste aujourd'hui qu'une rue Robert-Goldschmidt à Bruxelles et un remontant à base d'acide phosphorique, de calcium et de magnésium, l'Actiphos, inventé par lui dans les années trente et encore prescrit aujourd'hui.

Malheureusement, il n'avait ni le sens des affaires ni le don de bien choisir ses collaborateurs. Ses idées et ses projets étaient pleins d'avenir, mais finissaient presque toujours par des échecs financiers. Sa vie conjugale n'avait pas été heureuse et, durant la guerre de 14, il fut pendant un temps le protecteur de la grande actrice Cécile Sorel.

Je me souviens de lui comme de quelqu'un de très séduisant et original, qui arrivait avec des cadeaux scientifiques. Je me le rappelle repartant avec un bocal de poissons vivipares, car mon père avait, à mon grand regret, jugé indésirable pour mes dix ans de voir des bébés poissons sortir du ventre de leur maman. Mon père, sérieux et pondéré, était sévère à son égard et nous le donnait comme un exemple à ne pas suivre, montrant comment les seuls dons de l'intelligence étaient insuffisants pour une réussite dans la vie. Des problèmes financiers et sans doute aussi de santé l'amenèrent à mettre fin à ses jours en 1935 dans le midi de la France, où il s'était installé depuis quelques années.

La collection

Tout autre était le cadre familial où avait vécu ma mère durant la trentaine d'années qui précéda son mariage. Il était centré sur les questions artistiques, autour de mon grand-père Gustave Dreyfus.

Né à Paris, en 1837, il y avait fait des études de droit et avait accompagné au début des années soixante, comme secrétaire, un oncle que Ferdinand de Lesseps avait appelé aux travaux du canal de Suez. Revenu à Paris, il épousa en 1864 la fille d'une Viennoise fortunée installée à Rome après que son mari l'eut abandonnée, circonstance qui causait scandale alors. La famille de ma grand-mère, les Obermayer, était apparentée à celle de Hugo von Hofmannsthal, écrivain et librettiste du *Chevalier à la rose.*

Survint la guerre de 1870 et la Commune. Parmi les ruines, une collection d'objets d'art fut anéantie ; elle appartenait à M. Gatteaux, un ami du peintre Charles Timbal, lui-même collectionneur d'un admirable ensemble de peintures, de sculptures et de nombreux bronzes de la Renaissance italienne. Pris de panique, Timbal s'imagina que sa collection courait les mêmes graves dangers et résolut de s'en défaire. Gustave Dreyfus, devenu, depuis son mariage, familier de l'Italie, et qui vivait déjà dans ce milieu, décida de réunir les fonds nécessaires et se porta acquéreur. L'entente se fit, mon grand-père laissant à Timbal en usufruit quelques-uns des plus beaux objets sur les quatre-vingt-dix achetés, jusqu'à la mort de celui-ci qui survint en 1880.

Cette acquisition ne manqua pas de faire des envieux ; parmi ceux-ci les frères Goncourt décrivent mon grand-père dans leur *Journal*, en date du 18 mai 1879, avec leur plume trempée dans du vinaigre : « Fils d'un marchand de dentelles et plaçant les marchandises de son père et courant les hôtels un carton sous le bras, il a épousé une opulente Viennoise d'un placement difficile, devenu riche ainsi, pendant la guerre, il a acheté pour un morceau de pain, la collection d'objets d'art du peureux Timbal, l'a exposée au Trocadéro, s'est fait fourrer dans une commission quelconque, a été décoré au nom de sa collection et du respect religieux qu'inspire l'art du XVIe siècle, c'est là, si je ne me trompe, l'art de se faire vingt-cinq mille livres de rente avec une collection... faite par un autre. »

Plutôt que d'accroître l'ensemble que Timbal avait mis vingt ans à constituer, Gustave Dreyfus décida de le compléter par une œuvre bien à lui, en se lançant éperdument, pendant quarante ans, à la poursuite de petits bronzes, médailles et plaquettes italiennes de la Renaissance. Il en réunit plus d'un millier, constituant ainsi l'une des collections les plus complètes et probablement la plus belle par le choix des épreuves pour chaque bronze.

Le tout était exposé dans une seule pièce, le grand salon d'un appartement d'un immeuble au coin de la rue de Monceau et du boulevard Malesherbes acquis par mon grand-père au début des années soixante-dix, alors une des dernières maisons de la capitale, avant la plaine Monceau. Quand le capitaine Alfred Dreyfus revint, en 1899, de l'île du Diable, il eut les plus grandes difficultés à se loger à Paris. Mon grand-père, avec qui il n'avait aucune parenté malgré l'homonymie, lui proposa un appartement dans son immeuble. Pendant deux ans les volets des fenêtres de ma famille au deuxième étage donnant sur le boulevard durent rester fermés de jour, car des antidreyfusards venaient y lancer des pierres.

Les peintures de Botticelli, Ghirlandaio, Filippino Lippi et Cima de Conegliano voisinaient avec des sculptures et des bas-reliefs de Desiderio de Settignano, de Verrocchio, de Mino da Fiesole et d'Andrea della Robbia dans ce petit musée de la Renaissance italienne ; il était devenu un centre d'attraction obligatoire pour les visiteurs étrangers amateurs d'art italien. Sissi, l'impératrice Élisabeth d'Autriche, l'avait visité. Anatole France y passa de longues heures pour s'imprégner de l'ambiance florentine au moment d'écrire *Le Lys rouge*.

Ma mère, née en 1873, fut élevée dans ce milieu artistique et littéraire. Les petits-enfants de Victor Hugo, le président du Conseil Waldeck-Rousseau, le peintre Léon Bonnat, le musicien Jules Massenet faisaient partie des proches de la famille. Elle avait été embrassée par Victor Hugo, peu d'années avant la mort du poète en 1885, et n'en avait pas gardé un bon souvenir, car il bavait un peu. Voyageant beaucoup avec son père, elle avait rencontré Pierre Loti à Constantinople, vêtu en Turc, portant le fez, tout fardé, avec des chaussures à talons hauts. Elle avait aussi dansé avec Marcel Proust. Il l'avait horrifiée en lui demandant si ses deux sœurs cadettes, petites et ravissantes, l'une brune, l'autre blonde, couchaient ensemble. Elles furent d'ailleurs inséparables et ne se marièrent jamais.

Gustave Dreyfus, à la fin de sa vie, faisait partie de toutes les commissions artistiques officielles et était vice-président des Amis du Louvre. Il mourut en septembre 1914, le mois suivant la déclaration de guerre ; j'avais à peine deux ans, mais j'ai l'impression de l'avoir bien connu, car j'ai toujours conservé sur mon bureau une petite boîte ronde dont le couvercle est orné de sa photo en sépia ; il me tient dans ses bras, les yeux rieurs, le visage ouvert entouré d'une belle barbe blanche.

Il laissa à ses cinq enfants, quatre filles et un fils, une lettre émouvante ; il s'excusait d'avoir consacré égoïstement toutes ses ressources à sa passion des objets d'art et, à cause de cela, de n'avoir pu les doter convenablement, c'est sans doute la raison pour laquelle mes deux petites tantes n'avaient pu se marier. Il désirait réparer cette lacune et leur assurer une vie plus facile. Il avait donc renoncé à laisser sa collection aux Musées nationaux et leur demandait de la vendre en bloc sans la disperser.

Après avoir passé la guerre dans des caisses à Angers, la collection reprit sa place dans le salon familial, dont je revois encore les tableaux et les sculptures adossés au mur, les uns contre les autres, et une quantité étonnante d'objets en bronze sur le dessus des meubles et des médailliers. Mon favori, un charmant petit buste d'enfant en marbre attribué d'abord à Donatello puis à Desiderio de Settignano, avait une place à part sur la cheminée. J'avais bien entendu interdiction d'y toucher, mais je lui caressais parfois furtivement le bout du nez quand les parents avaient le dos tourné. Je n'oserais le faire aujourd'hui où il trône, seul, au milieu d'une salle du musée de Washington.

Il avait été décidé de ne vendre la collection qu'à la mort de ma grand-mère ; celle-ci nous quitta en 1929, à plus de quatre-vingt-dix ans. Trois acheteurs se présentèrent : le gouvernement italien et deux antiquaires : le Français Georges Wildenstein et l'Anglais sir Joseph Duveen, le fournisseur des milliardaires américains. Ce dernier l'emporta pour une somme très importante à l'époque. La crise mondiale était survenue peu après, il n'était plus question pour Duveen de revendre la collection en bloc ; mais le destin fit bien les choses : le secrétaire au Trésor américain, Andrew Mellon, acheta les peintures et les sculptures, tandis que le propriétaire d'une des premières chaînes américaines de magasins à bon marché, Samuel Kress, se rendit acquéreur des bronzes, médailles et plaquettes. Tous les deux les laissèrent, à leur mort, à la National Gallery de Washington, fondée par le premier. Bien que les objets soient présentés dans différentes salles de ce beau musée, la collection n'a donc pas été dispersée.

La vente de notre collection fut un événement considérable dans la famille. Elle permit à mon oncle Carle Dreyfus, conservateur des objets d'art au Louvre, de réunir à son tour un ensemble d'œuvres de peintres du XIXe siècle, dont il légua tous les plus beaux tableaux aux Musées nationaux. Pour ma famille, elle représenta une certaine discontinuité dans notre train de vie, je fis ainsi connaissance, pour la première fois, avec les sports d'hiver et les wagons-lits.

La chasse aux visas

Mais revenons à Montpellier en ce mois d'octobre 1940, après la promulgation du statut des Juifs. Cette fois, ma carrière universitaire paraissait bien compromise. Nous étions deux chimistes à la faculté des sciences touchés par la loi antisémite. Le doyen nous conseilla vivement de faire une demande d'exception. L'ensemble de ces demandes devrait être ensuite soumis au Conseil d'État, connu pour sa lenteur à statuer. Plusieurs années pourraient ainsi être gagnées, durant lesquelles nous resterions en fonction. Nous nous faisions encore des illusions !

Pour mon collègue Gabriel Valensi, son cas ne faisait pour lui aucun doute, l'exception allait de soi. Sa famille était installée à Marseille depuis plusieurs siècles, et son arbre généalogique remontait à l'époque de Louis XV. Mon cas se présentait moins bien. J'ai préparé une demande d'exception assez abjecte et dont j'ai rapidement eu honte. J'insistais sur la mort au champ d'honneur pendant la Première Guerre mondiale de deux cousins germains — c'était le seul sang familial que j'avais trouvé sur l'autel de la patrie —, sur les dons faits au musée du Louvre par mon grand-père et par notre famille après sa mort, sur les Légions d'honneur reçues par trois oncles, celui du Louvre, et les maris des sœurs de mon père installées aussi en France, l'un directeur général honoraire des Manufactures de tabac, l'autre colonel en retraite, celui qui à mon insu m'avait recommandé pour le concours de la préparation militaire supérieure.

C'était l'époque des cartes interzones, où l'on avait la possibilité d'écrire quelques mots, mais surtout l'obligation d'en barrer beaucoup imprimés d'avance comme : « En bonne santé, fatigué, légèrement, gravement malade, tué, prisonnier, décédé, nouvelles, famille, va bien, besoin de provisions, d'argent, bagages, travaille, école... » J'en conserve une de fin novembre de Debierne où il me dit : « Le dossier pour demande d'exception a été reçu par M. le doyen. Une demande de bourse a été faite à la Caisse. Un peu d'espoir pour la continuation de votre travail. » Les derniers mots imprimés « Affectueuses pensées et baisers » ont été barrés et remplacés par « Bonnes amitiés ». Même si une bourse m'avait été octroyée, je n'aurais pu retourner à Paris au laboratoire Curie, car, dans les mesures prises fin septembre par les Allemands contre les Juifs, il y avait interdiction pour ceux présents dans la zone libre de revenir en zone occupée. En tout état de cause, je n'y aurais pas été encouragé par un entrefilet de *Paris-Soir*, reçu de la zone occupée, intitulé « Chez les Youpins ». Son texte commençait par

« l'Institut physico-biologique fondé par Henri de Rothschild et dirigé par Jean Perrin à la fantaisie ailée, était tellement infecté de juifs et de métèques qu'il était proverbial entre aryens, quand l'un d'eux s'y rendait, de l'apostropher : “ Ah oui ! vous allez chez les Youpins... ” Joliot-Curie, grand protecteur s'il en fut des juifs à l'université, ne comptait pour ainsi dire que des israélites à son laboratoire du Collège de France : Goldstein (juif russe), Goldschmitt *(sic)* (juif français), Namias (juif turc), Haissinsky (juif polonais), etc. Le susdit Goldschmitt était comme par hasard apparenté aux Rothschild... » La plupart des collègues cités ci-dessus étaient, comme moi, à l'Institut du radium et non au Collège de France et je n'avais alors aucune parenté avec les Rothschild.

Vers la mi-décembre, le doyen nous prévint qu'il n'y aurait pas d'exceptions à l'université de Montpellier. Pour ma dernière leçon, normalement la dernière avant les vacances de fin d'année, j'essayai d'ébaucher, pour mes quelque vingt élèves, une fresque des progrès récents de la physique nucléaire et de ses applications à venir comme celles de la fission de l'uranium. Je terminai en leur souhaitant de bonnes fêtes et bonne chance dans leur carrière car je ne les reverrais pas, étant juif. Mon visage avait dû trahir mon émotion avant même mes derniers mots, car je vis un étonnement croissant se manifester sur le leur. Puis sans attendre leur réaction, je sortis et ne remis plus les pieds à la faculté. Près de quarante ans plus tard, après que j'eus donné à Bordeaux une conférence sur l'énergie nucléaire, la femme du doyen de la faculté des sciences me dit avoir été mon élève à cette « dernière classe » et en avoir conservé un souvenir très fort.

Je n'avais pas attendu mon renvoi définitif pour suivre le conseil de Pierre Massé et commencer les démarches en vue de rejoindre ma mère aux États-Unis. Le problème était triple : il fallait obtenir le visa américain, celui de sortie de France et une place sur un bateau bondé. Contrairement à mon frère, je ne pouvais pas passer par l'Espagne. Celle-ci, sous la pression allemande, refusait les visas de transit aux Français âgés de moins de trente ans, par crainte de leur ralliement éventuel aux Forces françaises libres à Londres. Je n'avais donc que deux chemins possibles, soit passer par les Antilles, soit par le Maroc et le Portugal.

L'affaire était compliquée par la lenteur des correspondances avec New York, environ un mois pour les lettres par avion et de deux à dix jours pour les télégrammes et câbles, dont la cadence croissante marquait tour à tour mes espoirs, mes déceptions et mon impatience.

Le beau-père de mon frère, Jules Fribourg, fut de nouveau d'un secours irremplaçable, pour les affidavits financier et moral nécessaires pour le visa américain, et pour une proposition d'une situation dans une laiterie lui appartenant au Maroc, si je devais y faire un long séjour.

Pour le visa de sortie, il semblait être nécessaire d'être en possession d'une offre de travail aux États-Unis. Ma mère frappa à toutes les portes, directement ou par l'intermédiaire d'amis ou connaissances. Furent ainsi approchés des prix Nobel comme Einstein et Fermi, des professeurs d'université et des industriels, comme Sengier, le président de l'Union minière. Elle n'eut que deux résultats : une offre de complaisance d'une filiale de l'Union minière spécialisée dans le commerce du radium et de l'uranium, et une proposition fictive de mon ami et collègue Bruno Pontecorvo. Celui-ci, parti de France en juillet 1940, était employé dans une compagnie pétrolière de l'Oklahoma pour la détection par neutrons des couches pétrolifères. Il prévint ma mère qu'il serait impossible à celle-ci de me trouver une situation avant mon arrivée aux États-Unis, mais il eut la gentillesse de faire imprimer, à ses frais, du papier à en-tête d'une société fictive sous son nom et m'envoya une offre précise, seulement destinée aux autorités françaises, car elle était un faux punissable vis-à-vis de la législation américaine.

Ces deux fausses offres de situation arrivèrent trop tard, car brusquement, fin février 1941, mon horizon s'était éclairci. J'avais obtenu une lettre élogieuse de recommandation pour le consul américain à Marseille d'un de ses amis proches, un diplomate espagnol, Eduardo Propper y Callejon, mari d'une amie française auquel j'avais demandé conseil à Vichy. C'est lui qui avait eu, dans la nuit du 16 au 17 juin 1940, la pénible tâche de dicter au téléphone, de Bordeaux à Madrid, la demande d'armistice, le gouvernement espagnol ayant servi d'intermédiaire avec Hitler.

Le consul me fit bon accueil et me demanda si je voulais un visa de visiteur ou plutôt un visa d'immigration qui, seul, me permettrait d'avoir un emploi rémunéré en Amérique. Je répondis, d'un ton outré : « Visiteur, bien entendu », car je ne tenais pas à émigrer. Le consul m'interrompit : « Mon garçon, de deux choses l'une, me dit-il, ou les Allemands gagneront la guerre et vous ne remettrez plus les pieds en France, et il vous faudra bien gagner votre vie aux États-Unis, ou ils la perdront, et personne ne vous demandera lors de votre retour à Paris quel était le type de votre visa américain ; je vous donne d'office un visa d'immigration. » Il fut après la guerre pendant plusieurs années consul général à Paris et je pus lui dire ma reconnaissance.

Quelques jours plus tard, j'avais trouvé une autre oreille accueillante à Vichy, celle de Didier Gregh, haut placé au ministère des Finances ; il sera, après la Libération, directeur du Budget et plus tard ministre d'État à Monaco. Il téléphona devant moi à M. Bernard, haut fonctionnaire au ministère de l'Intérieur, replié à Clermont-Ferrand, en lui demandant un visa de sortie « pour un cousin éloigné, Juif bien entendu ». Ici encore, un accueil excellent. M. Bernard s'intéressa à mon avenir et me suggéra d'aller plutôt refaire ma vie en Amérique du Sud, avec ses vastes possibilités, plutôt qu'aux États-Unis, avec leur chômage et leurs dures luttes concurrentielles pour les bonnes situations.

Restait à obtenir une place sur un bateau, ce ne fut pas non plus sans difficultés ni assistance extérieure. Le 1er avril 1941, je quittai Marseille, mes amis, ma carrière, pour la Martinique, sur le *Carimaré*, de la Compagnie générale transatlantique. Faisant escale quelques jours plus tard à Casablanca, j'appris par la presse locale que le gouvernement de Vichy venait d'interdire la sortie de France métropolitaine à tout homme âgé de moins de trente ans, non muni d'un ordre de mission officiel. Il s'en était fallu de peu !

Le paquebot était bondé, la plupart d'entre nous couchions en dortoir. Beaucoup d'Espagnols se trouvaient à bord, réfugiés du franquisme, quittant la France devenue inhospitalière pour le Mexique et l'Amérique centrale. Parmi les Français, le peintre surréaliste André Masson. Avant d'arriver à la Martinique, la nouvelle fut reçue de la réquisition par le gouvernement américain, bien qu'encore neutre dans le conflit, du plus beau fleuron de notre marine marchande, le *Normandie,* détenteur du record de la traversée de l'Atlantique. Il devait être transformé en transport de troupes. Je le vis, hélas !, l'année suivante brûler et couler dans le port de New York, victime d'une maladresse ou d'un sabotage au cours de cette transformation. La Compagnie générale transatlantique, craignant d'être victime d'autres réquisitions américaines, avait décidé d'interrompre son service maritime entre les Antilles et New York et le *Duc-d'Aumale* que nous aurions dû prendre pour continuer notre voyage était bloqué à quai à Fort-de-France. A l'arrivée, à la Martinique, ce fut le premier incident désagréable, avec la fouille complète et infructueuse de mes bagages, car j'avais été dénoncé comme transportant plusieurs exemplaires du livre de

Léom Blum *Le Mariage* considéré comme séditieux, car favorable à l'union libre et de ce fait opposé à la devise du régime Travail, Famille, Patrie... livre que je n'avais jamais même eu entre les mains.

Envisageant un long séjour en raison de l'absence de liaison par mer avec l'Amérique du Nord, nous décidons, une connaissance de traversée et moi, de louer dès notre arrivée une petite villa à Fort-de-France, solution moins onéreuse que plusieurs semaines à l'hôtel. Le lendemain matin à 8 heures, un marin se présente pour m'emmener à la Sûreté navale (l'île se trouvait encore, comme à l'automne 1939, sous l'autorité de l'amiral Robert). Je suis reçu par un commandant dans les termes suivants : « De quel droit avez-vous loué une maison à Fort-de-France, vous qui êtes juif et par conséquent non français ? Je vous assigne à résidence forcée à l'hôtel du Morne-Rouge jusqu'à votre départ de l'île. » Devant mes protestations, il répliqua : « Un mot de plus et je vous envoie au camp d'internement avec les réfugiés apatrides. » Le temps de passer prendre mes bagages à « ma » villa et me voici accompagné d'un gendarme dans l'autobus local, plein de Martiniquais gais et chantant, en route vers ma nouvelle résidence.

J'allais bénir l'officier de marine antisémite : après la chaleur humide de Fort-de-France, à peine subie, le Morne-Rouge, à neuf cents mètres d'altitude, était un havre de fraîcheur. Le petit hôtel était tenu par une dame très noire, Mme Lebel, née Cohen. Elle nous faisait une excellente cuisine, les plats nombreux étant espacés sur une grande durée de temps, car elle prenait après chacun d'eux un long repos sur son fauteuil à bascule. Comme autres pensionnaires, il y avait deux jeunes couples de cinéastes juifs allemands, mais aussi pour quelques jours des visiteurs venant de Fort-de-France comme le colocataire de ma villa, ainsi que l'ethnologue Claude Lévi-Strauss, déjà célèbre par ses études des peuplades sauvages de l'Amazonie. J'étais au mieux avec le gendarme local chargé de me surveiller et, en le prévenant, je pouvais aller et venir dans l'île à mon gré.

Je visitai ainsi Saint-Pierre et son émouvant musée décrivant l'anéantissement de la ville en quelques secondes par la nuée ardente de la montagne Pelée en 1902. Les avertissements des géologues inquiets de la soudaine disparition d'un lac sur le flanc de la montagne avaient été rejetés par le gouverneur, désireux d'éviter tout exode de la population peu avant des élections prévues pour le surlendemain. L'explosion de la montagne avec la projection d'un immense nuage de vapeur d'eau à environ

1 000 °C mit le feu à toutes les habitations de la capitale et tua ses quarante mille habitants. L'unique rescapé fut le seul occupant de la prison protégé par la cave où il était enfermé. C'est le phénomène naturel ressemblant le plus à l'explosion d'une bombe atomique sur une ville.

A Fort-de-France, la nervosité croissait parmi les quelque cinq cents voyageurs bloqués dans l'île. Un jour, on annonça l'arrivée d'un cargo chargé de vaches provenant de Saint-Domingue et destiné à y repartir à vide. Plusieurs centaines de candidats au départ assiégèrent la demeure du consul de Saint-Domingue. Après quelques heures, il prononça son verdict, seules les personnes munies d'un visa pour le Mexique pourraient prendre le transporteur bovin. Cela fit l'effet d'une douche froide et je vis plusieurs candidats au visa dominicain, comme Masson, avoir une véritable crise de désespoir. Les Antilles étaient hors d'atteinte des Allemands, l'or de la Banque de France y avait été mis en sécurité, et le seul risque mentionné alors était celui d'une mainmise des États-Unis.

Au moment où je m'y attendais le moins, je fus prévenu par un employé de la compagnie Pan American, dont j'avais fait le siège, qu'une place était disponible le 19 mai, à la suite d'une annulation, sur le petit hydravion effectuant la liaison hebdomadaire entre diverses îles de la mer des Caraïbes et Porto Rico, île sous juridiction américaine. Je retrouvai à San Juan Claude Lévi-Strauss sous bonne garde des services de l'immigration. A son arrivée quelques jours plus tôt sur un bananier où il avait obtenu miraculeusement une place, la douane avait trouvé dans ses bagages des textes dans une langue inconnue, celle de la peuplade de l'Amazone qu'il avait découverte et étudiée ; de là à penser qu'il s'agissait d'un code mystérieux et d'espionnage il n'y avait qu'un pas, franchi allégrement par le FBI local. Comble de malchance, le répondant de Lévi-Strauss, le directeur de la *New School of Social Research* à New York, par qui il avait été invité, se trouvait hors d'atteinte, en train de pêcher le saumon au Canada. Finalement tout s'arrangea lors du retour de ce dernier aux États-Unis.

Lévi-Strauss mentionne dans ses *Tristes Tropiques* notre rencontre au cours de laquelle je lui avais déjà expliqué les mystères de la fission de l'uranium et ses redoutables applications éventuelles.

Mon entrée aux États-Unis se fit sans difficultés, et une semaine plus tard, le 26 mai, le courrier maritime régulier de Porto Rico à

New York me permettait de retrouver à New York ma mère et ma famille, un an et deux semaines après notre discussion sur l'opportunité de saupoudrer d'antimite les tapis de l'appartement, maintenant occupé par d'autres locataires plus voraces.

Deuxième Partie

Les exilés

8

Le fil coupé

Jusque-là, chaque étape de ma carrière avait facilement découlé de la précédente : l'École de physique et de chimie, le recrutement par Marie Curie, le service militaire comme chimiste, l'Institut du radium, le poste d'assistant, le doctorat, l'affectation en temps de guerre, et même dans une certaine mesure, en 1940, ma nomination en faculté en zone libre et ma révocation.

Cette fois, le fil était bien coupé. Il fallait le renouer. J'étais cependant conscient de l'intérêt de ma spécialité, assez hors du commun, de radiochimiste, en particulier dans le mystérieux domaine ouvert par la découverte de la fission de l'uranium, principal atout d'un avenir dont je discernais mal les contours.

Heureusement, tout à New York contribua à dissiper mes angoisses passées : la joie de retrouver ma famille au complet et quelques amis chers. Le choc de la beauté des gratte-ciel sous la lumière du printemps. L'ambiance d'une métropole parfaitement tenue, l'amabilité des services administratifs et des commerçants. L'accueil chaleureux réservé à l'étranger, avec une certaine popularité de l'accent français. Enfin l'immense soulagement de ne plus se sentir l'objet de discrimination et d'interdictions et, à terme, de menaces affreuses.

Je m'étais promis de ne pas me comporter comme un émigré, de chercher à fréquenter surtout des Américains et d'éviter la faune des réfugiés français. Ceux-ci s'entre-déchiraient, parfois même dans la presse locale. Les uns fervents du Maréchal, les autres partisans convaincus du Général. Certains, comme le journaliste Henri de Kérillis ou le diplomate-poète Alexis Léger (Saint-John Perse), peu favorables à l'un comme à l'autre. Parmi les pétainistes, l'écrivain André Maurois, qui devait sa renommée à des ouvrages sur le caractère des Anglais et sur la vie de certains de leurs hommes célèbres ; il avait néanmoins quitté l'Angleterre en juillet 1940, avec sa femme qui avait beaucoup d'influence sur lui, préférant la quiétude de New York aux risques de Londres. Parmi les gaullistes, l'auteur dramatique Henry Bernstein, longtemps le compagnon d'Ève Curie, et dont l'exil n'avait pas émoussé la plume.

Mes bonnes intentions furent éphémères. Nos pensées tournées vers la France étaient trop éloignées de celles de nos hôtes américains, pour la plupart favorablement disposés envers Pétain. Nous ne savions pas si nous retrouverions la France, ni quand. Nous ne voulions rien oublier et en garder une image intacte. Nous en arrivions à des jeux presque enfantins, sorte de Monopoly de la mémoire consistant à retracer avec précision l'itinéraire d'un circuit en province ou une promenade dans un quartier de Paris familier, cherchant à n'oublier aucun village, aucun monument ou aucune rue et même aucune boutique.

Les États-Unis, en paix pour quelques mois encore, sortaient de la crise économique qui les avait atteints durant une dizaine d'années. Le chômage n'avait pas disparu et le dollar, objet de tous les respects, avait un pouvoir d'achat considérable. Le trajet de métro ou d'autobus, le jeton de téléphone valaient un *nickel*, soit cinq *cents*. Le repas dans un restaurant convenable à peine plus d'un dollar. La chambre de l'hôtel donnant sur Central Park où je logeais, comme ma mère, revenait à soixante-quinze dollars par mois, et encore petit déjeuner compris, servi dans une boîte, contenant une Thermos et des petits pains, glissée par une trappe au bas de la porte. Actuellement le prix de la seule chambre au même hôtel dépasse nettement la centaine de dollars pour une seule nuit.

Les plus fortunés des réfugiés ne disposaient souvent que de ressources relativement limitées car leurs comptes furent longtemps bloqués par les autorités fédérales. Il fallait, en effet, empêcher les Allemands de mettre la main sur des valeurs américaines sous dossiers de banques situées en pays occupés. Grâce à des restes de la vente de la collection du grand-père, ma mère n'avait pas de soucis financiers immédiats et pouvait même subvenir à mes besoins pour la période, espérée courte, où je n'aurais ni emploi civil rémunéré ni affectation militaire.

La situation politique américaine était en pleine évolution. Depuis le vote par le Congrès, en mars 1941, du *Lend-lease Bill* — la loi prêt-bail —, les Etats-Unis avaient tourné le dos à la neutralité et fait un pas considérable vers le Royaume-Uni et la guerre. Ils étaient devenus, selon un mot du président Roosevelt, l'arsenal des démocraties. Washington n'en restait pas moins très réticent envers la France libre et son chef.

L'attitude la plus honorable et la plus courageuse aurait consisté à m'engager sans délai dans les Forces françaises combattantes et à rallier Londres pour y recevoir une affectation militaire, sans aucune relation avec ma formation scientifique. A l'autre extrême, je pouvais envisager de refaire ma vie aux États-Unis et me lancer dans le processus de naturalisation. Une solution intermédiaire consistait à rechercher une activité dans la ligne de ma carrière passée et utile à l'effort de défense, soit pour le compte des Anglais soit pour celui des Américains.

J'allais pendant plus de six mois hésiter entre ces différentes voies, en raison de la gravité de la décision et aussi des obstacles rencontrés. Pendant ce temps, la guerre allait s'étendre au monde entier, avec l'invasion par l'Allemagne de l'Union soviétique, son alliée depuis le pacte germano-soviétique d'août 1939, le 22 juin 1941, et l'entrée en guerre des États-Unis, après l'attaque surprise de Pearl Harbor, le 7 décembre 1941.

Les démarches

Ma première tâche, peu après mon arrivée à New York, fut de rédiger un curriculum vitae. Je n'avais emporté aucun diplôme avec moi, et à défaut de parchemin, je tenais à obtenir une preuve de mon titre de docteur ès sciences. Il me revint alors que j'avais envoyé un exemplaire de ma thèse à un universitaire en Californie. Je lui écrivis pour lui demander s'il l'avait conservée et dans l'affirmative s'il voulait bien me la renvoyer. Il le fit rapidement, ajoutant que ma thèse l'avait beaucoup intéressé. Pourtant aucune des pages de son exemplaire n'avait été coupée !

Le 1er juin 1941, quelques jours après mon arrivée à New York, je frappai aux premières portes. Une offre me vint de Boris Pregel, ancien responsable exclusif des ventes du radium belge, devenu depuis peu l'agent commercial pour le radium et l'uranium canadiens. Il me proposa un travail à New York : le remplissage d'ampoules de radium, activité ingrate et dangereuse. Je déclinai sans me rendre compte que je ne trouverai pas d'autre emploi rémunéré. Puis, je fus reçu à Columbia University par deux professeurs, chacun étant prêt à m'employer, l'un à l'université pour préparer des sources de polonium, l'autre à l'hôpital du cancer pour effectuer des mesures de radioactivité sur des patients soignés par ingestion de radioéléments artificiels. Aucun d'eux ne pouvait m'offrir la moindre rémunération.

Avant mon arrivée aux États-Unis, un cousin belge, émigré aussi, avait parlé de moi à Einstein qu'il connaissait de longue date. Celui-ci me recommanda à un célèbre spécialiste de la radioactivité, Kasimir Fajans, réfugié allemand et professeur à l'université du Michigan à Ann Arbor. Je m'y rendis dans l'espoir que la lettre du père de la relativité ferait merveille. Il n'en fut rien. Einstein, cœur d'or, n'avait jamais su refuser un service. Ses recommandations n'avaient que rarement de poids, car trop souvent il décrivait chaleureusement les qualités de personnes qu'il n'avait jamais rencontrées, ce qui était mon cas. Fajans me l'expliqua gentiment, puis me fit visiter son laboratoire et le premier campus universitaire que j'aie jamais vu. Lui non plus ne pouvait m'offrir un emploi rémunéré.

Parallèlement à ces premières tentatives, je décidai d'entreprendre des démarches dans une direction plus utile à l'effort de guerre. Mon beau-frère connaissait l'attaché de l'air à l'ambassade britannique à Washington, le brigadier général Charles Lindemann, car il avait occupé longtemps le même poste à Paris. Il était le frère d'un physicien, professeur à Oxford, Frederick Lindemann, devenu depuis peu lord Cherwell, ayant été anobli sur proposition du Premier ministre, Winston Churchill, dont il était un ami de longue date et conseiller pour les questions scientifiques et économiques. Charles Lindemann était au courant des travaux effectués sur l'uranium en Angleterre et aux États-Unis et parut intéressé quand je lui parlai des intentions de Joliot de m'affecter à son laboratoire du Collège de France juste avant l'invasion. Il me laissa un faible espoir d'obtenir un emploi aux États-Unis conforme à ma formation. Il allait en discuter avec le directeur de l'Office central scientifique britannique à Washington, créé depuis peu pour assurer la liaison avec les Américains dans la recherche scientifique de défense.

Le directeur de cet Office, Charles Darwin, petit-fils du célèbre naturaliste, m'écrivit au début de juillet. Il m'exposait les difficultés rencontrées par les services anglais pour utiliser les compétences des scientifiques français exilés aux États-Unis, les Britanniques n'y ayant aucune installation pour leur offrir du travail et les Américains étant réticents à utiliser des étrangers dans ceux de leurs laboratoires de recherches travaillant pour la défense.

Je commençais à perdre espoir quand j'eus la surprise de trouver à mon hôtel à New York un message me demandant de rappeler le

Pr Fermi à Columbia University. Darwin l'avait prévenu de ma disponibilité. Très ému, je rencontrai le physicien italien le 16 juillet puis, peu de jours après, Leo Szilard, son proche collaborateur. Je connaissais leurs travaux du printemps 1939 parallèles à ceux du Collège de France, mais j'ignorais alors le rôle capital joué par Szilard en octobre 1939 pour alerter Roosevelt.

Enrico Fermi était sans doute le plus brillant physicien de sa génération, combinant des dons remarquables de théoricien à un talent d'expérimentateur égal à celui de son rival Joliot dans les tout premiers rangs de la physique atomique mondiale. Quand il avait reçu le prix Nobel en 1938, un de ses collaborateurs, le chimiste Oscar d'Agostino, qui avait été longtemps au laboratoire Curie, et dont nous connaissions l'écriture, nous envoya de Palerme, où il professait, une carte postale non signée disant juste : « Enrico a reçu le prix, nous allons voir s'il le mérite. » Fermi se rendit à Stockholm pour la remise du Nobel avec toute sa famille dont sa femme, fille du seul amiral juif italien. Il envoya alors un télégramme à Mussolini lui faisant connaître sa décision de ne pas retourner à Rome, car il avait accepté une chaire à New York. Le coup fut rude pour le gouvernement fasciste et provoqua la dispersion de la pléiade de brillants jeunes physiciens italiens qu'il avait réunis autour de lui depuis les années trente. Quelques jours plus tard, nous recevions une deuxième carte toujours non signée de d'Agostino, son texte était encore plus laconique : « Il le méritait. »

Fermi et Szilard avaient tout juste la quarantaine. D'accès facile, ils se complétaient. Le premier était un perfectionniste de l'expérimentation, le second débordant d'idées était le politicien du tandem. Fermi avait entendu parler de moi par son élève Bruno Pontecorvo et j'avais brièvement rencontré Szilard au laboratoire Curie. Ils me reçurent avec chaleur. Ils m'expliquèrent les grandes lignes de leur recherche : il s'agissait de savoir si une réaction en chaîne pourrait être réalisée dans le système uranium-graphite, cette dernière substance remplaçant comme ralentisseur de neutrons, mais moins efficacement, l'eau lourde sur laquelle, ils le savaient, les Français avaient placé leurs espoirs. Ils étaient déjà convaincus que, pour leur système, la marge entre le succès et l'échec serait très faible et sans doute dépendrait de l'élimination poussée des impuretés susceptibles de capturer des neutrons dans les matières mises en jeu. Szilard était chargé de procurer ces matériaux et, comme l'avait fait Joliot, un an auparavant, il me proposa de m'occuper des problèmes de purification très poussée de l'uranium.

La recherche sur les applications de la fission aux États-Unis se poursuivait encore à cette date à l'échelle relativement peu importante des laboratoires universitaires, sous l'égide du comité sur l'uranium créé en 1939 par Roosevelt, mais en réalité sans coordination suffisante. En mai 1941, l'entreprise avait été étudiée par un comité de l'Académie des sciences, qui avait conclu à la nécessité d'un effort intensifié pour les six mois à venir, avec des dépenses de l'ordre du demi-million de dollars, pour savoir si la poursuite des recherches était ou non susceptible d'avoir des applications militaires. Les chances d'obtenir une réaction en chaîne dans le système uranium-graphite étaient évaluées à 50 % avec une réponse attendue vers la mi-1942. Une fraction notable de l'effort était concentrée à Columbia University sous la direction du doyen de la faculté de physique George Pegram. Il comprenait aussi une section sur la séparation des isotopes de l'uranium et sur l'étude de la production d'eau lourde dirigée par Harold Urey, l'auteur de la découverte de cette substance au début des années trente.

Pendant près de deux mois, j'attendis mon incorporation dans l'équipe de Fermi, toujours prévue pour le lundi suivant. Szilard m'assurait qu'elle était imminente, seules quelques formalités liées à mon habilitation au secret la retardaient. Szilard était hanté par la crainte d'une avance des nazis en ce domaine. Selon lui, la possession de la future arme atomique par l'Allemagne donnerait à Hitler et à ses forces du mal le moyen de dominer définitivement le monde. Il jugeait l'effort américain insuffisant, et recherchait des concours financiers privés auprès des plus riches réfugiés pour ce qui était indiscutablement à ses yeux le projet le plus important pour délivrer l'Europe envahie.

Début septembre 1941 la décision tant attendue arriva. Elle était négative. Fermi et Szilard venaient de recevoir un appui gouvernemental renforcé, non sans problèmes du fait de leur qualité d'étrangers (on ne leur avait accordé qu'une habilitation au secret limitée). Une des conditions de cet appui était l'obligation de ne plus recruter que des Américains. La décision négative me fut signifiée par le doyen Pegram et commentée plus tard au cours d'un déjeuner de consolation qui me fut offert par Fermi, Szilard et von Grosse, chimiste allemand, ancien disciple d'Otto Hahn à Berlin, collaborateur d'Urey et aux côtés duquel j'aurais dû travailler. Ma demande de recrutement avait été sujette à une difficulté supplémentaire : la non-reconnaissance de la France libre par Washington. Je ne cachais pas à mes trois interlocuteurs ma déception et aussi mon dépit car, des quatre non-Américains réunis autour de la table, j'étais le seul à avoir endossé un uniforme allié dans le conflit en cours, tandis que les trois autres étaient encore des nationaux de puissances du camp ennemi.

Deux mois plus tôt, j'aurais probablement pu intégrer sans grande difficulté l'équipe de Fermi avant que la porte ne se refermât sur le dernier étranger. Ma carrière et mon avenir auraient été, sans doute, définitivement orientés vers les États-Unis. Mais l'occasion avait été manquée de peu et je repris donc mon bâton de quémandeur d'emploi, frappant à de multiples portes, en particulier à celles des laboratoires de recherches de grandes sociétés chimiques, pharmaceutiques et même électriques.

Szilard, qui avait tant œuvré dans les années trente pour sauver puis accueillir des savants juifs allemands en Angleterre, était plein de scrupules de m'avoir fait perdre deux mois dans la recherche d'une activité utile. Il chercha donc à m'ouvrir des portes et il me présenta à plusieurs de ses collègues dont deux de ses compatriotes naturalisés américains, Eugene Wigner d'origine hongroise, futur prix Nobel, et Edward Teller, appelé à devenir le savant de la bombe H, qui tous deux s'illustrèrent dans l'entreprise atomique américaine. Ce dernier était plein d'humour et d'histoires drôles et il en riait si fort qu'on avait du mal à les entendre.

Szilard m'encouragea à me rendre à la mi-septembre à la plus grande foire aux chimistes, le congrès annuel de l'American Chemical Society, à Atlantic City. Son frère, ingénieur aussi, m'y emmena en voiture. Je fus englouti dans une des villes de bord de mer les plus laides du monde avec cinq mille chimistes ayant l'air de tous se connaître et dont je ne connaissais aucun. Il y avait à ce congrès une sorte de bureau de placement où l'on déposait son curriculum vitae et on avait alors droit à son nom sur un grand panneau et à côté du nom à une tige en métal. Chaque fois qu'une firme souhaitait interviewer un candidat, un anneau doré était accroché à la tige. Presque tous les demandeurs d'emploi avaient plusieurs anneaux à leur nom, quelques-uns plus d'une dizaine, mais la mienne restait tristement vierge. Enfin, le dernier après-midi, avant la clôture, j'eus mon anneau doré, mon espoir fut de courte durée, il s'agissait d'une dame d'un âge avancé, qui, ayant appris ma nationalité, voulait savoir si je connaissais un certain M. Bouvier à Paris !

Ma spécialité de radiochimiste limitait mes possibilités. N'étant ni chimiste minéral, ni organicien, ni physicien, je n'étais vraiment apte qu'à un seul domaine, celui qui venait de m'être barré. De plus, le nombre de firmes travaillant pour la défense ou espérant bientôt le faire s'accroissant sans cesse, celles-ci devenaient de plus en plus réticentes à recruter des étrangers.

Pour essayer de surmonter cet obstacle de ma nationalité, je me laissai convaincre de m'engager dans le processus de naturalisation. Je fis donc la demande des *first papers.* Celle-ci correspond à une déclaration d'intention de devenir américain, une sorte de prise d'option, condition indispensable à une éventuelle naturalisation ultérieure, qui en tout état de cause ne peut intervenir qu'au plus tôt cinq ans après. D'une façon générale, les Américains ne comprenaient pas que l'on pût rester aux États-Unis sans vouloir en devenir citoyen. Je reçus ainsi mes premiers papiers au début d'octobre 1941.

Vers la France libre

Parallèlement à cette démarche, je cherchai l'appui de personnalités susceptibles de me servir de garants auprès des autorités américaines, dans l'espoir d'intégrer la petite équipe de Fermi. A cet effet, je demandai rendez-vous à Mme René Pleven, dont le mari, le futur président du Conseil, envoyé par le général de Gaulle, venait d'établir les premiers contacts officiels entre la France libre et le gouvernement américain. Elle me reçut dans le salon de l'appartement qu'elle occupait dans un hôtel à New York. Elle était vêtue d'une sorte de pyjama de satin blanc — ce qui n'était guère la mode à l'époque — et fumait nerveusement à travers un long fume-cigarette, pendant que, fort intimidé, je lui expliquai mon problème. Mon exposé achevé, elle me dit : « Je vois très bien ce que vous recherchez, monsieur, vous voulez vous planquer », et elle me mit à la porte.

Ève Curie, réfugiée à New York, qui était très liée avec les Roosevelt, réserva un meilleur accueil à ma demande, que je fis cette fois prudemment par écrit. Elle me répondit : « La question que vous évoquez (garantie donnée aux travailleurs scientifiques français pouvant éventuellement être utilisés dans les recherches de défense nationale américaine) est très importante, et j'en ai parlé à Rapkine à plusieurs reprises. Je suis d'accord avec lui que cette garantie ne doit pas être individuelle mais collective. Il faut constituer un groupe de savants français, au besoin sous patronage *Free French* ou de Gaulle, groupe qui prendra ses responsabilités et répondra de ses membres auprès des Américains et des Anglais. Si je puis être utile de quelque façon que ce soit à une telle association je l'aiderai de toutes mes forces. Comme vous ferez certainement partie d'un tel groupe, .je pourrai par la même occasion vous être utile et cela me fera grand plaisir. »

J'avais, dès mon arrivée à New York, pris contact avec Louis Rapkine, mentionné par Ève Curie dans sa lettre. C'était un personnage extraordinaire. Depuis l'armistice de juin 1940, il avait réussi à faire venir de France aux États-Unis quelque trente-cinq scientifiques et leurs familles, grâce à des fonds obtenus par ses efforts inlassables auprès de la fondation Rockefeller, de la Royal Society et de quelques riches réfugiés français. Presque seul, il avait su résoudre les innombrables problèmes de visas de sortie de France et d'entrée aux États-Unis, ainsi que les titres de voyages et, au moment nécessaire, les places sur les bateaux. Il était terriblement inquiet sur le sort de sa femme et de sa fille restées en France, mais il ne s'en occupa que le jour où il pensa avoir sauvé tous les savants qu'il pouvait.

Né en Russie, en 1904, fils d'un tailleur et d'une femme qui n'apprit à lire et à écrire qu'à la fin de sa vie, il avait fait ses études au Canada, où sa famille fuyant les pogroms tsaristes avait émigré en 1911. Venu en France à l'âge de vingt ans, il avait dû travailler le matin dans un magasin de chaussures pour pouvoir faire de la recherche biologique, où il se fit rapidement un nom dans l'étude des phénomènes d'oxydoréduction au sein de la cellule.

Dès 1934, il avait constitué à Paris un comité d'accueil de savants étrangers afin de trouver du travail pour les réfugiés fuyant les pays fascistes. En 1936, l'année de sa naturalisation française, il reçut l'appui du gouvernement et du CNRS. Par la suite, il s'efforça de coordonner son action avec les tentatives analogues réalisées en Angleterre, où il s'attira l'amitié et le respect des principales personnalités du monde scientifique.

Au moment de l'armistice, Rapkine se trouvait à Londres à la mission d'achat française et, avec l'accord de la France libre et des autorités britanniques, il partit aux États-Unis pour se lancer dans son entreprise de sauvetage des scientifiques français menacés en France du fait de leurs opinions politiques ou de leur race, parmi lesquels Jean Perrin et son fils Francis et le beau-frère de ce dernier, Pierre Auger, tous trois antifascistes et fleurons de la physique française.

Je fus impressionné par le rayonnement et la force de conviction et d'action désintéressée qui émanaient de cet homme fin et nerveux. Rapkine me donna d'emblée de précieux conseils et par la suite fut toujours pour moi d'un appui inestimable pendant la guerre. Il ne ménagea aucun effort pour obtenir, pour son groupe de réfugiés, une reconnaissance officielle par le général de Gaulle. Cette reconnaissance officielle devait, il le croyait, ouvrir les laboratoires de défense américains à ses protégés. C'était méconnaître l'aversion des autorités américaines à l'égard des scientifiques français, que leurs garanties fussent individuelles ou collectives. Il obtint la reconnaissance du Général, mais non l'ouverture des laboratoires américains.

L'année 1941 s'acheva par l'entrée en guerre des États-Unis. En six mois depuis mon arrivée à New York, je n'avais résolu aucun de mes problèmes d'affectation à l'effort de guerre, d'appartenance nationale, ou même d'emploi. Ma situation devenait assez inconfortable.

Je recevais des lettres d'amis de Londres s'étonnant de ne pas me voir les rejoindre. Une d'entre elles, particulièrement sévère, provenait d'un camarade de mon frère, Jacques Bingen, beau-frère d'André Citroën, qui jouait déjà un rôle important auprès du général de Gaulle, et qui en mai 1944, délégué civil du Général pour la zone sud, se donna la mort après son arrestation par la Gestapo. Je ne pouvais quand même pas leur répondre : j'attends d'être affecté à l'étude de la fission de l'uranium !

Décidé à sortir de l'oisiveté, j'acceptai en janvier 1942 un des postes non rémunérés qui m'avaient été offerts peu après mon arrivée aux États-Unis, celui de l'hôpital du cancer, pour y effectuer des mesures de radioactivité sur des malades traités par une nouvelle méthode de radiothérapie. J'allais ainsi, après deux ans et demi d'interruption, reprendre contact avec la radioactivité.

En ce même mois de janvier, le groupe des scientifiques français de Rapkine reçut de Londres sa consécration officielle. Le mois suivant je m'engageais dans la France libre. La lettre d'acceptation de cet engagement par la délégation de New York spécifiait : « J'ai bien noté que vous faites partie du groupe de scientifiques français récemment désignés par le général de Gaulle pour être mis en affectation particulière aux États-Unis à la disposition de la défense américaine. Je prends acte d'autre part de ce que, au cas où vous ne pourriez être utilisé dans ce pays, vous vous mettez à la disposition des Forces françaises libres pour servir ailleurs au mieux de vos capacités et que vous considérez cette offre comme constituant un engagement définitif de votre part. »

J'étais maintenant dans une situation conflictuelle, susceptible d'être mobilisé dans deux armées différentes, car à la suite de mon obtention des *first papers* en octobre, je pouvais être recruté à tout moment dans l'armée américaine d'autant plus rapidement que j'étais célibataire et non employé dans une activité de défense. Je décidai donc de rendre mes premiers papiers et de signer un document par lequel je renonçais à jamais à devenir américain. Il semble que, par la suite, lors de la reconnaissance par Washington des Forces françaises libres, les engagés dans ces unités se trouvant dans le même cas que moi purent conserver leurs premiers papiers et leur option de naturalisation américaine. J'aurais pu sans doute en faire autant.

La possibilité de m'affecter à des travaux de défense américains paraissant des plus improbables, la délégation de la France libre à New York me prévint au début mars d'un projet de m'envoyer à Brazzaville pour y être le responsable technique de la marche du principal poste d'émission de radio de la France libre en Afrique. J'étais prêt à accepter toute affectation de caractère technique, malgré le monde qui séparait la radiotélégraphie de la radiochimie, quand j'appris par un ami la présence de Halban à New York et le fait qu'il tenait des propos sévères à mon égard. Je lui demandai un rendez-vous qu'il m'accorda sur l'heure. Il me reçut à son hôtel, où il se soignait d'un début de congestion pulmonaire attrapée lors de sa traversée de l'Atlantique. Il était emmitouflé dans un grand peignoir blanc et je craignis un instant que cette tenue blanche fût de mauvais augure pour notre entrevue comme l'avait été celle de satin lors de ma courte visite à Mme Pleven.

Halban me reprocha d'abord vivement de ne pas l'avoir tout de suite rejoint en Angleterre, car j'aurais pu y faire dans son équipe du travail utile et intéressant. Je le convainquis de mon ignorance totale de ce qu'étaient devenus l'eau lourde et ses deux convoyeurs ; j'en étais resté aux quelques lignes de Joliot annonçant le départ de « H et K » en Angleterre avec le « glouglou ». Je n'osais toutefois lui dire que j'avais appris tout récemment que nous avions lui et moi une ressemblance physique. En effet, peu de temps auparavant, à dîner chez des amis, je me trouvais à côté d'une charmante jeune femme d'origine autrichienne, chanteuse de son métier sous le nom de Daisy von Halban. Elle était veuve, son mari hollandais étant mort d'un stupide accident en tombant dans une écoutille au cours de leur fuite des Pays-Bas en 1940. Pendant le repas, ma voisine me dit son émotion de ma ressemblance avec un cousin qu'elle aimait beaucoup. Elle ne l'avait pas vu depuis plusieurs années, car il devait être en Angleterre. Il s'agissait du physicien Hans von Halban. Étonnante coïncidence, car ni elle ni moi ne nous doutions que quelques semaines seulement nous séparaient de notre réunion, elle avec son cousin favori, moi avec mon futur patron.

La fin de la conversation avec Halban, lors de cette première reprise de contact, fut plus détendue. Je lui expliquai que j'étais encore disponible et qu'à mon avis les Forces françaises libres, et plus particulièrement Rapkine, devraient pouvoir être facilement convaincus de m'affecter en Angleterre dans son laboratoire.

Devenu charmant, Halban me raconta brièvement son aventure et celle de Kowarski depuis leur arrivée en Angleterre, marquée par le succès de leurs recherches dans un laboratoire à Cambridge. Il faisait maintenant partie d'une mission britannique venue aux États-Unis chercher à établir les modalités de collaboration entre groupes travaillant des deux côtés de l'Atlantique sur le même domaine hautement secret. Ses collègues l'avaient précédé par avion. Lui-même, souffrant de troubles cardiaques lui interdisant un vol à haute altitude, avait effectué la traversée sur un croiseur britannique, privilège réservé aux personnes d'importance, ce qui ne l'avait pas empêché de contracter son début de pneumonie.

Peu lié avec Halban avant la guerre, j'avais gardé de lui le souvenir d'un chercheur brillant et énergique. Je me trouvais devant un patron de quatre ans mon aîné, sûr de son autorité et de son importance. Il me dit avoir bon espoir de pouvoir obtenir mon intégration dans son équipe à Cambridge, avec toutefois une incertitude sur le nombre de mois nécessaires pour recevoir l'accord de ses autorités à Londres ainsi que mon habilitation au secret. Ce fut avec enthousiasme que j'acceptai pour la troisième fois pendant cette guerre de participer aux recherches atomiques. Cette fois était la bonne, le fil de ma carrière était renoué et, contre toute attente, dans le prolongement direct des travaux de Joliot au Collège de France.

9

L'accueil britannique

Halban me raconta que pour Kowarski et lui le fil de leur carrière avait été coupé dès leur arrivée en Angleterre, car ils s'y trouvèrent brusquement sans autorité de tutelle.

La traversée depuis Bordeaux avait duré trente-six heures. Le *Broompark* avec sa précieuse cargaison aborda sans encombre le matin du 21 juin 1940 le port de Falmouth en Cornouailles, à l'extrémité sud-ouest de l'Angleterre. En fin de journée un peloton militaire escorta eau lourde, diamants industriels et machines-outils vers un train spécial ; puis les réfugiés furent aussi autorisés à emprunter ce convoi pour gagner Londres.

La moisson de scientifiques et d'ingénieurs de talent français récupérés par Suffolk avait été relativement décevante. Sur la cinquantaine d'entre eux, choisis par l'ambassade britannique à Paris pour être soustraits aux Allemands, beaucoup n'avaient pu être trouvés dans la confusion de la débâcle et, parmi les rares ayant été joints, plusieurs, comme Joliot et Denivelle, avaient jugé de leur devoir de rester en France. Halban et Kowarski se trouvaient être, avec Henri Longchambon, le responsable de la recherche scientifique appliquée française, les plus beaux fleurons de cette moisson.

Arrivés à Londres, après une nuit fatigante en train, ils furent accueillis à la gare de Paddington par le directeur de la recherche scientifique au ministère de l'Approvisionnement anglais. Celui-ci, après avoir serré la main de lord Suffolk, lança un regard peu enthousiaste sur le mince troupeau de réfugiés, murmura : « C'est tout ! » et s'en alla sans leur adresser la parole. Le groupe fut conduit dans un grand hôtel triste jouxtant la gare. Ils étaient les invités du gouvernement — leur expliqua-t-on — mais dans un premier temps, en l'absence de documents d'identité anglais, ils ne pourraient, comme étrangers, circuler librement en ville.

Nos deux convoyeurs d'eau lourde n'étaient pas prêts, même pour quelques jours, à accepter un statut de résidents surveillés comme durant l'hiver précédent dans leurs îles respectives, dans le Midi et en Bretagne. Après deux heures de palabres difficiles et un petit déjeuner offert par la Couronne, Kowarski, son épouse et leur fillette de quatre ans furent autorisés à s'installer chez un cousin londonien, tandis que les Halban et leur fille d'un an en firent autant dans un confortable hôtel recommandé par leur compagnon de voyage du *Broompark*, le propriétaire des diamants industriels. Ainsi débuta, pour l'un comme pour l'autre, une aventure extraordinaire, loin de Joliot et du Collège de France, et dans laquelle j'allais m'insérer deux ans plus tard.

Leur ordre de mission leur enjoignait « de poursuivre en Angleterre les recherches entreprises au Collège de France et sur lesquelles sera observé un secret absolu ». Il y était précisé qu'ils se présenteraient au colonel Mayer, à la mission française à Londres. Ils comptaient obtenir de celui-ci des indications, sinon des instructions, sur la façon de continuer leur travail en Angleterre.

Sitôt installés, ils cherchèrent non sans difficulté à joindre le futur président du Conseil français. Halban réussit enfin à le voir fin juin. L'accueil fut décevant, René Mayer, auquel Halban n'était pas inconnu, lui fit comprendre qu'il ne le recevait pas à titre officiel et lui donna le conseil personnel de quitter l'Angleterre. « Je m'en vais au Canada, précisa-t-il, vous êtes un homme précieux, vous devriez en faire autant, car il est de votre devoir de sauver votre projet. » Halban tenta en vain de discuter sa mission : travailler en Angleterre et en contact avec son interlocuteur.

Une autre personnalité, présente en mission à Londres en juin 1940, aurait pu prétendre à une certaine tutelle sur la suite des travaux du Collège de France : Henri Laugier, le directeur du CNRS, intimement mêlé en 1939 à la prise des brevets et à l'élaboration du projet d'accord avec l'Union minière du Haut-Katanga. Parlant mal l'anglais, désorienté et déprimé, et s'étant tenu à l'écart du général de Gaulle, il partit après quelques mois pour les États-Unis et le Canada afin d'occuper une chaire à l'université de Montréal, où plusieurs d'entre nous le retrouveront deux ans plus tard. Longchambon, quant à lui, après quelque temps à Londres, repartit pour la France où il joua un rôle important dans la Résistance à Lyon.

En raison du caractère exceptionnel de leur mission, Halban et

Kowarski se considéraient comme des émissaires spéciaux et se tinrent aussi, lors de leur arrivée à Londres, à l'écart de la France libre. Finalement au mois d'août, ils prévinrent l'organisation gaulliste de leur existence, cela en accord avec les autorités anglaises qui venaient de décider de les employer et de leur donner des moyens de travail. Halban rencontra alors André Labarthe, qui avait été directeur de l'Office national des recherches et inventions avant la guerre, un des plus hauts fonctionnaires ayant rejoint le général de Gaulle et certainement de loin le plus versé parmi ceux-ci dans les questions scientifiques ; il avait alors autorité sur tout ce qui était scientifique à la France libre, ce qui n'était pas grand-chose. Halban justifia son intention de remettre le sort de la poursuite de ses études aux mains des seuls Anglais par l'absence de tout organisme de recherche relevant de la France libre et par la nécessité d'un maintien absolu du secret. Labarthe, qui commençait à s'éloigner du noyau gaulliste, acquiesça ; il devait, par la suite, fonder à Londres la revue *France libre* avec Raymond Aron, avant de rompre avec de Gaulle en 1942, puis devenir un éphémère responsable de l'information du gouvernement du général Giraud à Alger. Il faut noter que les trois principaux responsables de l'organisation de la science en France avant la guerre, Labarthe, Laugier et Longchambon se retrouvèrent à Londres après l'armistice, et que contrairement à Halban et à Kowarski, aucun d'eux ne s'engagea dans la recherche de guerre pour les Alliés.

Les liens entre le tandem exilé du Collège de France et l'organisation gaulliste furent ainsi et restèrent des plus ténus au moins jusqu'en 1943 et 1944, date à laquelle Halban et Kowarski adhérèrent au groupe de Rapkine. Jouissant d'une apparente indépendance, les deux savants nucléaires allaient inévitablement être soumis aux autorités anglaises, aux décisions prises par celles-ci sur le déroulement du projet atomique du Royaume-Uni, puis plus tard aux fluctuations considérables des relations anglo-américaines en ce domaine.

Peu de points communs entre ces deux collaborateurs de Joliot, en dehors de leur âge voisin de trente-trois ans, de leur situation familiale et de leur naturalisation de fraîche date en 1939.

Halban est un homme du sérail scientifique, physicien de formation, il porte le même prénom que son père physico-chimiste de talent. Il signera ses communications scientifiques jusqu'en 1940 « Hans von Halban junior ». Celles-ci de 1935 à 1939 sont déjà au nombre de trente-cinq dont une demi-douzaine en 1939 avec Joliot et Kowarski. Il est alors un des rares spécialistes au monde de la physique des neutrons et a formé Kowarski dans cette discipline. Des troubles cardiaques et des accès d'hypoglycémie spontanée à la suite d'une angine mal soignée dans les années trente, l'avaient obligé à abandonner une vie sportive et devaient être en partie responsables de ses sautes d'humeur et de son caractère parfois tendu et nerveux. Il a l'habitude de mener ses recherches tambour battant. Il connaît et est connu des physiciens anglais et encore plus des savants d'origine allemande impliqués dans l'affaire de l'uranium en Angleterre, il a même collaboré avec l'un d'eux, Otto Frisch, au Danemark en 1937, précisément dans l'étude de l'interaction des neutrons et de l'atome d'hydrogène lourd. Son anglais est meilleur que son français souvent choquant pour les oreilles xénophobes si nombreuses alors en France. A l'aise financièrement, il l'est aussi dans les milieux industriels et politiques comme dans la bonne société, en particulier avec les femmes qu'il sait charmer.

Kowarski, pour sa part, n'est alors à l'aise ni financièrement ni dans aucun de ces milieux. Il souffre et souffrira toujours de ne pas faire partie de l'*establishment*. Il est un peu jaloux de Halban et le compare volontiers à l'acteur allemand Erich von Stroheim pour en souligner les manières parfois quelque peu prussiennes. Halban, pour sa part, le considère comme son élève et a souvent une attitude paternaliste à son égard.

« A l'âge de quinze ans, me confia Kowarski un jour, je me suis aperçu que j'avais de mauvaises manières. J'avais alors le choix soit d'apprendre les bonnes et j'aurais pu le faire facilement, soit de me spécialiser dans les mauvaises et je choisis cette dernière voie. » Il avait opté pour cette seconde solution dans un souci de recherche d'originalité qui ne le quitta jamais. Son enfance difficile et bouleversée, sa formation d'ingénieur chimiste, loin de la physique et de la recherche, son dur combat pour s'engager dans une carrière scientifique, son entrée par la petite porte dans la physique nucléaire en marche, en font alors un homme timide et complexé. Son physique lourd et gauche cache une grande intelligence et un orgueil certain. Ses analyses des problèmes et des personnes sont souvent brillantes avec toutefois une tendance à compliquer les choses encore plus qu'elles ne le sont. Sa connaissance verbale de la langue anglaise, très insuffisante à son arrivée à Londres, sera rapidement et admirablement maîtrisée et il la maniera bientôt aussi parfaitement que le français, sa récente langue d'adoption.

Leur apport commun était les vingt-six bidons d'eau lourde, le projet de l'expérience décisive conçue avec Joliot pour démontrer la possibilité de réaliser la réaction en chaîne avec l'uranium naturel, et enfin leur participation à égalité comme coauteurs des brevets pris par l'équipe du Collège de France. Halban allait attribuer à ceux-ci une importance considérable qui sous-tendra son activité technico-politique dans les années suivantes.

Il considérait ces brevets comme la clef du futur développement industriel de la fission de l'uranium. Il était convaincu que leurs auteurs, comme les éventuels titulaires d'une fraction de leurs droits, seraient amenés à jouer un rôle prépondérant dans ce développement et en récolteraient des bénéfices considérables, tant financiers que politiques. Kowarski en était moins sûr.

Le dernier soir à Clermont-Ferrand, avant de se séparer de Joliot, Halban avait eu une longue conversation, en tête à tête avec lui. Kowarski, pourtant disponible, n'y participa pas. Joliot, décidé à rester en France, confia à son plus proche collaborateur la tâche de gérer au mieux l'acquis des travaux et inventions déjà réalisés au Collège de France. L'ascension extraordinaire de Halban, son conflit ultérieur avec Kowarski et son déclin sont liés à son interprétation de cette conversation. En plus d'autres raisons, elle le confirmait, dans son esprit, comme le chef incontesté du tandem nucléaire français en exil.

Kowarski avait tendance à mettre en doute l'interprétation donnée par Halban à cette dernière entrevue ; il se demandait si le « vous » utilisé par Joliot (qui ne tutoyait pas Halban) ne s'adressait pas collectivement à ses deux collaborateurs plutôt qu'à son seul interlocuteur.

Quoi qu'il en soit, Halban affirmait avoir reçu un pouvoir verbal de Joliot pour négocier au mieux les droits de celui-ci sur les brevets. Le domaine couvert par ces derniers : la production contrôlée d'énergie par la réaction en chaîne par neutrons lents, était précisément la face de l'affaire de l'uranium la moins étudiée jusque-là en Grande-Bretagne, où les recherches avaient pris une tout autre tournure. Ce fut la chance de ces deux physiciens.

En effet, les grands laboratoires britanniques n'avaient guère été mêlés de 1934 à 1939 aux travaux préliminaires à la découverte de la fission. La publication du Collège de France au printemps de 1939, évaluant à au moins trois le nombre de neutrons émis lors de ce phénomène, souleva cependant un intérêt certain parmi les spécialistes anglais et ceux-ci alertèrent les responsables de la recherche scientifique militaire, mais ces derniers furent sceptiques sur la possiblité de réaliser une bombe atomique et encore plus de le faire en quelques années seulement.

Quand la guerre éclata presque tous les meilleurs physiciens anglais étaient engagés sur un autre travail ultra-secret, d'importance vitale et immédiate pour le pays : les études sur les ondes courtes qui aboutirent à la mise au point de la « radiolocation » (devenue plus tard, à partir de son sigle américain, le « radar »), l'atout secret des aviateurs héros de la bataille d'Angleterre.

Cette mobilisation de l'élite des physiciens dans la recherche sur le radar, associée à leur scepticisme initial sur la possibilité de mettre au point rapidement des applications militaires de la fission, allait marquer l'entreprise nucléaire britannique pendant la guerre. Les autorités et les chefs de file scientifiques anglais n'avaient, pour maintenir leur pays dans la course atomique, pas d'autre choix que de s'adresser aux savants de valeur juifs allemands auxquels ils avaient généreusement ouvert leur porte durant les années trente. Naturalisés ou non, ces physiciens, tenus à l'écart des travaux sur le radar, étaient disponibles et tout désignés pour faire avancer le problème de l'uranium considéré alors, à tort, comme à trop longue échéance pour influencer la guerre en cours. Ils devaient ensuite devenir naturellement les chefs scientifiques des différentes branches de l'ensemble. Halban allait l'être pour sa partie.

Les Américains, disposant d'un réservoir plus vaste de savants, purent mettre des nationaux d'origine dans tous les postes clefs de l'entreprise, utiliser un grand nombre de savants de valeur ayant fui les persécutions nazies et acquis la nationalité américaine après le délai de cinq ans suivant l'obtention des premiers papiers et éviter, comme j'en avais fait moi-même l'expérience, de recruter des scientifiques non encore naturalisés. Fermi et Szilard, arrivés fin 1938 aux États-Unis, représentaient la principale exception à cette règle. Cette différence d'attitude vis-à-vis de l'emploi des étrangers dans l'entreprise nucléaire sera plus tard à l'origine d'une des sources de friction anglo-américaine dans ce domaine.

Le comité Maud

Au début de 1940, deux Anglais lauréats du prix Nobel de physique, George Thomson et James Chadwick, se livraient encore à des calculs théoriques sur la possibilité de réaliser une bombe. Pour le premier, l'affaire ne méritait pas d'être poursuivie, le second était à la fois optimiste et pessimiste, si l'on peut dire, car il pensait que l'arme serait réalisable, mais il en redoutait le caractère abominable.

Brusquement, en mars 1940, la scène changea à la suite de la rédaction d'un mémorandum secret par deux réfugiés allemands, Rudolf Peierls, récemment naturalisé anglais, et Otto Frisch, le neveu de Lise Meitner et collaborateur de Niels Bohr à Copenhague où il avait été le premier à apporter la preuve physique de la fission. Se trouvant en Grande-Bretagne au début des hostilités, il décida d'y rester.

Leur travail théorique était fondé sur le fait, prévu par Niels Bohr et à la veille d'être confirmé expérimentalement aux États-Unis, que dans le mélange naturel des deux isotopes de l'uranium, c'est l'isotope léger, l'uranium 235, qui subit la fission.

Leur mémorandum aboutissait à l'affirmation qu'une bombe à base d'uranium 235 de puissance extraordinaire pourrait être construite. Ils suggéraient la méthode de séparation du matériau nécessaire : quelques kilogrammes d'uranium 235. Ils calculaient comment les neutrons projetés à grande vitesse lors de la fission d'un seul atome de cet isotope allaient de proche en proche produire dans la masse d'uranium 235, par croissance exponentielle, un nombre infiniment grand de fissions dans un temps infiniment court. Ils suggéraient le mécanisme même de l'arme et en évaluaient les effets redoutables, tant ceux dus à l'explosion que ceux liés aux radiations émises. Il s'agissait d'un travail d'anticipation remarquable, le premier au monde à démontrer scientifiquement la possibilité de réaliser l'arme atomique et à en décrire les effets effroyables. Le mémorandum de Peierls et Frisch est encore plus remarquable pour la réaction en chaîne explosive par neutrons rapides et la bombe, que les premiers brevets français le sont vis-à-vis de la réaction en chaîne contrôlée par neutrons lents et les futures centrales nucléaires.

Devant l'importance de ces conclusions il fut décidé de s'engager plus avant et de confier la coordination des recherches à un comité dépendant du ministère de l'Aviation. Ce comité, connu sous le nom de code de comité Maud, groupait les grands physiciens britanniques sous la présidence de George Thomson. L'origine du nom de ce comité est une contribution de plus, mais cette fois inattendue, de Niels Bohr. Ce dernier, après l'invasion allemande du Danemark, fit télégraphier de ses nouvelles et celles des siens à son collaborateur Frisch. Il demandait aussi qu'on en prévienne Maud Ray Kent : il s'agissait d'une ancienne gouvernante de ses enfants, Maud Ray, vivant dans le comté de Kent, mais dont aucun des physiciens ne connaissait l'existence. Tout le monde pensa alors que ces trois mots étaient un code mystérieux, ou une anagramme, concernant le radium ou l'uranium et on l'utilisa pour baptiser le nouveau comité. Tout fut éclairci en 1943 lors de l'évasion de Bohr du Danemark, mais le nom de Maud était déjà entré dans l'histoire de l'aventure atomique.

Le comité Maud fit le nécessaire pour répartir le travail dans diverses universités et procurer appuis et priorités indispensables. En particulier, durant l'été de 1940, pour le problème apparemment le plus difficile à résoudre en vue de la bombe, la séparation des deux isotopes de l'uranium, l'étude de laboratoire fut confiée à l'université d'Oxford sous la conduite, une fois de plus, d'un savant réfugié allemand, le physico-chimiste Franz Simon. Avant la fin de l'année, il avait, lui aussi, accompli un travail remarquable, étant le premier à préciser les caractéristiques du procédé dit de diffusion gazeuse, encore aujourd'hui le plus utilisé dans le monde.

Ainsi l'effort anglais, en cet été de 1940, était-il essentiellement dirigé vers la réaction en chaîne explosive par neutrons rapides et la bombe à uranium 235, d'où l'intérêt soulevé par l'arrivée de Halban et de Kowarski et de leur projet d'expérience avec le précieux stock mondial d'eau lourde.

Peu de réfugiés civils français connurent une vie aussi intense dès leur arrivée en Angleterre fin juin et début juillet 1940, cela au moment où le pays, décidé à continuer seul la lutte, se préparait à faire face à la fois à une invasion probable et à d'effroyables bombardements aériens.

Halban et Kowarski furent tout de suite admirablement accueillis par leurs collègues anglais. Le premier les connaissait de longue date, le second ne les avait jamais rencontrés. Leur protecteur fut John Cockcroft, de dix ans leur aîné, physicien de l'école de Rutherford, futur prix Nobel en 1951 pour ses travaux des années trente. Homme précis et de peu de mots, il consacra, malgré ses importantes responsabilités dans la recherche sur le radar, une matinée entière à écouter les deux physiciens du Collège de France. Il fut convaincu de l'intérêt de les maintenir en Angleterre et leur demanda de préparer un rapport détaillé pour le comité Maud en vue de sa prochaine réunion le 10 juillet. Puis il organisa pour eux des rencontres avec quelques-uns des principaux savants liés à ce comité : Chadwick à l'université de Liverpool, aussi très favorable à une reprise rapide des travaux des Français, puis Peierls et Frisch à l'université de Birmingham où le fameux mémorandum sur la bombe leur fut dévoilé, véritable révélation pour eux.

Durant ces contacts, ils adoptèrent une politique d'ouverture totale. Si, selon leur ordre de mission, un secret absolu devait être maintenu sur leurs recherches, cette restriction ne pouvait s'appliquer à la mise au courant des savants dont dépendait la poursuite de leurs travaux. De plus, leurs droits d'antériorité paraissaient protégés par les brevets de mai 1939 déjà déposés à l'étranger.

Toutefois, pour les deux brevets pris en avril 1940 par Halban, Joliot et Kowarski, il n'avait pas été possible d'en demander le dépôt à l'étranger avant l'invasion allemande. Halban et Kowarski, craignant que ces brevets ne fussent perdus pour la France ou n'eussent pas de suite, décidèrent de les reprendre en Angleterre, mais en l'absence de Joliot ils furent obligés de le faire en leurs seuls deux noms. Kowarski en traduisit le texte, Cockcroft leur indiqua un agent de brevet, et le dépôt put avoir lieu dès le 9 juillet. L'un de ces brevets concernait l'utilisation de l'uranium enrichi en uranium 235, matériau plus favorable pour l'obtention de la réaction en chaîne que l'uranium naturel, et la possibilité dans ce cas d'employer l'eau ordinaire comme modérateur. Ce brevet couvre le type de centrales le plus en usage aujourd'hui, les centrales dites à eau légère.

Au bout de deux semaines en Grande-Bretagne, Halban n'était nullement convaincu de l'intérêt, pour Kowarski et lui-même, d'y rester et penchait plutôt pour la poursuite de leurs recherches au Canada. Ce choix ne découlait pas du conseil de René Mayer, mais plutôt de la crainte de ne pas recevoir l'aide et les priorités nécessaires dans un pays presque assiégé et aussi de son désir d'éviter un nouveau départ précipité au cas où les choses tourneraient mal. Il avait aussi l'arrière-pensée d'une reprise de contact avec les dirigeants de l'Union minière du Haut-Katanga installés à New York depuis fin 1939.

La réunion du comité Maud du 10 juillet 1940 fut décevante. Les deux Français durent attendre une heure et demie avant d'être appelés en séance, ce qui déplut beaucoup à Halban. Thomson, le président, leur posa quelques questions sur leurs recherches passées sans les interroger en détail sur leurs projets et leur fit savoir que le comité n'était pas favorable à leur départ au Canada mais désirait les maintenir en Angleterre. Halban répliqua, avec son sens de la répartie, que son désir tout comme celui de Kowarski était essentiellement de servir l'effort de guerre du Royaume-Uni et qu'ils n'envisageaient les recherches au Canada que sous égide britannique et avec une équipe renforcée par des spécialistes anglais. Puis les Français durent à nouveau quitter la salle et la discussion reprit en leur absence ; une possibilité de transfert aux États-Unis fut alors aussi envisagée. La réunion s'acheva sans conclusion. Il faudra deux ans pour que soit résolu le problème de la localisation définitive de l'équipe de l'eau lourde entre les trois pays considérés dès cette première réunion.

L'installation à Cambridge

Dans l'immédiat, Cockcroft sauva la situation et décida d'installer sans tarder les deux collaborateurs de Joliot dans les locaux du laboratoire Cavendish, à Cambridge, libérés par le départ des physiciens anglais pour les centres militaires étudiant le radar. Ainsi, trois semaines après leur débarquement en Cornouailles, Halban et Kowarski pouvaient-ils commencer à retravailler de leurs mains et à réunir l'appareillage nécessaire à leur expérience cruciale. Dans le journal rédigé par Halban sur cette période, il écrira : « Le service rendu par Cockcroft pour notre cause commune comme pour notre moral ne pourra jamais être surestimé. »

Cockcroft était affecté à Londres et sa belle villa située juste à la périphérie de Cambridge était vide. Il l'offrit à Halban qui la refusa, préférant un appartement chauffé près du laboratoire, car on trouvait alors assez facilement à se loger dans la ville universitaire. Il proposa sa maison ensuite à Kowarski qui accepta et y resta près de trois mois. Kowarski citait volontiers cet incident comme un exemple de sa supériorité psychologique sur celle de son associé. Selon lui, Halban avait fait un faux pas, ne voulant pas être l'obligé d'un collègue, tandis que lui, Kowarski, savait que pour s'attirer les bonnes grâces de quelqu'un il valait mieux être son débiteur que son bienfaiteur. En réalité, c'était aussi un exemple de la façon assez compliquée dont Kowarski raisonnait parfois.

Tandis que le 14 juillet 1940 au cœur de Londres, à Whitehall, le général de Gaulle passait en revue les premiers détachements de la France libre pour aller ensuite à leur tête déposer une gerbe devant la statue du maréchal Foch, les deux physiciens effectuaient le parcours Londres-Cambridge en automobile, voyage compliqué par l'absence de panneaux indicateurs, supprimés à cause du risque d'invasion. Étranger, Halban avait pu acheter une voiture d'occasion, mais en revanche n'avait pas encore reçu l'autorisation de se procurer ou d'utiliser une carte routière. Kowarski eut alors l'idée d'apprendre par cœur avant leur départ et dans l'ordre les noms des pubs le long du trajet et ce stratagème leur permit de retrouver leur chemin.

Peu après, ils étaient invités à la table d'honneur, à la *High Table* du célèbre Trinity College. Le cérémonial séculaire était maintenu comme si de rien n'était, bien que chaque participant fût conscient que ce dîner était peut-être l'un des derniers avant l'invasion nazie.

L'installation à Cambridge n'était qu'une solution d'attente, les autorités britanniques n'ayant pas encore statué sur le sort des deux Français, plus impatients de jour en jour. Halban voulait écrire aux dirigeants de l'Union minière pour essayer d'obtenir le prêt de cinquante tonnes d'uranium prévu pour la seconde étape du projet dans l'accord de mai 1939 (prêt qui aurait pu être fort utile aux Anglais par la suite). Cockcroft lui demanda de surseoir à l'envoi de cette lettre. Un peu plus tard, Halban lui fit part de son intention de se rendre aux États-Unis, pour renouer avec la firme belge, mais surtout pour discuter avec les milieux scientifiques américains de la possibilité d'une aide efficace pour la reprise de son travail. Cockcroft lui répondit par écrit qu'une nouvelle réunion du comité Maud étant prévue pour le 4 août, celui-ci déciderait d'accorder ou non la permission pour ce voyage, en attendant toute démarche était déconseillée.

Les deux physiciens français prirent assez mal l'idée que le comité Maud puisse disposer de leur liberté. Ils n'avaient aucun contrat d'emploi avec le ministère concerné, celui de l'Aviation, et en recevaient une indemnité temporaire de subsistance de huit livres chacun par semaine. Ils ne pouvaient toutefois se permettre d'entrer en conflit avec Cockcroft, leur seul protecteur à ce stade.

La réunion du 4 août 1940 du comité Maud fut beaucoup plus plaisante que la précédente. Comme la première fois elle commença sans les Français, puis Halban fut appelé en séance, cette fois sans Kowarski, la distinction hiérarchique commençait à s'établir. Le président Thomson déclara que le comité avait pris une décision en faveur du démarrage du travail en Angleterre, sans rejeter une éventualité de transfert ultérieur au Canada ou aux États-Unis, mais seulement après l'obtention de preuves convaincantes sur la possibilité d'obtenir la réaction en chaîne. Les questions d'aide en personnel et en matériel furent aussi abordées de façon satisfaisante.

Halban décida d'accepter en séance l'offre pour Kowarski et lui-même. Il ne voulait pas que l'on puisse interpréter leur insistance en faveur d'une installation en Amérique du Nord comme la manifestation d'une volonté d'échapper aux dangers de la vie en Angleterre. Trop de Français venaient d'avoir une attitude déplorable, arrivant à Londres pour en repartir peu après pour des rivages plus calmes.

Quand Halban apprit à Kowarski le résultat de la réunion et l'autorisation pour eux de rester en Angleterre, celui-ci lui aurait répondu selon le journal de Halban : « Je n'aime pas trop cela, mais je suis très content de vous. »

Avant de quitter la séance, Halban avait dit au président : « En acceptant de rester parmi vous et d'organiser ce travail ici, je compte bien devenir membre de votre comité. » Thomson ne s'engagea pas, mais Cockcroft dut peu après expliquer aux deux Français les règlements officiels interdisant aux étrangers ou à des Anglais de fraîche date d'être membres d'un comité de défense. Un palliatif de cette situation fut la création d'un sous-comité technique comprenant, en plus de tous les membres du comité Maud, tous les responsables des sections importantes de l'entreprise dont l'origine étrangère leur barrait l'accès au comité principal. Les deux Français en firent partie. Enfin, il fut décidé à la réunion du 10 août d'établir des contrats d'emplois convenablement rémunérés avec le ministère de l'Aviation pour Halban et Kowarski (six cents livres par an pour le premier, quatre cents pour le second), ceux-ci pouvant prévenir la France libre de leur affectation.

Malgré les difficultés liées à un environnement nouveau, quatre mois suffirent pour effectuer l'expérience cruciale conçue par Joliot. Le tandem du Collège de France avait été renforcé par un jeune licencié en sciences anglais, un garçon de laboratoire et par la participation d'un électronicien allemand et d'un théoricien balte. Il avait fallu repartir de zéro, obtenir la tonne d'oxyde d'uranium achetée par le gouvernement britannique aux Belges en 1939, remettre en état l'appareillage apporté de France, réaliser ou modifier les appareils de mesure de conception locale, et surtout faire construire une sphère en aluminium de soixante centimètres de diamètre destinée à tourner autour d'un axe horizontal afin de maintenir en suspension homogène dans l'eau lourde une importante quantité d'oxyde d'uranium finement pulvérisé. La sphère rotative était elle-même plongée dans un bac d'huile minérale servant à la fois à ralentir les neutrons s'échappant de la suspension et à récupérer, en cas d'accident, d'éventuelles pertes de la précieuse eau lourde, dont les deux tiers — cent vingt litres — furent mis en jeu.

A la mi-décembre les expériences étaient terminées et

concluantes. Le flux de neutrons, issus de la sphère et provenant d'une source de neutrons (un gramme de radium-béryllium) située au centre de celle-ci, était plus dense en présence d'oxyde d'uranium dans l'eau lourde qu'en l'absence de cette substance. L'augmentation du flux était suffisamment élevée pour que les expérimentateurs puissent affirmer avec une quasi-certitude la possibilité de réaliser la réaction en chaîne, mais avec beaucoup plus d'eau lourde et d'uranium.

Leurs expériences avaient été menées avec une certaine hâte et manquaient de la précision des travaux ultérieurs de leurs concurrents, américains et allemands, mais ils étaient d'un à deux ans en avance sur ceux-ci. Néanmoins, leur estimation de trois à six tonnes d'eau lourde nécessaires pour réaliser la réaction en chaîne dans un milieu hétérogène d'eau lourde et de barres d'uranium métal se révéla exacte par la suite. D'ailleurs, Chadwick lui-même avait donné sa caution à l'interprétation de leurs résultats en jugeant qu'il y avait une forte présomption en faveur de leurs conclusions. Celles-ci furent présentées le 8 janvier 1941 au sous-comité technique Maud en présence de l'élite de la science anglaise, des collègues allemands, des dirigeants de la firme Imperial Chemical Industries (ICI) choisie pour résoudre les problèmes de chimie industrielle des diverses branches de l'affaire de l'uranium, et enfin de Frederick Lindemann, conseiller scientifique et ami de Churchill.

A la même séance du sous-comité Maud, deux physiciens de Cambridge, l'un anglais, Norman Feather, l'autre suisse, Egon Bretscher, avancèrent l'hypothèse que la réaction en chaîne par neutrons lents, considérée comme pratiquement réalisable à la suite des expériences de leurs collègues français, pourrait avoir des applications militaires. Par action des neutrons lents, l'isotope lourd de l'uranium 238 se transmuterait en un élément nouveau n'existant pas dans la nature, qui, selon leurs estimations fondées sur la théorie, devrait avoir une vie longue, être susceptible de subir la fission comme l'uranium 235, et ainsi être utilisable comme explosif nucléaire.

Les Américains suivaient la même piste, mais, dotés de moyens beaucoup plus puissants, allaient passer de l'hypothèse à la confirmation pratique et isoler, en mars 1941, une trace infime du nouvel élément. Ils vérifièrent alors sa capacité de subir la fission comme l'uranium 235, et le nommèrent plutonium d'après la planète Pluton découverte en 1930, cela dans la ligne de Klaproth, un siècle et demi auparavant.

Ces éventuelles applications militaires de la réaction en chaîne contrôlée ne jouèrent pas un grand rôle à ce stade en Angleterre, la production de kilogrammes de plutonium nécessitant des dégagements d'énergie dont la récupération semblait hors de portée de toute réalisation industrielle proche. Cependant Bretscher et Feather furent associés à plusieurs des six brevets nouveaux que prirent Halban et Kowarski après leur arrivée en Angleterre.

Grâce au succès de leur expérience, deux ans exactement après la découverte de la fission, Halban et Kowarski ont été les premiers à démontrer avec une quasi-certitude qu'il était possible d'obtenir la réaction en chaîne à partir d'uranium naturel, en d'autres termes de produire de l'énergie atomique. Le contrat moral conclu lors de leur acceptation de leur mission à Bordeaux le 17 juin 1940 avait reçu un brillant début d'exécution en six mois. Dans leur compte rendu, ils rendirent fidèlement hommage à leur maître, précisant que leurs expériences avaient été réalisées selon le projet détaillé élaboré avec Joliot en France et que seule leur séparation temporaire avait empêché celui-ci de prendre une part active dans leur travail expérimental. Ils avaient gagné une première manche universitaire et scientifique.

Le stock mondial d'eau lourde avait tenu ses promesses et livré son secret mais aussi révélé son insuffisance. L'expérience en vraie grandeur en nécessiterait quinze à trente fois plus et l'usine de production, la seule en existence, était aux mains des nazis qui venaient, selon les renseignements parvenus de Norvège, d'en accroître la production.

10

Le rapport Maud

La consécration officielle du succès des expériences de Cambridge allait se trouver dans l'un des deux rapports de conclusion du comité Maud de juillet 1941. Le premier rapport concernait l'utilisation de l'uranium pour une bombe. On pouvait y lire : « Nous avons maintenant atteint la conclusion qu'il sera possible de faire une véritable bombe à uranium, celle-ci, contenant vingt-cinq livres de matière active, sera équivalente du point de vue destruction à mille huit cents tonnes de TNT (trinitrotoluène) et dégagera aussi d'importantes quantités de substances radioactives qui rendront les sites voisins du lieu d'explosion dangereux pour la vie humaine durant une longue période. »

Étonnante anticipation, quatre ans avant Hiroshima.

Le second rapport concernait l'utilisation de l'uranium comme source d'énergie et était presque entièrement consacré aux conséquences du travail des deux physiciens français. Il y était indiqué, se référant à l'eau lourde : « Bien que cette substance ne soit disponible actuellement que comme un produit chimique assez rare et bien que des quantités de l'ordre de plusieurs tonnes soient nécessaires pour faire fonctionner la machine, nous considérons que la méthode a des potentialités considérables. [...] Une telle machine que nous pouvons appeler pour simplifier " chaudière à uranium " peut être utilisée comme source primaire, c'est-à-dire pour remplacer le charbon ou le fuel dans la production d'énergie. Elle laisse entrevoir des possibilités considérables d'utilisation pacifique, mais nous ne pensons pas qu'elle puisse être d'une grande importance au cours de la présente guerre. »

Par ailleurs, il y était aussi écrit : « Nous sommes toutefois informés que des mesures sont prises aux États-Unis pour produire de l'eau lourde à l'échelle industrielle et, étant donné que MM. Halban et Kowarski ont fait tout ce qu'ils pouvaient avec les quantités qu'ils ont apportées dans ce pays, nous pensons qu'ils devraient être autorisés à continuer leur travail aux États-Unis. »

Ce rapport s'achevait par deux paragraphes importants, car ils prévoyaient les solutions d'avenir. Le premier faisait mention du graphite extrêmement pur comme matériau de ralentissement, selon des résultats pas tout à fait concluants obtenus par Halban et Kowarski, qui estimaient la taille nécessaire pour la réaction en chaîne trop grande et de ce fait non attrayante du point de vue industriel. Le second mentionnait la possibilité d'obtenir la réaction en chaîne en utilisant l'eau ordinaire à la condition d'enrichir l'uranium en uranium 235.

Le rapprochement avec l'industrie

Halban n'avait pas attendu la remise de ce rapport pour chercher à passer le plus vite possible à l'expérience définitive. Convaincu d'être en tête dans la course à la réaction en chaîne, il voulait être le premier à y arriver et à produire expérimentalement de l'énergie à partir d'uranium. Une telle réalisation, couronnement de sa mission, aurait en outre l'avantage d'asseoir sur des bases concrètes les fameux brevets plutôt inspirés par des idées que par des expériences. L'ère des recherches sur l'uranium dans les laboratoires universitaires n'était pas encore terminée, mais le moment était venu de l'entrée en scène des ingénieurs et de la grande industrie chimique et électromécanique et cela impliquait des dépenses d'un tout autre ordre de grandeur que les précédentes, avec bien entendu un indispensable appui gouvernemental.

Partisan en 1939 de la prise des brevets et de l'accord avec l'Union minière du Haut-Katanga, Halban était tout indiqué pour entreprendre les négociations nécessaires pour aborder avec succès l'étape suivante. Il abandonna ainsi peu à peu le laboratoire à Kowarski, tout en continuant à superviser le programme des expériences et à chercher à renforcer l'équipe de Cambridge grâce à de nouveaux recrutements.

Dans cette nouvelle activité de promoteur, Halban avait pour lui son talent de charmeur et sa force de conviction fondée sur les résultats de l'expérience cruciale. Il avait le don d'expliquer simplement les problèmes les plus compliqués, comme ceux de la fission et de ses conséquences, aux chefs d'industrie, hauts fonctionnaires et ministres non informés. Entraîné par son enthousiasme et pressé de convaincre, il avait une certaine tendance à arrondir les angles en masquant parfois à ses interlocuteurs importants l'extrême difficulté, la grande durée et le coût considérable des opérations envisagées.

Les cent quatre-vingt-cinq kilos d'eau lourde ayant joué leur rôle, son seul atout était le portefeuille de onze brevets (cinq pris en France et six en Grande-Bretagne, dont il était sincèrement persuadé de l'importance, considérant ceux pris en France comme de véritables brevets de base susceptibles de dominer tout le développement industriel ultérieur.

Une fois de plus, on allait se partager les œufs d'or de la poule, car Halban allait réussir à éveiller la convoitise de chacun des groupes britanniques avec lesquels il allait entrer en négociation et ceux-ci étaient bien décidés à recevoir, en échange d'un appui apporté à son entreprise, la plus grande part possible des droits sur les fameux brevets.

Halban s'était fait concéder, par un accord en bonne et due forme, le droit de représenter Kowarski ainsi que les inventeurs plus récents, Bretscher et Feather, pour toute négociation sur les brevets. Kowarski, pour sa part, proclamait qu'il ne croyait ni à l'intérêt de prendre des brevets ni à la valeur de ceux-ci, mais il n'avait nullement l'intention de refuser le pactole susceptible d'en découler. Les quatre inventeurs français avaient d'ailleurs décidé en 1939 de donner la majeure partie de cet éventuel pactole à la recherche scientifique et de n'en garder pour eux-mêmes qu'une part minime.

Les problèmes de propriété industrielle sont très compliqués, mais ceux-là dépassaient tout ce que l'on pouvait imaginer. Le caractère secret des brevets, leur dépôt initial pour les uns en France, pour les autres en Grande-Bretagne, et pour certains dans les deux pays et pas avec les mêmes noms d'inventeurs, la multiplicité de leurs auteurs, personne physique ou personne morale comme le CNRS, l'impossibilité de communiquer entre Londres et Paris et de réunir tous les ayants droit, tout cela en faisait un véritable casse-tête.

Halban cherchait à protéger au mieux les intérêts français dont il se considérait comme dépositaire, tout en faisant suffisamment de concessions pour intéresser le groupe ou l'entité susceptible de financer et relancer l'entreprise. Il ne s'oubliait pas et exigeait dans tout accord la garantie de se voir confier pour une longue période et avec un beau salaire la direction des recherches, qu'elles fussent poursuivies en Grande-Bretagne ou en Amérique du Nord.

Le premier à se manifester fut le ministère de l'Aviation. Il avait financé les recherches à Cambridge, cela ne lui avait pas coûté très cher, dix à quinze mille livres, le salaire des deux Français. Sans le gouvernement britannique, ceux-ci n'auraient pu mener à bien leurs expériences et cela justifiait l'attribution des droits sur les brevets pris au Royaume-Uni. La négociation était loin d'être achevée au printemps de 1941 quand la firme ICI entra en scène. Halban et ses projets avaient, en effet, impressionné les principaux dirigeants, y compris le président, du grand trust chimique britannique dont certains représentants siégeaient au comité Maud.

ICI était consciente de la difficulté de construire une usine de production d'eau lourde à cette époque au Royaume-Uni, mais elle comptait, pour résoudre ce problème, sur ses liens étroits avec Du Pont de Nemours aux États-Unis (liens si étroits que le gouvernement américain les menaçait des foudres de la loi antitrust) et envisageait d'envoyer Halban et son équipe poursuivre leur travail dans ce pays. Cette offre se traduisit par une note d'ICI annexée aux rapports Maud. On pouvait y lire, en conclusion, cette étonnante déclaration où une firme se fait juger favorablement par l'une de ses propres divisions : « Le département de recherche d'ICI pense qu'ICI est l'une des rares compagnies au monde capable de prendre en charge cette recherche et de la mener jusqu'à son aboutissement commercial. M. Halban est prêt à entrer en négociation avec ICI pour continuer son travail, sous réserve de l'accord existant avec le gouvernement de Sa Majesté (ministère de l'Aviation). »

Pendant un temps, Halban poursuivit la discussion des deux accords en parallèle, avec le ministère et avec la firme chimique, puis le comité Maud et le ministère de l'Aviation ayant donné leur agrément à la reprise en main par ICI, la négociation devint tripartite pendant l'été 1941. Vers la fin de cet été, l'on s'acheminait vers deux accords, le premier entre le ministère, Halban et Kowarski, et ICI, par lequel le ministère renonçait à tous ses droits (qui n'avaient jamais été clairement définis), ICI acceptant de rembourser le ministère des frais encourus et de lui céder pour toute application militaire une licence gratuite des brevets correspondants.

Le second accord entre ICI et Halban, représentant les inventeurs, assignait à ICI tous les droits sur les brevets pour le monde entier, sauf la France et l'Empire français. ICI s'engageait à financer l'entreprise jusqu'à la hauteur de trois cent mille livres, à engager Halban et Kowarski pour au moins deux ans, le premier faisant partie du comité directeur du projet, pour lequel il était précisé qu'ICI envisageait de prendre contact avec la firme américaine Du Pont — celle-ci pourrait participer à égalité aux dépenses de recherches et recevoir en échange les droits sur les brevets aux États-Unis. Enfin Halban recevrait pendant vingt-cinq ans 14 % des bénéfices de l'entreprise à répartir entre tous les inventeurs, 13 % pour les Français, 1 % pour les physiciens anglais et suisse de Cambridge.

Pendant ces négociations, Halban n'avait jamais jugé utile de se faire accompagner par qui que ce soit. Les documents ne se référaient qu'à lui et l'entreprise était désignée comme le projet Halban. Kowarski, à Cambridge, n'avait guère envie de travailler pour une entreprise privée, mais n'avait pas d'autre choix. Il était aussi froissé par le fait d'être moins bien traité que son collègue dans les salaires assez généreux envisagés pour chacun d'eux par ICI. Les germes de la discorde étaient semés entre eux.

Fin septembre, ICI pressait encore le gouvernement pour avoir la permission d'envoyer rapidement une mission aux États-Unis afin d'entrer en négociation avec la firme Du Pont.

Tube Alloys

Durant ce même mois de septembre, les rapports du comité Maud avaient été passés au crible par le comité consultatif scientifique du Cabinet, une instance créée en octobre 1940, présidée par un ministre membre du Cabinet, et comprenant toute l'élite scientifique britannique, dont trois prix Nobel, le président de la Royal Society et le président du département de la Recherche scientifique et industrielle *(Department of Scientific and Industrial Research ou DSIR)*.

Les conclusions de ce comité, dans un rapport du 25 septembre, jugeaient le projet de la bombe de la plus haute importance et réalisable dans un délai de deux à cinq ans. Il était recommandé qu'une première installation pilote de séparation de l'uranium 235 soit construite au Royaume-Uni et que l'usine en vraie grandeur soit envisagée au Canada.

Pour la production d'énergie considérée comme un projet à long terme, le verdict paraissait sonner le glas des ambitions d'ICI. Le gouvernement britannique devrait garder un contrôle étroit sur la recherche et le développement. L'entreprise ne serait pas autorisée à passer aux mains d'intérêts privés, mais serait poursuivie en collaboration étroite avec les gouvernements canadien et américain.

Le moment était venu d'obtenir l'accord du Premier ministre. Churchill avait déjà entendu parler de l'arme atomique, à la veille de la guerre, par son ami et conseiller Frederick Lindemann, le futur lord Cherwell. Celui-ci l'avait averti qu'une éventuelle menace par les nazis d'anéantir l'Angleterre avec une telle arme devait être considérée, pendant plusieurs années en tout cas, comme un bluff.

Ami et collègue de Franz Simon à Oxford, lord Cherwell était particulièrement au courant des travaux sur la séparation de l'uranium 235. Membre du comité Maud, il prévint Churchill par un mémorandum, en août 1941, des conclusions de ce comité. Moins optimiste que les auteurs du rapport sur les possibilités de réaliser rapidement une arme, il était toutefois convaincu de la nécessité d'aller de l'avant et de ne pas risquer de se laisser distancer par les Allemands. Il proposa au Premier ministre de confier l'entreprise à sir John Anderson, lord-président du conseil privé, un des ministres les plus puissants du cabinet de guerre, qui était responsable du DSIR. Cherwell et Anderson devinrent ainsi — et le restèrent pendant toute la guerre — les deux conseillers de Churchill en matière atomique.

Lord Cherwell, né en 1886, de père alsacien et de mère américaine, héritier d'une fortune allemande, avait fait ses études de physique en Angleterre et sa thèse à Berlin. Il avait été comme mon oncle Robert Goldschmidt un des trois secrétaires du célèbre Congrès Solvay à Bruxelles et se trouve aussi sur la photo bien connue de la réunion de 1911. Il allait s'illustrer sous le nom de Frederick Lindemann pendant la Première Guerre mondiale. Ayant conçu une théorie sur la chute en vrille des avions et proposé le moyen d'y remédier, il n'hésita pas à apprendre à piloter pour essayer lui-même avec succès la validité de ses hypothèses, et réussit à redresser son avion dans cette situation jusque-là fatale. Professeur et directeur de laboratoire à Oxford, il s'était lié dans les années vingt avec Churchill, son aîné de huit ans, dont il devint peu à peu l'éminence grise. Celui-ci le fit anoblir en 1941 et lui confia en 1942 un poste de ministre sans portefeuille, celui de Trésorier général (*Paymaster General*). Il aimait fréquenter la haute société. Parfois distant et arrogant, sa carrière brillante ne lui avait pas fait que des amis fidèles et nombreux, ceux-ci en revanche le surnommaient le « Prof » et lui vouaient une grande admiration.

Anderson, de quatre ans plus âgé, écossais d'origine modeste, avait débuté dans la vie comme physico-chimiste et avait même fait un travail sur l'uranium. Devenu fonctionnaire, il avait accédé aux plus hauts postes de l'administration. Gouverneur du Bengale, il avait échappé à deux attentats terroristes. Membre du Parlement depuis 1938, il avait déjà été plusieurs fois ministre et allait devenir chancelier de l'Échiquier à la fin de 1943. D'apparence sévère, il avait été surnommé « le maître d'hôtel du bon Dieu » par ceux, nombreux, qui le trouvaient hautain, inflexible et d'un abord difficile.

Churchill transmit pour avis aux chefs d'état-major le mémorandum de Cherwell sur les conclusions du comité Maud avec l'annotation suivante : « Bien que, personnellement, je sois tout à fait satisfait des explosifs existants, je pense que nous ne devons pas nous opposer au progrès, qu'une action devrait être entreprise dans le sens proposé par lord Cherwell et que le ministre responsable du Cabinet devrait être sir John Anderson. »

A une réunion du 3 septembre 1941 avec le Premier ministre, les chefs d'état-major donnèrent leur accord en insistant que tout devait être mis en œuvre pour développer ce projet et que ceci devait se faire en Angleterre et non à l'étranger. C'est ainsi que fut créé, au mois d'octobre, au sein du DSIR, un organisme indépendant responsable de toute l'affaire atomique à la fois militaire et civile. Elle prit le nom de code de *Directorate of Tube Alloys*, directoire des alliages pour tubes.

ICI ne devait pas rester étranger à la réorganisation ; Anderson qui avait été, peu avant la guerre, administrateur de la société avant de devenir ministre, décida de confier la direction du projet au directeur de recherches d'ICI, Wallace Akers. Celui-ci proposa à son tour son adjoint Michael Perrin comme secrétaire général. Cet afflux de dirigeants d'ICI n'était pas du goût des scientifiques qui, comme Kowarski, avaient vu d'un mauvais œil la tentative d'ICI de s'emparer de l'affaire. Elle n'était pas pour déplaire à Halban, car Akers et Perrin étaient les personnes avec qui il s'était parfaitement entendu au cours des longues négociations de l'été écoulé pour engager l'affaire dans sa phase industrielle.

Les discussions sur les brevets reprirent entre Halban et le DSIR sur des bases voisines de celles envisagées avec ICI. Sans attendre leurs conclusions, Halban et Kowarski reçurent, fin décembre, des lettres de service du DSIR. De nouveaux salaires avaient été fixés, de mille sept cents livres pour le premier et de moitié pour le second, avec rappels depuis leur arrivée en Angleterre en complément de ceux déjà reçus du ministère de l'Aviation. Halban était employé en tant que « superintendant » d'une équipe de chercheurs au laboratoire Cavendish, il faisait rapport au directeur de Tube Alloys et se conformait au programme approuvé par le comité technique de Tube Alloys (dont il fera partie avec Chadwick, Peierls et Simon sous la présidence d'Akers). Kowarski, quant à lui, était employé comme assistant de Halban et travaillerait sous la direction et selon les instructions de ce dernier ou, en son absence, du directeur de Tube Alloys.

Halban avait tout lieu d'être satisfait. Il avait gagné une première manche : l'appui gouvernemental. Certes, presque un an avait été perdu depuis l'expérience cruciale de Cambridge et, pendant les six derniers mois, on avait surtout parlé de réorganisation et, à cette occasion, de droits sur les brevets, et les tonnes d'eau lourde nécessaires à la réalisation en vraie grandeur paraissaient toujours aussi hors d'atteinte. Dans l'ensemble, il avait bien réussi, ayant établi des liens avec les plus hautes personnalités du monde industriel et politique qui, en France, auraient rarement été ses interlocuteurs, mais plutôt ceux de Joliot ou de Perrin. L'entreprise britannique était maintenant séparée en deux branches bien distinctes : la bombe et l'énergie, et il était le chef scientifique indiscuté de la seconde.

L'affaire paraissait en bonne voie, dans les mains d'un homme énergique, Akers, spécialement compétent sur les problèmes de la charnière entre la recherche et l'industrie et de plus favorable à une collaboration étroite avec l'industrie américaine et familier de celle-ci.

Premiers contacts anglo-américains

Les liens entre les deux entreprises remontaient à un an. En octobre 1940, Cockcroft avait fait partie d'une mission scientifique à haut niveau aux États-Unis. Il avait mis au courant les membres du comité consultatif de l'uranium, créé par Roosevelt fin 1939, des conclusions du mémorandum Peierls-Frisch sur la bombe à uranium 235, des projets de Simon sur la séparation de l'uranium 235, ainsi que de l'installation à Cambridge de Halban et Kowarski et de leur apport en eau lourde.

Au cours de ce voyage, il avait été décidé de créer auprès de l'ambassade du Royaume-Uni à Washington un Office central scientifique britannique, l'organisme auquel j'avais eu affaire à mon arrivée en juin 1941. Ce bureau allait servir de liaison avec le comité américain sur l'uranium et lui transmettre les rapports de Maud.

Le rapport de l'expérience décisive de Halban et Kowarski fut ainsi connue des savants américains concernés dès janvier 1941 et Cockcroft fit alors demander à Urey de s'intéresser à la production par tonnes de l'eau lourde, que ce dernier avait découverte moins de dix ans auparavant.

En mai 1941, Arthur Compton, un des plus célèbres physiciens américains de l'époque, avait été chargé de prendre la tête d'un comité de l'Académie nationale des sciences pour faire le rapport sur le programme et l'avenir de l'entreprise sur l'uranium. Ce rapport, auquel participa Urey, envisageait avec un considérable degré d'incertitude les trois applications militaires : les poisons radioactifs, c'est-à-dire la production de grandes quantités de produits radioactifs de fission destinés à être disséminés sur une localité pour la rendre inhabitable, le sous-marin nucléaire et enfin la bombe. Six mois de travail intensif étaient recommandés avant de prendre toute décision définitive.

Une section de ce rapport était consacrée à la mise en jeu de l'eau lourde. Il y était fait état de l'expérience de Halban dont « le résultat était très encourageant et avait apparemment convaincu les physiciens anglais que la réaction en chaîne peut être produite par cette méthode ». Le rapport recommandait toutefois de refaire l'expérience avec une tonne d'eau lourde (au lieu des cent vingt kilos utilisés à Cambridge) pour obtenir une certitude et définir les conditions exactes de la réaction en chaîne en vraie grandeur. Les problèmes posés par la production industrielle d'eau lourde étaient aussi envisagés.

Il était également proposé dans ce rapport d'inviter Halban : « Afin de progresser plus rapidement, il serait utile de faire venir immédiatement par avion aux États-Unis M. Halban, actuellement au travail sur ce problème à Cambridge en Angleterre. Il a des connaissances qui aideront grandement nos recherches et il pourra rapporter en Angleterre certaines données, que nous avons obtenues, susceptibles d'être utiles pour ses études sur le même problème. »

La prise de connaissance à Washington durant l'été 1941 du rapport du comité Maud avait souligné l'avance des savants du Royaume-Uni sur leurs collègues d'outre-Atlantique, bien que, comme certains de ces derniers le soulignaient, les spécialistes nucléaires américains fussent supérieurs en nombre et meilleurs.

Il fut alors décidé d'envoyer en octobre en Angleterre le responsable de la physique à l'université de Columbia, Pegram (celui qui m'avait annoncé l'opposition officielle à mon emploi chez Fermi) et Urey pour étudier de plus près l'état d'avancement des travaux britanniques. Leur visite coïncida avec la mise sur pied de la nouvelle organisation Tube Alloys. Elle fut fructueuse et leurs échanges d'idées et de connaissances avec les savants anglais aussi libres que possible. Chadwick leur affirma sa conviction sur la possibilité d'obtenir une réaction explosive à partir d'uranium 235 et sa certitude presque aussi grande que l'explosion aurait une puissance dévastatrice.

Ils visitèrent Cambridge ; Halban leur communiqua sa propre conviction sur la possibilité de produire de l'énergie à partir d'uranium métallique et d'eau lourde, et ses doutes sur la possibilité de le faire par toute autre méthode. Urey en déduisit dans son rapport que dans cinq ou dix ans la production d'énergie à partir d'uranium et d'eau lourde pourrait être aussi importante qu'à partir de charbon ou de fuel. Il y mentionnait aussi que Joliot et Halban pensaient avoir des brevets fondamentaux sur l'utilisation d'eau lourde, Halban souhaitant en utiliser les bénéfices pour la reconstruction de la science française. Enfin, il indiquait le désir de ce dernier de venir poursuivre son travail aux États-Unis.

L'occasion manquée

L'idée d'une collaboration plus étroite avec le Royaume-Uni avait fait son chemin à Washington en cet été 1941, véritable tournant pour l'organisation américaine. Au mois de juin, le président Roosevelt, préparant son pays à affronter une guerre éventuelle, avait décidé la création d'un organisme relevant directement de lui et responsable de l'ensemble des problèmes scientifiques et techniques susceptibles d'applications militaires. Cet organisme, l'*Office of Scientific Research and Development* (OSRD), fut confié à un mathématicien, Vannevar Bush, avec pour adjoint un autre universitaire, le chimiste James Conant, chargé des problèmes de recherche. Ces deux administrateurs scientifiques furent jusqu'à la fin de la guerre les deux principaux responsables civils du programme atomique américain. Le comité de l'uranium créé dès fin 1939 par Roosevelt, fut alors intégré dans l'OSRD dont il devint la section sur l'uranium, désignée sous le nom de code de S1.

Bush, que Roosevelt appelait familièrement Van, devint ainsi son principal conseiller en matière atomique. Esprit original, optimiste et plein d'humour, spécialiste de mathématiques appliquées, il avait contribué à de nombreuses inventions dans des domaines aussi divers que la détection anti-sous-marine et le téléphone automatique. Dès le mois de juin 1940, il avait convaincu le président de lui confier l'organisation de toute la recherche de défense. Un an plus tard ce fut la création de l'OSRD et « Van », à sa tête, relevait directement de Roosevelt.

Bush s'entendait à merveille avec son adjoint Conant, modeste et sérieux, doué d'un esprit analytique clair, et qui devint pour lui un véritable partenaire. Ce dernier allait suivre particulièrement les problèmes atomiques. Chimiste de talent, Conant était président de l'université de Harvard au début de la guerre. Sa carrière allait le conduire, après le conflit, aux postes de haut-commissaire, puis d'ambassadeur en Allemagne.

Ces deux personnages furent, dès lors et durant toute la guerre, les conseillers directs de Roosevelt en matière atomique, comme Cherwell et Anderson le furent pour Churchill. Des relations entre ces quatre personnages âgés entre la cinquantaine et la soixantaine à cette époque — et leurs deux chefs illustres, le président et le Premier ministre nés respectivement en 1882 et en 1874 allaient découler les péripéties des relations nucléaires anglo-américaines de 1941 à 1945.

Leur rôle fut considérable, car les orientations fondamentales de l'entreprise atomique et ses conséquences, dans le conflit en cours et après la guerre, furent élaborées sur leur avis par Churchill et Roosevelt. En raison de la nécessité de maintenir un secret absolu, ces décisions furent prises à l'insu du public, mais aussi des instances parlementaires et de la majorité de ministres. Aux États-Unis, le secrétaire d'État, responsable des affaires étrangères, ne fut ainsi mis au courant de l'entreprise qu'à la fin de 1944, six mois seulement avant l'achèvement de la bombe.

Dans le ballet des relations nucléaires anglo-américaines, les Américains Bush et Conant, parce qu'ils étaient moins politiques et plus proches de la technique, se révélèrent de loin les conseillers les meilleurs et les plus perspicaces. Sensibles, en cet été 1941, à l'avance britannique, ils allaient prendre conscience du moment où cette avance basculerait pour devenir un retard. Au contraire les Anglais Cherwell et Anderson, imprégnés du dogme dépassé de la suprématie impériale, ne se rendirent compte que trop tard de ce renversement de la situation.

Dans un premier temps au mois d'août 1941, les deux scientifiques américains, impressionnés par la conclusion du rapport Maud, avaient prévenu Darwin le responsable britannique, à Washington, de la liaison scientifique anglo-américaine, de leur désir de voir traiter la totalité du travail sur l'uranium comme un projet commun entre les deux pays. Darwin prévint immédiatement Londres de cette approche.

Le 9 octobre 1941, Bush eut un long entretien dans ce sens avec Roosevelt et le vice-président Henry Wallace. Il obtint l'accord du président sur l'exécution, sans doute au Canada, d'un programme élargi, en commun avec les Britanniques. Le surlendemain Roosevelt écrivit à Churchill : « Mon cher Winston, il semble désirable que nous correspondions ou conversions bientôt sur le sujet qui est à l'étude chez vous par le comité Maud et dans ce pays par l'organisation du Dr Bush, de façon que tout effort supplémentaire puisse être coordonné ou même réalisé conjointement. Je propose, pour identifier ce sujet, que nous nous y référions sous le nom de Mayson... » Il terminait cette lettre en annonçant qu'il la confiait au représentant scientifique américain à Londres.

Au même moment, Cherwell, sceptique sur la possibilité de réaliser rapidement la bombe, mais conscient de l'avance britannique, était peu enclin à une réalisation commune avec les Américains ou même à la construction aux États-Unis d'une usine britannique de séparation de l'uranium 235, car il jugeait que le pays possesseur d'une telle installation pourrait dicter ses conditions au monde. Anderson, dès la fondation de Tube Alloys, en octobre 1941, adopta le même point de vue ; il n'avait pas été nommé à la tête de ce projet prometteur pour le brader aussitôt.

Sur instruction de Churchill en harmonie avec ses conseillers, Cherwell et Anderson reçurent le représentant scientifique américain vers fin novembre. Ils ne trouvèrent rien de mieux pour repousser la demande d'une collaboration plus intime que de reprocher aux États-Unis, encore en paix (pour deux semaines seulement), de ne pas être assez bien équipés pour un verrouillage du secret et ils offrirent des suggestions à la fois dans ce domaine et dans celui de l'organisation même du projet américain.

C'était un comble, quand on pense aux plaintes des Anglais, quelques mois plus tard, contre les excès américains dans le domaine de la sécurité et à la découverte, quelques années après, au sein de l'entreprise britannique des premiers espions atomiques en faveur de l'Union soviétique.

Churchill devait attendre deux mois pour répondre à Roosevelt une lettre n'engageant à rien et l'assurant de son empressement à travailler avec l'administration américaine en matière de Mayson.

Moins d'un an plus tard, Bush et Conant allaient devenir et rester les adversaires convaincus d'une collaboration intime avec les Anglais dont ils avaient été les premiers partisans. Le gouvernement britannique mal conseillé venait ainsi de laisser échapper la chance inespérée que représentaient les offres américaines.

Après l'entrée en guerre des États-Unis en décembre 1941, les projets de rapprochement nucléaire avec les Anglais semblent avoir été oubliés et le manque d'empressement du Royaume-Uni, considéré comme bienvenu. La preuve en est qu'une mission britannique au début de 1942 ne provoqua aucun réveil des tendances à l'unification, bien au contraire.

En effet, une des premières activités d'Akers, devenu le directeur de Tube Alloys récemment créé, fut de prendre la direction d'une mission aux États-Unis, en retour de celle de Pegram et d'Urey. Il fut accompagné de trois membres de son comité technique : Halban, Simon et Peierls, tous trois d'origine germanique. Malheureusement Chadwick, qui n'aimait guère voyager, mit en avant sa mauvaise santé pour ne pas s'y joindre.

Au moment de partir pour les États-Unis, Halban laissa à Kowarski la direction de son équipe de Cambridge. Celle-ci comprenait alors une dizaine de chercheurs diplômés dont deux seulement étaient anglais (cinq d'entre eux étaient des réfugiés allemands ou autrichiens, et trois étaient français), ainsi qu'une demi-douzaine d'aides techniques et une secrétaire.

En décembre 1941, l'équipe avait contracté un premier lien avec la France libre, à la suite du recrutement par Kowarski de Jules Guéron, physico-chimiste de talent, âgé de trente-quatre ans et chef de travaux à la faculté des sciences de Strasbourg. Laissant sa femme et ses deux jeunes fils en France, il s'était embarqué sur un cargo chargé de poussier de charbon et était ainsi arrivé à Falmouth vers le 20 juin 1940. Dix jours plus tard, il s'engageait sans hésiter dans les Forces françaises libres pour diriger d'abord un petit laboratoire de sabotage. Plus tard, il s'efforcera de réussir à convaincre les services gaullistes de donner « la plus haute » priorité pour faire venir Joliot en Angleterre, mais ce sera en vain, celui-ci étant bien décidé à ne pas quitter son laboratoire du Collège de France.

Halban entreprit fin janvier 1942 sa seconde traversée depuis son départ du Collège de France, de nouveau en mission, mais cette fois comme fonctionnaire de la couronne britannique, sur un croiseur au lieu d'un cargo charbonnier, sans Kowarski et sans eau lourde, à la poursuite des pouvoirs susceptibles de lui procurer des tonnes de cette substance indispensable à son grand dessein.

J'allais renouer avec lui quelques semaines après son arrivée à New York, et je fus fort impressionné par sa brillante ascension. Il devait rester cinq mois aux États-Unis, le sort de son entreprise allait s'y décider, celui de ma carrière aussi.

11

Le fil renoué

Ma reprise de contact avec Halban, au début de mars 1942, avait suivi mon retour, tant attendu, à une activité professionnelle. J'avais été accepté en janvier comme travailleur bénévole au Memorial Hospital, principal centre anticancéreux de New York, pour participer — plutôt comme physicien — aux premiers essais d'utilisation en radiothérapie des radioéléments artificiels ingérés par voie orale, la toxicité du radium s'étant toujours opposée à son emploi sous cette forme.

Je me retrouvais ainsi dans un domaine situé dans la ligne directe des travaux du laboratoire Curie, car tout comme Pierre et Marie Curie pour le radium, un tiers de siècle auparavant, Irène et Frédéric Joliot avaient immédiatement exprimé en 1934 leur conviction de l'importance des futures applications biologiques et médicales des radioéléments artificiels qu'ils venaient de découvrir.

Cette nouvelle branche de la science de la vie allait se développer rapidement grâce à une invention faite aux États-Unis en 1930, celle du cyclotron, machine électromagnétique accélératrice de particules atomiques, dont la conception était due à Ernest Lawrence à l'université de Berkeley en Californie. Joliot avait rapidement compris l'importance pour la recherche d'un tel instrument et le montage en cours au Collège de France de son cyclotron — le premier à fonctionner en Europe de l'Ouest — avait été une des raisons qui avaient contribué à le retenir en France, en juin 1940.

Grâce aux faisceaux intenses de particules créés dans ces machines complexes et coûteuses, des quantités croissantes de nombreux radioéléments artificiels allaient être produites et rendues disponibles pour la recherche médicale, cela au fur et à mesure de la réalisation de cyclotrons de plus en plus puissants. Celui qui avait été achevé à Berkeley, en 1939, avait même été dénommé par Ernest Lawrence le cyclotron « médical ». Cela n'empêchera pas cette même machine de fabriquer en 1941 les premiers microgrammes de plutonium, élément de l'alchimie moderne, dont l'emploi initial fut tout sauf humanitaire.

John Lawrence, le frère de l'inventeur du cyclotron, avait été le premier à essayer sur des malades l'emploi des radioéléments artificiels, utilisant, dès 1936, sans grand succès le phosphore radioactif pour tenter d'enrayer la leucémie. Les traitements effectués à l'hôpital de New York et auxquels j'allais participer faisaient suite à ces premiers travaux.

Il s'agissait, sur des cas considérés comme sans espoir, de voir si dans certaines formes de cancer le radiophosphore se fixerait sélectivement sur les tumeurs et permettrait de les faire régresser.

Ce fut une expérience émouvante, car je n'avais jamais été en contact professionnel avec des malades hospitalisés, et encore moins avec des condamnés à bref délai. Sur tout le corps de mes quelques malheureux patients, le médecin traitant avait marqué, à l'encre indélébile, des cercles assez nombreux pour indiquer les endroits où je devais effectuer quotidiennement les mesures de radioactivité. Celles-ci étaient relativement fastidieuses car elles pouvaient prendre près d'une heure par malade.

Le traitement, consistant à avaler quelques gouttes d'une solution contenant le radiophosphore, les mesures n'avaient rien de douloureux pour ceux qui en étaient l'objet. Au contraire, j'essayais de leur remonter le moral chaque fois que le compteur de radiations crépitait un peu plus, en leur expliquant que c'était bon signe : le nouveau médicament faisait son effet.

La sérénité et parfois même la gaieté des malades étaient particulièrement frappantes. J'avais en particulier à faire les mesures sur une dame très âgée affectée d'une forme rare de cancer, le mycosis fongoïde ; elle était l'objet de démangeaisons constantes et sa peau autour des tumeurs s'écaillait en de nombreuses petites particules éparpillées tout autour de son lit. Elle trouvait le courage d'en plaisanter et parfois, lors de mon arrivée le matin, elle me disait, me montrant les dégâts de la nuit : « Il a beaucoup neigé hier soir ! »

Heureusement il n'y avait pas d'enfants parmi les malades traités alors au radiophosphore, car, ayant parfois à traverser leur étage, j'étais déchiré par le navrant spectacle de leurs jeunes corps diminués et par la tristesse de leurs regards.

Il y avait, en parallèle, à l'hôpital, des essais de chimiothérapie. Cette nouvelle médication, qui était aussi à ses débuts, mettait en jeu des substances non radioactives voisines de produits toxiques, comme l'ypérite utilisée comme gaz de combat durant la Première Guerre mondiale. Au mois de mai, je fus convoqué par le directeur de l'hôpital. Il m'annonça qu'il se faisait fort, malgré le handicap de ma nationalité, de me faire accepter dans un laboratoire américain de produits toxiques en vue d'une éventuelle utilisation militaire. Tout en le remerciant, j'eus la satisfaction de lui répondre qu'il arrivait trop tard et que j'attendais d'un moment à l'autre d'être recruté par la recherche scientifique britannique dans un domaine hautement secret, compatible avec ma spécialisation, et pour lequel la défense américaine n'avait pas voulu de moi.

Peu après, je devais quitter New York, l'hôpital et mes malades, bien loin de penser que, sept ans plus tard, une de mes responsabilités en France serait de faire préparer, puis de fournir aux hôpitaux les radioéléments artificiels produits dans notre première pile atomique.

Dès le mois de mars, après notre rencontre, Halban avait proposé à Londres au directeur du DSIR mon recrutement dans son équipe en même temps que celui de son ami George Placzek, un physicien théoricien de nationalité tchèque, assez renommé, qu'il avait connu en 1937 au laboratoire de Niels Bohr. Sans réponse de Londres, les télégrammes que Halban envoyait pour rendre compte de sa mission se faisaient pressants à notre sujet. Porté à l'exagération quand il voulait quelque chose, il nous décrivait dans ses missives comme le théoricien de talent et le spécialiste de la radiochimie indispensables pour compléter son équipe de douze scientifiques au moment où il espérait transférer celle-ci aux États-Unis.

Stage canadien

La décision de Londres à mon sujet tardait à venir, quand, au début de mai, je reçus une proposition de Boris Pregel, spécialiste mondial de la vente du radium, d'aller passer comme consultant un ou deux mois au Canada auprès de la raffinerie de radium. Pregel avait été un an auparavant le seul à m'offrir une situation lors de mon arrivée aux États-Unis. Je l'avais déclinée, car il s'agissait d'un travail fastidieux et dangereux. Mais j'étais resté en contact avec lui, car il avait tenu à aider Jean Perrin et les siens lors de leur arrivée à New York et avait créé un petit laboratoire sur la radioactivité. Francis Perrin y jouait un rôle de conseil et deux de mes collègues physiciens français du laboratoire Curie, sortis de France grâce à Rapkine, y étaient employés.

J'avais eu l'occasion d'expliquer à Pregel mon travail de thèse et son aboutissement à une proposition de perfectionnement du processus d'extraction du radium du minerai. Cette modification du procédé classique avait pour objet de limiter l'ampleur de l'opération finale de cristallisation fractionnée, la plus dangereuse pour les opérateurs en raison de la concentration élevée du radium à ce stade.

Pregel me proposa donc de m'envoyer à l'usine canadienne pour y essayer mon procédé. Avant d'accepter, pour la première fois depuis mon arrivée aux États-Unis, une activité rémunérée, je demandais à Halban, encore à New York, de me donner son accord, car je ne voulais pas risquer, pour une occupation temporaire, de perdre mon admission, espérée définitive, dans l'équipe de Cambridge.

Fin mai, je reçus deux réponses positives. Le DSIR était prêt à me recruter et Halban était favorable à mon acceptation, pour un mois seulement, de la proposition de Pregel. Il y voyait l'intérêt pour son groupe d'obtenir une connaissance, sur le tas, de la technologie du traitement du minerai, et aussi de s'informer sur l'activité et le programme de l'usine canadienne au moment où celle-ci prenait une importance évidente dans l'entreprise de l'uranium. De toute façon, le mois passé au Canada devait coïncider avec l'achèvement de l'enquête de la sécurité britannique, indispensable à mon habilitation au secret, préalable nécessaire à mon recrutement définitif.

Début juin 1942, je m'envolai vers le Canada et je fus accueilli à l'aéroport de Toronto par Gilbert Labine, président de l'Eldorado Gold Mines, société propriétaire du riche gisement d'uranium canadien, qui devait son origine à une mine d'or qui n'avait pas répondu aux espoirs de son nom prometteur.

Au cours du trajet vers la raffinerie située à Port Hope à cent kilomètres à l'est de Toronto sur le lac Ontario, Labine, tout en conduisant, me raconta la remarquable histoire de sa découverte. Il avait, en 1929, décidé de rechercher dans les espaces du Grand Nord canadien un gisement de cuivre ou d'or et s'était fait déposer en hydravion au début de l'été sur les rives du grand lac de l'Ours au nord du cercle polaire. L'expédition s'était révélée décevante. Bravant les essaims de moustiques et de mouches non moins détestables, il avait bien découvert quelques gisements de cuivre, mais trop pauvres pour être exploités si loin de toute civilisation. En repartant quelques semaines plus tard, il survola une falaise surplombant le lac et tachée d'une coloration rouge, signe probable de cobalt et peut-être d'argent. Il décida d'y revenir l'année suivante avec son frère, prospecteur comme lui.

Pendant l'hiver, il s'obligea à lire des récits anciens d'exploration de la région qui l'intéressait et retrouva une mention de la falaise avec ses couleurs bariolées. Au printemps de 1930, il repartit en avion, se fit déposer sur le lac et après plusieurs semaines de marche pénible, car le terrain était très accidenté, il se trouva devant la falaise. Les indices de minerais de cobalt, de cuivre et d'argent étaient très visibles, mais il décela aussi un minerai noir et en détacha un morceau gros comme une prune. La densité ne pouvait le tromper, il s'agissait de pechblende dont il avait eu une fois, durant son apprentissage, un morceau en main. Il venait de découvrir un riche filon de minerai d'uranium, autrement plus important que l'objectif initial de son expédition.

Sa découverte allait faire perdre à la Belgique son quasi-monopole de la production de radium dont elle avait profité depuis 1924 et faire descendre progressivement le prix du radium, malgré la difficulté d'acheminement du minerai, par péniches en été, par avion en hiver.

L'intérêt de la conversation de Labine ne pouvait dissiper ma nervosité croissante au fur et à mesure que nous nous rapprochions de l'usine. Mon expérience industrielle était nulle et le directeur de l'usine ne pourrait pas ne pas s'en apercevoir très vite, et pourtant j'avais besoin de sa bonne volonté pour introduire dans l'installation en marche les modifications envisagées.

Je connaissais son nom : Marcel Pochon, sûrement un Canadien francophone. Merveilleuse surprise ! J'appris en arrivant qu'il était français et ingénieur de ma bonne École de physique et de chimie, de vingt-cinq promotions avant la mienne. Il m'accueillit comme un jeune ami dans cette usine qu'il avait créée de toutes pièces et fut pour moi beaucoup plus un professeur de la technologie industrielle du radium qu'il connaissait admirablement que je ne fus un consultant pour lui.

Le premier souci de Pochon fut de me chercher un logement plus sympathique que le triste hôtel de cette petite ville de province touchée par la crise des années trente. Il me trouva une chambre confortable dans une grande villa encombrée d'un surprenant assortiment de prototypes de baignoires et de cuvettes de toutes formes. Elle appartenait à une charmante dame âgée, veuve de l'ancien propriétaire de la plus importante usine de la ville, une fabrique d'installations sanitaires en céramique.

La raffinerie, vieille maintenant de dix ans, avait connu des jours meilleurs et ne donnait pas l'impression d'être gérée avec un souci très poussé d'éviter l'absorption de poussières et d'émanations radioactives par les travailleurs. Pochon, élevé à la vieille école, n'en tenait aucun compte même pour sa propre santé. Il avait coutume de surveiller de près les grandes cuves d'argent où s'effectuait la concentration du radium par cristallisation fractionnée. Il avait même l'habitude de souffler lui-même par un tube de verre courbe sur la surface des solutions pour voir si elles étaient proches de la saturation, ce faisant il respirait inévitablement de dangereuses quantités de radon, le gaz radioactif dégagé sans cesse par le radium.

Le radium n'a pas d'odeur

Pochon avait passé toute sa carrière dans l'industrie du radium, en France avant la guerre de 1914, puis, après sa démobilisation, en Cornouailles à la tête de l'exploitation d'une petite mine à la veille d'être épuisée, quand les frères Labine lui firent signe. Il était passionnant et inépuisable sur l'histoire des luttes commerciales entre les divers pays producteurs de radium, depuis la rivalité franco-autrichienne au début du siècle jusqu'à celle, récente, entre l'Union minière et l'Eldorado.

Un des derniers épisodes de la lutte entre les firmes belge et canadienne concernait précisément Pregel à qui je devais ma venue à Port Hope. Russe d'origine, possesseur d'un diplôme belge d'ingénieur, naturalisé français et candidat à la nationalité américaine, ce financier, près de la cinquantaine, avait été pendant seize ans le seul agent et distributeur du radium belge. Métier difficile où il excellait ; Mme Curie lui en avait rendu hommage. Il arriva à New York à l'automne 1940, ayant été retenu jusqu'au dernier moment en France où il possédait en Bretagne une usine de fausses dents en platine. Les deux dirigeants de l'Union minière Sengier et Lechien, installés bien avant lui à New York avec la centaine de grammes de radium emportée de Belgique avant l'invasion, avaient décidé de la commercialiser eux-mêmes et lui signifièrent brutalement son congé.

Sans perdre une minute, Pregel, qui avait été deux ans auparavant mêlé de près à la conclusion du cartel belgo-canadien, alla offrir ses services à l'Eldorado. Celle-ci était en plein déclin financier depuis le début de la guerre, du fait du ralentissement des ventes en Europe et des pertes de radium en location dans des pays occupés par l'Allemagne. La firme canadienne était prête à déposer son bilan avec un déficit voisin du million de dollars, somme du même ordre que les liquidités personnelles affichées par Pregel pour montrer sa solidité financière.

Moyennant une exclusivité et une commission sur toutes les opérations de l'Eldorado, il allait effectuer le redressement de cette société en un an. Il avait la chance pour lui, car il devait rapidement bénéficier d'une nouvelle réglementation américaine interdisant l'exportation de radium et torpillant ainsi les espoirs de Sengier et de Lechien avec lesquels l'accord de 1938 de partage du marché n'était plus réellement respecté depuis l'invasion de la Belgique. De plus, la demande de radium s'était soudain accrue considérablement pour la peinture lumineuse destinée aux cadrans de bord des avions militaires. Enfin, un intérêt nouveau se manifestait pour l'uranium lui-même à la suite des premières demandes pour la recherche atomique américaine.

Ayant l'exclusivité des contrats d'Eldorado, il était devenu paradoxalement l'intermédiaire obligatoire de l'Union minière dans l'éventualité où la firme belge souhaiterait faire traiter du minerai congolais en vue d'en récupérer le radium ou l'uranium. En effet, il n'existait pas d'autre usine en Amérique du Nord que celle de Port Hope pour effectuer cette opération.

L'importance militaire à venir de l'uranium était même prématurément pressentie par les ouvriers de cette usine et le bruit avait couru parmi ceux-ci que leur production servait à la préparation d'un explosif nouveau déjà utilisé contre Francfort un des derniers jours de mai 1942, lors de la première attaque par mille bombardiers. Ceux-ci déversèrent en quatre-vingt-dix minutes trois mille tonnes d'explosif conventionnel, le quart de la puissance de la bombe d'Hiroshima, qui, elle, fut la première à base d'uranium.

Pregel, lui, savait mieux à quoi s'en tenir, et il avait commencé à se tailler un rôle dans le projet américain en offrant en particulier des facilités à des laboratoires, comme celui de Fermi et Szilard, sous forme de prêt d'oxyde d'uranium ou de radium utilisé dans la préparation des sources de neutrons. Il avait bien l'intention de se tailler une belle part dans ce domaine d'avenir comme il l'avait fait en son temps pour la radiothérapie. Il avait déjà offert ses services au président du comité américain sur l'uranium et son intérêt pour les scientifiques français disponibles n'était pas sans relation avec ses intentions.

Cette histoire récente du radium était entachée d'opérations plus ou moins douteuses, souvent en marge des réglementations fiscales ou douanières nationales. Pregel connaissait ces opérations, même quand il n'y avait pas participé lui-même par l'intermédiaire d'une des multiples sociétés qu'il contrôlait. Un de ces épisodes non éclairci se situe dès l'entrée en guerre des États-Unis. Cinq jours après, le 12 décembre 1941, Lechien, qui avait paraphé en 1939 avec Joliot le projet d'accord entre l'Union minière et le CNRS, quitta brusquement avec sa famille les États-Unis. Il avait dû se munir d'un passeport diplomatique belge obtenu en catastrophe par Sengier à Washington et il partit s'installer au Guatemala, où il mourut.

Pochon m'avait d'ailleurs prêté un ouvrage récent décrivant les aspects passionnants et déplaisants de l'histoire du radium depuis sa découverte. Au début des années quatre-vingt, intéressé par la préhistoire de l'énergie atomique, je voulus relire ce livre dont j'avais oublié le titre et le nom de l'auteur. Mes recherches n'ayant pas abouti, je demandai s'il serait possible de le retrouver à Port Hope. Permission fut demandée et autorisation fut donnée par les enfants de Pochon de rechercher l'ouvrage dans sa maison restée inhabitée depuis sa mort à la suite d'un cancer des poumons.

Le livre retrouvé ne présentait pas l'intérêt espéré. C'était la traduction de l'allemand d'un ouvrage dénommé *Radium* trop romancé pour être utile à l'historien. Les représentants de l'Eldorado chargés de cette recherche profitèrent de leur visite dans la maison de Pochon pour y effectuer des mesures de radioactivité. Le compteur montra que son exemplaire de *Radium* était tellement contaminé par l'élément qui avait donné son nom au titre qu'ils en ordonnèrent la destruction après la prise de deux photocopies dont je possède l'une. Ils furent également choqués par la radioactivité des planchers. On pouvait suivre dans la villa les chemins privilégiés par son propriétaire entre sa chambre et la salle de bains ou sa chambre et la salle de séjour, tellement ses chaussures avaient rapporté de radium de l'usine.

Insouciant du danger du radium, Pochon était un aussi bon professeur de technologie que d'histoire de la radioactivité. Il me facilita l'introduction, dans le procédé classique de traitement du minerai de son usine, des modifications proposées dans ma thèse, en les appliquant au long du processus à une tonne de minerai contenant environ un décigramme de radium. Je pus ainsi reproduire à l'usine les différentes étapes testées jusque-là seulement à l'échelle du laboratoire.

Le travail était passionnant, mais son résultat fut plutôt

décevant. L'amélioration espérée du procédé n'était pas suffisante pour justifier une modification du schéma en usage dans l'usine, tant que celle-ci n'aurait pas à traiter des minerais moins riches en radium. La question n'allait finalement jamais se poser, car le radium vivait ses dernières années de gloire et était appelé à être bientôt détrôné par les éléments radioactifs produits en quantités presque illimitées dans les futures machines productrices d'énergie atomique. La réalisation de la première de ces machines restait toujours l'objectif du groupe de Cambridge, que j'allais être appelé à rejoindre et dont l'avenir dépendait des résultats de la mission de Halban aux États-Unis qui était à la veille de s'achever.

Halban aux États-Unis

La mission britannique dirigée par Akers, le directeur de Tube Alloys, était arrivée aux États-Unis, en février 1942, au moment où la collaboration avec les Anglais commençait à paraître moins indispensable aux yeux des responsables américains. Le projet atomique y avait pris un véritable essor. Le nombre de chercheurs, les moyens mis à leur disposition, et l'efficacité de l'ensemble enfin bien coordonné, commençaient à croître à vue d'œil.

La veille de l'entrée en guerre des États-Unis, le 6 décembre 1941, Bush réorganisa le projet sur l'uranium, la section S1, et confia à trois des meilleurs physiciens américains, tous prix Nobel, Arthur Compton, Harold Urey et Ernest Lawrence, la tâche d'explorer les diverses filières pour arriver à la bombe. Compton était chargé de rassembler à l'université de Chicago toutes les recherches liées à la réaction en chaîne contrôlée et la production de plutonium. Lawrence, à l'université de Berkeley en Californie, avait la tâche de mettre au point une méthode de séparation de l'uranium 235 mettant en jeu les mêmes techniques électromagnétiques que celles utilisées dans le cyclotron. Enfin Urey, à l'université de Columbia à New York, avait la haute main sur deux autres méthodes étudiées pour séparer l'uranium 235 ainsi que, bien entendu, la production de « son » eau lourde.

Dans le domaine spécifique de l'équipe de Cambridge, celui de l'obtention de la réaction en chaîne par neutrons lents avec l'uranium naturel, Fermi et Szilard étaient en train d'atteindre à l'université de Columbia où ils travaillaient depuis 1939, avec le graphite, le stade de la quasi-certitude de succès obtenue par Halban et Kowarski avec l'eau lourde lors de l'expérience cruciale de fin 1940. Il y avait maintenant une forte présomption en faveur de la possibilité d'arriver à la production d'énergie dans un système graphite-uranium, à la condition de mettre en œuvre des quantités importantes de graphite extrêmement pur et d'uranium, de préférence sous forme de métal, également exempt de toutes impuretés.

Comme pour la visite de Pegram et Urey en Angleterre quatre mois auparavant, toutes les portes s'ouvrirent début février pour les visiteurs anglais, malgré l'origine germanique des trois collègues d'Akers. Mais quand fut abordée la question de l'installation définitive de Halban et de son équipe aux États-Unis, l'affaire prit un tout autre tour.

Bush, le chef de S1, fut formel, le *Federal Bureau of Investigation*, le FBI, était absolument opposé à l'emploi d'étrangers dans des travaux secrets de défense. J'en avais fait moi-même l'expérience quelques mois auparavant. Même pour Fermi et Szilard, hommes clefs du projet atomique, Bush avait rencontré des difficultés considérables pour obtenir leur admission dans le projet, et encore celle-ci n'avait été accordée qu'avec une habilitation partielle au secret.

Passe encore si Halban et les membres de son équipe avaient tous été britanniques d'origine, mais on en était très loin. Par surcroît, bien que les avis eussent été discordants sur ce point, la quantité d'eau lourde norvégienne en la possession de Halban et Kowarski ne paraissait pas indispensable à l'entreprise américaine.

En effet, dans une note à Bush du 1er avril 1942, son adjoint Conant écrivait : « Je suis convaincu, après une conversation avec le Dr Compton, que les cent soixante-cinq litres d'eau lourde que Halban a en sa possession en Angleterre sont d'une signification négligeable pour le travail que nous avons en vue dans ce pays. En conséquence, je n'ai plus l'intention de vous demander de reconsidérer votre décision, celle de ne pas inviter Halban dans ce pays. » Dans cette même note, Conant ne mésestimait pas les avantages de l'eau lourde, mais, n'espérant pas en obtenir les cinq premières tonnes avant la mi-1943 au plus tôt (ce sera presque un an plus tard), il donnait tout son appui à la solution uranium-graphite de Fermi et Szilard, susceptible de produire plus rapidement le plutonium pour une arme.

Toutefois, deux jours auparavant, le 30 mars, Urey exprimait un point de vue contraire. Viscéralement favorable à tout ce qui touchait l'eau lourde, il avait envoyé à Conant une longue et violente diatribe, à la suite d'une visite de Halban à son laboratoire de l'université Columbia le matin même. Il était, bien entendu, en faveur du transfert de ce dernier et de son eau lourde aux États-

Unis. Il soulignait entre autres l'illogisme de la position américaine : Halban, en mission, bien qu'étranger, était accepté comme représentant britannique, toutes les portes américaines lui étaient ouvertes et toutes les connaissances secrètes accessibles. On voulait bien disposer de son eau lourde aux États-Unis, mais interdiction lui était faite d'y poursuivre en permanence ses travaux. Il écrivait aussi, se référant au caractère de Halban : « Quelques personnes ont soulevé la question de savoir s'il était une personne avec laquelle il serait agréable de collaborer. Je l'ai trouvé charmant lors de nos rencontres et de nos conversations, mais je travaillerais avec lui quelle qu'en soit la difficulté, après les recherches brillantes qu'il a effectuées ; je crois qu'il en serait de même pour Compton et son groupe. »

Manifestement Urey s'était trop avancé dans un domaine qui n'était pas tout à fait le sien, car, trois jours plus tard, il envoyait un court mot d'excuse à Conant : il s'était emballé ; la situation lui avait été maintenant expliquée et il était convaincu que la question avait fait l'objet d'un examen attentif et objectif.

Mais la situation n'était nullement tranchée. Halban se rendit le 20 avril, pour une semaine, à Chicago où soixante scientifiques chevronnés et autant d'assistants étaient déjà au travail sous la direction de Compton. Selon le compte rendu télégraphique de Halban aux autorités de Londres, Compton se disait favorable au transfert à Chicago de toute l'équipe de Cambridge et donnait à cette solution une chance d'être acceptée, mais seulement sous condition d'une intervention britannique immédiate et au plus haut niveau. Halban soulignait l'importance considérable de l'effort américain, tant du point de vue scientifique qu'industriel ; il insistait fortement sur le succès des travaux de chimie sur le plutonium et reconnaissait honnêtement que la première production d'énergie suffisante pour faire cuire un œuf *(egg boiler)* se ferait à Chicago avec la mise en œuvre du graphite.

Il n'allait pas résister néanmoins à donner à Londres l'impression de posséder encore des atouts importants : son équipe de Cambridge avait une plus longue expérience dans la physique des neutrons que celle récemment constituée à Chicago. Il assurait que tous les physiciens américains concernés étaient anxieux de disposer de son stock d'eau lourde, et il soutenait, ce qui paraît relever un peu de l'illusion optimiste, que l'introduction de cette eau lourde au cœur d'un empilement d'uranium et de graphite ferait gagner un temps considérable dans l'obtention de la première réaction en chaîne.

Compton allait rouvrir la question avec Bush et Conant après la visite de Halban à Chicago, puis écrire le 11 mai à ce dernier une lettre qui ne laissait plus place à aucune ambiguïté et confirmait le refus catégorique de Bush de laisser s'installer aux États-Unis, dans ce domaine secret, une équipe dotée d'une sorte de statut d'exterritorialité, puisqu'elle n'aurait dépendu que des autorités anglaises.

Compton précisait dans cette lettre qu'en dehors du *statu quo* (l'équipe restant à Cambridge et correspondant avec celle de Chicago), il ne voyait plus que deux solutions : la première consistant à admettre Halban avec peut-être un de ses collaborateurs dans l'organisation américaine, sans doute à Chicago. Dans ce cas Halban serait employé par l'université de Chicago et devrait, comme Compton lui-même, céder tous ses droits sur d'éventuelles futures inventions au gouvernement des États-Unis. Son travail ne se ferait donc plus pour le gouvernement britannique.

Bush paraissait avoir fait une certaine concession en envisageant d'accepter un ou même deux nouveaux étrangers, mais il ne courait aucun risque, étant pratiquement sûr d'avance d'un refus de Halban, trop attaché à sa situation de chef de groupe et trop chatouilleux sur la question des brevets.

La seconde solution, la plus raisonnable aux yeux de Compton, serait l'installation de l'équipe au Canada sous autorité et contrôle britanniques, par exemple à Toronto, localisation très favorable pour des échanges rapides avec Chicago. Il ajoutait que, dans ce cas, la répartition des matériaux critiques, comme l'uranium, l'eau lourde et le graphite, pourrait être ajustée plus facilement entre États-Unis et Canada qu'entre États-Unis et Grande-Bretagne.

Dans une conversation le lendemain avec Halban, Compton assura celui-ci qu'en cas d'acceptation de la première solution il serait membre du comité de planification du projet de Chicago et responsable de toutes les recherches sur la réaction en chaîne mettant en jeu soit l'eau lourde avec l'uranium naturel, soit l'eau ordinaire (dite légère) avec l'uranium enrichi en uranium 235. Le seul autre membre de l'équipe de Cambridge acceptable pour les Américains serait Kowarski ou Guéron (l'un et l'autre français), mais seulement si l'on arrivait à convaincre les autorités militaires américaines de l'impossibilité de trouver aux États-Unis un scientifique de même qualification.

Dans son compte rendu au DSIR, Halban rejetait évidemment la première solution comme trop contraire aux intérêts du gouvernement britannique auquel il s'identifiait. Il y faisait en revanche pour la première fois un plaidoyer long et circonstancié pour le transfert de son équipe au Canada.

Comme si le problème n'était pas déjà assez compliqué, voici qu'Akers, retourné depuis plus de deux mois à Londres, allait au début du mois de juin faire une nouvelle proposition. Puisque les Américains ne voulaient pas de l'équipe de Cambridge à Chicago, en tant qu'unité indépendante, pourquoi ne pas réunir les deux équipes de Compton et de Halban, cela dans le cadre d'une fusion générale des deux projets ? Il décida d'envoyer alors aux États-Unis son collaborateur Michael Perrin, secrétaire général de Tube Alloys, pour sonder Bush sur cette proposition et discuter aussi des problèmes de politique générale et d'avenir concernant les ressources en uranium et le rôle des brevets pour assurer le contrôle du développement de la nouvelle force.

Halban n'hésita pas à prolonger son séjour à New York dans l'attente de la venue de Michael Perrin. Il était loin d'être enthousiaste pour la nouvelle solution car il se voyait très minoritaire dans le comité de planification de l'ensemble à Chicago, la disproportion entre les deux groupes s'étant encore accentuée depuis sa visite en avril. Il penchait de plus en plus vers la solution canadienne.

Quand Michael Perrin vit Bush, il n'osa même pas présenter la solution de fusion d'Akers, car Bush, prenant les devants, expliqua sa préférence maintenant pour des programmes de recherches et de réalisations indépendants dans chaque pays avec une coordination à haut niveau. Michael Perrin allait immédiatement tirer la sonnette d'alarme plus énergiquement que Halban. Il jugea « énormes » les progrès américains obtenus dans les quelques mois écoulés depuis la visite d'Akers et estima qu'il n'y avait plus une minute à perdre car bientôt le décalage entre les deux entreprises américaine et britannique serait si considérable qu'aucune coordination n'aurait de sens entre celles-ci.

Halban devait repartir à la fin du mois de juin en hydravion commercial pour l'Angleterre où sa présence était requise pour prendre enfin une décision sur le sort de son équipe et pour mettre un point final à son accord avec le DSIR concernant les modalités de son emploi et de celui de Kowarski, ainsi que la question des droits sur les fameux brevets en discussion depuis plusieurs mois.

Il avait perdu la manche suivante : celle de son installation aux États-Unis, et subi son premier échec dû plus à sa nationalité et à celle de la plupart de ses collaborateurs qu'à son caractère et ses exigences. Un an et demi s'était écoulé depuis l'expérience cruciale de Cambridge, temps considérable dans cette course vers la réaction en chaîne, et il n'avait pas fait avancer d'un pouce le problème de la fourniture des premières tonnes d'eau lourde.

Ce n'est certes pas en restant à Cambridge dans son laboratoire qu'il pouvait espérer obtenir ces indispensables tonnes, il avait donc besoin d'une organisation solide pour l'épauler. On peut donc difficilement reprocher à Halban de s'être rapproché de la grande industrie dans ses tractations avec ICI, puis d'avoir constamment cherché à assurer sa position de chef de groupe en jetant dans la balance les droits sur les brevets au cours des négociations successives avec le ministère de l'Aviation, avec ICI et enfin avec le DSIR. On ne peut pas non plus lui reprocher d'avoir tenté sa chance pour l'installation de son équipe aux États-Unis.

On peut toutefois lui faire grief d'avoir progressivement perdu le contact avec son laboratoire et son équipe, d'avoir toujours négocié seul, d'avoir souvent fait croire aux autorités de Londres qu'il avait sur le plan scientifique, comme sur celui des droits de propriété industrielle, des atouts imparables dans toute négociation avec les Américains, et enfin d'être resté trop longtemps aux États-Unis, et éloigné de Londres à un moment capital. Certes, il avait été souffrant en arrivant, mais il avait certainement aussi un peu succombé à la facilité de la vie loin des restrictions anglaises, ainsi qu'aux autres charmes qu'il avait trouvés à New York.

Il est facile aujourd'hui, avec tous les éléments en main, de faire le reproche à Halban de ne pas, malgré tous ses efforts, s'être suffisamment attaché à convaincre le gouvernement britannique de tout faire en son pouvoir pour assurer à son groupe dès 1941 ou début 1942 une garantie formelle de l'obtention des premières tonnes produites dans le camp allié, puisque l'industrie britannique ne paraissait pas être en état de s'attaquer à ce problème. Il ne faut pas toutefois oublier que le projet Halban était encore considéré comme étant d'importance secondaire du point de vue militaire par rapport à celui de l'isolement de l'uranium 235 et la bombe.

Halban s'était tellement identifié au système uranium-eau lourde qu'il ne concevait peut-être pas que ces fameuses premières tonnes pussent lui échapper. Sans doute, à son sens, lui étaient-elles dues.

Dans son rapport de mission aux États-Unis, rédigé au retour en Angleterre à la mi-juillet 1942, Halban écrivit : « Il est toutefois caractéristique que les expériences scientifiques montrant que l'eau lourde représente la substance idéale pour la construction des " chaudières " ont été effectuées en Angleterre, mais que ce sont les Américains qui vont s'assurer la production de l'eau lourde dans une usine située sur sol britannique au Canada. » En effet, au mois de mai 1942, la section S1 venait de passer accord avec la plus grande usine nord-américaine de production d'hydrogène électrolytique, située à Trail, en Colombie britannique, pour une production espérée d'une demi-tonne d'eau lourde par mois à partir de la mi-1943. Halban aurait dû tirer la sonnette d'alarme beaucoup plus tôt et bien plus énergiquement que le simple constat ci-dessus.

Ce rapport de mission contient une phrase prophétique : « Les Américains sont conscients qu'à la longue le graphite sera forcément détrôné par l'eau ordinaire et par l'eau lourde dans les futures machines productrices d'énergie. » Il y a déjà là, dès 1942, le germe de la guerre des filières des années soixante et de son dénouement.

12

En plein secret

Avant de repartir en Angleterre, Halban, frappé par l'avance considérable des Américains dans le domaine de la chimie de la fission, avait donné instruction à l'Office scientifique central britannique à Washington d'écrire à Conant. Il s'agissait de lui demander d'obtenir de Compton la permission pour moi de passer deux à quatre semaines à Chicago, dans l'équipe de Glenn Seaborg, le chimiste qui avait découvert le plutonium à Berkeley à la fin de 1940, et ce afin de me familiariser avec les propriétés de cet élément.

Il allait rendre ainsi au gouvernement britannique — et à moi-même par la même occasion — un service inestimable. Il ne prévoyait aucune difficulté pour obtenir cette autorisation, car paradoxalement il y avait encore à cette date — il l'avait vérifié pour lui-même — deux poids et deux mesures pour les étrangers dans l'entreprise américaine pour des échanges de connaissances ou un stage d'une part, ou pour un emploi permanent d'autre part. Deux mois plus tard, l'armée ayant pris le contrôle du projet américain et de sa sécurité, un tel stage d'un étranger, dans un secteur des plus sensibles, aurait été inconcevable. Cette fois, je me suis trouvé, grâce à Halban, du bon côté de la porte, juste avant qu'elle ne se referme.

Début juillet 1942, de retour du Canada à New York, je reçus mon engagement au DSIR rédigé par l'Office scientifique central britannique à Washington, l'organisme même dont le directeur Darwin avait été le premier à me prévenir, juste un an auparavant, des réticences américaines à employer des étrangers dans des laboratoires de défense. Il était précisé, à mon étonnement, dans cette lettre d'emploi, au salaire de quatre cent vingt-cinq livres par an, qu'avant un départ très probable vers l'Angleterre, ma première affectation serait un travail de deux à quatre semaines à Chicago, le centre le plus fermé de l'entreprise américaine à cette date.

J'acceptai sous réserve d'obtenir de Rapkine, chef du bureau scientifique de la délégation des Forces françaises combattantes aux États-Unis, un accord pour me détacher auprès du DSIR. J'étais d'autant plus sûr d'obtenir ce détachement que Rapkine lui-même avait effectué en mars une intervention chaleureuse en faveur de mon recrutement auprès du directeur même de l'organisme de recherche britannique.

Je me présentai le 21 juillet à l'université de Chicago et allais y passer trois mois de travail intense, les plus passionnants de ma carrière. J'étais loin de me douter qu'avant 1944 aucun autre représentant de l'ensemble du projet britannique de l'uranium n'allait effectuer un stage de plusieurs mois dans l'entreprise américaine et que je serais le seul Français à jamais y travailler.

Il y avait déjà une centaine de scientifiques chevronnés, et autant d'assistants, dans divers laboratoires disséminés dans l'université et isolés de l'activité générale de celle-ci grâce à la surveillance de gardiens vigilants, chargés de vérifier que seuls y pénétraient les personnes habilitées, munies de laissez-passer.

L'ensemble, désigné sous le nom de code de « Laboratoire de métallurgie » avait pris naissance sous la direction de Compton au début de 1942, à la suite de la réorganisation de S1, le mois précédent. Mathématiciens, théoriciens, physiciens, chimistes, métallurgistes... y avaient convergé de tous les horizons universitaires américains. Fermi et Szilard de New York, et Seaborg, l'homme du plutonium, de Californie.

La tâche assignée à ce groupe avant la fin de l'année était double : d'une part, réaliser le plus rapidement possible la réaction en chaîne dans le système uranium naturel graphite et vérifier si cette réaction serait, comme on l'espérait, facile à contrôler ; d'autre part, essayer de mettre au point une méthode chimique d'extraction du plutonium susceptible d'être traduite à l'échelle industrielle.

Je n'avais pas revu Halban à mon retour du Canada ; il venait de repartir pour l'Angleterre et les seules consignes que j'avais reçues étaient de me présenter à Compton, le chef du Laboratoire de métallurgie, et à Gleen Seaborg avec qui je devais apprendre une chimie particulière pendant deux à quatre semaines. Je ne connaissais alors ni l'existence ni, bien entendu, le nom de plutonium.

Je fus d'abord reçu par Compton, environ cinquante ans avec un visage et un regard gris-bleu d'une rare beauté, un des savants américains les plus respectés et d'une grande intégrité morale, passionné par l'unification des religions. Il me mit à mon aise en me disant sa satisfaction d'accueillir pour la première fois un représentant de l'entreprise britannique alliée et de l'équipe de Halban. Puis, allant droit au but, il me demanda de ne pas chercher à ouvrir à Chicago d'autres portes que celles de ma spécialité de chimiste, car le cloisonnement, un des moyens pour assurer la protection du secret, était exigé, sinon apprécié de tous les scientifiques travaillant au projet.

A ma grande surprise, il m'expliqua ma tâche : elle serait de me familiariser avec la chimie d'un nouvel élément n'existant pas dans la nature, le plutonium produit au cours de la réaction en chaîne dans l'uranium naturel et dont quelques kilogrammes devraient permettre de fabriquer un explosif infiniment redoutable. Le plus grand secret que j'apprendrais, aussi important que l'existence même de l'élément, était l'insolubilité de son fluorure. Devant mon étonnement, il me donna l'explication de cette affirmation : les Allemands, comme d'ailleurs les Anglais, ne possédaient pas de cyclotron assez puissant, comme celui de Berkeley, pour leur permettre d'isoler cet élément, dont l'existence théorique était prévisible mais dont les propriétés chimiques étaient très différentes de celles que l'on aurait pu escompter. En réalité, à cette date, les Allemands ne disposaient que du cyclotron de Joliot au Collège de France juste achevé par leurs soins.

Compton me conduisit ensuite dans le laboratoire de chimie pour me présenter à Glenn Seaborg, mon patron temporaire, un homme tout en hauteur, avec un peu un physique de boxeur, le rire facile, né comme moi en 1912. D'emblée, il me mit à mon aise en m'emmenant à la cafétéria de l'université partager son menu immuable : un hot-dog, des pommes chips, le tout arrosé de ketchup couleur sang de cinéma. Il me prévint de l'interdiction de parler du travail dans ce lieu où se trouvaient de nombreux non-initiés à l'affaire de l'uranium.

Le laboratoire Seaborg

De pure souche suédoise, bien que de parents nés américains, Seaborg avait derrière lui un brillant passé, illustré par la découverte de nombreux radioéléments produits grâce au cyclotron de Berkeley, en Californie, sans compter celle plus récente du plutonium. Il allait, au cours de sa carrière, identifier avec ses collaborateurs plus d'éléments nouveaux, tous de synthèse, situés au-delà de l'uranium dans la classification, que personne n'en a jamais découvert au monde et un prix Nobel bien mérité lui fut décerné en 1951.

Systématiquement au point d'en être génial, il savait, pour un problème déterminé, mettre à l'étude toutes les solutions possibles. Il ne laissait aucune pierre non retournée. Il n'avait qu'un but, celui d'arriver le plus vite possible au résultat assigné, quitte même à faire parfois un crochet dans les plates-bandes de ses collègues. Prenant le minimum de temps pour ses repas frugaux, il était sans indulgence pour les très rares parmi ses jeunes collaborateurs qui ne revenaient pas le soir travailler tard dans la nuit ; il s'en ouvrait à moi : il n'était pas opposé aux aventures sentimentales à condition que le travail nocturne n'en souffrît pas !

Seaborg avait rassemblé autour de lui une pléiade de chimistes tous plus jeunes que lui, et en général âgés de moins de vingt-cinq ans, sortis brillamment et récemment de l'université. Leur accueil fut des plus sympathiques. Ils avaient été, me confièrent-ils plus tard, agréablement surpris et même soulagés d'apprendre que le « Britannique » attendu était un « Français », marque alors d'un certain complexe d'infériorité, aujourd'hui disparu, des Américains à l'égard de leur très ancienne puissance coloniale.

Au bout de quelques semaines, j'avais retrouvé la vie d'étudiant. J'habitais la maison universitaire internationale avec des ascenseurs différents pour garçons et filles, les ascenseurs mâles ne pouvant s'arrêter aux étages réservés aux demoiselles. La pilule n'avait pas encore été inventée !

Je revis rapidement, et non sans une certaine fierté, Fermi et Szilard. Cette fois, je n'étais plus quémandeur d'emploi. Szilard fut fort amusé de me voir rejoindre une branche de l'entreprise américaine beaucoup plus secrète que le travail auquel il m'avait en vain destiné un an auparavant, et cela par le double biais inattendu des Forces françaises libres et du service de Sa Majesté britannique. Le statut d'étranger de Fermi et Szilard ne leur était pas encore complètement pardonné et, deux mois auparavant, Gregory Breit, un des membres fondateurs en 1939 du comité de l'uranium, avait démissionné après une dispute avec Compton, car il ne comprenait pas qu'on puisse laisser autant de liberté dans le projet à un étranger comme Fermi. Breit avait été aussi un des scientifiques américains les plus hostiles à Halban, renforçant sa xénophobie par des critiques sévères sur les conclusions de l'expérience décisive de Cambridge.

Une atmosphère excellente régnait au Laboratoire de métallurgie. Les jeunes techniciens enthousiastes qui l'animaient étaient passionnés par leur tâche. Les scrupules moraux sur l'emploi éventuel de l'arme atomique n'apparurent qu'après la défaite de Hitler, car en 1942 nous étions tous obsédés par la crainte que les Allemands ne fussent sur la même voie, peut-être même en avance.

Le calendrier envisagé alors, et qui fut miraculeusement respecté, prévoyait la fabrication de la bombe en trois ans. On disait même que la première serait pour le Japon, en représailles de l'affront de Pearl Harbor. Trois ans nous paraissaient bien longs, au moment où l'avance allemande s'approchait dangereusement du canal de Suez et des puits de pétrole du Caucase.

Szilard, avec qui je me promenais parfois le soir, sur les bords du lac Michigan, à la recherche d'un peu de fraîcheur, était hanté par une éventuelle mainmise nazie sur l'Afrique et spécialement sur les mines d'uranium du Congo belge. Comme toujours, bouillonnant d'idées, il se demandait si on ne pourrait, après la mise en marche de la réaction en chaîne, préparer suffisamment de sous-produits radioactifs dérivant de la fission de l'uranium pour les jeter d'avion sur la région et la rendre ainsi inhabitable pour les Allemands. L'emploi de poisons radioactifs fut en effet envisagé un certain temps dans le projet comme une des armes atomiques possibles, puis abandonné car ils parurent tomber sous le coup de la Convention de Genève sur les gaz de combat.

J'allais aussi parfois, en fin d'après-midi, me baigner dans le lac, à partir d'un promontoire situé près de l'université (c'était avant l'ère des pollutions industrielles), avec Fermi et quelques-uns de ses collaborateurs. Il n'était pas intimidant et on plaisantait facilement avec lui. On le disait alors, par boutade, plus intéressé par l'atténuation de son accent italien, qui assaisonnait fortement son anglais, que par la croissance du fameux coefficient K dont la montée au-dessus de 1 donnerait le signal de déclenchement de la réaction en chaîne.

Grâce à Fermi et bien que chimiste, je pus aller visiter l'enceinte mystérieuse où se décidait le sort du projet et... celui de Nagasaki (détruite par une bombe au plutonium le 9 août 1945). Il n'avait pas été facile de trouver un emplacement isolé et suffisamment spacieux pour monter l'édifice de graphite et d'uranium. Le choix s'était porté, d'une façon inattendue, sur l'espace disponible sous les gradins des tribunes du terrain de football de l'université. On y avait aménagé un grand hall de fortune. Des hommes, noirs de la tête aux pieds de poussières de graphite, y construisaient une étrange structure noire et brillante de plusieurs mètres de côté. Il s'agissait d'un empilement (d'où le nom de pile atomique) de barres de graphite dont certaines étaient creuses et contenaient une masse d'uranium oxyde ou métal.

Selon les calculs, au moment où l'édifice atteindrait près de sept mètres de côté, la taille critique serait obtenue et la réaction en chaîne s'amorcerait lentement grâce en particulier à des barres de contrôle faites de substances absorbant les neutrons, et pouvant pénétrer à volonté dans le système. Cet événement se produisit le 2 décembre 1942, date historique de l'ère atomique ; la pile de Fermi atteignit sa taille critique. Le retrait lent des barres de contrôle engendra une augmentation croissante de la radioactivité et des neutrons dans cet ensemble de graphite (quatre cents tonnes) et d'uranium (six tonnes de métal et cinquante d'oxyde).

En quelques minutes, l'énergie dégagée atteignit le watt et on dut ralentir la réaction, puis, au bout de quelques jours, l'arrêter, car les rayonnements émis auraient fini par devenir dangereux pour les habitants du proche voisinage.

Près de quatre ans après que Joliot et son équipe eurent battu d'une semaine Fermi et Szilard dans la découverte des neutrons émis dans la fission, le savant italien venait de prendre sa revanche sur Halban, victime de l'incapacité de l'industrie anglaise de produire des tonnes d'eau lourde. Par une ironie du sort, Halban, qui avait jusqu'au bout espéré que le système au graphite ne fonctionnerait pas, se trouvait en visite au laboratoire de Chicago ce jour-là, mais il ne fit pas partie du cercle très restreint de ceux qui assistèrent à cette expérience mémorable et n'en fut même pas informé sur-le-champ.

Compton, présent pendant l'opération, avait, après son succès, téléphoné à Conant à Washington. Il lui avait dit simplement : « Vous serez intéressé d'apprendre que le navigateur italien vient d'atterrir dans le nouveau monde. »

Autant l'antre des physiciens sorciers sous les gradins du terrain de football était impressionnante, autant la grande salle des apprentis alchimistes l'était peu. Je me croyais revenu au temps où j'apprenais à manipuler.

L'équipe de Seaborg était dispersée dans un grand local qui, en temps normal, avait servi aux travaux pratiques des étudiants. Une dizaine de groupes de deux ou trois chercheurs chacun, dont quelques spécialistes de la microchimie, étaient répartis autour des paillasses de travail. Chaque groupe étudiait une des différentes méthodes possibles de séparation du plutonium d'avec l'uranium et les multiples produits radioactifs de fission.

Seaborg m'avait demandé, dès fin juillet 1942, si je renoncerais à mon statut un peu spécial pour devenir un simple membre de son équipe plutôt qu'un observateur qui mettrait son nez partout. J'acceptai avec enthousiasme, et il me proposa d'entreprendre, avec son ami et adjoint Isadore Perlman, la première étude d'ensemble des produits de fission à vie relativement longue, c'est-à-dire d'identifier les principaux radioéléments susceptibles de compliquer la séparation du plutonium et d'évaluer leurs proportions relatives en fonction du temps. C'était un travail bien dans mes cordes, nécessitant les méthodes que j'avais apprises lors de la chasse infructueuse au « phénomène » de Debierne à mon arrivée au laboratoire Curie. Mais ici, c'était l'âge d'or de cette chimie nouvelle et nous trouvâmes plusieurs radioéléments artificiels nouveaux. Le travail fit l'objet d'un impressionnant rapport secret, achevé à la mi-septembre et qui fut la cause d'un petit drame. Seaborg ne m'avait pas prévenu que le domaine en question ne dépendait pas de sa division mais d'une division voisine dont les résultats, nécessaires à ses recherches sur la séparation du plutonium, tardaient à venir.

Quand le chef de cette division apprit l'existence de notre travail et la moisson de données nouvelles obtenues, il voulut s'opposer à la publication interne de notre rapport. Il nous reprochait d'avoir écrémé son domaine et d'avoir découvert ce qui était le plus facile à trouver ; en cela il n'avait pas tout à fait tort. Finalement, tout se régla au cours d'une réunion orageuse en présence des grands patrons scientifiques du projet et l'accord fut donné sur la publication secrète interne. Le chef du département de chimie, Frank Spedding, responsable direct des deux divisions en conflit, eut le dernier mot : de tels incidents n'auraient pas lieu si Glenn Seaborg se mêlait de ses propres affaires.

En fin août, un mois s'était écoulé depuis mon arrivée et mes lettres à l'Office scientifique central britannique à Washington, demandant que, par correction vis-à-vis de Seaborg, on lui précise la durée de mon « stage », étaient restées sans réponse. Je n'avais reçu de cet organisme qu'une seule missive que j'avais ouverte devant Seaborg car je pensais être enfin fixé. Il m'y était demandé de préparer un rapport sur l'Eldorado Gold Mines et l'usine de Port Hope et surtout de ne pas le faire dactylographier à Chicago. Ce fut pour moi, comme pour Seaborg, la révélation de frictions existant entre les deux entreprises dont chacun de nous était un représentant. Ces deux projets n'avaient même pas une échelle commune pour mesurer le degré de secret, en effet ma lettre portait les cachets *British Most Secret* et *US Secret*.

Le 20 août, au moment où les Canadiens venaient de se faire décimer au cours de la vaine tentative de débarquement à Dieppe, un événement considérable avait marqué les progrès du travail de Seaborg. Les microchimistes de son équipe avaient pu nous montrer au microscope une quantité de l'ordre de quelques microgrammes d'un sel de plutonium. Pour la première fois au monde, il avait été possible de voir un élément produit par synthèse par l'homme. Seaborg annonça le soir même la nouvelle à la réunion hebdomadaire des chercheurs du laboratoire dont le nombre croissait de séance en séance, à une cadence digne de la réaction en chaîne. Nous étions un peu trop nombreux pour que Seaborg offrît à chacun de nous un cigare, comme il considérait que c'était la coutume pour un heureux père. Il précisa que son nouveau-né, une infime quantité d'un sel de plutonium, était de couleur rosée. Teller, le camarade de l'université de Budapest de Szilard, chef de la division de physique théorique du projet, demanda de quel sel il s'agissait. Seaborg répondit qu'il ne pouvait pas le lui dire, tant était strict le cloisonnement pour éviter les fuites.

Quand il apparut que la durée de mon séjour à Chicago allait se prolonger au-delà des délais prévus, Seaborg me considéra comme un membre de plein droit de son équipe et par conséquent corvéable. Il décida de m'employer aussi sur le problème de l'extraction du plutonium, où l'on avait besoin au début d'une main-d'œuvre non spécialisée.

Nous avions reçu fin juillet, dans des boîtes qui n'étaient même pas étanches, cent cinquante kilos de nitrate d'uranium ayant subi une longue irradiation auprès d'un des plus puissants cyclotrons américains, celui de Saint Louis. Ils contenaient environ un quart de milligramme de plutonium. Il fallut d'abord concentrer le produit en éliminant le nitrate d'uranium par extraction par l'éther, du fait de la solubilité de ce composé dans ce solvant, le plutonium et les produits radioactifs intenses présents (équivalant à plusieurs grammes de radium) restant dans la phase aqueuse.

En raison du danger d'explosion dû à l'éther, cette opération se faisait dans un grenier isolé où les chimistes se succédaient pour ne pas être trop irradiés. Nous nous livrions à une sorte de twist secouant de grandes ampoules de décantation en verre de deux à trois litres, chacune contenant le solvant et une solution aqueuse du nitrate d'uranium irradié. Bien souvent, nous en arrivions à écarter les écrans de plomb, trop incommodes mais supposés nous protéger contre les radiations, ou à retirer nos gants de caoutchouc, destinés à nous épargner d'éventuelles contaminations.

Les gants étaient gênants, car à la moindre fuite de liquide (dont ils devaient nous protéger), ils devenaient glissants et l'ampoule avec son précieux contenu, risquait de nous échapper des mains. Dans les annales extraordinairement détaillées publiées en 1977 où Seaborg raconte, en plus de deux mille pages, jour par jour, jusqu'à la fin de la guerre, l'activité des travailleurs de son laboratoire, il me cite parmi ceux qui négligeaient de garder leurs gants, s'étonnant de ne pas voir un ancien de la radioactivité donner le bon exemple. Il ne savait pas combien nous négligions facilement de prendre des précautions au laboratoire Curie.

La peau de porc

Quoi qu'il en soit, j'avais accompli mon devoir et en avais récolté une grosse ampoule au creux de la main, là où je tenais celle en verre ; de plus, cette main avait été contaminée par quelques gouttes de solution active. Il était intéressant de savoir à quelle vitesse décroîtrait la radioactivité de la peau et, comme il n'était pas facile de mesurer toute ma main, on détacha avec soin la peau de mon ampoule, la disposant sur un support pour mesures de radioactivité. Cet échantillon, objet de maintes plaisanteries, fut suivi au compteur pendant de longues semaines, et pour souligner son origine et la façon dont on m'accusait d'avoir travaillé, il fut dénommé l'échantillon de « peau de porc ».

Vers la fin août, l'opération de séparation de l'uranium par l'éther était achevée. Les produits radioactifs et le plutonium avaient été concentrés dans un peu plus de deux litres d'une solution aqueuse peu alléchante, trouble et jaunâtre.

A ce stade et pour éviter les risques de perte totale, Seaborg décida de faire traiter le produit en quatre fractions, chaque opérateur profitant de l'expérience de celui qui l'avait précédé. Comme j'étais encore occupé par le travail sur les produits radioactifs de fission, le quatrième et dernier quart me fut attribué.

Les faits donnèrent raison à Seaborg, car la première fraction faillit être perdue : la planche de bois du placard sur laquelle se trouvait la précieuse solution s'effondra pendant la nuit, sous le poids d'une protection exagérée de briques de plomb disposées à l'insu de tous par un de nos collègues trop effrayé du danger des radiations.

Heureusement, le liquide se répandit sur un supplément du

dimanche du *Chicago Tribune* qui se trouvait providentiellement sur l'étagère du bas du meuble. Il fallut redissoudre dans l'acide sulfurique les quelque cent pages imprimées pour récupérer ce plutonium égaré, et sa concentration finale se fit à partir de cet « extrait de journal ». Je profitai de toutes ces expériences heureuses ou non et le traitement du dernier quart se fit sans difficulté ni incident notable et j'isolai environ soixante microgrammes de plutonium.

Vers la fin de cet été 1942 le groupe de Seaborg avait été renforcé par des ingénieurs de talent et la grande firme chimique Du Pont (celle avec laquelle ICI avait un moment envisagé de s'associer pour faire avancer les projets de Halban). Ils étaient chargés de commencer à réfléchir sur la traduction industrielle de nos résultats de laboratoire. C'est ainsi que les données chimiques obtenues à partir de ce premier quart de milligramme contribuèrent à la réalisation d'un tour de force technique et industriel : en moins de trois ans, du plutonium produit par kilogrammes, dans de gigantesques piles atomiques dérivées de celle de Fermi, allait être extrait dans une hallucinante usine chimique, entièrement télécommandée à travers d'épais murs de béton, protégeant les opérateurs contre une irradiation mortelle. Ce plutonium servit à fabriquer la bombe expérimentale et la seconde arme utilisée contre le Japon, dernier acte militaire de la Seconde Guerre mondiale.

En septembre, les questions politiques assombrirent l'atmosphère au sein du projet de Chicago. La réussite de celui-ci était acquise par la quasi-certitude du futur fonctionnement des piles au graphite et de la possibilité d'en extraire le plutonium, mais une grande décision avait été prise, celle de confier la direction de l'étape suivante, celle des réalisations industrielles, à l'armée. De nombreux scientifiques craignaient, non sans raison, la pénétration de l'esprit militaire et l'extension inévitable du secret, nuisibles au degré de liberté indispensable à l'épanouissement de la recherche, mais ils sous-estimaient le poids considérable de l'armée pour l'obtention des priorités indispensables à l'avancement rapide de gigantesques installations.

Le meneur de cette opposition des savants contre les militaires fut Leo Szilard ; il m'expliqua que l'armée voulait qu'il lui cédât les brevets — toujours ceux-ci — qu'il avait pris sur le principe de la réaction en chaîne depuis le début des années trente. Il s'obstina dans son refus et ne toucha pas son salaire pendant une année, tout en continuant à prodiguer ses conseils et faire du mauvais esprit dans le laboratoire. Au bout d'un an, il rétablit la paix avec les militaires et reçut son dû.

Son adversaire dans ce combat inégal avait été un jeune et dynamique colonel du corps des ingénieurs, Leslie Groves, un des réalisateurs du Pentagone à Washington. Ce fut dès lors le véritable patron de l'affaire jusqu'à la fin de la guerre. Né en 1896, fils d'un pasteur, il n'hésita pas à risquer ses étoiles de général, acquises avec sa nouvelle fonction, en faisant confiance aux savants (qui ne lui ménagèrent pas leurs critiques) et à leur affirmation que la bombe était réalisable, bien qu'il ne pût les suivre sur le champ de manœuvres complexe de leurs théories et de leurs calculs.

Début octobre, le général Groves vint visiter le laboratoire de Seaborg. Je lui trouvai bonne et sympathique allure avec un certain embonpoint. Heureusement je ne lui fus pas présenté, car, obsédé d'espionnage, il aurait exigé mon éviction rapide. Trois ans et trois mois plus tard, il l'obtint.

Le général Groves devait, en revanche, bien s'entendre avec Robert Oppenheimer, théoricien de valeur, plein de charme et extraordinaire meneur d'hommes, qui fut le responsable du projet de Los Alamos au Nouveau-Mexique, le « camp de concentration » des prix Nobel. L'étude du mécanisme et la fabrication de la bombe allaient s'y poursuivre dans un cadre superbe. Tous ceux qui y travaillèrent durent s'engager à ne pas en sortir avant six mois après la fin de la guerre.

En ce même début de l'automne 1942, je fis la connaissance d'Oppenheimer chez Pierre Auger, l'initiateur de ma chasse aux grandes gerbes de rayons cosmiques entre Marseille et Tahiti. Auger enseignait à l'université de Chicago, où son ami Compton lui avait obtenu une chaire de physique, ce qui avait facilité à Rapkine le transfert, de France aux États-Unis, du savant français et de sa famille, en fin 1941. Compton aurait bien voulu l'engager dans le projet atomique, mais n'avait pu le faire, toujours en raison de sa qualité d'étranger.

Auger m'avait prévenu en m'invitant à déjeuner : « Tu vas rencontrer l'homme le plus brillant de sa génération », celle née au début du siècle — comme Auger lui-même — et qui devait fournir les principaux savants du projet atomique. Je ne fus pas déçu. C'était d'ailleurs au moment où Groves prenait sa décision sur la désignation d'Oppenheimer à la tête du laboratoire de la bombe, décision encore incertaine en raison, m'avait expliqué Auger, de l'appartenance passée du jeune théoricien à des mouvements d'extrême gauche. Malgré la magnifique réussite d'Oppenheimer dans le projet atomique, ce passé politique devait, douze ans plus tard, être ressuscité dans une vendetta acharnée contre cet homme, qui ne craignait pas de se faire des ennemis, et assombrir sa fin de carrière d'une façon tragique.

Fin septembre, Hans Halban arriva soudain à Chicago, venant d'Ottawa et en route pour Washington. La raison de l'absence de réponse sur la durée de mon séjour au laboratoire Seaborg devint claire. Je n'avais pas été appelé en Angleterre comme prévu, car on s'acheminait vers la décision d'installer l'équipe de Cambridge au Canada, dans le cadre d'une entreprise mixte anglo-canadienne, sous la direction de Halban, et destinée à tirer avantage de la proximité de Chicago et des ressources américaines. Je devais donc me préparer incessamment à quitter Chicago pour rejoindre le Canada. Halban vit aussi Auger et le sonda pour une éventuelle participation comme chef de la physique dans le projet anglo-canadien en discussion. Une telle participation aurait le double avantage de renforcer l'équipe par un savant de tout premier ordre et d'accroître la représentation française.

Halban repartit rapidement pour Washington discuter avec Conant, Compton et Urey la question capitale de l'attribution des premières tonnes d'eau lourde dont le début de la production était prévu pour la mi-1943 en Colombie britannique. Ici se place un incident mineur mais qui donna lieu à de nombreux commentaires. Compton s'y était pris trop tard pour avoir un compartiment privé à bord du train de nuit pour Washington. On n'avait pu lui obtenir qu'un lit dans un wagon dortoir classique. Halban, plus prévoyant, avait sur le même train l'arrangement le plus luxueux, un *master's room* avec deux lits. On lui demanda s'il allait proposer de le partager avec Compton dont la bienveillance à notre égard était si importante ou de le lui céder. Il répondit qu'il n'en était pas question. Il était chef de projet au même titre que Compton et tenait à son confort.

Halban m'avait enfin fixé sur mon sort : je serais responsable d'une petite section consacrée au plutonium dans une division de chimie dirigée par Fritz Paneth, un radiochimiste autrichien de renom formé avant la Première Guerre mondiale à l'Institut du radium de Vienne. Jules Guéron serait responsable dans la même division d'une section plus importante couvrant les principaux sujets de chimie et de physico-chimie.

C'est ainsi que le 22 octobre, trois mois après mon arrivée à Chicago, je pris congé de mes jeunes collègues. Ils m'avaient accepté comme un des leurs et je venais de vivre, avec et grâce à eux, une aventure exceptionnelle. Seaborg organisa dans une salle de banquet de l'université un repas en mon honneur. Nous étions vingt-neuf dont quatre ingénieurs de Du Pont. A ma place, à table, il y avait un jouet représentant un petit cochon rose dans une auge. Ils n'étaient toujours pas revenus de ma façon de travailler ! A la fin du repas, Seaborg me fit un discours d'adieu et me remit de la part de l'équipe un beau porte-documents... en peau de porc bien entendu (coût : dix-sept dollars selon les *Mémoires* de Seaborg sur la vie de son laboratoire, publiés en 1977). J'étais triste de tourner cette page, mais j'avais la ferme intention de revenir souvent du Canada pour travailler avec eux. Là encore l'avenir allait nous réserver des surprises.

13

Le transfert au Canada

La décision de transférer l'équipe de Halban au Canada fut approuvée par Churchill dès l'été 1942. Les Anglais commençaient à se rendre compte de leur incapacité, à cette période de la guerre, de passer dans leur pays au stade industriel pour l'une ou l'autre des branches de l'entreprise : l'accès à la bombe par la séparation de l'uranium 235 d'une part, la voie moins directe par la production d'énergie contrôlée et de plutonium d'autre part. Ils avaient fondé une organisation dirigée par des représentants de l'industrie, mais ni ceux-ci ni leur ministre ne pouvaient obtenir les crédits considérables, le personnel spécialisé et les priorités nécessaires pour réaliser ne serait-ce que les installations pilotes, avant d'aborder les grandes réalisations industrielles. Halban avec sa volonté d'aller de l'avant, son dynamisme et ses idées brillantes sur les futures chaudières ne pouvait y remédier.

Il y avait en Angleterre une méconnaissance du potentiel des États-Unis. D'une part une sous-estimation, indépendamment de l'apport des réfugiés qui avaient fui les persécutions en Europe, du nombre et de la valeur des scientifiques américains, nombre considérable et valeur de premier plan, découlant d'un effort exceptionnel de longue date en faveur des universités et de la recherche, d'autre part une certaine ignorance de l'extraordinaire puissance de l'industrie dont la guerre allait bientôt provoquer la révélation, à la surprise de Hitler et du monde entier.

Une réunion au sommet avait eu lieu entre Churchill et Roosevelt à la résidence d'été du président à Hyde Park en juin 1942, mais en l'absence de leurs conseillers nucléaires. Ils en étaient restés à des considérations vagues et satisfaisantes sur leur accord complet en ce domaine. Churchill, dans son ouvrage, *La*

Seconde Guerre mondiale, s'étend sur sa conversation avec Roosevelt qui s'était tenue le 20 juin après déjeuner dans un petit bureau sombre, par une chaleur intense dont il avait paru seul souffrir.

Il y avait énergiquement insisté auprès du président pour un partage immédiat, à égalité, des connaissances, du travail et des éventuels résultats. Il y décrit l'entreprise dans son style extraordinairement imagé : « Nous connaissions les efforts que faisaient les Allemands pour se procurer des quantités d' " eau lourde " — terme sinistre, mystérieux et contre nature, qui commençait à s'insinuer dans nos documents secrets. Et si l'ennemi avait la bombe avant nous ! Malgré notre scepticisme devant les assertions des savants, contestées entre eux et exprimées dans un jargon incompréhensible pour le profane, nous ne pouvions risquer d'être devancés dans cet effroyable domaine. » Mais aucune décision concrète n'avait été prise.

Il fallut, pour que le ministre britannique Anderson se rendît compte de la situation, le retour des États-Unis du directeur de Tube Alloys, Akers, au printemps de 1942, les dépêches alarmantes du secrétaire général Michael Perrin en juin et le rapport de mission de Halban en juillet de la même année. Il était maintenant convaincu de l'impossibilité de construire en Angleterre une usine pilote de séparation de l'uranium 235 et de la nécessité de transférer au Canada l'équipe de Cambridge. Anderson réussit ensuite à convaincre son collègue Cherwell, malheureux de voir s'éloigner du Royaume-Uni tout le travail sur l'uranium, puis il obtint l'accord des ministres et hauts personnages du comité de tutelle de Tube Alloys et, enfin, celui du Premier ministre le 31 juillet.

Autant la route parcourue, lors de la vaine tentative de transfert aux États-Unis de l'équipe de Cambridge, avait été semée d'embûches, autant la voie suivie pour son installation au Canada fut dénuée de toutes difficultés sérieuses ; mais l'affaire résolue en moins de trois mois était d'emblée viciée par une grave erreur politique : le transfert fut décidé sans aucune garantie de priorité pour la future entreprise anglo-canadienne sur les premières tonnes d'eau lourde obtenues par les Américains.

Le 5 août 1942, pendant que j'étais encore à Chicago dans l'attente de ma prochaine affectation, Anderson avait écrit deux lettres au responsable américain Bush. La première lui demandait son accord à l'adjonction au programme américain de la construction de l'installation pilote britannique de séparation de l'uranium 235, ainsi qu'au projet de transférer au Canada l'équipe de Halban. La seconde lettre traitait de la possibilité pour les deux pays de contrôler le futur développement de l'énergie atomique par une politique commune de propriété industrielle, les deux pays s'efforçant de devenir propriétaires de tous les brevets concernant la nouvelle force. Il informait son correspondant américain, à ce propos, de son acquisition récente des droits des brevets Halban et Kowarski en échange d' « une cession aux inventeurs de tous les droits pour la France et son empire colonial dans ces inventions et dans les brevets qui pourraient être dominés par celles-ci. » Consciemment ou non, il cachait le fait que ces droits étaient assignés au CNRS, c'est-à-dire au gouvernement français et non aux inventeurs eux-mêmes.

Le 1er septembre, Bush répondit au ministre anglais par deux lettres où, à part son accord sur le transfert au Canada de l'équipe de Halban, il ne s'engageait à rien ; à tel point que son collègue, ami et adjoint Conant jugea que cela méritait un compliment manuscrit. Il le fit, par une petite note, en ces termes : « Vos deux lettres sont des chefs-d'œuvre, vous auriez dû être avocat ou diplomate. » C'est, finalement, Conant lui-même qui sera ambassadeur en Allemagne après la guerre.

Enfin le 1er octobre, Bush écrivit de nouveau à Anderson, lui décrivant l'impressionnant programme américain sur les diverses méthodes de séparation de l'uranium 235 et opposant un refus poli à la proposition de construire aux États-Unis l'usine pilote britannique, car, tel qu'il se présentait maintenant, son programme était déjà trop chargé. Dans cette même lettre, Bush informait le ministre britannique du rôle important que l'armée venait de prendre dans toute l'entreprise.

La première entreprise scientifique multinationale

Parallèlement, Anderson avait commencé les démarches vis-à-vis du gouvernement canadien. Début août, il avait écrit au haut-commissaire britannique au Canada, Malcolm MacDonald (fils du Premier ministre travailliste des années vingt), pour lui demander d'interroger les autorités canadiennes sur leurs réactions quant à l'installation au Canada d'une entreprise anglo-canadienne autour de l'équipe de Halban. Aucune allusion n'y était faite au refus récent des autorités américaines d'accepter un tel transfert chez eux. Il expliquait : « Nous sommes réticents à envoyer Halban et son équipe aux États-Unis pour diverses raisons dont la plus importante est notre crainte qu'il ne reçoive pas assez de moyens et d'encouragements du fait de la concentration des Américains sur le système graphite. »

Il donnait une explication de l'objectif : « L'équipe britannique du 94 (rang du plutonium dans la classification périodique) travaillera sur la production de cet élément par utilisation d'eau lourde ou même d'eau ordinaire au cas où de l'uranium enrichi en uranium 235 pourrait être obtenu. Ceci est un projet à long terme, car il s'écoulera un certain temps avant que soit l'eau lourde, soit l'uranium enrichi soit disponible. Mais il est généralement admis que cette méthode se révélera finalement la plus efficace et dominera les autres pour la production d'énergie. » Effectivement, ces prédictions se trouveront confirmées trente ans plus tard, lors du démarrage mondial de la production d'électricité d'origine nucléaire.

Dès la mi-août, le ministre canadien de l'Armement *(minister of Munitions and Supply)*, Clarence Decatur Howe, et le responsable de la recherche scientifique au Canada, Jack Mackenzie, président du Conseil national des recherches (CNR), donnèrent leur accord de principe à la proposition anglaise. Howe, un des plus puissants ministres du gouvernement canadien, s'engageait au nom de celui-ci, mais était bien décidé à ne mettre au courant que le plus petit nombre possible de ses collègues.

Howe et Mackenzie allaient être les deux responsables canadiens de l'entreprise nouvelle pendant la guerre. Howe, C. D. pour ses intimes du fait de ses initiales, était américain de naissance, ingénieur de formation. Il avait été professeur de technologie industrielle dans une université canadienne et avait aussi fait, et reperdu en partie à cause de la crise, une fortune dans la construction de silos à grains. Le Premier ministre William Mackenzie King, qui savait s'entourer d'hommes de valeur à qui il faisait confiance, l'avait nommé ministre dès 1940, et cette force de la nature était responsable de toute la production industrielle de guerre canadienne.

Le bras droit de Howe pour la recherche était le doyen Jack Mackenzie (il avait été doyen d'une université canadienne, avant de devenir responsable du Conseil national des recherches). C'était un homme charmant, ayant juste passé la cinquantaine à l'époque. Toujours entraîné à voir les choses d'un point de vue bienveillant, comme le montre le journal détaillé qu'il tenait quotidiennement, il n'était pas prêt à se laisser dicter sa conduite par les Britanniques. Il avait été un des premiers élèves de Howe à l'université, et les deux hommes avaient conservé l'un pour l'autre amitié et confiance mutuelles.

Mackenzie était déjà de par ses fonctions en relation avec Bush et Conant. C'est ainsi que Bush confirma à son collègue canadien ce qu'il avait exprimé dans sa lettre du 1er septembre à Anderson, à savoir sa satisfaction de voir s'installer au Canada une équipe forte consacrée à la suite des recherches de Halban et en étroite relation avec le projet américain, de fréquents échanges entre les deux groupes devenant de ce fait souhaitables.

Enfin Bush prévint Anderson de la signature imminente d'un contrat pour la production d'eau lourde entre le gouvernement américain et la firme canadienne propriétaire de l'usine d'hydrogène à Trail, en Colombie britannique. Cette production se ferait à partir d'un procédé mis au point aux États-Unis, et l'aval du gouvernement canadien avait été demandé. L'absence de réaction du ministre britannique à cette information fit perdre, alors qu'il était peut-être encore temps, la dernière chance d'obtenir, par pression du gouvernement canadien, une priorité sur cette eau lourde.

A la mi-septembre, Halban repartit vers l'Amérique du Nord, s'envolant d'Irlande par un service d'hydravion clipper, le vol plus courant à partir de Lisbonne lui ayant été interdit en raison du risque de capture par des agents de la Gestapo, nombreux alors dans la capitale d'un Portugal neutre. Arrivé à Ottawa, le 24 septembre, accompagné du haut-commissaire britannique, il rencontra Mackenzie ; il élabora avec eux les grandes lignes de l'organisation du futur projet anglo-canadien sous l'égide du CNR, dont les statuts étaient suffisamment souples pour lui servir de structure d'accueil. Puis, Halban, en route pour Washington, passa par Chicago où j'appris par lui ma mutation prochaine au Canada.

L'accord définitif sur le lancement de l'entreprise anglo-canadienne fut obtenu le 12 octobre au cours d'une réunion tenue, cette fois à Londres, dans le bureau d'Anderson, lord président du Conseil, sous la présidence d'Anderson lui-même, avec Howe, MacDonald, Akers et sir Edward Appleton, responsable du DSIR.

Le lancement du projet anglo-canadien représente une date dans l'histoire du développement de la science internationale. Pour la première fois, deux organismes de nationalité différente, le CNR et le DSIR, prenaient ensemble la responsabilité de mettre sur pied un grand laboratoire multidisciplinaire. Le caractère international du laboratoire prévu était renforcé du fait de la nationalité française de son futur directeur, Halban, de l'origine autre qu'anglaise et canadienne de plusieurs de ses principaux membres et enfin de la dépendance à l'égard des États-Unis pour des matériaux de base comme l'eau lourde, le graphite de haute pureté, et l'uranium métal.

La politique générale de l'entreprise, la collaboration anglo-canadienne et les relations avec les Américains allaient être décidées conjointement par Howe et MacDonald. L'administration et le financement du projet étaient de la responsabilité canadienne et confiée au CNR. Le personnel relevait soit du CNR soit du DSIR et était rémunéré par ces organismes. Enfin, la direction même du laboratoire était confiée à Halban, assisté d'un comité technique comprenant les principaux chefs de division, dont il assurait la présidence.

Halban, longtemps sans autorité de tutelle, allait en pratique dépendre directement de deux gouvernements différents, le britannique et le canadien — tout en étant employé par le premier de ceux-ci — et du bon vouloir d'un troisième gouvernement, l'américain, le plus puissant des trois. Cette dépendance multiple et le caractère novateur d'un tel projet international n'allaient pas être étrangers aux difficultés qu'il devait rencontrer dans la gestion de l'entreprise sans commune mesure avec la petite unité dont il avait eu la responsabilité à Cambridge.

Quoi qu'il en soit, deux ans et trois mois après la comparution de Halban et de Kowarski devant le comité Maud du 10 juillet 1940 et le refus opposé à leur proposition d'installation au Canada, Halban se voyait investi par deux puissants ministres anglais et canadien d'un projet infiniment plus important que ce qu'il avait jamais envisagé. Il venait d'atteindre le sommet de son ascension sans Kowarski, car la scène était prête pour leur rupture.

La rupture entre Halban et Kowarski

Les premiers symptômes extérieurs de mésentente entre les deux collaborateurs de Joliot remontaient à la fin de 1941, au moment où Kowarski avait manifesté sa réticence à travailler pour l'industrie et ICI, et sa préférence à rester employé par le gouvernement britannique. La prise en charge de l'équipe de Cambridge par le DSIR lui avait donné satisfaction sur ce point. En revanche, sa lettre d'embauche, le qualifiant d'assistant de Halban, travaillant sous la direction et selon les instructions de ce dernier, ne lui avait pas trop plu. Des rumeurs de rupture dans le tandem français avaient couru parmi quelques-uns des dirigeants scientifiques de Tube Alloys, des lettres avaient été échangées, puis tout était rentré dans l'ordre. Kowarski supportait maintenant difficilement la tutelle de son collègue et rêvait, lui aussi, de partir travailler aux États-Unis, mais contrairement à Halban, il y serait allé seul s'il l'avait fallu.

Puis, pendant cinq mois, de février à juillet 1942, Kowarski dirigea l'équipe de Cambridge durant l'absence de son patron. C'était le moment où le groupe venait de s'accroître de plusieurs chercheurs dont Jules Guéron. Kowarski se donna beaucoup de mal pour instruire ces nouveaux venus à la physique de la fission, des neutrons et des matériaux envisagés pour la réaction en chaîne, physique qu'il commençait à connaître admirablement. Il le fit avec beaucoup de gentillesse et de patience, leur donnant presque quotidiennement une leçon avec une très grande clarté d'explication. Ce faisant, il réussit à maintenir le moral des travailleurs de Cambridge durant une période relativement difficile en raison d'un certain manque de moyens et surtout de l'incertitude sur l'avenir de l'équipe.

Le retour de Halban en juillet 1942 en Angleterre pour une dizaine de semaines agitées ranima le feu de la discorde qui couvait sous les braises. Voulant réaffirmer son autorité, il intervint directement auprès de chaque chercheur sur le déroulement des recherches dont Kowarski venait d'assurer la direction. Ce dernier en prit ombrage ; il était aussi désolé de voir s'évanouir tout espoir d'intégrer le projet américain et de travailler aux côtés ou même sous la direction de Fermi. Il pensait que cet échec était dû aux exigences de Halban ; en outre, il n'avait guère envie de partir au Canada, loin des savants anglais comme Chadwick et Cockcroft qu'il respectait et qui maintenant l'estimaient, et ceci dans une équipe agrandie où son rôle risquait d'être limité par Halban.

Un autre problème, sur lequel ils étaient condamnés à s'entendre, sinon à avoir le même point de vue, était celui de la négociation avec le DSIR sur les droits non seulement des brevets pris à Cambridge, mais aussi de ceux pris en France avant l'invasion. Anderson et Akers, influencés par Halban, étaient convaincus de l'importance capitale de ces premiers brevets, ils les considéraient comme des brevets dominants *(master patents)* et étaient persuadés de la possibilité de les utiliser pour le contrôle international de la force nouvelle après la guerre et aussi, bien entendu, d'en tirer des bénéfices financiers et industriels considérables. L'appétit des dirigeants anglais ne faisait que croître en présence des exigences et des hésitations de Halban. Finalement, le

DSIR eut gain de cause et un accord entre le gouvernement anglais, Halban et Kowarski fut conclu le 22 septembre 1942, quelques semaines avant la prise de la décision définitive de transfert au Canada.

Kowarski avait obtenu qu'il ne soit plus fait de distinction hiérarchique entre Halban et lui du point de vue de la clause d'emploi. Ils étaient, indépendamment l'un de l'autre, obligés de travailler pour le DSIR selon les directives de cet organisme et de lui assurer l'exclusivité des droits de toute nouvelle invention. Kowarski ne s'était engagé que pour deux ans, mais Halban pour cinq, à un salaire double. Celui-ci devait par la suite expliquer les raisons de la longueur de son engagement. Il se considérait à l'époque comme la seule personne disponible ayant assez d'expérience pour diriger un projet promis à un développement extrêmement rapide. Après un ou deux ans, il aurait été irremplaçable pour quelques années.

Halban seul assurait, dans ce contrat signé à la fois par lui et Kowarski, avoir reçu des instructions verbales de Joliot afin de disposer au mieux de tous les droits de celui-ci sur les brevets pris en France. Il se disait convaincu de pouvoir obtenir, le moment venu, la cession au DSIR de tous ces droits pour le monde entier, en dehors de la France, en échange de la cession au CNRS des droits pour la France des brevets pris en Angleterre. Les quatre inventeurs : Halban, Joliot, Kowarski et Perrin se voyaient accorder en échange 12,6 % des bénéfices obtenus dans l'exploitation de ces brevets, dont ils avaient manifesté l'intention en 1940 de faire profiter essentiellement la recherche scientifique.

Durant ces négociations sur les brevets, ni Halban ni le DSIR ne consultèrent deux des personnes les plus concernées, Francis Perrin, coïnventeur, et Henri Laugier, ancien directeur du CNRS, qui avait déposé les premiers brevets au nom des inventeurs en mai 1939. Le premier était à New York, le second à Montréal. L'excuse de la nécessité de garder le secret atomique était mise en avant, mais Halban ne tenait sans doute pas à les voir mêlés à ces négociations.

Il déconseilla ultérieurement aux Britanniques de recruter Francis Perrin dans le projet anglo-canadien. Il leur fit savoir qu'il était « indiscret ». Il lui reprochait d'avoir discuté les modalités de refroidissement d'une future machine productrice d'énergie avec un ami, Constantin Chilowski, extérieur à l'équipe du Collège de France. Cet ingénieur, ancien collaborateur de Langevin dans la découverte des ultra-sons pendant la Première Guerre mondiale, avait par la suite pris un brevet sur le refroidissement des futures machines atomiques, crime impardonnable aux yeux de Halban. Celui-ci était mieux disposé à l'égard du beau-frère de Francis Perrin, Pierre Auger, qui n'avait pas encore été mêlé au problème de l'uranium et de sa fission.

A la réunion du 12 octobre créant l'entreprise anglo-canadienne, une décision avait été prise en faveur de Kowarski. Halban s'était proposé à la fois comme président du comité technique et comme responsable de la physique. Akers avait soutenu la candidature de Halban à la présidence de ce comité contre ceux qui envisageaient d'y porter Mackenzie, le directeur du Centre national des recherches canadien, mais il jugeait que cette présidence occuperait pleinement Halban, et de ce fait proposa de confier à Kowarski la direction de la physique.

Trois semaines plus tard, Akers, de retour aux États-Unis, offrait à Auger, sur la suggestion de Halban, cette même direction et celui-ci l'acceptait à la satisfaction de Compton, désolé de ne pouvoir lui-même engager son collègue français. Auger était internationalement connu, sa présence dans l'équipe anglo-canadienne lui apporterait un prestige certain, mais abaisserait d'un cran le rang de Kowarksi dans cette division et lui retirerait tout espoir non seulement d'être le responsable de la physique dans la nouvelle organisation anglo-canadienne, mais lui barrait l'accès aux deux fonctions auxquelles il tenait le plus : membre du comité technique et agent de liaison avec Chicago.

Mackenzie avait insisté pour que ne siègent à ce comité que les seuls chefs de division, tandis que, pour les contacts avec l'entreprise américaine, la situation s'était compliquée avec l'introduction récente de l'armée dans le système. Comme Akers l'écrivait à Kowarski, fin novembre : « Je souhaiterais que vous vous rendiez compte que la décision de qui sera autorisé à faire de telles visites [à Chicago] n'est plus dans mes mains ou celles de Halban ou de toute autre personne. » Dans cette même lettre, Akers redoutant une incompatibilité entre Halban et Kowarski, malgré la présence intermédiaire d'Auger, suggérait à Kowarski la solution provisoire de venir au Canada sans sa famille de façon, s'il n'était pas satisfait de sa situation, à pouvoir retourner sans difficulté en Angleterre où Chadwick était prêt à l'accueillir.

Kowarski considéra cette dernière proposition comme une insulte, et les raisons avancées contre sa participation au comité technique et contre ses visites à Chicago comme artificielles. On voulait lui faire accepter une situation subalterne sans rapport avec la promesse faite par Akers en octobre d'être responsable de la division de la physique. De plus les discussions avec Kowarski, lorsqu'il s'agissait de sa propre situation, étaient loin d'être simples en raison de sa susceptibilité, de ses exigences et de la tournure complexe de ses raisonnements, ce qui ne facilitait guère les choses.

Non seulement Kowarski était décidé à refuser, mais la plupart des membres du groupe de Cambridge, favorables à celui-ci, furent choqués par les conditions qui lui avaient été faites. Ils s'en déclarèrent solidaires et décidèrent de faire la grève du transfert au Canada. Nombre d'entre eux, à un degré ou à un autre et parfois à propos de questions futiles, avaient été froissés par l'attitude de Halban à leur égard, toujours désireux de montrer qu'il était le patron. Ils jugeaient que Halban était allé trop loin et voulaient le faire revenir sur sa décision.

La rébellion fut de courte durée, en particulier grâce à une position ferme de Guéron qui jugeait intolérable une telle grève en temps de guerre, et les dirigeants de Tube Alloys cherchèrent à convaincre les révoltés que l'offre faite à Kowarski méritait qu'il aille au moins en discuter au Canada avec Auger et ses différents collègues. Ils furent entendus et bientôt tout rentra dans l'ordre. Scientifiques et techniciens, bravant les tempêtes et les meutes de sous-marins, s'embarquèrent au début de l'année pour de longues traversées de deux à trois semaines en convoi.

Halban après avoir perdu la manche américaine avait gagné celle de son transfert au Canada, mais dans des conditions susceptibles de laisser des traces profondes auprès de ses premiers collaborateurs en raison de sa rupture avec Kowarski. Ne restèrent en Grande-Bretagne que quelques rares membres de l'équipe, opposés au transfert au Canada, ou réfractaires à travailler avec Halban, comme c'était le cas de Kowarski. Ce dernier poursuivit à Cambridge, pendant un an et demi, non sans frustration, des recherches d'intérêt limité, tout en étant confronté bientôt à des problèmes personnels. Ceux-ci allaient à la longue entraîner, après son divorce avec Halban, un autre dans son propre ménage, suivant en cela l'exemple de Halban dont sa femme s'était séparée après qu'elle l'eut rejoint à Montréal.

Le laboratoire de Montréal

Mon arrivée au Canada, en avant-coureur de l'équipe de Cambridge, s'était effectuée sans révolte, ni traversée, mais avec panache car j'avais pris le train avec mes patrons, Halban et Akers.

Je devais passer deux jours avec eux à Ottawa, petite ville provinciale faisant très peu capitale, pendant lesquels la décision fut prise d'installer le projet anglo-canadien à Montréal en raison du caractère plus industriel de cette cité.

Dans une lettre à Michael Perrin, le secrétaire de Tube Alloys, Akers lui livre sa réaction à mon sujet après notre rencontre. « Goldschmidt est un très vif et fort plaisant jeune homme. Incidemment l'équipe chimique à Chicago, et aussi les physiciens dirigeants comme Compton et Allison furent sincèrement amusés de la situation par laquelle Goldschmidt avait vu son recrutement dans le projet américain refusé mais avait pu revenir et apprendre tout le côté chimie comme un membre du groupe britannique. Il s'y est manifestement fait apprécier puisque à l'occasion de son départ ils lui ont offert un dîner d'adieu et un très beau porte-documents. Il est clair qu'il sera toujours le bienvenu à Chicago chaque fois que nous désirerons l'envoyer pour un travail de liaison. »

Le dernier jour à Ottawa, le 1er novembre, je participai à un dîner donné dans un club par un proche collaborateur du ministre Howe en présence de Mackenzie. En rentrant à l'hôtel, Halban m'expliqua ne pas avoir voulu m'y laisser seul, et que normalement je n'aurais jamais affaire à des personnalités d'un rang aussi élevé. Toujours cette obsession de la hiérarchie.

L'avant-veille, Mackenzie avait écrit dans son journal en parlant d'Akers : « Je lui ai dit dès le début avoir été de l'opinion que le point crucial est l'accord avec les États-Unis pour obtenir l'eau lourde. Personne d'autre que moi n'a l'air de prendre cette difficulté au sérieux. Je pense que cet accord est la seule difficulté majeure. » Comme il avait raison !

Début novembre, Akers, à Washington, allait demander à Bush et Conant de réserver à Halban et son projet les six premières tonnes d'eau lourde de la production de l'usine de Trail. Mackenzie confirma ensuite cette demande par écrit. Hélas ! depuis le 17 septembre, les choses avaient changé radicalement aux États-Unis. Tout ce qui ne touchait pas à la recherche de base et ses applications directes avait été partiellement retiré des mains des dirigeants de l'OSRD, Bush et Conant, et confié à l'armée et à un comité comprenant un général, un amiral, Bush ou Conant et un secrétaire exécutif, le général Groves, appelé à devenir le grand patron du projet.

Akers rencontra alors Groves et fut effondré devant l'obsession du secret du nouveau chef effectif de l'entreprise américaine.

Celui-ci était prêt à multiplier les cloisonnements existant dans le projet et déjà jugés nuisibles au travail par nombre de scientifiques ainsi que par les Britanniques. Les projets d'échange de visites entre les deux groupes allaient s'en ressentir immédiatement.

Groves était responsable des fournitures de tous les matériaux, de l'expropriation des nouveaux sites, de la construction des usines pilotes et des usines de production, ainsi que de tout le travail sur l'arme elle-même. Il allait, dans ce dernier cas, pousser le cloisonnement à l'extrême et conclure à la nécessité d'isoler jusqu'à la fin de la guerre les savants et théoriciens concernés par l'étude du mécanisme de la bombe, d'où l'origine du centre de Los Alamos dirigé par Oppenheimer et que nous appelions à Chicago en octobre 1942 du nom de code d'Y.

Pendant ce mois de novembre 1942, en attente d'une réponse américaine sur l'attribution de l'eau lourde, nos recherches pour un site du futur laboratoire à Montréal avaient pris un tour plus terre à terre que les projets grandioses de l'armée américaine. J'avais été chargé par Halban de la fourniture nécessaire à l'équipement des salles de chimie et j'avais à cet effet noté à Chicago la liste de l'appareillage utilisé au laboratoire Seaborg. Mais avant toute chose, il fallait trouver un emplacement pour y installer paillasses, hottes, fours, balances, verrerie, produits chimiques...

Plusieurs semaines furent consacrées en vain à la recherche d'un local adapté aux travaux envisagés. Plusieurs projets d'installation furent successivement considérés et abandonnés, d'abord dans une partie d'un immeuble commercial au centre de la ville — ce qui était démentiel compte tenu des problèmes de protection contre les radiations ou même de maniement d'acide —, ensuite dans une demeure somptueuse entourée d'un jardin mais qui avait déjà été l'objet d'un scandale financier avec le gouvernement. Temporairement, le groupe s'installa dans une villa, rue Simpson, dont la cuisine servit à quelques travaux de chimie élémentaire sur l'uranium... pour dire que nous n'étions pas « inactifs » !

Quelques collègues étaient arrivés d'Angleterre dont R. Newell détaché par ICI et destiné à devenir le chef de la future division industrielle. Il avait la plus belle chambre dans le grand hôtel démodé où nous logions. Nous nous réunissions le soir chez lui et Mme Newell reprisait les chaussettes des célibataires.

Le secret, nous l'observions facilement et, dans mon cas, le cloisonnement avait été, sur instructions, appliqué à Henri Laugier, l'ancien directeur du CNRS lors de sa fondation. Halban m'avait en effet demandé de l'éviter. Vers la mi-novembre, je pus prendre un week-end pour me rendre à New York et voir les miens. Arrivé à l'aérodrome, je me trouvai nez à nez avec Laugier, attendant le même avion que moi. Je lui avais été présenté lors de ma mission sur les rayons cosmiques à Tahiti en 1939. Il me montra que les instructions de Halban avaient été inutiles : « Je sais, Goldschmidt, ce que vous faites à Montréal. Halban a dû vous décourager de me rendre visite. Il a eu tort, car je connais aussi l'insuccès de vos recherches pour trouver le local de votre futur laboratoire. Si vous étiez venu me voir à l'université de Montréal — l'université francophone située derrière le mont Royal — où je professe, je vous aurais montré plusieurs ailes du superbe bâtiment non occupées, car, en raison de la crise, les crédits ont manqué pour aménager la partie destinée à la médecine. C'est là que vous devez vous installer. »

De retour à Montréal, je racontai cette conversation à Halban qui la prit bien et m'autorisa à me rendre à Ottawa, le 21 novembre, pour suggérer cette solution à un des adjoints de Mackenzie. L'idée fit rapidement son chemin et, début décembre, Howe lui-même donnait son accord à un contrat de location de deux étages dans cette aile de l'université où étaient installés l'eau, le gaz et l'électricité dans des murs nus.

Ce fut une contribution française inattendue au lancement du nouveau projet ; elle est restée inconnue à ce jour dans les annales locales, car ni le nom de Laugier ni le mien ne sont mentionnés à ce propos dans les historiques de l'entreprise atomique canadienne.

Les plans des futurs laboratoires furent rapidement préparés par l'architecte même de l'université, et les locaux allaient être prêts début mars 1943 à être emménagés au moment où l'ensemble de l'équipe de Cambridge serait arrivée du côté calme de l'Atlantique.

Début décembre 1942, Akers et Halban, de retour d'une nouvelle visite à Chicago et Washington, paraissaient assurés de recevoir la priorité sur les six premières tonnes d'eau lourde produites dans l'usine canadienne de Trail. Compton avait demandé de pouvoir disposer de la seconde tonne mais avait paru prêt à y renoncer devant une offre d'Akers d'accepter des physiciens américains pour faire leurs expériences dans le futur laboratoire de Montréal. Les fournitures d'uranium très pur sous différentes formes ainsi que de graphite avaient aussi été envisagées.

Mackenzie se réjouissait de l'arrivée de nouveaux scientifiques au Canada et écrivait à leur propos dans son journal en date du 10 décembre : « Le Pr Auger et le Dr Placzek ont rejoint le groupe. Auger est un des distingués physiciens dans le monde et dirige le département de physique de la Sorbonne. Il est très calme, homme du monde et devrait avoir une bonne influence. Il dit que Halban est doté d'une réelle intuition et, tout en étant trop jeune pour être parmi les physiciens véritablement compétents dans le monde, qu'il le sera un jour. Placzek est un gars des plus impressionnants. Il est un des meilleurs théoriciens physiciens au monde, parle une demi-douzaine de langues et a été dans des universités d'une demi-douzaine de pays. Je pense qu'il est absolument un as. Il a l'air d'un Juif et je pense que sans aucun doute Halban, Bauer (un ingénieur d'origine autrichienne) et Goldschmidt ont tous du sang juif, mais Auger est sûrement français. »

Je contribuai à diversifier encore plus le caractère international du projet de Montréal en signalant à Halban que notre brillant et charmant collègue italien du laboratoire Curie, Bruno Pontecorvo (celui qui n'avait pas hésité à fabriquer une fausse lettre de recrutement pour me faciliter mon départ de France), lassé de son travail dans l'industrie du pétrole en Oklahoma, avait l'intention de rejoindre le « laboratoire » Pregel à New York, situation peu digne de son grand talent de physicien. Halban obtint son recrutement dès le début de l'année 1943, avec un excellent satisfecit des services de sécurité anglais. Ce qui ne l'empêcha pas de passer en Union soviétique en 1950.

Une surprise de taille attendait ce petit monde international pour le jour de l'an 1943. Conant venait d'écrire une lettre à Mackenzie. Ce ne devait pas être des vœux, car il lui téléphona de Washington pour le prévenir que cette lettre aurait peut-être l'air plus sévère qu'il ne l'avait vraiment voulu. Au lieu d'en montrer une copie à Akers, il lui conseilla de se rendre de Washington à Ottawa pour en prendre connaissance.

14

Turbulences anglo-américaines

La décision de Roosevelt

Akers se doutait depuis quelques semaines que le vent était en train de tourner à Washington. En route pour Ottawa, il ne pouvait prévoir la tempête que cette lettre de Conant du 2 janvier 1943 allait soulever dans les relations anglo-américaines.

Deux semaines auparavant, le 14 décembre, Conant avait présenté à Bush, dans un mémorandum interne, son point de vue sur le tour que devraient prendre les relations entre les deux pays, en passant du stade de la recherche scientifique où les échanges avaient été complets à l'étape du développement et de la production industriels sous la juridiction du corps des ingénieurs militaires. Ce mémorandum est capital. L'argument de base, destiné à être souligné auprès du président Roosevelt, était qu'apparemment la seule justification d'un échange de données militaires secrètes entre nations alliées était de servir à la poursuite de la guerre. Les Anglais ayant fait savoir qu'ils n'avaient plus l'intention de s'engager dans la production de l'uranium 235 ni du plutonium durant cette guerre, la cession de données américaines dans ce domaine ne les aiderait pas dans leur effort militaire.

Abordant la question de la production de plutonium à partir de l'emploi d'eau lourde, Conant reconnaissait : « Des hommes capables sont en train d'être assemblés au Canada pour travailler sur ce projet ; ce groupe comprend au moins un homme (Halban) qui est un expert dans ce domaine (peut-être l'homme qui a le plus réfléchi sur le problème aux États-Unis ou au Royaume-Uni). Il serait de l'avantage des États-Unis que les talents et les connaissances de ce groupe puissent être utilisés, mais cela ne gênerait pas beaucoup notre effort si l'arrêt de la collaboration entraînait le retrait de ce groupe de cet effort. »

Conant envisageait, en cas d'interdiction par les États-Unis de transférer toute nouvelle donnée sur S1 vers l'Angleterre, l'éventualité de voir le gouvernement canadien refuser la permission d'exportation aux États-Unis de la production de l'usine d'eau lourde de Trail (financée par les États-Unis) et d'en faire autant pour le minerai d'uranium. La production canadienne d'eau lourde prévue pour l'été 1943 n'étant que d'une demi-tonne par mois, tandis que celle envisagée aux États-Unis serait à partir de 1944 de deux à cinq tonnes par mois, un refus d'exportation canadien ralentirait le programme américain sans le paralyser. Pour la question du minerai, Conant ne voulait pas se prononcer ; elle était plus compliquée.

Conant abordait ensuite la question de savoir s'il était équitable pour les États-Unis de cesser la collaboration sur le projet S1. Il rappelait que les données de base étaient communes. L'utilisation de l'eau lourde dans une machine productrice d'énergie avait été étudiée plus vigoureusement en Grande-Bretagne parce que Halban y était venu. Néanmoins, les Britanniques avaient donné une priorité faible à ce projet, jusqu'à ce que les savants américains découvrent que le plutonium produit serait sans doute un explosif. S'il y avait des droits nationaux sur tout ce domaine, le plutonium devrait être considéré comme une invention strictement américaine. Il en concluait qu'un arrêt de la collaboration entre les deux pays gênerait peu l'ensemble du projet et ne serait pas contraire à l'équité vis-à-vis des Britanniques, qui toutefois en seraient très mécontents. L'avantage pour les États-Unis d'un arrêt des échanges d'information lui semblait évident. Le secret pourrait être plus facilement contrôlé au moment où les résultats obtenus deviendraient des secrets de première grandeur.

Il proposait de présenter au président trois solutions : *a*) Cessation de toute collaboration ; *b*) Collaboration sans limitation étendue au domaine scientifique, au développement et à la production et aux échanges libres de personnel ; *c*) Restriction des échanges aux seuls cas où le pays recevant l'information puisse en bénéficier du point de vue de la poursuite de la guerre.

Le 16 décembre, Bush transmettait au président un rapport détaillé d'une trentaine de pages sur l'avancement du projet dont le département de la guerre et l'OSRD avaient la double responsabilité. Ce rapport prévoyait, pour le début de la production de la bombe à la cadence recherchée, une très faible chance avant le

1er juin 1944, une meilleure chance avant le 1er janvier 1945 et une bonne chance avant ou pendant la première moitié de 1945. Il s'en est fallu d'une quinzaine de jours pour que cette dernière prédiction se trouve respectée. Plusieurs pages étaient consacrées aux relations avec les Anglais et les Canadiens et reprenaient les principaux points du mémorandum de Conant. Le rapport se terminait par des recommandations. L'une d'elles demandait au président de donner des instructions claires quant aux échanges avec les Anglais et que celles-ci soient fondées sur la proposition *c)* ci-dessus.

Le 18 décembre, Conant reçut une longue lettre assez confuse d'Akers à Washington. Sentant le vent tourner, le directeur de Tube Alloys se plaignait des difficultés apparues dans la collaboration depuis l'arrivée des militaires dans le circuit, et proposait de concentrer la recherche physique sur l'eau lourde à Montréal, les questions de chimie à la fois à Montréal et à Chicago, mais de construire les installations industrielles aux États-Unis. Cela aurait l'avantage de ne pas poser de questions de nationalité, car contrairement aux physiciens et aux chimistes du groupe de Montréal, les ingénieurs seraient anglais ou canadiens. Par honnêteté intellectuelle, Bush transmit un résumé de cette lettre de dernière heure au président, sachant très bien qu'il n'en serait tenu aucun compte.

Le 28 décembre, Roosevelt, dans une lettre adressée à « Dear Van », approuvait les recommandations et allait apposer un « OK » avec sa griffe sur la dernière page d'un document dont la photocopie, que j'ai devant les yeux en écrivant ces lignes, est impressionnante puisqu'elle présente, outre la signature de Bush en tant que président du comité politique militaire, celles du vice-président Wallace, du secrétaire à la Guerre Stimson ainsi que celle du chef d'état-major, le général Marshall. Mais, injustice classique de l'histoire, le nom de l'instigateur de la nouvelle politique, Conant, n'est pas présent.

Ce document n'est pas seulement remarquable par la présence de signatures de grands responsables de la conduite de la Seconde Guerre mondiale mais parce qu'il me paraît aujourd'hui être un témoignage passionnant de la véritable genèse de la politique nucléaire américaine depuis plus de quatre décennies. Il se trouve en effet à l'origine de deux des fils conducteurs de la trame qui sous-tend l'histoire des relations nucléaires internationales.

C'est d'abord la première manifestation de la politique de non-prolifération : l'atome se scinde, mais ne se partage pas... même avec son plus proche allié. Ce sera vrai, avec certaines nuances et fluctuations, entre Américains et Anglais, ce le sera plus tard entre Russes et Chinois, ce l'est encore aujourd'hui à propos du rêve illusoire d'une force de dissuasion franco-britannique et à plus forte raison européenne.

C'est ensuite le germe de ce qui va aboutir à une certaine vassalité dans le domaine nucléaire du Royaume-Uni par rapport aux États-Unis, vassalisation résultant des concessions consenties par les Anglais dans leurs tentatives renouvelées pour redevenir un partenaire des Américains, en préférant à une indépendance durement acquise — comme celle de la France — un statut de parent pauvre mais de parent quand même.

La lettre de Conant

Conant allait pouvoir traduire en termes concrets la politique qu'il avait conçue et écrire à Mackenzie. Il était couvert par les plus hautes autorités de son pays. Dans sa lettre, datée du 2 janvier, il s'excusait du temps mis à répondre à la demande du début novembre de Mackenzie sur l'attribution de l'eau lourde de Trail. Il faisait état des changements intervenus dans le programme américain, ainsi que de deux décisions récentes.

La première décision était relative à l'addition au travail en cours à Chicago d'un effort intense en vue de la production de plutonium par mise en jeu d'eau lourde. La firme Du Pont (et ceci était confidentiel) était chargée d'établir le projet et de construire une pile à eau lourde à cet effet, ainsi que des usines américaines pour la production de cette substance.

La seconde décision était la conséquence d'une directive issue du plus haut niveau et avait pour objet de limiter à l'avenir les échanges aux seuls cas où le pays recevant les données pourrait en faire usage dans le conflit en cours. Il précisait dans cette lettre à son collègue canadien : « Étant donné qu'il est clair que ni le gouvernement anglais ni le vôtre ne peuvent produire les éléments " 49 " ou " 25 " (codes du plutonium et de l'uranium 235) à temps pour permettre leur emploi dans ce conflit, nous avons été invités à limiter les échanges en conséquence. » Il précisait : « Un tel principe d'échanges limités signifie que nous ne pourrons communiquer au groupe canadien aucune donnée relative aux méthodes d'extraction du 49, à l'installation utilisant à cet effet l'eau lourde, ou aux méthodes de production de cette eau lourde. »

En revanche, Conant exprimait le souhait que le groupe canadien poursuive, avec les quantités nécessaires d'eau lourde qui lui seraient fournies en provenance de Trail, un travail scientifique fondamental sur l'utilisation de cette substance. Ce programme devrait servir à fournir des données de base aux ingénieurs de Du Pont responsables du projet et devrait être décidé en commun avec ces ingénieurs à qui tous les résultats obtenus seraient fournis. Il précisait enfin pour éviter tout malentendu qu'il ne serait pas souhaitable d'associer un groupe d'ingénieurs canadiens et anglais à l'entreprise, car cela aboutirait inévitablement à un conflit d'autorité. En somme, les scientifiques du futur laboratoire de Montréal étaient priés de fournir leur matière grise aux ingénieurs de Du Pont et de ne pas se mêler de ce que ceux-ci en feraient.

Conant n'avait pas la moindre gêne à terminer sa lettre sur une référence à l'alliance à laquelle il venait de porter l'estocade : « Je n'ai pas à vous dire combien nous apprécierons l'assistance du groupe canadien dans cette entreprise. Il nous paraît que l'arrangement proposé fournira le maximum d'assistance pour ce qui est, après tout, notre objectif commun, à savoir la production dans le plus court temps possible et dans des conditions les meilleures de secret d'une arme destinée à être utilisée contre notre ennemi commun. »

La lettre de Conant aurait-elle été envoyée deux mois plus tôt, le groupe canadien n'aurait pas vu le jour. Elle ne se référait qu'au travail sur l'eau lourde ; elle fut suivie de la remise d'un mémorandum couvrant d'une manière aussi sévère les échanges dans les autres branches de l'entreprise atomique.

Quand Anderson reçut à Londres le texte de la lettre, outré de cette déclaration inattendue de rupture, il la transmit au Premier ministre avec la mention : « Ce développement nous arrive comme une bombe et est tout à fait intolérable. Je pense que vous devez demander au président Roosevelt d'étudier la question sans délai. »

Au moment où les Alliés avaient retrouvé l'initiative avec le débarquement de novembre 1942 en Afrique du Nord, où la bataille de Stalingrad s'approchait de son dénouement heureux pour les assiégés soviétiques, où, en France totalement occupée, la Résistance s'organisait et se renforçait, nous n'arrivions pas, à Montréal, à comprendre la volte-face américaine.

Ni plus tard les autorités britanniques à Londres, ni nous-mêmes à Montréal ne pouvions imaginer Roosevelt prenant une décision aussi injuste. Elle devait être due au zèle de Conant, cherchant — pensions-nous — à s'attirer les bonnes grâces du général Groves en allant au-devant de ses tendances isolationnistes. Nous avions tort. Roosevelt était bien responsable et avait pris sa décision en parfaite connaissance de cause face à l'éventail des solutions possibles.

L'émoi dans le groupe anglo-canadien, en attente de l'aménagement de ses laboratoires, était considérable. Nous n'avions qu'un mot à la bouche, celui de collaboration. Nous n'avions qu'une obsession, la reprise de cette collaboration avec les Américains.

Les événements donnaient raison à Mackenzie, le responsable canadien de l'entreprise, car il avait à plusieurs reprises tiré la sonnette d'alarme sur le danger de se lancer dans un tel projet sans un engagement formel des Américains de fournir l'eau lourde nécessaire. Akers lui prépara un vigoureuse lettre de protestation, ce fut en vain car Mackenzie n'avait pas l'habitude de signer une lettre rédigée par quelqu'un d'autre, avec des arguments qui à l'évidence montraient qu'il n'en était pas l'auteur. Il craignait en outre que les Anglais n'aient eu, dans ce cas comme dans bien d'autres, tendance à exagérer l'importance de leur contribution à l'égard de celle des Américains.

Le chef de la recherche scientifique canadienne se contenta d'aller voir, le 18 janvier, ses collègues Bush et Conant à Washington après avoir consulté Howe, son ministre, qui lui recommanda d'éviter de se trouver pris en tenaille dans un conflit anglo-américain. Il fut très bien accueilli et fut convaincu que les mesures proposées ne découlaient pas d'arrière-pensées commerciales, mais du désir de conserver au mieux le secret, et qu'elles avaient été l'objet d'un consensus à très haut niveau. Il retira l'impression d'une réticence américaine certaine vis-à-vis du groupe de Montréal en raison des multiples origines française, autrichienne, russe, tchèque, allemande, italienne... de ses chercheurs. Comment le secret pourrait-il être conservé si, dès la fin de la guerre, ceux-ci retournaient dans leurs pays d'origine ? Ce problème, qui devait prendre tant d'importance près de deux ans plus tard, dans le cas des Français de l'équipe de Montréal, avait été ainsi soulevé pour la première fois.

Une semaine plus tard, ce fut le tour d'Akers de rencontrer à Washington le couple Conant-Groves. Les problèmes d'échanges liés à toutes les branches du projet furent abordés et Akers eut l'impression que les décisions étaient prises par Groves. Ce dernier fut catégorique et, dans le cas du groupe de Montréal, conditionna nettement tout échange de connaissances ou de matériaux (uranium, graphite, eau lourde) à l'acceptation préalable par les Anglais des conditions posées dans la lettre et le mémorandum de Conant. L'éventualité de construire à Montréal une pile pilote à eau lourde dépendrait de l'accord des ingénieurs de Du Pont sur l'intérêt d'une telle réalisation pour leur projet d'une grande pile productrice de plutonium. Un échange de connaissances sur la fabrication d'eau lourde ne pourrait être reconsidéré que dans l'éventualité où les Anglais se décideraient à construire eux-mêmes une grande usine nationale. Enfin, Akers ne put obtenir la moindre assurance de Groves sur l'obtention pour des mesures de physique d'une quantité minime de plutonium par rapport à celle isolée chez Seaborg à l'époque de ma participation à ce travail.

Akers espérait qu'il serait facile de convaincre les ingénieurs de Du Pont (peut-être en raison des liens de cette firme avec ICI) de l'intérêt pour eux de la construction par le groupe anglo-canadien d'une pile à eau lourde de faible puissance. Il s'arrêta à Montréal le 29 janvier et eut une longue discussion avec Halban et les chefs de division du projet. Comme nous étions encore relativement peu nombreux, les autres chercheurs furent rapidement mis au courant de leur conclusion unanime. Il fallait accepter l'ultimatum américain, quitte à rouvrir la question au sommet au moment opportun. On ne pouvait pas y perdre. Il était trop tard pour arrêter les départs de Grande-Bretagne. Le premier « arrivage » de chercheurs et techniciens avec leurs familles venait de débarquer quelques jours plus tôt, et le reste était en mer.

Akers repartit aussitôt pour Londres ; il se doutait qu'il aurait du mal à convaincre Anderson et les membres du comité supérieur politique de Tube Alloys de la nécessité et de la justesse d'une solution qui avait l'air d'une capitulation peu glorieuse. Il était pour une fois d'accord avec Mackenzie à qui il communiqua par écrit son point de vue. Ce dernier n'avait qu'une idée, éviter aux Canadiens de se trouver pris au centre d'une tempête anglo-américaine. Il était dès le début en faveur d'une acceptation des conditions de Washington. Akers lui demandait aussi d'écrire à Conant pour essayer d'obtenir une fraction modeste du stock de plutonium et de produits de fission de Chicago ; ces produits étaient indispensables aux chimistes de Montréal. Il s'agissait d'un domaine où la reprise de la collaboration se ferait sans doute attendre.

Pour se procurer ces traces de plutonium, il existait une solution plus directe et moins orthodoxe : j'offris à Halban et à Akers d'aller chercher moi-même ces produits sur place. Auger en fit de même, proposant d'essayer d'obtenir des données sur la pile de Fermi.

Tous les moyens sont bons

Au moment de mon départ de Chicago, fin octobre, on ne m'avait pas retiré mon laissez-passer, car j'avais été nommé à titre personnel conseiller scientifique du Laboratoire. Compton en avait fait autant pour Auger, avant son départ pour Montréal, sitôt obtenue son habilitation au secret. Auger avait pu ainsi voir la pile de Fermi très peu de jours après sa divergence, et être le premier Français à voir fonctionner la réaction en chaîne. Toute la question, pour nous deux, était de savoir si les ukases du général Groves interdisant les visites à Chicago en provenance du groupe anglo-canadien avaient ou non déjà été répercutées au Laboratoire de métallurgie.

Nous avions tous deux des raisons valables pour retourner aux États-Unis voir nos familles, la mienne à New York, celle d'Auger à Chicago, où il avait laissé son épouse et ses deux filles, en attendant de trouver un logement pour elles à Montréal. Je m'étais beaucoup lié avec lui depuis son arrivée au début de décembre au Canada. C'était un homme séduisant, intellectuellement et physiquement, une belle tête de Christ — tranchant peut-être avec son anticléricalisme certain ; né au tournant du siècle, il était d'une grande culture sur le plan des sciences naturelles comme sur celui des sciences humaines. Son père, qui avait été mon professeur de chimie à l'École de physique et de chimie, appartenait aussi au sérail restreint des habitués de l'Arcouest. Sa sœur avait épousé Francis Perrin. Auger était déjà mondialement connu par la découverte d'un effet physique qui portait son nom et par ses travaux sur les rayons cosmiques.

Nous prenions presque tous nos repas ensemble et j'étais fasciné d'entendre parler par lui de toutes les sommités de la science française qu'il avait connues et dont il faisait partie. Nous n'avions pas d'argent à gâcher et n'achetions qu'un journal pour deux ; nous le lisions ensemble, posé à plat entre nous deux assis en face l'un de l'autre, car tout jeune Auger s'était efforcé d'apprendre à lire des caractères aussi bien à l'envers qu'à l'endroit.

Dès notre arrivée à Chicago pour deux jours, les 3 et 4 février 1943, nous pûmes vérifier que nos laissez-passer étaient toujours valables, et le soir, quand Auger et moi nous retrouvâmes dans son appartement où il m'avait hébergé, nous avions eu la même réaction devant l'accueil amical que nous avait réservé chacun de nos deux interlocuteurs, Compton pour Auger, Seaborg pour moi ; nous n'avions pas hésité à leur dépeindre les nuages accumulés sur la collaboration future entre nos deux laboratoires et notre intention de rapporter le maximum de renseignements et, dans mon cas, de produits précieux à Montréal avant que le rideau du secret ne tombe, nous séparant les uns des autres.

Compton, au courant de la situation politique, expliqua à Auger qu'à son avis les dirigeants américains étaient convaincus, à la suite de la réussite de Fermi, d'avoir à terme entre les mains une arme leur permettant non seulement de gagner la guerre, mais aussi de diriger la paix qui suivrait. Ils n'étaient pas prêts à partager un tel pouvoir, même avec leur plus proche allié.

Seaborg me fit visiter les nouveaux laboratoires construits en quelques mois pour son équipe qui venait de s'y installer. Il finissait de rédiger un mémorandum faisant le point de l'état d'avancement de toutes les méthodes pour la séparation du plutonium, et il m'annonça une découverte récente au Laboratoire : le phosphate de bismuth, produit insoluble lourd et cristallin, entraînait par coprécipitation le plutonium à partir d'une solution de nitrate, le séparant ainsi de l'uranium. Cette donnée semblait ouvrir la porte à un procédé d'extraction plus facile à extrapoler industriellement en présence de la radioactivité intense des produits de fission que toutes les autres méthodes étudiées en profondeur jusque-là.

Le soir de la première journée, Samuel Allison, un des directeurs du Laboratoire, me rencontrant sur le campus, me tâta les poches à la manière d'un douanier et me dit : « Goldschmidt, j'apprends que votre visite est peut-être la dernière avant longtemps, j'espère bien que vous ne repartirez pas les poches vides. » Tel était encore à cette époque, et avant l'avènement d'un secret plus renforcé en science atomique, le climat d'entente et de solidarité entre savants alliés.

Nous repartîmes fièrement le lendemain pour Montréal, Auger avec les données détaillées sur la première pile atomique et moi — grâce à Seaborg et à son adjoint Perlman — avec deux tubes remplis, l'un d'une fraction des produits de fission que j'avais isolés et analysés, l'autre de quelques gouttes de liquide contenant quatre microgrammes de plutonium à l'extraction desquels j'avais participé.

De Londres où aucune décision n'avait encore été prise vis-à-vis des pressions américaines, Akers nous félicita du résultat de notre mission, un véritable triomphe à son point de vue. Sous l'angle pratique, le travail que nous pûmes plus tard accomplir, avec mes « trophées » de Chicago, fut finalement assez limité, me permettant de confirmer des résultats américains plutôt que de trouver des nouvelles données avec Frank Morgan, un jeune chimiste anglais promis à un bel avenir dans l entreprise atomique britannique — mon premier et à cette époque mon seul collaborateur.

L'invitation de Halban à New York

A Londres, Anderson restait convaincu — à tort comme nous le savons maintenant — que Roosevelt n'était pour rien dans la nouvelle politique américaine et il ne pouvait s'empêcher de soupçonner les autorités militaires américaines de chercher à prendre une avance sur les Britanniques. Après avoir bénéficié des premiers travaux de ceux-ci, ils ne risquaient plus grand-chose à les laisser à l'écart. Anderson et Cherwell demandèrent à Churchill d'en parler au président à la réunion au sommet de Casablanca à la mi-janvier. Le Premier ministre ne le fit qu'avec le collaborateur le plus proche de Roosevelt, Harry Hopkins, qui promit que le président arrangerait les choses dès son retour.

Sans nouvelles de Hopkins, Churchill marqua son énervement par des télégrammes successifs, dont l'un retraçait l'historique des relations nucléaires entre les deux pays et faisait amplement référence à la lettre du 9 octobre 1941 de Roosevelt proposant une action conjointe, lettre à laquelle il avait répondu avec si peu d'empressement. Le dernier télégramme daté d'avril 1943 précisait : « Je suis très inquiet de ne pas avoir de vos nouvelles au sujet de Tube Alloys ; si nous devions travailler chacun séparément, ce serait une grave décision. »

Malheureusement, les conseillers du Premier ministre lui peignaient les atouts britanniques sous des aspects trop roses et la possibilité de faire une arme sous un angle trop sombre. Cherwell, en ce printemps de 1943, prépara une longue note technique sur Tube Alloys pour son élève le Premier ministre. Il y parlait bien d'une bombe à uranium 235 de cinq à vingt kilos d'explosif nucléaire d'une puissance de quatre mille à dix mille tonnes d'explosif conventionnel. Il expliquait la possibilité de produire du plutonium dans des piles à eau lourde. Mais que ce soit par la séparation de l'uranium 235 ou par la voie du plutonium, il estimait à trois ans et demi ou quatre ans le temps minimum nécessaire pour fabriquer des bombes, c'est-à-dire fin 1946, début 1947. En outre, il pensait que, pour la séparation de l'uranium 235, les Américains allaient vers un échec et que les Britanniques étaient bien plus avancés.

Anderson croyait que les Anglais possédaient encore des atouts importants dans cette compétition, comme en témoigne l'incident anglo-américain suivant. Cet incident concernait à nouveau une visite de laboratoires américains, mais contrairement à celle d'Auger et à la mienne à Chicago, cette fois les Américains étaient demandeurs. Vers la fin février, Conant avait téléphoné à Mackenzie ; il souhaitait que Halban puisse se rendre à New York début mars pour discuter avec Fermi et Urey du degré de précision des résultats obtenus à Cambridge par les deux Français et leurs collaborateurs. Cela en vue de décider en meilleure connaissance de cause de l'ampleur du futur programme américain sur l'eau lourde. Car Fermi continuait à avoir, à tort, certains doutes sur les conclusions de ces expériences.

Mackenzie était favorable à cette demande permettant de renouer le dialogue ; le représentant britannique à Ottawa donna son accord et tout le monde à Montréal fut enchanté de cette ouverture américaine dans le domaine du projet anglo-canadien. Halban se préparait avec grand intérêt à cette confrontation quand survint de Londres un veto. Anderson croyait, à tort, que Halban pouvait apporter des renseignements de valeur aux Américains et jugeait que la position du gouvernement britannique serait affaiblie si ces informations étaient données avant que la pleine réciprocité fût rétablie. Bien au contraire, Fermi voulait plutôt mettre Halban sur la sellette.

La réunion eut néanmoins lieu du 6 au 8 mars entre Américains et sans aucun représentant de l'équipe de Montréal. Elle aboutit à une demande de répétition de l'expérience de Halban et Kowarski, déjà vieille de plus de deux ans, avec les améliorations techniques disponibles, quant à la pureté des matériaux et l'efficacité des détecteurs de neutrons. Si ces nouvelles mesures confirmaient les anciens résultats, un changement considérable pourrait être envisagé concernant l'ampleur du programme sur l'eau lourde.

Mackenzie, comme nous tous à Montréal, considérait le refus des Britanniques comme une faute regrettable. Elle l'était d'autant plus que nous savons aujourd'hui qu'Urey, partisan convaincu de l'eau lourde, était le seul véritable allié de Halban aux États-Unis. Des télégrammes de regret furent échangés entre Washington et Ottawa, où Howe et Mackenzie furent confirmés dans leur opinion : pour le bien du laboratoire de Montréal, ils seraient, comme Canadiens, de bien meilleurs interlocuteurs pour le trio

Bush, Conant et Groves que ne l'étaient les Britanniques Anderson et Akers. Enfin, les Américains pouvaient maintenant, non sans une certaine mauvaise foi, montrer du doigt les Anglais comme ayant été les premiers à s'engager vers la rupture des relations.

Les techniciens de Montréal n'étaient pas les seuls à être traumatisés par l'introduction de l'armée américaine dans l'ensemble de l'entreprise. Les scientifiques américains de Chicago l'étaient aussi ; tout semblait se décider en dehors d'eux et en particulier la réalisation des futures piles au graphite. Celles-ci allaient être construites sur deux sites secrets dont le nom de code était X et W. X se trouvait à Oak Ridge dans la vallée du Tennessee. Il allait abriter une pile expérimentale au graphite refroidie à air et destinée à produire un gramme de plutonium par jour ainsi que d'immenses usines de production d'uranium 235. W était à Hanford, dans l'État de Washington ; c'est là que furent construites de très grandes piles au graphite, refroidies à eau, productrices de kilogrammes de plutonium.

Du Pont avait pris en main le développement industriel des piles au graphite au point où Fermi l'avait porté avec sa première unité. Celle-ci avait été arrêtée au début de 1943 et reconstruite, cette fois avec d'épais murs extérieurs en béton pour la protection des opérateurs, dans un centre à Argonne dans le voisinage de Chicago. Tous ceux qui avaient conçu et construit la première pile, les pionniers, voyaient ainsi leur rôle réduit à la correction des erreurs commises par Du Pont sur les plans des unités pilotes ou industrielles. Compton eut alors une idée pour calmer leur frustration : leur donner à construire à Argonne une première pile expérimentale à eau lourde de puissance très faible. Ce qui avait été l'objectif et le rêve de Halban depuis les travaux du Collège de France.

C'est ainsi qu'à l'insu du groupe de Montréal, de plus en plus isolé depuis le refus de l'autorisation de la discussion entre Halban et le couple Urey-Fermi, la raison d'être du projet anglo-canadien fut confiée aux savants de Chicago comme un jouet pour calmer leur mauvaise humeur. C'est à ce moment-là, sans qu'il ait eu le moindre mot à dire et la moindre responsabilité sur la décision prise à Chicago, que Halban perdit sa dernière chance d'être le premier au monde à obtenir la réaction en chaîne avec l'eau lourde.

La vie a de ces compensations inattendues !... Presque au même moment, au début d'avril 1943, Halban allait être confronté à un problème d'une tout autre nature et, cette fois, j'y avais une part de responsabilité.

J'avais organisé un week-end de ski avec une Parisienne, camarade d'enfance, venue à New York en 1940. Veuve depuis quelques années, elle était la petite-fille d'un des deux frères Deutsch de la Meurthe, les premiers magnats français du pétrole, fondateurs de la cité universitaire.

Je demandai à Halban si je pouvais « prendre mon vendredi ». Au lieu de me répondre comme il le faisait souvent : « Ne savez-vous pas qu'il y a une guerre en cours ? », il me donna son accord à condition que je le convie à déjeuner avec mon amie lors de son passage à Montréal entre New York et les monts Laurentides. Le repas à trois fut très réussi et Halban en repartant me demanda de lui dire franchement si cela ne gênerait pas qu'il se joigne à nous. Je lui répondis que j'en serais enchanté.

Nous devions aller à Sainte-Marguerite, une station chic où ma camarade nous avait devancés. Quand elle voulut réserver deux autres chambres dans son hôtel pour les Drs Halban et Goldschmidt, on lui demanda s'ils tombaient sous la règle de la restriction. Ne comprenant pas, elle demanda des explications ; celles-ci furent claires : l'hôtel ne prenait pas de Juifs. Furieuse, elle quitta Sainte-Marguerite pour Sainte-Adèle, à quelques kilomètres de là, où il y avait un hôtel plus accueillant ; il n'était pas *restricted.*

Le week-end fut un grand succès, neige, soleil et bonne humeur étaient au rendez-vous. Halban me proposa de le prolonger d'un jour, mais j'avais du travail qui m'attendait au laboratoire. Je repartis, laissant mes deux compagnons passer le lundi à Sainte-Adèle. Huit mois plus tard ils se mariaient.

Main basse sur l'uranium

Une nouvelle déception attendait les Britanniques, cette fois sur le problème des ressources en minerai d'uranium, et là encore Halban n'y était pour rien. Dans la confrontation qui suivit les remous provoqués par la lettre de Conant, les Anglais espéraient encore avoir un atout disponible : celui de la possession par le Canada de la seule mine d'uranium en Amérique du Nord, la seconde en richesse dans le monde. Cette dernière carte devait aussi leur échapper.

Au début du mois de mai 1943, j'avais fait le projet d'aller à Toronto consulter un professeur de l'université spécialiste de la chimie analytique afin d'utiliser ses méthodes pour l'évaluation des traces d'uranium. Port Hope, le site de la raffinerie de radium, se trouvant sur le trajet, je décidai de prendre un train du matin afin de revoir pendant quelques heures Pochon, mon « ancien » de l'École de physique et de chimie, qui m'avait si bien accueilli un an auparavant.

Je trouvai un homme enchanté de la situation. Toute sa vie, il avait eu affaire à des usines — même à Port Hope — obligées par moments de marcher au ralenti par manque soit d'argent pour payer les ouvriers, soit de minerai pour alimenter l'usine, soit enfin de clients pour acheter sa production. Or, voilà que maintenant, il ne savait plus où donner de la tête, les contrats s'accumulaient : concasseurs, cuves, filtres n'y suffisaient plus.

Déjà en juin 1942, à l'époque de mon stage, le gouvernement américain avait passé à la firme canadienne un contrat pour l'achat de trois cent cinquante tonnes d'oxyde d'uranium, presque deux ans de marche de l'usine à sa cadence normale, puis, six mois après, en décembre, c'était un nouveau contrat de cinq cents tonnes de l'Eldorado, mais entre-temps, on avait demandé à Pochon d'interrompre la production liée au premier contrat pour donner priorité au traitement d'un tonnage considérable de minerai du Congo belge, beaucoup plus riche, dont les Américains venaient d'obtenir la disposition.

Tout cela sur un fond de négociations politico-financières. Il me parla du rachat progressif des actions de l'Eldorado Gold Mines par un client inconnu, sans doute le gouvernement canadien, et il me raconta comment Pregel avait été empêché, au dernier moment, d'en faire autant. A déjeuner, sur un coin de table, Pochon fit des calculs rapides. La production du Grand Lac de l'Ours était réservée au gouvernement américain jusqu'à la fin de 1946 à la cadence actuelle de production du minerai et de marche de la raffinerie. Par ailleurs, les Américains, tenant compte de quelques centaines de tonnes d'oxyde d'uranium récupérable dans des résidus de traitement de minerai de vanadium du Colorado, pouvaient compter grâce à ces contrats belges et canadiens sur près de trois mille tonnes d'oxyde.

Or, je savais que le DSIR avait du mal à se faire livrer, pour le laboratoire de Montréal, une vingtaine de tonnes d'oxyde en raison de la priorité accordée aux commandes américaines, mais que les Anglais étaient tranquilles, convaincus qu'il n'y avait aucun problème d'alimentation en uranium pour eux, du fait des liens entre la Couronne et le Canada.

Je pris congé de Pochon sur le quai de la gare et, la tête pleine de chiffres impressionnants de tonnages d'uranium, je décidai de renoncer à l'analyse des traces du même élément et au lieu d'aller vers l'ouest et Toronto, je repris le premier train vers l'est et Montréal. Cela valait, à mon avis, la peine de réveiller Halban et, peu avant minuit, je lui débitai mon information dans la rue à la porte de l'immeuble où il venait d'emménager seul. Halban me demanda de prendre le premier train du matin pour Ottawa et dès 6 heures je repartis vers l'ouest. Trois heures après, j'expliquais mon histoire à Akers qui ne voulait pas me croire.

Akers chercha à me rassurer en m'affirmant que le gouvernement canadien était en train d'acquérir le contrôle de la mine, à la suite d'une démarche britannique de juin 1942 auprès du Premier ministre canadien Mackenzie King. Il avait été décidé, en accord aussi avec le gouvernement américain, que le ministre Howe ferait procéder en secret à l'acquisition progressive des actions de l'Eldorado. Dans ces conditions le gouvernement canadien ne se serait pas dessaisi de la totalité de sa production au profit des Américains sans prévenir les Anglais.

Il fallut plus d'un mois à Akers pour vérifier qu'effectivement le second contrat, celui de cinq cents tonnes, avait bien été conclu, par l'intermédiaire de Pregel, en décembre 1942. Howe, débordé par ses responsabilités, avait donné son contreseing sans, d'après lui, se rendre compte de l'importance de la transaction. L'affaire accrut les tensions anglo-canadiennes, les Canadiens en voulaient aux Anglais de leur veto à la reprise des conversations sur l'eau lourde entre Halban, Urey et Fermi, tandis que les Anglais reprochaient aux Canadiens leur duplicité dans ces questions d'uranium. Akers laissa entendre que Churchill avait accusé le ministre canadien d'avoir poignardé dans le dos l'Empire britannique. Le mot revint à Howe qui, furieux, déclara qu'il en avait par-dessus la tête des reproches anglais.

L'histoire de l'uranium du Congo belge n'avait pas soulevé les mêmes problèmes politiques. Sengier, après son échec pour préserver à temps des Allemands les stocks d'uranium présents en Belgique, donna à l'automne 1940 l'ordre d'envoyer discrètement du Congo aux États-Unis une partie des réserves de minerai très riches (à 65 % en oxyde) présents sur le carreau de la mine de Shinkolobwe après la fermeture de celle-ci en 1937. Douze cents tonnes furent ainsi expédiées et stockées dans un entrepôt à Staten Island près de New York.

En mars 1942, à l'occasion d'une réunion à haut niveau au Département d'État pour discuter de la possibilité de doubler la production de cobalt de l'Union minière du Haut-Katanga,

Sengier demanda à ses interlocuteurs s'ils ne seraient pas intéressés par un produit beaucoup plus important pour la défense que le cobalt : de l'uranium. Aucune réaction. Quelques semaines plus tard, il recommença pendant une nouvelle réunion au Département d'État, sans meilleur résultat. Puis il se décida à envoyer une lettre au haut fonctionnaire à qui il avait affaire pour lui signaler que le minerai dont il lui avait parlé contenait du radium et de l'uranium tous deux de grande valeur. Ce fut en vain. Le secrétaire d'État lui-même n'était pas au courant des recherches atomiques.

Ce n'était pas le cas de Pregel. Pour truster tout l'uranium au moment où celui-ci prenait une grande importance, il fit le projet d'acheter tout le minerai de Staten Island, de le faire traiter au Canada pour le radium, dont le renvoi aux Belges était obligatoire puisque la réglementation américaine interdisait l'exportation de radium. Ce faisant, il aurait pris possession de l'uranium. Il passa commande au mois d'août 1942 de cinq cents tonnes de minerai du Congo. Cette fois Bush fut prévenu de la demande d'exportation et décida de l'interdire. Le 17 septembre 1942, le général Groves prit ses fonctions et s'inquiéta des réserves en uranium. Son adjoint, le colonel Kenneth Nichols, lui parla de la demande d'exportation de Pregel; Groves l'envoya dès le lendemain voir Sengier. Celui-ci l'accueillit en lui demandant s'il était venu pour « causer » ou pour faire des affaires. Une heure plus tard, les deux mille tonneaux d'acier et leur contenu entreposés depuis plus de deux ans à Staten Island avaient changé de propriétaire. La vente à l'armée américaine avait été conclue au prix courant de l'uranium, celui de l'époque de la pléthore. Je possède encore mon cahier de notes de Port Hope où j'avais écrit au mois de juin de cette même année : « L'oxyde d'uranium vaut un dollar la livre quand on arrive à le vendre. »

Pregel n'allait pas devenir, comme il l'avait peut-être espéré, l' « empereur » de l'uranium, mais il ne pouvait pas s'en plaindre, car il allait faire de confortables bénéfices sur plusieurs aspects de l'opération. Le contrat de traitement des minerais belges à Port Hope devait passer par lui, car il avait l'exclusivité pour les transactions de l'Eldorado. Puis, comme l'usine de Port Hope était débordée de travail, il allait monter près de New York, à Mount Kisco dans le Connecticut, une usine pour récupérer le radium à partir des résidus d'extraction de l'uranium du minerai congolais afin de le rendre aux Belges. Ces derniers avaient fait une opération blanche, car le prix qui leur avait été payé par l'armée américaine pour l'uranium avait été forfaitairement fixé au prix qu'ils devaient payer à Pregel pour récupérer leur radium raffiné. En somme, ils avaient échangé leur minerai contre le radium contenu mais extrait. La teneur moyenne en radium par tonne de minerai, donnée capitale de la transaction, avait fait l'objet de nombreuses contestations, puis on s'était mis d'accord. Selon Pochon, le contrat avait été établi au dernier moment en tonnes métriques au lieu de tonnes courtes, d'où, une fois les signatures échangées, un bénéfice pour Pregel de 10 % du radium soit cinquante grammes et la fureur des Belges roulés.

Vers la fin de mon séjour au Canada, durant les derniers mois de 1945, je fus envoyé à Toronto pour servir d'expert dans une affaire de radium. En arrivant, j'appris qu'il s'agissait d'une enquête à propos des agissements financiers reprochés à Pregel. Pour des raisons d'éthique, je demandai à être remplacé. Je ne voulais pas risquer d'avoir à témoigner contre la seule personne qui m'avait offert un emploi lors de mon arrivée aux États-Unis et la première qui m'ait donné un salaire lors de mon stage à Port Hope.

Au début de 1946, le gouvernement canadien inculpa Pregel, Pochon et un de leurs associés pour manœuvres frauduleuses à l'encontre de l'Eldorado Gold Mines. Pregel refusa de se rendre au Canada. L'affaire eut un grand retentissement et se solda par une transaction, Pregel et ses coaccusés acceptant de rendre au gouvernement canadien plus d'un demi-million de dollars et vingt-cinq grammes de radium. Pregel acceptait aussi de terminer son contrat d'exclusivité avec l'Eldorado et Pochon dut donner sa démission, mais continua à résider à Port Hope.

Quoi qu'il en soit, mes quelques heures passées à Port Hope, le 3 mai 1943, m'avaient fait toucher du doigt une des questions politiques dont dépendait l'avenir du laboratoire de Montréal, avenir qui se présentait alors sous de bien mauvais auspices.

La vie à Montréal

Notre séjour à Montréal avait débuté par quelques mois de demi-activité, consacrés à des discussions scientifiques dans notre villa de la rue Simpson, et au suivi des travaux d'aménagement du laboratoire. J'avais maintenu le contact avec mon ancienne équipe, ayant pris l'habitude de les joindre par téléphone le soir où Seaborg réunissait ses principaux collaborateurs pour faire le point des recherches et discuter le programme à venir. En particulier ils étaient très intrigués de savoir comment je trouverais mon nouveau patron, le directeur de la cnimie du projet anglo-canadien, Fritz Paneth, un grand nom de la radioactivité, qui avait été un des premiers à utiliser des radioéléments pour mieux comprendre le comportement des éléments et de leurs composés dans des processus chimiques ou biologiques. Approchant de la soixantaine, il aura quelque mal à se familiariser avec la chimie des transmutations de la fission. Il avait une distinction et une courtoisie viennoises. J'avais ainsi pu raconter au téléphone à Seaborg et à mes anciens collègues qu'au moment où j'allais prendre congé de Paneth, le jour de son arrivée, il m'avait aidé à mettre mon manteau, ce que jamais aucun patron ni personne n'avait fait.

Notre présence en ville devenait difficile à cacher et, le 8 janvier, le *Montréal Matin* annonça la venue de soixante savants étrangers, pour « la plupart d'origines israélite, russe, française, polonaise, tchèque et même allemande », détenteurs de secrets « axistes » pour poursuivre à l'université de Montréal « des recherches approfondies de la plus haute importance sur la radioactivité, la physique et la chimie physique sous la direction d'un grand physicien français, M. Auger, et le haut patronage du Conseil national des recherches. » L'article ajoutait que l'instigateur de ce mouvement était sans doute le Dr Henri Laugier, professeur de physiologie à l'université.

Heureusement, le mot uranium n'avait pas été prononcé. Néanmoins, Halban en fut courroucé et l'auteur de la fuite, Laugier, sans doute vexé de n'avoir reçu aucun remerciement pour nous avoir indiqué la disponibilité des locaux de l'université, se fit taper sur les doigts, et la censure fut prévenue pour éviter tout nouvel article indiscret.

Quelques semaines plus tard, les travaux d'aménagement du laboratoire étant achevés, l'équipe d'une centaine de chercheurs et techniciens assemblés et dirigés par Halban aurait dû se mettre au travail, mais privée d'uranium, d'eau lourde et d'assistance américaine, elle se voyait condamnée à une quasi-inactivité. Nervosité et démoralisation avaient fait leur apparition et allaient en croissant. Plutôt que de connaître les résultats d'une expérience scientifique devenue impossible à réaliser par manque de moyens, nous finissions par être plus impatients de connaître les conclusions d'une conférence au sommet ou d'une visite d'une personnalité anglaise à Washington, conclusions que Halban, selon son humeur, nous distillait à son gré ou se refusait de communiquer à nos oreilles insuffisamment habilitées.

Bruno Pontecorvo, mon collègue italien, avait bien caractérisé la situation : « Vois-tu, me dit-il, cette affaire ne cessera jamais d'être à la fois déplaisante et passionnante. » Elle le fut aussi sans doute pour lui lors de sa défection vers l'Union soviétique en 1950. Personne à l'époque ne se doutait qu'il était communiste.

Mais, eau lourde et uranium ou pas, notre groupe international avait dû s'installer en ville, vivant assez replié sur lui-même. Au début, j'avais accompagné mes collègues français dans des visites de courtoisie à Mgr Roux, recteur de la grande université qui nous hébergeait, et aux professeurs de chimie de celle-ci. Ces gestes de courtoisie ne furent suivis d'aucune manifestation en retour, sans doute en raison d'un peu de xénophobie et d'une certaine discrétion due au secret entourant nos travaux ; nos contacts avec le reste de l'université s'arrêtèrent là. Nous allions demeurer cantonnés dans notre aile avec une entrée gardée par des agents de la police royale montée en superbes uniformes rouge et noir à qui il fallait montrer patte blanche.

A cette époque, les deux groupes anglophone et francophone à Montréal frayaient assez peu. Les francophones étaient, presque à cent pour cent, en faveur de Vichy, qui cherchait à recréer une France politiquement proche de celle qu'avaient quittée leurs ancêtres pour s'installer sur les rives du Saint-Laurent. Par la force des choses, nous étions considérés comme anglophones et il m'arrivait parfois, lors d'une présentation à un Canadien, de préciser « *French from France* ». Au laboratoire, sauf pour les quatre Français et Pontecorvo, la langue de travail était l'anglais. Tous les chercheurs canadiens étaient anglophones, les universités francophones québécoises formant alors surtout des avocats et des médecins.

Montréal n'avait rien de la métropole actuelle avec ses gratte-ciel, ses autoroutes, et l'infrastructure moderne créée à l'occasion de l'exposition universelle de 1968. On avait l'impression d'une grande ville de province gagnée par la civilisation des drugstores américains, mais avec un centre d'affaires encore d'aspect britannique à cause de ses immeubles victoriens. Des quartiers, genre Neuilly, étaient adossés à la « montagne », avec de belles demeures entourées de jardins.

Nous avions trouvé facilement à nous loger et vers la fin de la guerre beaucoup d'entre nous avions des appartements dans un groupe d'immeubles situés à moins de dix minutes à pied du laboratoire. Après un an passé dans une chambre chez l'habitant, je vins aussi occuper un studio près de mes collègues et rares étaient les soirs où je n'étais pas invité chez l'un ou chez l'autre. Parfois, je passais même un week-end dans la famille d'un de mes collègues ; en particulier, j'abusais souvent de l'hospitalité de Guéron dont l'épouse, spécialiste de quatre-quarts, connaissait ma gourmandise.

Chaque fois que je le pouvais, je faisais un saut à New York, soit par train de nuit, toujours bondé, soit plutôt par avion grâce aux deux seuls mêmes infatigables DC3 qui, durant toute la guerre, s'efforcèrent d'assurer trois vols quotidiens aller-retour de New York à Montréal avec escales ; leur régularité assez extraordinaire était néanmoins à la merci d'une rare panne ou d'une nécessaire révision et, en hiver, du brouillard ou de la tempête de neige. Nombre de mes week-ends à New York furent de ce fait décommandés au dernier moment.

Le téléphone était ma bouée de sauvetage quand je voulais sortir de l'ambiance « laboratoire ». Il fonctionnait merveilleusement, comparé à celui de la France de la fin des années trente. J'avais découvert les mérites du PCV, car, en cas de refus de payer l'appel par l'amie à qui je téléphonais régulièrement aux États-Unis, la téléphoniste se donnait beaucoup de mal pour nous convaincre l'un ou l'autre de prendre en charge une communication devenue inutile grâce à cette sorte de dialogue par personne interposée : j'avais pu entendre la voix de ma correspondante et savais qu'elle allait bien et, selon notre convention, n'avait rien d'important à me dire.

Le caractère français de la ville était assez peu marqué, sauf peut-être par quelques restaurants dignes de plusieurs étoiles dans nos guides actuels, mais ils étaient assez coûteux. Laugier avait retrouvé un ami français, professeur à l'École polytechnique, qui vivait — ô scandale ! — en concubinage avec une aimable dame qui faisait la meilleure cuisine du monde. Frappés d'ostracisme par les Canadiens, ce couple et Laugier nous recevaient, Auger, Guéron et moi avec beaucoup de gentillesse, et une diète préalable d'un ou deux jours nous permettait d'en profiter au mieux.

Les froids redoutables de l'hiver canadien étaient pour les Européens un facteur avec lequel il fallait compter, et, au bout de deux ans, nombre d'entre nous eurent leurs premiers lumbagos en se baissant pour chausser ou retirer leurs « pardessus », sortes de galoches que nous mettions sur nos chaussures pour les protéger de la neige. Le froid devait me réserver une surprise inattendue au milieu de la nuit. Je venais d'emménager dans l'appartement que m'avait prêté pour quelques semaines Placzek, parti en voyage de noces avec la première Mme Halban. Je fus réveillé et terrifié par une série d'explosions contre ma chambre. Le lendemain j'en eus l'explication. Une quinzaine de petites bouteilles d'eau gazeuse laissées sur le rebord de la fenêtre avaient rendu l'âme, l'une après l'autre, à la suite de l'arrivée d'une vague de froid. Mais l'hiver rigoureux était précédé d'un automne avec les couleurs radieuses de l'été indien et suivi d'un printemps tardif des plus agréables.

15

Le retour au calme

Churchill entre en lice

Pour nous, à Montréal, les glaces de la rupture, malgré quelques tentatives de réchauffement, se prolongèrent en 1943 bien au-delà du printemps et jusqu'au mois d'août, où les rayons de soleil d'une collaboration retrouvée commencèrent à les faire fondre.

Au cours de ce printemps, les Anglais envisagèrent à nouveau de se lancer seuls dans le développement industriel de toute l'entreprise atomique, non pas comme en 1941 pour consolider leur avance sur les Américains, mais cette fois, à la suite de la brouille avec ceux-ci, pour ne pas être exclus de toute l'affaire.

Cherwell, le conseiller de Churchill, demanda en avril que soient étudiés de près les problèmes posés par l'éventuelle construction en Grande-Bretagne d'une usine de séparation d'uranium 235, d'une usine d'eau lourde et d'une grande pile productrice de plutonium, et le Premier ministre demanda à Anderson de lui préparer un mémorandum sur les répercussions de ces projets sur l'ensemble de l'effort de guerre.

Cet exercice faisait partie des rêves grandioses qui avaient trop souvent marqué le projet britannique. Les dépenses et le personnel spécialisé affecté à Tube Alloys devraient être multipliés par un facteur de quelques dizaines en vue d'obtenir une arme dans quatre ou cinq ans, et ce à condition de recevoir une priorité absolue, impensable dans un pays où tant de facteurs vitaux étaient poussés à l'extrême limite depuis plusieurs années. La seule conclusion était la nécessité de retrouver la collaboration américaine et, pourtant, ce n'étaient pas les avertissements qui avaient manqué aux Anglais.

L'un de ces avertissements avait été donné au début de mai 1943 à l'occasion d'un rapide voyage à Londres de Mackenzie, le chef de l'entreprise anglo-canadienne, pour prendre contact avec les autorités anglaises de Tube Alloys et qu'il décrit d'une manière pittoresque dans son journal. Il y rencontre pour la première fois sir John Anderson. Il trouve le ministre assez vieux mais bien conservé, terriblement britannique et pompeux. Anderson ayant commencé à se plaindre de l'attitude des États-Unis, Mackenzie soutint le point de vue américain, reprocha au ministre de ne pas avoir laissé Halban aller à New York, d'avoir ainsi aliéné les quelques rares bons amis américains du projet de Montréal et de ne pas s'être rendu compte des progrès américains qui allaient laisser les Canadiens sur place.

Anderson ayant commencé à expliquer comment il voyait une future collaboration anglo-canadienne en cas de rupture avec les Américains, son visiteur le coupa court : dans cette éventualité, il n'y aurait qu'à mettre la clef sous la porte, car sans priorité et sans matériaux le gouvernement canadien ne soutiendrait pas une équipe voulant concurrencer les États-Unis. Mackenzie concluait qu'Anderson était un de ces Anglais l'incitant à se sentir un bon Nord-Américain et que si « les gens du peuple en Angleterre sont simplement merveilleux — *quelques-uns* de leurs dirigeants sont des *ânes* ».

Au même moment, le 12 mai, Churchill venait d'arriver à Washington pour une nouvelle et longue conférence au sommet, quand son ministre Anderson lui télégraphia, non pas le sens de sa conversation avec Mackenzie, mais la mauvaise nouvelle de la mainmise américaine sur l'uranium canadien que j'avais découverte lors de ma visite à Pochon une dizaine de jours auparavant.

Halban, sans faire partie de la délégation britannique, avait eu la permission de MacDonald, le haut-commissaire britannique au Canada, de venir y faire les couloirs. Il en profita pour voir longuement le 20 mai Cherwell, le seul scientifique de la suite du Premier ministre, et il enfonça une fois de plus le clou du « trop tard pour le Royaume-Uni de faire cavalier seul ».

Pourtant Cherwell aurait dû, plus que tout autre, être conscient de la dépendance des Anglais à l'égard des Américains, car cet étrange personnage (que je rencontrerai l'année suivante) était lui-même tributaire des États-Unis pour une partie de son alimentation. Il était en effet végétarien et ne vivait que de blancs d'œufs, de compote de pommes, de croquettes de riz, de fromage genre Port-Salut et surtout d'étonnantes quantités d'huile d'olive ; cette dernière denrée, étant alors introuvable en Angleterre, lui parvenait chaque semaine de Washington par la valise diplomatique envoyée par son frère, le brigadier général Lindemann !

Soutenu par le Premier canadien, Mackenzie King, Churchill vit Roosevelt un des derniers jours de la conférence qui s'acheva le 25 mai. Une fois de plus, le président promit une collaboration sans restrictions. Puis, le 25 mai, Hopkins, le confident de Roosevelt, étant au courant de la promesse de ce dernier à Churchill, organisa une rencontre à la Maison-Blanche entre Bush et Cherwell. Attaqué par Cherwell sur le changement de politique américain, Bush — qui ignorait tout de la nouvelle promesse faite par son président — justifia sa politique d'« utilisation pour la guerre » pour la phase industrielle, opposée à la collaboration générale sur l'étape scientifique. De plus, tandis que pour la protection du secret les Américains s'adressaient à de nombreuses firmes industrielles différentes, les Anglais n'avaient aucun cloisonnement, ICI couvrant l'ensemble du projet. A la surprise de ses deux interlocuteurs, Cherwell dénia tout intérêt pour l'aspect commercial qui ne pourrait survenir avant une dizaine d'années, mais reconnut que son gouvernement voulait les informations nécessaires à la fabrication de la bombe après la fin des hostilités afin de rester un grand pays. Bush et Hopkins, se saisissant de ce point, répondirent qu'il s'agissait d'un argument nouveau et qu'il fallait en parler au président.

Churchill repartit en Angleterre confiant, puis le scénario se répéta. A nouveau un télégramme fut envoyé à Hopkins, suivi d'une réponse rassurante, mais d'aucun autre résultat. Pendant ce temps, Bush était bien décidé à ne rien changer à sa politique sans un ordre de son chef. Aucun ordre ne vint, mais une invitation à déjeuner le 24 juin à la Maison-Blanche. Roosevelt lui demanda de lui faire un point détaillé de l'avancement de S1, s'y intéressa beaucoup, puis demanda l'état des relations avec les Britanniques. Bush lui raconta sa conversation avec Cherwell. Roosevelt fut stupéfait d'apprendre l'argument avancé par le conseiller de Churchill et laissa repartir Bush sous l'impression qu'il n'y avait rien de changé à la politique adoptée en décembre 1942.

Le 9 juillet, nouveau télégramme de Churchill à Roosevelt qui interrogea Hopkins. Celui-ci rappela au président que ce dernier avait pris un engagement envers Churchill et jugea qu'il n'y avait « rien à faire que de l'exécuter ». Finalement, le 20 juillet, près de deux mois après sa promesse à Churchill, Roosevelt se décida à écrire, enfin, à Bush « de renouer, dans tout le domaine, un complet échange d'informations avec le gouvernement britannique en matière de Tube Alloys » et il le confirma par un télégramme personnel à son ami le Premier ministre.

L'accord de Québec

Bush n'était pas à Washington pour recevoir cette nouvelle directive, mais à Londres, avec le secrétaire américain à la Guerre Stimson, pour discuter entre autres de problèmes de lutte anti-sous-marine. Le 15 juillet, Churchill demanda à voir Bush et lui dit son extrême mécontentement : chaque fois, le président lui donnait sa parole d'honneur pour la reprise de la collaboration atomique, et chaque fois quelqu'un, à un niveau inférieur, s'y opposait. Bush ne se démonta pas, il répliqua en mettant en avant l'argument maintenant classique de l'intérêt des Britanniques pour les brevets et les aspects commerciaux. Le Premier ministre répondit brutalement que ces considérations étaient inexactes et que seule l'issue de la guerre comptait pour lui.

Une semaine plus tard, le 22 juillet, Churchill reçut, à Downing Street, Stimson et Bush en présence de ses deux ministres concernés, Cherwell et Anderson. Ces derniers doutaient de la possibilité de préparer une bombe avant la fin de la guerre et en tout cas avant la fin de la guerre en Europe, comme le montre la note qu'ils avaient préparée en commun pour le Premier ministre. Ils y disaient toutefois : « Ne nous faisons pas d'illusions. Nous ne pouvons pas nous permettre après la guerre de faire face à l'avenir sans cette arme et compter entièrement sur les Américains au cas où la Russie ou une autre puissance la développerait. » Ils soulignaient que l'aspect commercial était, à présent, secondaire et, enfin, ils rappelaient que le principal handicap des Anglais était la mainmise des Américains sur l'uranium et, dans une moindre mesure *(sic)*, sur l'eau lourde, deux matériaux essentiels.

A cette réunion du 22 juillet, après un rappel acrimonieux du passé, Churchill, qui reconnaissait en Stimson un partisan convaincu de l'alliance anglo-américaine, fit une profession de foi désintéressée, spécifiant qu'il était prêt à accepter, pour les aspects industriels futurs, toute proposition que le président des États-Unis jugerait équitable. Il demanda à Anderson de rédiger dans ce sens un projet, qui parut acceptable à ses interlocuteurs américains.

Stimson et Bush s'étaient engagés sans l'accord de Washington et Bush fut soulagé de trouver à Washington la directive du président lui enjoignant de renouer une complète collaboration avec les Anglais. Il est curieux de remarquer que, si Bush avait eu connaissance des instructions de Roosevelt avant son départ pour Londres, la négociation se serait achevée d'une façon plus favorable pour les Britanniques.

Bush avait eu en effet gain de cause sur la question du partage ultérieur entre Américains et Anglais des droits industriels, laissé à la seule appréciation du président (cette clause ne reçut jamais d'application pratique), mais aussi sur le problème de l'échange d'informations et d'idées concernant les plans, la construction et le fonctionnement des installations industrielles ; ces échanges ne pourraient avoir lieu que dans l'éventualité où ceux-ci apparaîtraient nécessaires ou désirables pour que le projet soit conduit à son aboutissement. La clause de la lettre de Conant, limitant les échanges de données aux seuls cas où celles-ci pouvaient servir à l'effort de guerre, était ainsi réapparue sous une autre forme.

Tout s'arrangea rapidement. Anderson fut envoyé à Washington et il mit sur pied sans difficulté un texte final destiné à être adopté par les deux chefs d'État et de gouvernement, lors de leur prochaine réunion prévue quelques semaines plus tard à Québec.

Pour une fois, à Montréal, nous n'allions pas pouvoir nous plaindre d'être dans l'ignorance de ce qui se passait, car nous fûmes prévenus des décisions destinées à être prises à cette conférence au sommet avant même qu'elle se tienne. De retour de Washington, Anderson convoqua une réunion, le 9 août, dans le bureau du haut-commissaire britannique à Ottawa. Akers, Halban, tous les chefs de division du projet, dont Auger, ainsi qu'un représentant du ministre canadien Howe — une dizaine de personnes s'assirent par terre autour du grand ministre pour l'écouter.

Anderson, conscient de la période de frustrations qui venait de s'écouler pour l'équipe de Montréal, justifia la politique britannique par le résultat juste obtenu à Washington : une reprise complète de la collaboration, avec l'accord du président et du Premier ministre. Cette collaboration couvrirait tous les aspects de l'entreprise atomique et serait totale au niveau des chefs de projet, mais, à des niveaux inférieurs, la collaboration et les échanges d'informations seraient restreints aux seuls personnes et groupes pouvant en tirer un bénéfice.

Le ministre britannique, qui allait le mois suivant devenir chancelier de l'Échiquier, tout en gardant la responsabilité de l'entreprise atomique, expliqua la position américaine par un strict cloisonnement des informations, et par la nécessité de protéger le secret, mais il ajouta que, consciemment ou non, les autorités américaines responsables du projet voulaient réduire au minimum le nombre de personnes informées et susceptibles de critiquer en connaissance de cause l'immense dépense encourue en cas d'échec éventuel de l'entreprise.

La bonne nouvelle se propagea rapidement vers les couches inférieures du projet et je pus partir en vacances tranquille, j'allais avoir du pain ou plutôt, je l'espérais, du plutonium sur la planche à mon retour après deux semaines de congés sur la côte Atlantique américaine. Des amis avaient loué une petite maison située au bord d'une grande plage déserte au cap Cod, non loin de Plymouth, haut lieu de l'histoire des États-Unis, village fondé après leur débarquement, en 1620, par les pères pèlerins du *Mayflower*. Mon attention était à la fois tournée vers l'Italie qui sortait de la guerre, après la chute de Mussolini le 24 juillet 1943, et vers Québec où se concrétisa le 19 août 1943 la confirmation de la reprise tant attendue de la collaboration.

L'accord de Québec contenait une clause capitale, base de la future politique du secret anglo-saxon après la guerre, interdisant la communication de toute information sur Tube Alloys à une tierce partie, sauf par consentement mutuel des deux pays signataires.

Cet accord prévoyait la création à Washington d'un comité mixte politique chargé de gérer la collaboration. Ce comité était en réalité tripartite, car il comprenait un représentant canadien, bien que le Canada ne fût pas formellement signataire. Présidé par Stimson, en feront partie Bush et Conant, deux hauts représentants de l'ambassade britannique, et Howe pour le Canada, le général Groves en assurant le secrétariat.

Parmi les attributions de ce comité se trouvait l'allocation des matières premières dont les besoins justifieraient un partage et la mise au point des accords *ad hoc* sur les échanges d'informations industrielles. La clause sur les données industrielles permit aux Américains, seuls engagés dans des grandes réalisations, de décider, presque unilatéralement, les domaines et la portée des collaborations souhaitées par eux et de les limiter presque uniquement aux assistances qu'ils désiraient recevoir. L'énergie de Churchill avait eu gain de cause d'une certaine mauvaise foi de Roosevelt, mais non sans que les Britanniques y laissent des plumes, à la fois à cause des neuf mois perdus, particulièrement pénibles pour le laboratoire de Montréal, et des limitations de l'accord. Mais l'on était sorti de l'arbitraire de la lettre de Conant, et l'on disposait d'un véritable texte officiel, un peu imprégné des principes de cette lettre, mais négocié bilatéralement et avec un montage pratique pour son application.

L'erreur des Britanniques avait été de croire que l'armée était seule responsable du changement d'attitude américaine et que la nouvelle politique avait été appliquée sans l'aval de Roosevelt. Car c'est dès la Conférence de Casablanca, en janvier 1943, que Churchill aurait dû pousser jusqu'à la confrontation. Ce qu'il fallait maintenant, c'était réparer les dégâts d'une longue rupture des relations, relancer la collaboration et trouver le meilleur interlocuteur pour Bush, Conant et Groves ; les Britanniques allaient enfin comprendre que leur prix Nobel le plus prestigieux, Chadwick, ferait mieux l'affaire qu'un industriel comme Akers.

La reprise de la collaboration

La mise en œuvre de l'accord de Québec s'effectua dans trois domaines différents : l'approvisionnement en uranium, la participation des savants britanniques aux travaux entrepris aux États-Unis et enfin une réalisation au Canada.

Pour l'approvisionnement en uranium, les États-Unis et le Royaume-Uni conclurent une entente qui leur donna pendant une quinzaine d'années un monopole sur les grandes sources d'uranium du monde occidental. En pratique, durant la guerre, la totalité des productions belge (dont la mine du Congo fut rouverte en 1944) et canadienne allèrent aux Américains, cette fois avec l'accord des Britanniques. La tempête soulevée par les révélations de ma visite à Port Hope au printemps de 1943 était apaisée.

La collaboration scientifique et technique reprit lentement. Le premier savant britannique à entrer en scène sur le continent américain fut Chadwick. Groves l'avait réclamé à plusieurs reprises, mais Chadwick, d'une santé assez délicate à la suite d'un internement en Allemagne durant toute la Première Guerre mondiale, avait toujours refusé de se rendre aux États-Unis. Homme fin et plein d'humour bien britannique, brillant, intelligent, il était le savant qui avait découvert le neutron, clef de voûte et pierre philosophale de l'entreprise atomique.

Traversant l'Atlantique à l'âge de cinquante-deux ans, pour la première fois de sa vie et en avion, il commença son séjour en Amérique du Nord par une visite du laboratoire de Montréal dont il eut une bonne impression, tout en regrettant de le voir dirigé par un si grand nombre d'étrangers. Arrivé à Washington, le jour même de la signature de l'accord de Québec, Chadwick rencontra d'abord Bush et Conant. Ce dernier attribua les difficultés rencontrées à la disproportion des dépenses et des efforts engagés, énormes du côté américain, ainsi qu'au sentiment, courant aux États-Unis, que les Anglais avaient toujours le dessus dans toutes les négociations avec eux. De plus, il lui confirma que les autorités américaines n'étaient pas heureuses de voir Akers assurer la liaison bilatérale, en raison de ses liens avec ICI.

Chadwick fit la connaissance de Groves et l'impressionna par sa simplicité et la solidité de son jugement scientifique, auxquelles s'ajoutèrent des qualités insoupçonnées de diplomate. Le savant anglais ne fut, en revanche, nullement intimidé par le général américain et les deux milliards de dollars dont il dirigeait l'attribution pour l'ensemble du projet. Quand Groves lui rendit sa première visite à Washington, il trouva Chadwick à quatre pattes sous son bureau à la poursuite de son crayon. Le père du neutron, sans interrompre cette importante recherche, demanda à son visiteur de prendre un siège et leur conversation s'amorça sur ces entrefaites.

Peu après, les Américains firent enfin comprendre à Akers (qui avait eu la maladresse de toujours donner ses rendez-vous à New York dans son bureau d'ICI) leur désir de ne pas avoir un représentant de l'industrie britannique comme agent de liaison pour la reprise des relations anglo-américaines. Akers, tout en restant à la tête de Tube Alloys, s'effaça avec élégance devant Chadwick pour cette tâche. C'était un bon choix. Infatigable, malgré ses doléances sur sa santé, il allait être une des très rares personnalités autorisées à faire des allers et retours à Los Alamos, où il avait installé sa famille. Mais il résidait surtout à Washington, où les négociations étaient toujours délicates, quand elles ne tournaient pas au drame comme ce sera le cas pour le problème de la reprise des contacts des Français du laboratoire de Montréal avec leur pays.

Chadwick, contrairement à Anderson et à Cherwell, n'avait jamais cru aux rêves britanniques en faveur d'un développement industriel indépendant des États-Unis. Conscient des bonds de géant accomplis par l'entreprise américaine durant les neuf mois d'interruption de la collaboration, il jugea qu'il valait mieux pour le Royaume-Uni arrêter les réalisations industrielles envisagées et démunir les laboratoires britanniques en en retirant le plus grand nombre possible de savants et d'ingénieurs de qualité pour en truffer toutes les phases possibles de l'effort américain.

Le plus grand succès de Chadwick fut d'obtenir l'acceptation par les Américains dans le laboratoire de Los Alamos, consacré à la mise au point de la bombe, d'une vingtaine de savants britanniques, dont certains naturalisés en hâte comme ce fut le cas pour le théoricien allemand Klaus Fuchs, qui fut démasqué en 1950 comme le principal espion atomique en faveur de l'Union soviétique. Groves, réticent pour l'introduction de techniciens britanniques dans les parties industrielles de l'entreprise américaine, semble avoir accueilli plus facilement les scientifiques anglais dans cette phase, la plus secrète du projet, celle où la science fondamentale était reine. C'est là que se décidait le succès ou l'échec d'une dépense de deux milliards de dollars, et Groves voulait sans doute mettre tous les atouts de son côté.

La participation britannique aux deux projets de séparation industrielle de l'uranium 235 ne fut pas négligeable. Seules restèrent inaccessibles aux Anglais les données sur les grandes piles au graphite productrices de plutonium, sur l'extraction du plutonium et sur la production de l'eau lourde. En somme, les domaines les plus proches de l'entreprise de Montréal, pour laquelle la méfiance fut plus longue à se dissiper et non sans de nouvelles difficultés.

Le 18 septembre 1943, nous reçûmes à Montréal la visite de Groves, Compton, Chadwick, Mackenzie et plusieurs savants du projet de Chicago. Cette fois je fus présenté au redoutable général comme le spécialiste de la... mayonnaise !

Une des grandes discussions de Montréal, en l'absence d'une expérimentation avec des quantités suffisantes de matériaux, tournait autour de la comparaison des avantages et des inconvénients des systèmes homogènes et des systèmes hétérogènes pour les futures machines productrices d'énergie à partir d'uranium et d'eau lourde. Le calcul montrait qu'un ensemble de barres d'uranium distinctes plongeant dans l'eau lourde nécessitait des quantités moindres de cette substance pour réaliser la réaction en chaîne que dans le cas d'une suspension homogène d'oxyde d'uranium dans cette même eau lourde. Mais ce dernier cas semblait présenter plus de facilité pour les problèmes de refroidissement. Cette question était une de celles que voulaient aborder Urey et Fermi avec Halban dans la réunion tenue sans lui en mars 1943. La même question se posait et était également en discussion pour le système uranium légèrement enrichi d'eau ordinaire.

En cet été de 1943, je croyais avoir apporté une contribution à ce problème en arrivant à fabriquer par des moyens très simples une suspension stable d'oxyde d'uranium dans l'eau avec une teneur importante d'uranium dans le mélange, ce qui était une des conditions à remplir. Cette suspension ressemblait par sa couleur et par sa consistance à de la mayonnaise. Cette ressemblance en fit son succès et le mien, bien éphémère, car, à très haute température, les grains très fins d'oxyde d'uranium jaune grossissaient et la suspension perdait de sa stabilité.

A la même époque, l'eau lourde perdit pour moi beaucoup du mystère qui l'entourait. Une tuyauterie de vide inversée par erreur avec une tuyauterie d'air comprimé durant un transfert provoqua le bris d'une bonbonne de verre contenant une vingtaine de litres, plus de dix pour cent du stock norvégien. Attiré par les clameurs, je me trouvai face au spectacle comique d'un grand et maigre chimiste anglais, le responsable de l'erreur, en caleçon et pataugeant pieds nus dans le précieux liquide et en train de l'absorber dans toutes sortes de linges et de tampons d'ouate et surtout avec une sorte de poussière de mica prévue pour lutter contre le feu. En fin de compte les pertes furent minimes, mais jour et nuit physiciens et chimistes impliqués dans l'expérience durent se relayer pour récupérer, par distillation sous vide, l'eau lourde à partir des matériaux utilisés pour la retirer du sol. Cette opération de récupération continue avait été organisée par Guéron, non pas tant pour une question d'urgence mais pour prouver à son groupe qu'il pouvait se mobiliser et n'était pas irrémédiablement voué au marasme.

Mais c'étaient de tonnes d'eau lourde que nous avions besoin et Groves repartit de Montréal sans nous en promettre. Bien que ma mayonnaise eût paru l'avoir laissé indifférent, ma première impression de l'an passé fut confirmée et je lui trouvai un air bon vivant et sympathique. Pour l'instant, ce qui l'intéressait, c'était la bombe et, curieusement, les spécialistes de la radioactivité classique comme Paneth. Il demanda que ce dernier vienne à Chicago participer à une réunion avec les chimistes de ce laboratoire sur les méthodes de préparation du polonium. Chadwick suggéra que j'accompagne mon directeur de la division de chimie et ce fut accepté.

La réunion eut lieu le 20 octobre au Laboratoire de métallurgie, en présence de plusieurs des chefs scientifiques du projet et quelques dirigeants de l'industrie. A notre surprise, on nous remit une liste de questions dactylographiées sur la chimie et la préparation du polonium, le radioélément naturel, descendant radioactif du radium et le premier découvert par Marie Curie, et sans autres explications, on nous demanda l'un après l'autre de répondre à la vingtaine de questions très précises.

CONSEIL DE PHYSIQUE SOLVAY (BRUXELLES 1911)

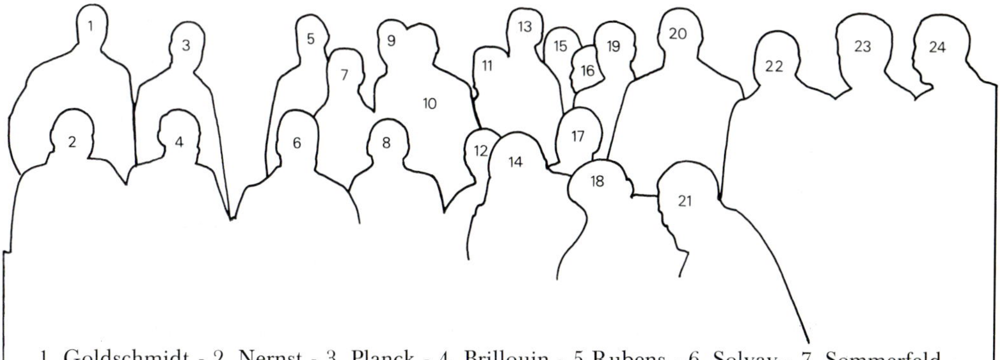

1. Goldschmidt - 2. Nernst - 3. Planck - 4. Brillouin - 5.Rubens - 6. Solvay - 7. Sommerfeld - 8. Lorentz - 9. Lindemann - 10. De Broglie - 11. Knudsen - 12. Warburg - 13. Hasenohrl - 14. Perrin - 15. Hostelet - 16. Herzen - 17. Wien - 18. Mme Curie - 19. Jeans - 20. Rutherford - 21. Poincaré - 22. Kamerlingh Onnes - 23. Einstein - 24. Langevin.

Enrico Fermi

Otto Hahn

Leo Szilard

Marie Curie

Irène Joliot et Albert Einstein.

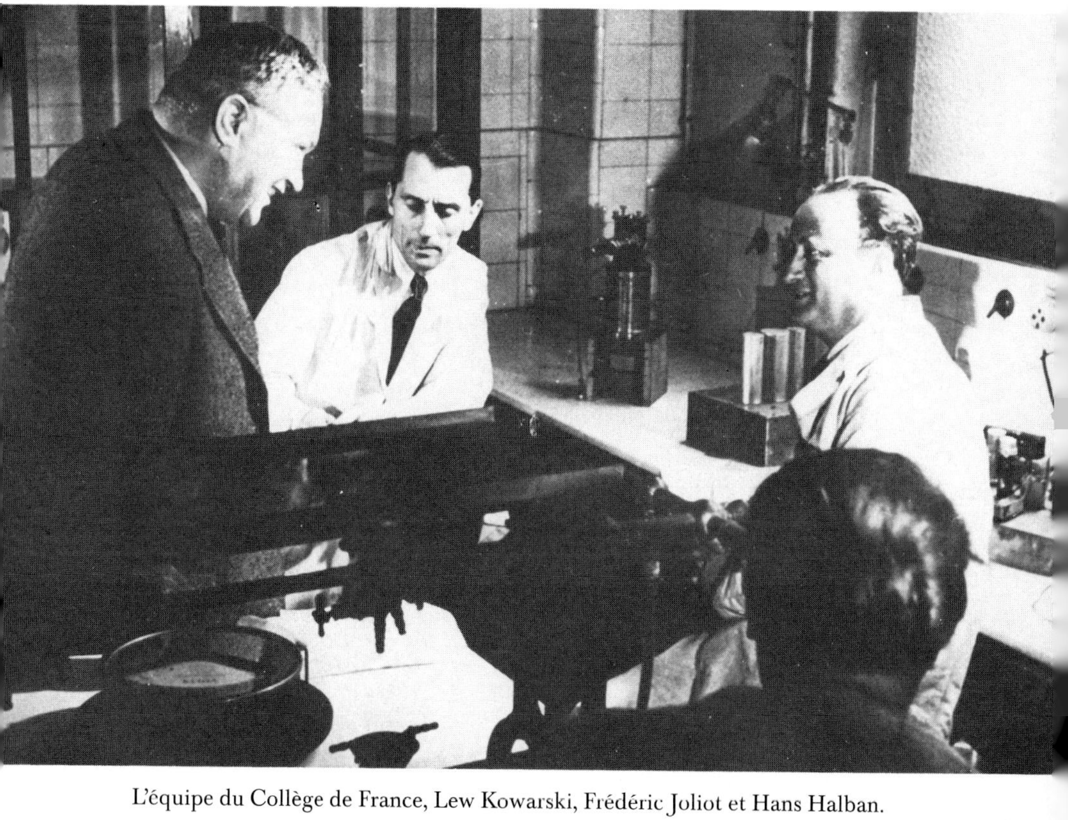

L'équipe du Collège de France, Lew Kowarski, Frédéric Joliot et Hans Halban.

AU LABORATOIRE DE MONTRÉAL:

Vendredi, 8 janvier 1943 MONTREAL-MATIN

60 savants étrangers viennent s'établir à l'Université de Montréal pour poursuivre des recherches extrêmement importantes

Bertrand Goldschmidt, Jules Guéron, Hans Halban, Pierre Auger.

Ersnest Lawrence, Arthur Compton, Vannevar Bush, James Conant.

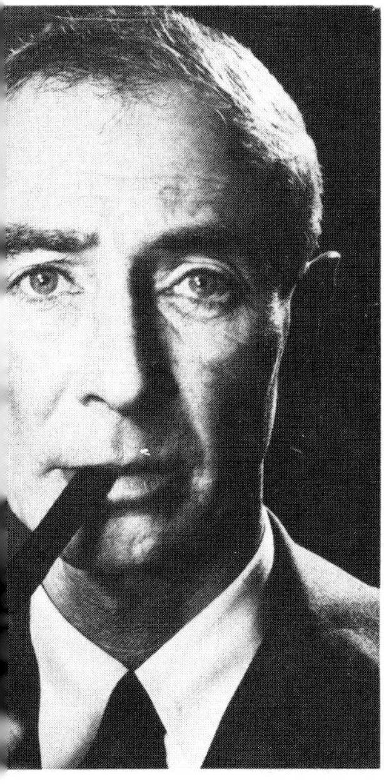

Robert Oppenheimer.

Le général Leslie Groves.

LES RESPONSABLES
AMÉRICAINS

LES RESPONSABLES BRITANNIQUES

Sir James Chadwick

Sir John Anderson

Sir John Cockcroft

Lord Cherwell

Lew Kowarski et Bertrand Goldschmidt au C.E.A.

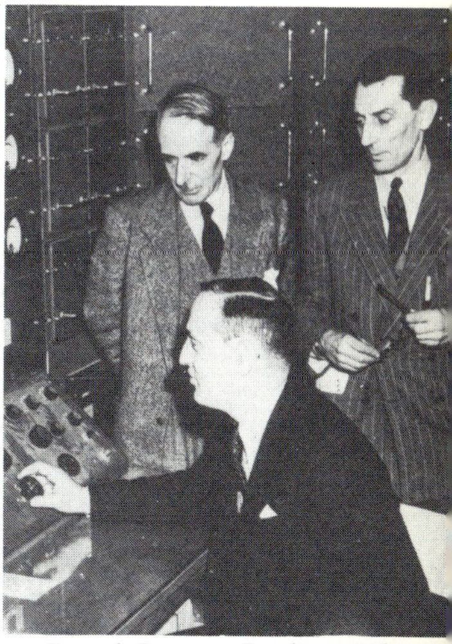

Raoul Dautry, Frédéric Joliot et Maurice Surdin devant le tableau de contrôle de la pile Zoe.

Assis: Pierre Auger, Irène Joliot, Frédéric Joliot, Francis Perrin, Lew Kowarski. Debout: Bertrand Goldschmidt, Pierre Biquard, Léon Denivelle, Jean Langevin.

Bikini : la colonne d'eau de plus de deux kilomètres de haut.

A la fin de la réunion, où nous avions répondu tant bien que mal à cet étrange questionnaire, je demandai la permission d'en rapporter le texte à Montréal, permission refusée d'abord, puis accordée devant mon intention de le recopier. Nous avions d'emblée compris que l'objet mystérieux de cet exercice était l'utilisation éventuelle du polonium pour engendrer (associé au beryllium) un brusque flux de neutrons comme détonateur dans la bombe.

A la sortie de la réunion, passant dans un couloir avec Compton, le chef de tout le projet de Chicago, je croisai Seaborg que je n'avais pas revu depuis de longs mois. Je pus à peine lui dire bonjour, car Compton me demanda de ne pas m'arrêter ; je n'étais pas, au cours de cette mission, autorisé à parler et surtout à parler de plutonium à celui qui avait été, un an auparavant, pendant plusieurs mois, un patron, un collègue et un ami.

Le comble fut, à mon retour à l'hôtel, de trouver un message m'invitant à passer la soirée chez Seaborg et sa femme. Nous évitâmes de parler plutonium ou polonium, mais, en rentrant le soir, je rencontrai par le plus grand des hasards, Perlman, l'adjoint de Seaborg, avec qui j'avais travaillé et m'étais le plus lié à Chicago. Il arrivait d'Oak Ridge où il dirigeait l'installation pilote d'extraction de plutonium et il logeait au même hôtel que moi. Cette fois, le sujet plutonium fut abordé jusque tard dans la nuit, Perlman ayant tenu à me mettre au courant de l'évolution de la question depuis mon départ. C'est ainsi que j'appris que le procédé adopté par les Américains pour la réalisation industrielle était celui fondé sur la précipitation du phosphate de bismuth, qui venait d'être découvert lors de ma visite consacrée à la chasse aux microgrammes de plutonium en février 1943.

Quelques semaines plus tard, je fus à deux reprises envoyé à New York pour préparer des sources de polonium. La première fois, on me demanda de traiter au centre anticancéreux quatre-vingt mille fines aiguilles en or qui avaient contenu du gaz radon pour la radiothérapie et qui avaient été récupérées après usage. Le gaz radon descendant direct du radium se désintègre en un isotope du plomb, le radium D, d'une période de décroissance de moitié de vingt années, et qui est l'ancêtre direct du polonium. Il fallut utiliser un mélange concentré d'acide nitrique et chlorhydrique pour dissoudre l'or, séparer de la solution les radioéléments présents à l'état de traces impondérables et puis récupérer l'or. A la fin de cette dernière opération, j'obtins environ quatre kilos d'or en fine poudre et j'éprouvai un véritable plaisir à fondre moi-même un lingot de quatre kilos d'un éclat et d'une pureté exceptionnels.

La deuxième opération consistait à récupérer le polonium et son ancêtre direct le radium D à partir d'une vieille source de trois grammes de radium, provenant également du même hôpital où j'avais travaillé au début de 1942. La manipulation délicate aboutit à l'isolement de la plus forte quantité de polonium jamais préparée à cette date. Suivant les instructions reçues, je la rapportai d'urgence de New York à Montréal où, moins de vingt-quatre heures plus tard, un officier américain, venu lui aussi de New York par un soir de tempête de neige, vint en prendre possession pour l'emporter à Los Alamos. Elle y était attendue avec impatience pour servir dans la mise au point du détonateur de la bombe. Les relations entre alliés anglo-saxons étaient encore si sensibles à cette date qu'il avait fallu faire transiter inutilement le précieux produit par le territoire canadien pour souligner qu'il s'agissait d'une contribution de l'équipe britannique.

Ni la visite de Groves au laboratoire de Montréal en septembre 1943, ni la participation de Paneth et la mienne à ses côtés à la réunion de Chicago sur le polonium, ni ma préparation d'une forte source de ce radioélément pour Los Alamos n'étaient encore des hirondelles annonçant le printemps de l'adoption d'un programme ambitieux à Montréal.

Groves refusait de s'engager chaque fois que Chadwick ou Mackenzie lui parlaient de l'attribution au Canada des premières tonnes d'eau lourde. Elles arriveraient trop tard pour servir à l'effort de guerre. Quant à une collaboration sur la fabrication d'eau lourde, elle était hors de question, car les Américains avaient résolu le problème industriel et leurs premières installations étaient en cours de démarrage de production ou d'achèvement avec une capacité totale avoisinant trois tonnes par mois. Enfin, en décembre, Groves allait aussi admettre que sa réticence à s'engager dans un programme commun avec le laboratoire de Montréal pourrait être partiellement levée si la direction de celui-ci était confiée à Cockcroft ou un autre savant anglais.

Le 8 janvier 1944, se tint à Chicago la première réunion de reprise de la collaboration entre les deux organisations, entre représentants du projet américain et ceux de Montréal. La réunion, sous la double présidence de Groves et de Chadwick, groupait vingt-quatre techniciens des deux laboratoires et, fait caractéristique de l'aspect international de ces équipes, cette assemblée comportait des scientifiques d'une dizaine de nationalités d'origines différentes. Cela témoignait de l'attitude généreuse et intelligente, avant la guerre, des pays anglo-saxons envers les réfugiés du fascisme. Ce succès des recherches atomiques en fut une des récompenses. Nous étions dix du laboratoire de Montréal dont Halban, Auger, Pontecorvo et moi-même, preuve de l'influence de la science française et du laboratoire Curie sur le projet anglo-canadien. Guéron n'avait pu en faire partie, car, dépendant directement de la France libre, il n'avait pas le statut de fonctionnaire britannique d'où des difficultés pour l'obtention d'un visa américain. Les représentants américains comprenaient, outre Compton et Fermi, deux autres prix Nobel. Après des souhaits de bienvenue de Compton et de Chadwick, une arrivée tardive du général Groves fut suivie, à notre étonnement, d'un dialogue en aparté de plus en plus animé entre Groves et Chadwick, puis, ce dernier annonçant « qu'il n'était jamais bon que les parents se disputent devant les enfants », ils se retirèrent pendant une bonne demi-heure.

A leur retour, l'objet de leur querelle nous fut révélé : la chimie du plutonium et des produits de fission et de leur séparation ne ferait pas partie de la collaboration envisagée. Les Américains, par une interprétation très stricte de l'accord de Québec, soutenaient que les plans de leur usine d'extraction de plutonium, ensemble des plus complexes, commandé à distance en raison de l'intense densité de radiations présentes, étant définitivement établis, une aide britannique ne pourrait y être d'aucun secours pour la guerre. De plus, ils nous annoncèrent officiellement la construction en cours d'une pile à eau lourde, et leur intention de garder à cet effet les premières tonnes nécessaires de leur production d'eau lourde. On se sépara sans avoir avancé vers la fixation d'un programme pour le groupe anglo-canadien.

Le deuxième jour fut consacré à des conversations entre spécialistes ; en particulier, je rencontrai longuement, au laboratoire, puis chez lui, le spécialiste des suspensions d'oxyde d'uranium, le Dr Hiskey. Nous avons chacun parlé de nos mayonnaises. Puis, comme c'était inévitable, nous avons abordé le problème moins technique des limitations apportées à nos échanges de connaissances, il en était scandalisé et ne mâcha pas ses mots à l'égard de la politique imposée par le général Groves et l'armée. Les murs avaient peut-être des oreilles car, peu après, son affectation spéciale fut annulée, il fut mobilisé et envoyé dans l'Alaska. Le secret atomique ne devait pas seulement être observé entre techniciens alliés, mais aussi approuvé !

16

La collaboration restreinte

Au début de l'année 1944, un véritable découragement s'empara de l'équipe de Montréal. L'espoir soulevé par la conclusion de l'accord de Québec était retombé. La réunion de reprise de la collaboration à Chicago du 8 janvier avait été décevante. Il n'y avait plus de doute que la première pile à eau lourde serait construite par les Américains. Aucune décision n'avait été prise pour en construire une au Canada.

Les Anglais parlaient de rapatrier leurs chercheurs et de recommencer tout sur le territoire national. Les Canadiens voulaient arrêter leur importante contribution financière, un fardeau dont l'utilité leur semblait de plus en plus discutable. Plusieurs de nos collègues britanniques envisageaient de demander leur retour en Angleterre, soit pour contribuer à un travail de défense, soit pour s'engager dans les forces armées.

Pour Auger, Guéron et moi, tous trois détachés par les Forces françaises libres, le problème se posait avec acuité. Nous étions convaincus que rien ne pourrait se faire d'intéressant et d'utile à Montréal sans la participation des États-Unis. Or, les contours de cette indispensable coopération restaient flous, la seule ligne nette étant la décision de Washington d'en exclure tout ce qui touchait au plutonium et à sa chimie. Je ressentais personnellement cette exclusion, car j'avais toujours considéré que la responsabilité technique de cet important secteur de l'entreprise me reviendrait, en raison de mon stage de trois mois, en 1942, chez Seaborg à Chicago.

La participation même des Français au projet anglo-canadien posait problème à Washington, où personne ne savait ou ne voulait se rappeler que cette entreprise n'aurait jamais vu le jour sans le prolongement en Grande-Bretagne des travaux du Collège de France. La présence de Halban à la tête du laboratoire et celle des trois autres Français Auger, Guéron et moi, à ses côtés, à des postes relativement importants était un des arguments mis en avant par Groves pour freiner la reprise de la collaboration. Obsédé par la nécessité d'un maintien absolu du secret, le général américain redoutait de nous voir repartir en France dès la Libération et souhaitait éviter ce risque en imposant des contrats de longue durée aux trois d'entre nous qui, à tout moment, pourraient être rappelés par les autorités françaises.

Pour Halban, le problème était différent puisqu'il s'était engagé par le contrat de fin 1942 à travailler pour le gouvernement anglais pour au moins cinq ans. Nous jugions qu'en s'engageant pour une telle durée, allant probablement largement au-delà de l'époque espérée pour la libération de la France, il avait manifesté une certaine préférence à l'allégeance vis-à-vis du Royaume-Uni.

Dans le fond, Groves aurait voulu nous voir quitter tout de suite le projet mais, comme il ne pouvait pas nous couper la langue, ni nous interner — comme il envisagea de le faire néanmoins un an plus tard —, il préférait, comme moindre mal, nous garder au Canada sous sa coupe indirecte au moins jusqu'à l'utilisation de la bombe ou la fin des hostilités, tenus comme nous l'étions par notre engagement au secret.

A Washington, la méfiance vis-à-vis des Français s'étendait au-delà de l'entreprise atomique. Il fallait se rendre à l'évidence : en 1944 la défense américaine n'avait voulu dans ses laboratoires d'aucun des scientifiques français parmi la trentaine sauvés de France par la ténacité de Rapkine et relevant de son bureau scientifique de New York.

Le gouvernement britannique était beaucoup mieux disposé à l'égard de cette main-d'œuvre spécialisée de grande qualité et était prêt à y faire appel, dans la recherche opérationnelle en particulier. Le Comité de libération nationale, sur l'initiative de Rapkine, décida donc, en ce même début de 1944, de constituer en Angleterre une mission scientifique à laquelle seraient affectés les savants de Rapkine. Cette mission pourrait œuvrer à la préparation de la relance de la recherche scientifique en France sitôt la Libération venue.

Rapkine, tenu au courant de la situation à Montréal, nous envoya le 28 février une lettre officielle annonçant aux trois Français détachés leur désignation par Alger pour faire partie de cette mission et nous enjoignant de prendre toute disposition concernant notre départ et notre venue à Londres. Il en avait prévenu les Anglais, faisant d'ailleurs une distinction entre d'une part Auger, dont le rappel faisait l'objet d'une décision définitive, car on avait besoin de lui dès la Libération, et d'autre part Guéron et moi, les autorités françaises pouvant envisager de nous laisser tous deux à Montréal si l'entreprise anglo-canadienne prenait enfin son essor et si les dirigeants anglais insistaient sur notre participation.

Si, en ce printemps 1944, la présence des Français au laboratoire de Montréal commençait à poser problème pour leur employeur anglais le DSIR, celui-ci n'était pas encore disposé à nous laisser partir, Guéron et moi. Ils savaient qu'ils auraient besoin de nous en cas de reprise de la collaboration avec les Américains, en raison de notre rôle important dans la direction de la chimie, sous la houlette de Paneth.

Enfin un programme

Pendant ce temps, les négociations sur le sort du groupe anglo-canadien se poursuivaient. Le 17 février 1944 se tint à Washington sous la présidence du secrétaire à la Guerre Stimson, une réunion du comité politique mixte créé par l'accord de Québec. Bush et Conant continuèrent à s'opposer au projet de construction au Canada d'une grande pile à eau lourde, car sa production de plutonium arriverait trop tard pour le conflit mondial en cours. On se sépara sans décision en demandant à Groves, Chadwick et Mackenzie un rapport. Ceux-ci se mirent d'accord pour confier la tâche au représentant de Groves à Chicago, qui avait un nom digne d'un roman policier anglais, le « major Arthur Penderson ». Celui-ci fit une étude sérieuse. Sa conclusion était négative en raison de l'argument de l'utilité pour la poursuite de la guerre. Il concluait toutefois en soulignant les qualités des piles à eau lourde : « Leurs avantages pourraient être si prononcés et leurs applications après la guerre d'une si grande portée que leur développement ne devrait pas être complètement négligé. »

Chadwick se trouvait à Los Alamos quand Penderson lui remit son rapport. Groves le rejoignit le 27 mars, opposé à la pile canadienne. En fin de journée, Chadwick réussit à le faire changer d'avis en renonçant à la construction d'une pile dont la production de plutonium aurait pu avoir une réelle importance militaire et en acceptant pour le Canada comme étape intermédiaire la réalisation d'une unité, dite pilote, cinq fois moins puissante que celle envisagée initialement. Cette pile, avec une puissance de dix mille kilowatts, aurait déjà une puissance une trentaine de fois supérieure à la première en cours d'achèvement à Chicago.

C'est ce soir-là que prit forme l'aboutissement de la mission de Halban et Kowarski en Angleterre, prolongée par la création de l'entreprise anglo-canadienne à Montréal. Celle-ci allait enfin s'engager dans la voie d'une réalisation de taille industrielle, véritable étape vers la production d'énergie. La ténacité et l'adresse de Chadwick avaient contribué à surmonter les obstacles et les réticences d'origine américaine, une certaine passivité canadienne et les conséquences des erreurs de jugement et des maladresses britanniques.

Chadwick venait, pierre par pierre, de rebâtir l'édifice de la collaboration avec Washington, tout en acceptant que des pans entiers de l'entreprise en soient encore interdits aux Britanniques. Cet édifice était fragile et il allait être impitoyable pour tout obstacle susceptible d'y porter atteinte. Halban allait en être la première victime. Le rapport, sur lequel Chadwick et Groves venaient de se mettre d'accord, contenait en effet une clause qui sonnait le glas de la direction de Halban, car il y était recommandé de renforcer le laboratoire de Montréal par le recrutement de chercheurs et de spécialistes américains, aussi bien que britanniques et canadiens, ainsi que par la nomination d'un nouveau directeur.

Dans l'atmosphère démoralisante des derniers mois, nos nerfs étaient à vif et, à tort ou à raison, notre ressentiment n'avait fait que croître contre Halban, de plus en plus isolé dans une tourmente dont il n'était qu'en partie responsable. Mais celle-ci suivait des mois d'insatisfaction sur l'évolution de notre programme, aggravée par une gestion autoritaire et psychologiquement maladroite. La personnalité de Halban était devenue un sujet quasi obsessionnel de nos discussions au laboratoire et en dehors. Ses relations avec les Canadiens s'étaient détériorées. Mackenzie était lassé des drames causés par des exigences de priorité, d'urgence de recrutements et par des questions d'administration secondaires, toutes choses beaucoup plus acceptables pour une entreprise indispensable à l'effort de guerre, ce qui n'était pas le cas. Mackenzie allait écrire dans son journal, en septembre 1943, à propos de la visite de Groves et de Chadwick à Montréal : « Halban se sent très peiné de ne plus être le personnage central de toute l'affaire, mais, comparé à Chadwick, il n'est qu'un enfant et qui de plus est capricieux. »

Le représentant de Mackenzie au laboratoire de Montréal, le

physicien canadien George Laurence, se plaignait amèrement d'être maintenu, comme les autres chercheurs canadiens, à l'écart des décisions que Halban prenait sans consulter personne et aussi de l'absence de réunions du comité technique (celui dont Kowarski avait tant tenu à faire partie), dont il était membre de droit. Il soulignait aussi l'influence d'ICI dans le projet et en partie dans sa division industrielle. Il souhaitait la nomination d'un nouveau directeur, qui tardait, mais se demandait si cela suffirait pour éliminer ces difficultés.

Les seuls alliés de Halban restaient les dirigeants de Tube Alloys, Anderson, Akers et Michael Perrin, ainsi que Malcolm MacDonald, le haut-commissaire britannique à Ottawa.

Halban était un scientifique de valeur, plein d'idées originales et de dynamisme, mais la gestion de son équipe avait été un échec sur le plan humain. Paradoxalement, son principal soutien au laboratoire était le théoricien Placzek, qui venait d'épouser sa première femme. J'avais même inventé une parenté pour cette relation inattendue, je disais de Placzek qu'il était le beau-mari *(husband in law)* de Halban. Celui-ci, sentant l'objet de tous ses efforts et de tant d'années lui échapper, et peu soutenu par tous ceux qui lui devaient leur situation, était tendu et nerveux. Mes relations avec lui, qui avaient pris un tour moins professionnel et plus intime depuis son remariage, commençaient à s'en ressentir et les repas pris chez lui et son épouse finissaient parfois par des éclats.

Au mois de mars 1944, je trouvai un bon moyen de passer ce cap désagréable. J'avais été chargé d'envisager les moyens de récupérer le polonium, au cours de la séparation du radium, à partir de la fraction résiduelle provenant de l'extraction à Port Hope de l'uranium du minerai belge. Une usine dépendant du groupe Pregel avait été montée à cet effet à Mount Kisko, à environ une heure de New York en train.

Je proposai donc à Akers et Halban de m'y envoyer en mission pour quelques semaines, qui devinrent plus de trois mois, de mars à juin, comme conseil pour cette opération, car la production de polonium nous intéressait. Trop heureux d'avoir un mécontent de moins sur les bras, ils acceptèrent. Du coup mon moral passa au beau fixe, car, tout en faisant la navette quotidienne avec l'usine de Mount Kisko, j'allais pouvoir attendre près de ma famille et de mes amis de savoir si ma prochaine destination serait anglaise ou canadienne.

Je me vois encore à la veille de partir pour New York, ayant renoncé à mon appartement de Montréal, arrivant au laboratoire avec quelques provisions, boîtes de conserve, confitures... que je voulais y déposer. Puis, ayant entamé une discussion animée avec mon patron direct Paneth, car celui-ci ne comprenait pas mon départ, sorte de désertion à ses yeux, j'avais ouvert un pot de miel et j'y plongeais nerveusement mon index et le retirais pour le sucer. Soudain me rendant compte que je n'étais pas seul, je lui offris le pot pour qu'il en fasse autant. Paneth, la correction même, eut l'air tellement stupéfait que j'éclatai de rire en m'excusant et l'atmosphère fut détendue.

Après quelques semaines à New York, sachant que tout dépendait de l'issue des négociations de Chadwick avec les Américains, je demandai rendez-vous au savant anglais à Washington. Il me reçut le 11 avril, l'avant-veille d'une nouvelle réunion du comité politique mixte, celle qui devait enfin couronner de succès ses efforts et entériner son compromis récent avec Groves. Sans entrer dans les détails, il me confia son espoir de voir incessamment adopter, au niveau ministériel, la décision de construire au Canada une pile relativement puissante dans le cadre d'une réalisation tripartite. Malheureusement, l'objectif n'étant pas la production de plutonium, tout ce qui touchait à la chimie et l'extraction de cet élément semblait devoir être exclu du cadre de la future collaboration. Il ne se déclarait pas encore vaincu et était décidé à se battre pour surmonter cet obstacle. Il espérait me voir rentrer au Canada pour jouer un rôle dans ce secteur. Enfin il m'annonça le remplacement très prochain de Halban à la direction du laboratoire par un savant anglais de valeur indiscutable.

Le surlendemain, le comité politique mixte, présidé par Stimson, adopta à l'unanimité la solution proposée : la construction en commun au Canada d'une pile à eau lourde de dix mille kilowatts. Howe fit part d'une décision du cabinet de guerre d'Ottawa de financer l'entreprise et annonça le choix d'un site possible. Il fut décidé de charger Groves, Chadwick et Mackenzie de la supervision de l'opération pour laquelle les Américains s'engageaient, cette fois définitivement, à fournir l'uranium métal et l'eau lourde nécessaires.

Le principal objectif de Halban était enfin atteint, mais, par une certaine ironie du sort, ce n'était pas lui qui allait en diriger la réalisation, mais Chadwick de loin et Cockcroft de près, les savants mêmes qui l'avaient si bien accueilli, lui et Kowarski, à leur arrivée en Angleterre près de trois ans auparavant.

Cockcroft n'avait plus été mêlé à l'affaire de l'uranium depuis la fin de 1941, après la publication du rapport Maud. Il avait joué un rôle considérable, comme scientifique et comme administrateur, à la tête du projet radar de l'armée. Sa présence y était très désirée, à la veille du débarquement. On voulait lui confier la direction du laboratoire Cavendish après la guerre. Anderson le convainquit néanmoins de prendre la direction de l'entreprise de Montréal, car les Américains, soutenus par les Canadiens, faisaient de cette acceptation une condition pour le lancement du projet tripartite.

Cockcroft arriva à Montréal le 26 avril 1944. Il passa une partie de la journée avec Pierre Auger et se fit expliquer tous les problèmes, plus humains que techniques, ayant marqué l'histoire turbulente du projet anglo-canadien. Le lendemain, il vint au laboratoire. Halban le présenta aux cadres assemblés comme venant l'assister dans une sorte de supervision administrative et technique. Sans se départir de son calme, Cockcroft enchaîna pour annoncer sans aucune ambiguïté qu'il était le nouveau directeur et qu'il avait l'intention de confier à Halban la direction de la division de la physique, à la veille d'être libérée par le départ d'Auger.

Il allait remettre à son prédécesseur une lettre d'Anderson. Le ministre y exprimait à Halban sa gratitude personnelle pour tous ses efforts en vue du maintien de la cohésion de son équipe et du soutien de son moral pendant la longue période d'incertitude et de grande difficulté pour lui et son organisation. Il le remerciait aussi de la façon dont il avait accepté et même souhaité la venue de Cockcroft, ce qui allait lui permettre de se donner maintenant totalement à l'aspect scientifique et technique de son travail. Halban avait ainsi perdu, mais sans indignité, la manche de sa gestion du laboratoire de Montréal.

Encore ce plutonium

Début mai, ce fut à mon tour de rencontrer Cockcroft à New York, lors d'un de ses voyages aux États-Unis. C'était un homme pas loin de la cinquantaine, peu loquace, précis et d'un abord facile et sympathique. Son calme cachait un esprit de décision déterminé et énergique. Il était connu pour laisser parler sans les interrompre ses interlocuteurs, tout en prenant des notes d'une écriture minuscule dans un petit carnet noir, et conclure en général par un bref « Je vois ».

Mis en confiance, je lui exposai mon dilemme : soit le départ pour l'Angleterre dans la mission Rapkine, dans l'ignorance de ce que je serais appelé à y faire, mais avec l'avantage de la proximité de la France pour renouer le fil de ma carrière le premier moment venu, soit, ce que je préférerais, le travail au Canada dans le domaine du plutonium dans l'éventualité d'une reprise de la collaboration avec les Américains dans ce secteur, mais je ne voulais à aucun prix prolonger la frustration et l'impuissance de l'année écoulée.

La réponse de Cockcroft fut nette. Le rôle du plutonium dans l'avenir de l'énergie atomique devant à l'évidence être considérable, il ne concevait pas la construction de la pile au Canada sans adjonction d'une installation d'extraction de plutonium. Il ne resterait pas à Montréal si les Américains continuaient à refuser de s'ouvrir dans ce domaine et à s'opposer à la réalisation d'une telle unité.

Cockcroft était en route pour Chicago, où il fut admirablement accueilli par Compton et son adjoint Allison, un ami et ancien collègue du laboratoire Cavendish. Ils rédigèrent ensemble un mémorandum sur la collaboration à venir entre Chicago et Montréal : celui-ci recommandait l'échange de l'information nécessaire sur la pile et sur le plutonium. Cockcroft repartit pour Washington et présenta le mémorandum à Groves, qui, influencé par Conant, s'opposa à toute installation d'extraction de plutonium au Canada. Il suffirait d'envoyer les barres d'uranium irradiées pour retraitement aux États-Unis. On frisait à nouveau la rupture.

Finalement une réunion eut lieu le 20 mai entre Chadwick, Cockcroft, Groves et Compton. Ce dernier, influencé par Conant, s'était rallié à la politique restrictive. L'impasse paraissait totale, Chadwick attendit le départ de Cockcroft et de Compton de la réunion pour rester en tête à tête avec Groves : il était prêt à accepter « jusqu'à nouvel ordre » un embargo sur toute information concernant le plutonium à condition que quelques barreaux irradiés de la pile d'Oak Ridge soient cédés au groupe anglo-canadien afin que les chercheurs de Montréal puissent résoudre par eux-mêmes les problèmes chimiques de cet élément.

Chadwick était bien décidé à se battre fermement sur cette dernière position. Il tenait à protéger les intérêts britanniques et canadiens et à laisser la porte ouverte à la réalisation d'une installation pilote d'extraction du plutonium. Le laboratoire de Montréal disposait d'amples données sur la chimie de cet élément, à la suite de ma participation inespérée au groupe américain en 1942, et aussi des renseignements recueillis lors de mes brèves visites ultérieures à Chicago. Le soutien canadien ayant été obtenu sur la formule de compromis, une réunion fut organisée le 8 juin à

Chicago pour décider définitivement du domaine de la collaboration tripartite et ses modalités.

Cockcroft me convoqua la veille à Chicago pour avoir mon avis sur la proposition de Chadwick. Je pus lui confirmer le point de vue de ce dernier et l'assurer de la possibilité de nous tirer d'affaire sans nouvelles données, mais avec les quelques milligrammes présents dans des barreaux provenant de la pile d'Oak Ridge.

Chadwick, Cockcroft et Mackenzie me demandèrent de prendre le petit déjeuner avec eux avant leur réunion avec Groves. Je me trouvais, pour la première fois, dans l'antichambre d'une de ces nombreuses réunions à haut niveau dont nous avions tant espéré, car chaque fois elles devaient fixer le sort de l'entreprise de Montréal.

Ce jour-là nos pensées étaient ailleurs : les titres des journaux laissaient espérer la consolidation et peut-être même le succès du débarquement de l'avant-veille. Nos soldats tombaient sur les plages de Normandie sous les balles allemandes sans distinction de nationalité. Le marchandage entre alliés proches sur la transmission des données concernant le premier élément produit par l'alchimie moderne, fruit de la science mondiale, en devenait particulièrement choquant.

A la fin de la matinée, Cockcroft vint m'annoncer le résultat de la négociation ; Groves avait accepté la proposition de Chadwick et accord avait été conclu sur le texte suivant : « Les données concernant la chimie du 49 (code pour le plutonium), la méthode de séparation de cet élément (y compris tous les détails d'ingénierie) et de sa purification, ainsi que la chimie des produits de fission ne seront pas transmises jusqu'à nouvel ordre. Un nombre limité de barreaux de Tube Alloys (uranium provenant de Clinton, Oak Ridge) seront toutefois fournis, pour permettre au groupe de Montréal d'élaborer indépendamment les propriétés chimiques et d'extraction du 49. »

Quinze ans plus tard une situation analogue se produisit : les Américains, après une offre du président Eisenhower en 1957 de fournir aux alliés de l'OTAN intéressés la technologie du sous-marin nucléaire, refusèrent de la transmettre à la France, sous prétexte du risque de fuites de données secrètes, mais acceptèrent au dernier moment de lui céder l'uranium très enrichi pour un premier moteur de prototype à terre. Les spécialistes français furent ainsi forcés de mettre seuls au point une technologie indépendante pour la propulsion sous-marine nucléaire, élément capital de la force de dissuasion française. Il en fut de même, en

1944, pour le groupe de Montréal oblige d'élaborer sans aide extérieure une méthode d'extraction de plutonium.

La réunion de Chicago, qui avait levé la dernière incertitude sur l'avenir du projet canadien, fut suivie le lendemain, 9 juin 1944, par un moment émouvant pour moi : la visite de la première pile en fonctionnement que j'aie jamais vue. Il s'agissait de la première pile à eau lourde, la prime de consolation offerte aux physiciens de Chicago après la dévolution à l'industrie de la responsabilité des piles industrielles au graphite dérivant de celle de Fermi. Prévue pour une faible puissance de trois cents kilowatts, elle fonctionnait depuis un mois sur le site d'Argonne, aux environs de Chicago où avait été reconstruite la pile de Fermi, munie d'une protection de béton. Comme cette dernière pile n'avait pas de système de refroidissement, sa paroi était tiède. En posant la main dessus, j'avais senti pour la première fois cette fameuse énergie atomique.

La pile à eau lourde, aussi entourée de béton, consistait essentiellement en un cylindre d'aluminium de deux mètres de diamètre où plongeaient, dans six tonnes d'eau lourde, cent vingt barres d'uranium. Ces quantités étaient tout à fait de l'ordre de celles prévues par Halban et Kowarski dans leur expérience cruciale de décembre 1940 à Cambridge. Si ces matériaux avaient été garantis, puis cédés, au groupe anglo-canadien, comme Halban était en droit de l'espérer lors du transfert au Canada fin 1942, c'est lui qui aurait eu la gloire méritée d'être le premier au monde à faire fonctionner une réaction en chaîne divergente uranium-eau lourde.

Un programme d'ensemble avait été enfin adopté pour le projet devenu tripartite et mon sort lui était lié. Mackenzie en était conscient et il devait écrire dans son journal en date du 9 juin : « Chadwick comme moi pensons que pour la première fois nous avons tout sur les rails du point de vue des négociations. Son problème sera maintenant de garder sir John Anderson sur les rails. » Il ne croyait pas si bien dire !

Je mis fin à ma mission à Mount Kisko et retournai à Montréal. Rapkine, averti par moi de l'intérêt du travail prévu, décida en accord avec Cockcroft de prolonger mon affectation auprès du DSIR, ainsi que le détachement de Guéron auprès du même organisme. Cockcroft, le 16 juin, avait prévenu Chadwick de son intention de porter l'effectif de la division de chimie à quarante travailleurs et ajoutait : « Je dois garder Goldschmidt et Guéron. »

La prolongation décidée était d'un an et allait jusqu'au 1er juillet 1945. C'était la date envisagée pour l'achèvement de la bombe, confirmée par mes dernières conversations avec Chadwick, et par les rumeurs arrivant jusqu'à nous, malgré le cloisonnement échafaudé et surveillé avec zèle et conviction par Groves et ses agents de renseignement.

La décision de prolongation me fut notifiée, quelques semaines avant la libération de Paris, par une lettre officielle de Rapkine précisant que ma participation au projet du DSIR était « d'un intérêt primordial pour notre pays » et considérée « comme essentielle par nos collègues britanniques ». La clause suivante était incluse : « Il est entendu qu'au cours de cette période, si le besoin se fait sentir et si les circonstances sont jugées favorables par tous les intéressés, la permission vous sera donnée par le DSIR d'effectuer un voyage en France pour y faire un court séjour. » Clause en apparence normale et inoffensive, qui allait être à l'origine de complications aussi imprévisibles que sérieuses.

En juillet 1944, au moment où j'entamais mon nouveau bail d'un an, tout sembla se débloquer en même temps. Depuis le printemps, les recherches d'un site pour la construction de la pile et des grands laboratoires de recherche correspondants se poursuivaient sans succès ; il fallait trouver un endroit plaisant pour les chercheurs et leurs familles, pas trop éloigné de Montréal où le laboratoire continuerait à fonctionner, isolé pour des questions à la fois de protection des populations avoisinantes en cas, hautement improbable, d'accident grave et pour le maintien du secret, et enfin situé sur un lac ou un fleuve à grand débit pour le refroidissement de la pile. Vers la mi-juillet, un site idéal fut trouvé à Chalk River, à deux cents kilomètres à l'ouest d'Ottawa, en amont, sur la rivière du même nom.

Cockcroft, s'étant rendu compte que la pile envisagée de dix mille kilowatts serait plus longue à construire que prévu (elle ne divergea qu'à la mi-1947 avec une bonne année et demie de retard), prit à la fin de juillet 1944 la sage décision de s'attaquer d'abord à une petite unité, également à uranium métal et eau lourde, de puissance presque nulle, banc d'essai et d'expérimentation très utile. Après quelques réticences de Groves, la décision fut entérinée à une réunion entre celui-ci, Mackenzie et Chadwick, le 24 août.

Dès sa nomination à la tête du laboratoire, Cockcroft, désireux de renforcer son équipe, avait décidé d'appeler Kowarski à Montréal de son exil de Cambridge. Il arriva fin juillet, sans sa femme et sa fille, non pas pour pouvoir être renvoyé en Angleterre plus facilement, comme Halban l'avait exigé deux ans auparavant, mais en raison de la rareté des places de passage au moment où tous les transports étaient mobilisés pour les opérations de débarquement en Europe.

Cockcroft, sachant fort bien que Halban, maintenant chef de la division de physique, en serait contrarié, offrit dès son arrivée à Kowarski de diriger la petite équipe à qui serait confiée la construction de la pile de puissance nulle. Selon le récit de Kowarski, Cockcroft à son arrivée lui dit : « Voilà ! nous avons décidé que nous devrions d'abord construire une petite pile expérimentale et nous avons pensé que vous pourriez prendre la direction de ce projet. »

Kowarski étant resté le souffle un peu coupé devant ce changement considérable par rapport à la situation qu'il venait de quitter, Cockcroft lui demanda un peu inquiet s'il n'aimait pas cette proposition. Kowarski lui répondit : « Je pense que je peux le faire. »

Justice était rendue. Un des membres du tandem nucléaire français du *Broompark* allait avoir l'honneur de construire, sinon la première pile à eau lourde au monde, du moins la première pile atomique à fonctionner en dehors des États-Unis.

Si Kowarski avait été surpris par l'offre de Cockcroft, pour ma part j'avais été non moins étonné par la métamorphose de Kowarski. Il n'avait plus rien de commun avec l'ours mal léché, bourru et distant que j'avais connu au laboratoire Curie huit ans auparavant. Il avait été sorti de sa gangue par son long séjour en Angleterre, pays où il allait se sentir le plus en confiance et où il regrettera de ne jamais pouvoir s'installer. Combattant sa nature instable, il paraissait à son aise, même sûr de lui, et maniait avec humour le paradoxe et le calembour. Je compris alors, ce que j'avais eu du mal à croire, l'emprise qu'il avait exercée sur l'équipe de Cambridge en 1942 et l'explication de la menace de grève de ses collègues lors de leur transfert au Canada sans lui, au cours de l'épisode de sa rupture avec Halban. Sur celui-ci, il allait prendre une revanche non seulement du fait de sa nouvelle responsabilité dans le projet, mais aussi, avec sarcasme et sans pitié, par le verbe.

Les chimistes à Montréal, en ce mois de juillet 1944, allaient aussi être récompensés de leur patience, grâce à l'arrivée des États-Unis des lingots de métal irradiés dans la pile américaine d'Oak Ridge conformément à l'accord du 8 juin à Chicago entre Groves, Chadwick et Mackenzie. La division de chimie allait pouvoir se lancer dans des études d'alchimie radioactive pour laquelle elle s'était préparée depuis dix-huit mois.

Le travail n'y avait d'ailleurs jamais cessé. Tandis qu'avec un seul ou deux assistants j'avais « joué » avec mes quatre microgrammes de plutonium, ma mayonnaise d'oxyde d'uranium et mes sources de polonium, Guéron, dont la compétence à cheval sur la physique et la chimie était plus générale que la mienne, avait réussi à occuper les autres chercheurs. Il avait ainsi contribué à maintenir le moral dans cette division durant cette période difficile où, en l'absence de véritables moyens, j'avais eu l'impression de faire du sur place en comparaison des mois passionnants passés à Chicago en 1942.

Un après-midi, en ce mois de juillet 1944, Guéron et moi reçûmes un appel du policier en faction à l'entrée du laboratoire ; des colis venaient d'arriver pour nous des États-Unis. Deux puissantes voitures, avec chacune deux chauffeurs musclés, nous apportaient des lingots irradiés en provenance de la pile d'Oak Ridge, contenus dans d'épais récipients en plomb, des « châteaux de plomb » comme nous les appelons aujourd'hui, pour la protection contre les radiations. Comme il faisait très chaud, les chauffeurs, pour aider à sortir les lourds conteneurs, retirèrent leurs vestes. Chacun d'eux avait accroché, à une lanière sous chaque bras, un impressionnant colt. Ils n'étaient pas des livreurs ordinaires !

Avec l'arrivée des produits irradiés en provenance des Etats-Unis, le travail pouvait reprendre avec autant d'intensité que d'intérêt. Trois ans s'étaient écoulés depuis mon départ de la France de Vichy, et j'aurais été bien étonné si l'on m'avait dit que j'allais néanmoins de nouveau être considéré comme une personne douteuse. C'est pourtant ce qui allait bientôt se passer.

17

La double allégeance

L'initiation de De Gaulle

Dans mes discussions avec Rapkine et Chadwick, le problème de ma double allégeance n'avait jamais posé problème. J'avais pris la décision de rester au Canada, plutôt que de me rapprocher de la France en suivant la mission de Rapkine en Angleterre, car je pensais pouvoir rendre plus de services au laboratoire de Montréal, dans une discipline nouvelle, avec des prolongements après la guerre. Si par surcroît il s'agissait d'un domaine passionnant, dans la ligne de ma spécialité, ce n'en était que mieux.

Le problème de ma future situation en France ne m'inquiétait pas. Je devrais retrouver, le moment venu, mon poste d'assistant au laboratoire Curie. Il n'y avait pas d'urgence et, à l'occasion de la prolongation de mon contrat, il m'avait paru clair que l'on chercherait à me garder au Canada jusqu'à la fin de la guerre et l'utilisation de la bombe, car il y avait grande chance que celle-ci provoquerait celle-là.

Le fait d'avoir un statut de fonctionnaire temporaire britannique ne me gênait en aucune façon. Je franchissais sans problème la frontière américano-canadienne, muni d'un beau document officiel, marqué « *To whom it may concern* », sur papier à en-tête du haut-commissariat du Royaume-Uni à Ottawa, me décrivant comme un membre d'une mission au Canada du département de la Recherche scientifique et industrielle du gouvernement de Sa Majesté, conduit, dans l'exercice de ses fonctions officielles, à voyager, muni d'un passeport de la France libre, entre les deux pays et à emporter avec lui des documents confidentiels. Il était ajouté que toute manifestation de courtoisie à mon égard serait appréciée.

Halban, Kowarski et Auger avaient, comme moi, le statut de fonctionnaires temporaires britanniques. Celui de notre collègue Guéron était différent : engagé dès le 1er juillet 1940 au Service de l'armement des Forces françaises libres à Londres et homme de principes, il avait toujours tenu à dépendre directement de la France combattante et ce service continua à le rétribuer lors de ses deux détachements auprès du DSIR, à Cambridge à la fin de 1941, puis à Montréal au début de 1943. Le service de l'armement pouvait aussi à tout moment interrompre son détachement.

Nous étions tenus au maintien du secret par notre signature de l'*Official Secret Act.* En nous prenant à son service, Auger et moi, le gouvernement anglais n'avait conclu aucun engagement vis-à-vis de la France libre, tel n'était pas le cas pour Guéron.

Le transfert de ce dernier au Canada avait été précédé en octobre 1942 d'une négociation entre, d'une part, les dirigeants de Tube Alloys, Akers et Michael Perrin, et, d'autre part, le directeur de l'armement de la France libre, le colonel Morin et son adjoint, le commandant Bernard, pseudonyme d'Étienne Hirsch, beau-frère de Guéron, futur commissaire au Plan, puis président d'Euratom. Ceux-ci furent peu intéressés par les engagements pris le mois précédent par Halban à l'occasion de son contrat sur les échanges de droits de brevets et exposés en détail par leurs interlocuteurs anglais, mais ils demandèrent à ces derniers des garanties sur la position de la France aux côtés du Royaume-Uni et de ses partenaires dans l'exploitation de l'énergie atomique après la guerre.

Consulté par Akers, le ministre Anderson s'opposa à tout engagement dans l'échange de lettres assez vagues qui eut lieu à cette occasion, mais accepta que son point de vue personnel fût exposé oralement aux officiels français du Service de l'armement : selon lui, il serait naturel de tenir compte de la contribution spéciale des savants français dans tout arrangement de collaboration internationale susceptible d'être conclu après la guerre.

Neuf mois plus tard, en juillet 1943, à l'occasion des discussions anglo-américaines précédant la conclusion de l'accord de Québec, Anderson s'en tenait toujours à son point de vue, car dans la note pour Churchill, rédigée en commun avec Cherwell, il rappelait, au sujet d'un éventuel partage des droits à venir sur les retombées industrielles de l'entreprise, la nécessité de prendre en considération « les obligations d'honneur découlant du fait que les Américains et nous sommes redevables à certains savants français pour avoir les premiers attiré notre attention sur ce projet ».

Le Premier ministre n'en tint nullement compte et cette obligation d'honneur ne fut pas mentionnée au cours des négociations ayant abouti à l'accord de Québec, pas plus que nos différents liens avec la France libre. Il avait eu suffisamment de difficultés pour renouer la collaboration atomique avec les États-Unis pour s'encombrer d'une obligation envers un pays occupé, dont l'avenir paraissait encore bien incertain.

Au moment où Guéron et moi venions d'accepter notre prolongation de contrat d'un an avec le DSIR, et où Auger s'apprêtait à quitter Montréal pour l'Angleterre et la France, nous fûmes tous trois confrontés sérieusement, pour la première fois, au problème de la double allégeance. Nous avions en effet appris la venue proche du général de Gaulle au Canada, lors de sa première visite en Amérique du Nord depuis la fondation de la France libre, visite prévue pour le début de juillet 1944.

Connaissant la redoutable importance de l'arme en préparation susceptible d'obtenir la reddition sans condition du pays qui en serait victime, devions-nous ou non prévenir le Général des conséquences révolutionnaires de ce nouvel élément de la politique mondiale et lui faire connaître la date probable de son emploi ?

Une telle révélation serait en contradiction avec l'engagement de secret que nous avions tous trois contracté à l'égard des Anglais. Mais, détachés ou affectés auprès de ceux-ci par la France libre, notre allégeance allait d'abord à son chef, devenu président du gouvernement provisoire.

Le refus des États-Unis de traiter dans l'entreprise atomique le Royaume-Uni comme un allié à part entière, leur attitude vis-à-vis du projet anglo-canadien et, plus récemment, dans l'affaire du plutonium, et enfin leur discrimination et leur manque de confiance envers les techniciens français désireux de conserver leur nationalité et leurs liens avec leur patrie nous faisaient redouter de voir les Américains s'approprier le monopole de la force nouvelle à la découverte de laquelle la France avait apporté une contribution importante. C'est ce qui finalement nous encouragea à commettre l'infraction au secret, que Groves craignait. Le fait de nous traiter comme des traîtres potentiels contribua à nous pousser au « crime ».

L'affaire était délicate. Il fallut d'abord convaincre le délégué de la France libre au Canada, Gabriel Bonneau, de demander au Général de nous accorder à tous les trois une entrevue d'une dizaine de minutes pour une communication de la plus haute importance au cours de son séjour à Ottawa. En raison du caractère hautement secret de notre message, nous ne pouvions en expliquer la teneur à Bonneau lui-même, et nous tenions absolument à voir de Gaulle en tête à tête et en l'absence de son fidèle directeur de cabinet, Gaston Palewski (ce qui n'empêcha pas ce dernier d'être par deux fois ministre chargé de l'Énergie atomique, en 1955 et de 1962 à 1964 et un soutien précieux du développement nucléaire français tant civil que militaire).

Guéron avait connu Bonneau à Londres au début de la France libre et, dépendant administrativement de la délégation à Ottawa, pouvait aller le voir facilement et sans éveiller de soupçons, pour lui exposer notre problème. Bonneau nous fit confiance, mais décida de limiter la demande d'entrevue à un seul d'entre nous. Ce fut Guéron, le seul de nous trois que le Général connaissait déjà, qui eut l'honneur de faire la communication dans une petite chambre située au bout d'un couloir dans la villa servant de délégation à Ottawa.

Le temps disponible avait été réduit à trois minutes, car le Général ne passa qu'un quart d'heure à la délégation pendant son bref séjour à Ottawa le 11 juillet 1944. Il avait auparavant prononcé, par un temps superbe, devant le Parlement, une allocution sur ce que devrait être, pour la paix, la coopération internationale, spécialement celle de l'Occident, insistant sur la part que la France voulait y prendre. Nous l'avions écouté avec émotion, dans la foule massée sur la pelouse, devant la lignée de bâtiments de style gothique.

Arrivant à la délégation et prévenu par Bonneau, le Général demanda à se laver les mains et se dirigea au fond du couloir vers la porte de la pièce située en face de celle qui lui avait été indiquée. Guéron l'y attendait pour lui parler d'un domaine où la collaboration internationale entre alliés occidentaux laissait précisément à désirer.

Nous avions rédigé ensemble le message : une arme d'une puissance extraordinaire, à base d'uranium, devrait être prête dans un an et servir d'abord contre le Japon. La possession de l'arme, mise au point aux États-Unis, devrait donner à ce pays un avantage considérable dans le monde après la guerre. Il était indispensable de reprendre au plus vite les recherches correspondantes en France. Joliot et Francis Perrin étaient ceux avec lesquels il faudrait organiser cette relance. Enfin, il fallait éviter de laisser Madagascar aux mains des Américains, en raison de ses ressources en uranium auxquelles nous attribuions alors une importance qui se montra par la suite très exagérée.

Quelques instants après son entretien avec Guéron, nous fûmes présentés officiellement au Général, avec d'autres partisans de la France libre au Canada. Ce fut un moment émouvant, dont je me suis souvent vanté avec fierté, car, quand ce fut mon tour, il me donna pour la première fois de ma vie le titre de « Monsieur le Professeur » et me dit simplement : « Je vous remercie, je vous ai très bien compris. »

Comme nous l'avions espéré, de Gaulle garda parfaitement, à notre connaissance, le secret sur son initiation. Il ne la révéla que douze ans plus tard, lors de la parution de ses *Mémoires de guerre*. Il y écrit en parlant de sa visite à Ottawa : « Même les laboratoires et usines du Canada participent aux recherches et opérations d'où sont près de sortir les premières bombes atomiques. Il m'est rendu compte en secret de l'aboutissement imminent par Pierre Auger, Jules Guéron et Bertrand Goldschmidt, savants français, qui, avec mon autorisation, sont entrés dans les équipes alliées consacrées à ce travail d'apocalypse. »

Quelque vingt ans plus tard, je revis à plusieurs reprises le Général, de nouveau à la tête de l'État, lors de ses visites des centres du CEA. Il n'avait pas oublié ma participation à son initiation au secret de l'existence de la bombe. Me sachant chargé des relations internationales, il me posa chaque fois la même question ; il voulait savoir quand, comment, à quelle cadence et dans quels délais les Allemands pourraient se doter à leur tour de l'arme si, reniant leurs engagements internationaux, ils décidaient de le faire. Malgré l'Europe en formation et les nouveaux liens créés, le Général n'avait pas oublié.

L'aide-mémoire de Hyde Park

En ce même été 1944 où Paris allait être enfin libéré le 25 août, le problème de l'éventuelle communication de l'existence de l'entreprise atomique alliée à une autre grande puissance alliée, l'Union soviétique, fut abordé pour la première fois par Churchill et Roosevelt et résolu par la négative. Nous ne devions l'apprendre que vingt ans plus tard lors de la publication des historiques des projets atomiques américain et britannique.

A la mi-septembre 1944 s'était tenue une seconde conférence au sommet à Québec, consacrée à l'assaut final contre l'Allemagne et aux plans pour en terminer avec le Japon. Churchill avec sa femme et une de leurs filles passèrent ensuite quelques jours dans la propriétée privée de Roosevelt à Hyde Park. Le 18 septembre, dans un climat de détente, le président et le Premier ministre, sans leurs conseillers, discutèrent de l'avenir de l'énergie atomique.

Ils prirent l'engagement de continuer après la guerre leurs relations bilatérales atomiques et le précisèrent dans un aide-mémoire (voir fac-similé en annexe) dont ils paraphèrent les deux seuls exemplaires. Ils y disaient : « La collaboration étroite entre les gouvernements américain et britannique dans le but de développer Tube Alloys à des fins militaires et commerciales se poursuivra après la défaite du Japon, à moins que les deux pays n'y mettent fin par un accord mutuel. »

Dans cet aide-mémoire, Roosevelt et Churchill traitaient aussi de la question d'une éventuelle mise au courant de l'Union soviétique. Le grand savant danois Niels Bohr en était responsable. Il s'était échappé du Danemark vers la Suède à l'automne 1943 et les Anglais le firent passer en Grande-Bretagne. Il fut le premier à rassurer les Alliés sur le peu d'avancement des travaux allemands. Puis il fut envoyé, au début de 1944, au laboratoire de Los Alamos.

Bohr devint conscient de la révolution politique qu'allait engendrer la force nouvelle et il lui parut évident qu'il fallait en informer l'Union soviétique avant que la bombe ne fût utilisée. Il voulait organiser avec ce pays un contrôle international, pour éviter une course aux armements nucléaires entre l'URSS et les puissances occidentales. Il fit à ce sujet des démarches auprès de Churchill en mai 1944 et celui-ci fut très hostile à sa proposition, tandis que quelques mois plus tard, Roosevelt y fit bon accueil.

Le point de vue de Churchill l'emporta à Hyde Park et le résultat, consigné dans l'aide-mémoire, alla à l'opposé du but recherché par la courageuse tentative du savant danois, de créer un climat de confiance mutuelle avec l'Union soviétique. Il y était précisé : « La suggestion de rendre publique l'existence de Tube Alloys en vue d'un accord international destiné à contrôler son utilisation n'est pas acceptée. La question doit continuer à être traitée dans le secret le plus absolu. Mais, quand la bombe sera finalement prête, elle pourra peut-être, après mûre réflexion, servir contre le Japon qui sera averti qu'un tel bombardement se répétera jusqu'à reddition. »

L'aide-mémoire se terminait par : « L'activité du Pr Bohr sera soumise à une enquête et des mesures seront prises pour s'assurer qu'il ne soit pas responsable de fuites de renseignements envers la Russie. »

Quelques jours plus tard, le 22 septembre, Roosevelt reçut, à la

Maison-Blanche, Cherwell, qui avait accompagné Churchill à Québec. Cette audience eut lieu aussi en présence de Bush, ignorant de ce qui s'était décidé à Hyde Park. Le président leur fit une profession de foi sur l'importance de maintenir un Empire britannique fort après la guerre, et cela en particulier grâce à l'énergie atomique, au développement de laquelle les deux pays devraient continuer à travailler de concert. La seule chose qui, selon le président, pourrait interrompre cette association serait « si lui-même, Churchill, Bush et Cherwell périssaient ensemble dans un accident de train, puisqu'ils avaient le même point de vue ». Ce n'était pas évident, car Bush resta mal à l'aise et silencieux, non à cause de la vision d'horreur du drame ferroviaire, mais parce qu'il lui était difficile d'exprimer devant un ministre anglais son désaccord avec Roosevelt sur cette future association, trop intime à ses yeux.

Roosevelt allait mourir sept mois plus tard, et Truman, nullement engagé par la promesse de son prédécesseur, s'empressa de lui tourner le dos. L'exemplaire américain de l'aide-mémoire de Hyde Park avait d'ailleurs disparu et ne fut retrouvé que plusieurs années plus tard dans les archives de l'attaché naval de Roosevelt. On avait cru que Tube Alloys se référait à un code de la marine...

Chapeau melon et plutonium

Cherwell sortit de son audience avec Roosevelt convaincu maintenant de l'importance vitale pour le Royaume-Uni de cette collaboration renforcée qu'il avait en son temps repoussée. Il était indispensable pour les Anglais de tout faire pour protéger cette communauté bilatérale et d'éviter toute fuite vers des pays étrangers. Une semaine plus tard, il allait visiter le laboratoire de Montréal et s'y trouver face à plusieurs étrangers, dont quelques Français.

Cockcroft nous demanda de lui faire bon accueil et de l'éduquer et il me pria d'exposer l'état de la question de l'extraction du plutonium à ce ministre, le plus proche de Churchill. Cette mise au courant de ce personnage eut lieu, pendant près d'une heure, en tête à tête dans mon petit bureau. Je lui expliquai les grandes lignes de ce que j'avais appris deux ans auparavant à Chicago chez Seaborg et lors de mes courtes visites depuis. Je lui soumis le choix entre deux solutions. La première consisterait à essayer de reproduire le procédé utilisé par les Américains, dont je connaissais l'étape caractéristique : l'entraînement du plutonium par une précipitation de phosphate de bismuth. La seconde voie, plus risquée, n'avait pas encore été explorée, faute de temps, par Seaborg, bien qu'il la jugeât la plus prometteuse. Elle était fondée sur la mise en jeu de solvants organiques, dont seule une longue recherche permettrait de choisir les meilleurs.

Cherwell prit lui-même la décision en faveur de cette dernière méthode plus originale, car, en cas de succès, elle pourrait servir aux Anglais de monnaie d'échange avec leur grand allié, le jour où inévitablement, pensait-il, la collaboration s'étendrait aussi au plutonium.

Je m'étais senti intimidé et jeune élève, debout au tableau noir devant le « prof ». Il était, pendant mon exposé, resté assis, silencieux et sombre, le teint blême, la tête appuyée sur son parapluie et coiffé d'un chapeau melon. Je n'avais pas osé lui dire qu'il avait bien connu mon oncle, au fameux Congrès Solvay de 1911 dont ils avaient tous deux assuré le secrétariat, ni que son frère, le brigadier Lindemann, avait été le premier à chercher à faciliter, aux États-Unis, mon intégration dans l'entreprise atomique. J'aurais été encore plus intimidé si j'avais su que Cherwell s'apprêtait à remettre en question la présence des Français à Montréal.

Après avoir visité les centres X et Y (Oak Ridge et Los Alamos) et été bien accueilli par le général Groves, Cherwell envoya le 14 octobre de Washington à Anderson un télégramme *Top Secret and Personal for Chancellor of the Exchequer from Paymaster General.* Dans cette première manifestation britannique de suspicion à l'égard des Français du projet, il s'inquiétait du retour d'Auger à Paris, car seule une promesse de respecter le secret le retenait de dévoiler à qui bon lui semblerait l'ensemble considérable de données qu'il détenait.

Il s'étonnait de ce que tous les étrangers du laboratoire de Montréal ne fussent pas naturalisés et comprenait les réticences américaines à leur égard. En attendant de trouver une solution à ce problème délicat, il insistait pour qu'aucun visa de sortie du Canada ou d'Angleterre ne soit accordé à « Halban, Guéron, Goldschmidt, Pontecorvo, Placzek, Rapkine et Auger ». Il ajoutait que « Joliot qui est très rusé et membre du parti communiste mériterait d'être surveillé ». Enfin, il proposait de discuter la question avec Groves, qu'il avait rencontré lors de ses visites de centres et qui lui avait paru ouvert et disposé à être amical.

Auger, après avoir participé à Londres, dans le cadre de la mission Rapkine, à un travail de recherche opérationnelle et de liaison scientifique franco-britannique, venait de rentrer à Paris pour diriger la réorganisation de l'enseignement supérieur. Tandis que Rapkine, maintenant chef de la mission scientifique française en Grande-Bretagne, et Guéron étaient tous deux à Londres dans l'attente d'une autorisation de transport vers la France.

Pour Guéron, qui venait d'arriver de Montréal à Londres le 18 octobre, il s'agissait de la visite en France promise pour lui, comme pour moi, lors de la prolongation d'un an de nos contrats en juillet 1944. Cockcroft avec sa gentillesse habituelle avait réussi à faire coïncider cette visite avec une brève présence à Paris d'un frère de Guéron. Il était entendu que mon voyage à Paris suivrait le sien de deux à trois semaines.

Halban avait prévenu Chadwick et Cockcroft de son intention de se rendre aussi en Angleterre et peut-être en France en relation avec les engagements qu'il avait pris dans son contrat sur les échanges de droits de brevets.

Le télégramme de Cherwell arriva à un moment où Anderson était irrité par l'attitude de Groves envers les Français. Groves venait de demander aux autorités anglaises de faire suivre Guéron pendant son séjour en France ; celles-ci n'avaient trouvé une telle requête ni désirable ni justifiée ; néanmoins, le général américain avait alors décidé d'envoyer un certain commandant Smith de la sûreté américaine pour se charger de cette filature.

Joliot ayant été désigné par le gouvernement français pour faire des conférences aux États-Unis sur la Résistance, à la suite d'une demande américaine, Groves avait donné des instructions à son ambassade à Paris afin de faire traîner les choses pour sa demande de passage qui fut ainsi accordée trop tard. Joliot n'en fut pas dupe.

Chadwick venait aussi de demander avec insistance que l'on empêchât Sengier de se rendre à Paris et Joliot d'aller à Bruxelles pour éviter toute reprise de contact entre les deux partenaires de l'accord paraphé en 1939 : l'Union minière du Haut-Katanga et le CNRS dont Joliot venait de se voir confier la direction. Les Anglo-Saxons venaient de se porter acquéreurs de toute la future production d'uranium du Congo belge et ne tenaient pas à ce que cela se sache.

Anderson répondit au télégramme de Cherwell qu'il s'agissait d'une question difficile, avec une longue et complexe histoire, et, en attendant de la lui expliquer, il le priait surtout de ne pas en discuter avec Groves, ce que sans doute Cherwell avait déjà fait.

Le 19 octobre, arriva un nouveau télégramme de Cherwell à son collègue soulignant les pressions que pourraient subir au cours d'une éventuelle visite à Paris les chercheurs français de Montréal de la part de Joliot ou de De Gaulle ou de quelque autre officiel du gouvernement français. Il insistait pour qu'Anderson reconsidère la question et en attendant interdise « toute visite en France de Halban, Goldschmidt... ». Il lui suggérait de montrer ses télégrammes au Premier ministre dont les réactions avaient été si violentes à l'égard de l'inoffensif Pr Bohr et qui les blâmerait tous les deux si le maximum de précautions n'étaient pas prises à l'égard d'un groupe de Français plus dangereux.

Anderson prit alors sur lui d'informer les Américains et le ministre britannique, et remit le 23 octobre à l'ambassadeur des États-Unis à Londres, John Winant, à la veille d'un départ pour Washington, un long aide-mémoire sur le problème des Français. Il y décrivait la façon dont chacun de nous était entré dans l'entreprise et nos liens respectifs avec la France libre, ainsi que le rôle joué par Rapkine. Il expliquait comment Joliot avait confié en 1940 à Halban les intérêts français dans ce travail. Il analysait l'accord sur les droits des brevets et précisait que c'était le gouvernement français auquel devraient être assignés les droits, pour la France et ses possessions, des inventions faites au Royaume-Uni par l'équipe de Cambridge. Cela était différent de ce qu'il avait écrit en 1942 à Bush, quand il avait mentionné que ces droits seraient assignés aux inventeurs, ce qui donnait à l'aspect français de la transaction un caractère commercial privé et non officiel.

Sa conclusion énergique dénotait une attitude ferme et favorable à la France, qu'il maintiendra contre vents et marées dans les mois à venir. Il soulignait les points suivants : les Français de Montréal ont rendu de loyaux services, sont dignes de confiance et ne peuvent pas être traités comme des prisonniers. Leurs connaissances secrètes parviendront inévitablement aux autorités françaises et à Joliot, quoi qu'il soit fait. Les Français, comme pionniers avant la guerre et parce qu'ils ont mis, après l'invasion de leur pays, leurs matériaux et données à la disposition des Alliés, ont plus de titres que tout autre quatrième pays, à participer à un arrangement atomique international après la guerre. Si ces titres devaient être reconnus et la façon dont ils le seraient devrait faire le moment venu l'objet d'une détermination des signataires de l'accord de Québec. Enfin, il lui paraissait déraisonnable de prendre des décisions qui pourraient pousser les autorités françaises à soulever la question prématurément et avec un sentiment d'injustice déjà établi.

Trois jours plus tard, le 26 octobre, Anderson faisait parvenir au Premier ministre la copie des télégrammes échangés avec son collègue Cherwell ainsi que celle de l'aide-mémoire emporté à Washington par Winant. « Cet aide-mémoire, écrivait-il, vous montrera les raisons pour lesquelles je pense qu'il n'est ni possible ni recommandable de suivre la voie proposée par Cherwell. »

Churchill n'avait pas dû en être convaincu, car il répondit au chancelier : « Cette situation est très alarmante ; le président en a-t-il été informé ? Je ne vois pas ce que nous pouvons faire avant le retour de Cherwell, excepté, sous un prétexte ou un autre, d'empêcher d'autres Français de venir ici. Nous devons en discuter ensemble. »

Halban en Angleterre

Le lendemain, 27 octobre, Cherwell téléphonait de Washington au secrétaire particulier de Churchill pour avertir celui-ci du départ proche du Canada d'au moins un des Français concernés et de la nécessité impérieuse de s'y opposer. Les « Français concernés » étaient Halban et moi et le message du conseiller du Premier ministre était son ultime tentative pour faire reporter, sinon annuler, la visite de Halban, en attendant d'en faire autant peu après pour la mienne.

Anderson répliqua : « Le Français auquel le message de lord Cherwell se réfère vient ici sur mes instructions personnelles et directes. J'ai dit au Premier ministre que j'estimais être libre de traiter cette question dont je m'occupe depuis trois ans. Si des obstacles étaient placés sur la voie de la visite envisagée, les répercussions sur notre organisation au Canada pourraient être des plus sérieuses. Malheureusement, l'homme en question est au courant de la tentative faite pour empêcher son départ. Il la considère naturellement comme une marque de défiance à son égard ; j'aurai du mal à le rassurer et à avoir la certitude de continuer à bénéficier de ses services qui sont inestimables. J'ai prévenu le Premier ministre de mon intention de voir moi-même la personne dès son arrivée et j'ai l'impression qu'il était satisfait que l'affaire se traite ainsi. M. Winant s'est engagé à discuter tout le problème avec les intéressés de l'autre côté (de l'Atlantique). »

Ce plaidoyer énergique trancha la question et Cherwell cessa de s'occuper personnellement du problème des Français, mais il dut savourer deux mois plus tard les péripéties de l'imbroglio qu'il avait cherché à éviter et dont le chancelier de l'Échiquier allait maintenant porter seul la responsabilité.

Dès la mi-septembre, Halban avait prévenu Cockcroft de son désir de se rendre en Angleterre après une absence de deux ans. Il avait une obligation morale de prendre contact avec Joliot et d'essayer, comme il s'y était engagé, de régler le problème de la cession des droits sur les brevets. Il voulait aussi discuter avec le DSIR l'éventualité d'être autorisé à travailler en France, dans un an peut-être, à temps plein ou partiel. Début octobre, il avait reçu un accord de principe de Cockcroft et de Chadwick sur son voyage, mais ce dernier avait émis des réserves sur l'urgence de la visite et conseillé d'attendre un peu.

Puis Halban avait dû être vexé de voir Guéron être le premier d'entre nous à se rendre à Paris et à rencontrer Joliot. Il n'avait pas dans son contrat, comme Guéron et moi, une promesse de visite à Paris, mais il avait été entendu lors de la négociation de cet arrangement qu'il pourrait, dans les dernières années de son contrat, être autorisé à passer quelque temps en France, soit en raison des engagements qu'il avait pris vis-à-vis du CNRS et des cosignataires des brevets, soit, si cela se révélait nécessaire, pour lui permettre d'y maintenir sa situation de scientifique.

Il dut être fort humilié quand, à la suite d'une intervention de Cherwell et de Groves, Chadwick fit savoir que le général américain, qui avait déjà exigé son retrait de la direction du laboratoire de Montréal, voulait maintenant qu'il s'engage à ne voir aucun Français pendant son séjour en Angleterre. Groves avait même refusé une proposition de Halban de ne rencontrer qu'un seul Français, Rapkine, avec lequel il avait à discuter de sa situation vis-à-vis des autorités militaires françaises, acceptant même de le faire en présence d'Akers.

Halban allait se plaindre amèrement de cette suspicion à son égard et, dans un télégramme à Akers le 27 octobre, il demandait, au cas où le chancelier et le directeur de Tube Alloys décideraient de reporter sa visite, de recevoir des explications lui permettant de continuer son travail dans l'atmosphère de confiance et d'amitié qui prévalait avant cet incident. Cockcroft avait transmis le télégramme de Halban, mais en même temps en avait envoyé un second à Akers lui annonçant que, sauf instructions contraires, il prenait les mesures nécessaires pour un report de deux à trois semaines de la visite en Angleterre, et ce sur la demande de Chadwick et de Cherwell et malgré la forte opposition de l'intéressé.

L'instruction contraire ne se fit pas attendre : Halban devait s'embarquer comme prévu. Le chancelier de l'Échiquier, personnage qui n'avait pas l'habitude d'être contrarié, n'allait pas se laisser dicter sa conduite par un général américain et un de ses collègues du gouvernement. De son côté, Halban avait fait un choix, celui de s'appuyer sur ses supérieurs directs, Akers et Anderson, et de ne pas tenir compte de l'opposition de Groves et de Chadwick, et en particulier d'un nouveau télégramme de ce dernier la veille de son départ le suppliant de renoncer à ce voyage. Ce fut un choix malheureux pour lui.

Le *Queen* emmenant Halban avait à peine quitté les rivages américains que Chadwick me convoqua le 4 novembre à Washington pour m'expliquer son attitude. Elle n'avait qu'un objectif : celui d'éviter tout à-coup à la collaboration anglo-américaine, qu'il avait eu tant de mal à remettre sur les rails. J'en savais quelque chose avec la question du plutonium. Tout dépendait de ses relations avec Groves, de plus en plus monté contre Halban et aussi opposé, dans les circonstances actuelles, à ma visite en France.

Chadwick paraissait tout à fait conscient de la nécessité pour ma carrière d'une reprise de contact rapide avec l'université, mais il me demanda d'y renoncer provisoirement. Il était convaincu, dans l'intérêt à la fois de notre travail à Montréal et de celui des futures relations avec la France en notre domaine, qu'il était préférable qu'aucun des Français du laboratoire ne se rende pour le moment en visite dans sa patrie. Déçu, mais ne voulant pas à mon tour être pris dans un maelström d'ordres et de contrordres, je lui donnai mon accord.

Une semaine plus tard, Jules Guéron après un séjour d'une dizaine de jours en France, arrivant à New York par le *Queen*, y trouva une instruction d'aller voir Chadwick à Washington avant de regagner Montréal. Il décrivit au savant britannique ses visites à Paris et à Lyon et ses rencontres avec Joliot durant lesquelles le mot uranium n'avait jamais été prononcé.

L'exposé de Guéron terminé, Chadwick lui dit : « Il y a dans la pièce voisine quelqu'un à qui je souhaiterais que vous répétiez exactement ce que vous venez de me dire », et il fit entrer le colonel John Lansdale, le chef de la sûreté de l'entreprise américaine. Guéron répéta son couplet, Lansdale sortit et Chadwick avec son sourire un peu sarcastique lui déclara : « Votre visite s'est très bien passée, ils sont tout à fait satisfaits. » Guéron manifesta son étonnement, car il avait eu maintes occasions de parler en privé à son beau-frère, directeur de l'armement des Forces françaises libres, chez lequel il avait habité, et il avait fait une assez longue marche dans Paris seul avec Joliot. Chadwick rétorqua : « Ils ont leur méthode, ils sont satisfaits, soyons-le aussi ! »

Halban arriva en Angleterre le jeudi 9 novembre. Les deux semaines suivantes allaient être fertiles en péripéties. Il était décidé à se rendre en France et en discuta avec Akers le dimanche 12 : il voulait convaincre Joliot de l'intérêt pour lui comme pour le CNRS d'accepter les clauses sur les échanges de cession de droits de brevets contenues dans son contrat. Il tenait aussi à savoir si le CNRS continuait à déposer dans d'autres pays les brevets pris par l'équipe du Collège de France avant l'invasion.

Il était souhaitable, selon lui, de situer en France sa première rencontre avec Joliot plutôt que de lui proposer de venir à Londres. De plus, il jugeait « absurde » de ne pas communiquer à son ancien patron quelques données sur les progrès techniques réalisés depuis 1940, en les limitant aux résultats découlant de ses propres expériences.

Il souhaitait pouvoir lui donner les renseignements suivants : la réaction en chaîne avec l'eau lourde avait été obtenue, montrant que le système homogène semble présenter de beaucoup plus grandes difficultés que le système hétérogène, qui lui-même n'est pas dénué de problèmes de technique et d'ingénierie. La réaction en chaîne avec le graphite a été réalisée, mais il n'est pas facile de passer à l'échelle industrielle. Il est évident que la réaction en chaîne est possible avec l'eau ordinaire, si du combustible suffisamment enrichi en uranium 235 peut être obtenu. Le fonctionnement d'une pile produit du plutonium qui est fissile et peut être séparé. Halban s'engageait à ne rien dire sur la séparation de l'uranium 235 en dehors du fait qu'il savait qu'on y travaillait et à ne rien mentionner sur le travail en cours concernant la bombe.

Akers, avec qui il avait rédigé cette liste de divulgations, avait tenu à ce que Halban insistât sur les difficultés de mise en œuvre de la réaction en chaîne afin de décourager, à ce stade, toute demande de Joliot et du gouvernement français de se joindre comme nouveau partenaire à l'entreprise nucléaire britannique ou même anglo-américaine.

Les informations techniques que Halban souhaitait communiquer à Joliot avaient été envisagées ou prévues dans les hypothèses théoriques déduites des travaux du Collège de France et de Cambridge. Elles n'avaient reçu de confirmation pratique que par les travaux expérimentaux américains. La mention de l'existence du plutonium, de la possibilité de le séparer, et de son aptitude à la fission, ainsi que de l'existence de travaux sur la séparation de l'uranium 235 allait au cœur même du domaine le plus secret.

Cet ensemble de données était moins sensible et secret que la révélation de la fabrication de la future bombe et de sa date probable d'achèvement que nous avions faite, quatre mois auparavant, au général de Gaulle, lors de son passage à Ottawa. A cette occasion, nous avions opéré à l'insu de tous et n'avions demandé d'autorisation à quiconque, sauf à notre conscience.

Le lundi 13 novembre, Anderson reçut Halban ; il avait été informé par une note d'Akers comprenant le texte des révélations à faire à Joliot. Il était proposé que Halban se rende à Paris en tant que fonctionnaire représentant du DSIR, en toute indépendance vis-à-vis de la mission Rapkine et sans le moindre lien avec les États-Unis. Akers jugeait nécessaire de prévenir les autorités américaines, malgré leur manque d'enthousiasme à l'idée d'une telle visite de Halban à Joliot en France, mais il pensait que ces autorités devraient toutefois en reconnaître la nécessité, eu égard aux circonstances de l'arrivée de Halban et Kowarski en Angleterre en 1940.

Le surlendemain, mercredi 15, Anderson, croyant toujours l'ambassadeur Winant à Washington, lui adressa, par l'intermédiaire de lord Halifax, représentant britannique aux États-Unis, un long télégramme lui expliquant les raisons de sa décision d'envoyer Halban en France, en tant que fonctionnaire du Royaume-Uni. Il lui confirmait la confiance qu'il avait en lui, comme dans les autres Français du projet. Il ajoutait que Halban était désireux de régler le problème des brevets et ferait de son mieux pour persuader de ne pas réclamer pour le moment la participation de la France à un projet encore couvert par un secret absolu. Le télégramme contenait le texte *in extenso* des informations techniques destinées à être communiquées à Joliot. Au sujet de cette communication, Anderson précisait : « Halban lui-même a soulevé cette délicate question avec moi et a avancé la proposition de limiter l'information donnée à Joliot à la plus simple esquisse de ce qui avait résulté du travail commencé à Paris, tout en insistant sur les nombreuses difficultés rencontrées en passant à une échelle plus grande. »

Ici encore, le facteur temps a joué un rôle considérable, Washington fit savoir que Winant était reparti le jour même par avion pour Londres et que le télégramme n'avait pu lui être remis. Si, par chance, Winant était reparti quelques jours plus tard de

Washington, ou si Halban était arrivé quelques jours plus tôt à Londres, tout aurait été différent car les autorités concernées à Washington auraient été informées du texte même des données destinées à être révélées à Joliot, qui n'étaient pas la plus simple esquisse de la suite du travail commencé à Paris, et à temps pour s'y opposer formellement. Halban aurait évité de se trouver à l'origine et au cœur d'une tempête politique internationale de premier ordre.

Le lendemain, jeudi 16 novembre, tandis qu'Anderson faisait porter à l'ambassade américaine une lettre, reproduisant le télégramme à Winant, pour lui être remise dès son arrivée, il recevait un billet laconique de Churchill : « Quel a été le résultat de votre discussion avec le Français lié au TA (Tube Alloys) venant en Europe ? »

Le chancelier répondit, dès le vendredi 17, au Premier ministre par une note pleine de dissimulation : comme il s'y était engagé, il avait reçu, dès son arrivée, le Dr Halban qui était allé au Canada comme leader du groupe de scientifiques du TA. Il précisait que le travail de Halban, faisant suite à celui entrepris en France avant l'invasion, concernait l'utilisation de l'atome comme source d'énergie et n'avait « aucune connexion *directe* avec quelque projet militaire ». Halban lui avait promis solennellement de ne jamais mentionner « durant son séjour en Europe » les aspects militaires de TA à quiconque n'ayant pas été impliqué dans de tels aspects. Halban allait rencontrer quelques savants avec qui il avait déjà collaboré, mais ce qu'il leur dirait serait limité à une information générale relative à son travail, et dont il soulignerait les difficultés prévues lors du passage à la phase industrielle et le peu de chances d'obtenir rapidement des résultats concrets. Cela ne présentait aucun risque, mais Anderson ne se permettrait pas de le faire sans être certain de l'absence de toute objection du côté américain, il allait prendre contact avec Winant à ce sujet.

Il terminait sur un éloge du savant : « J'ai connu Halban depuis qu'il est venu ici partager notre sort et mettre à notre disposition les résultats de son travail de pionnier, et j'ai complète confiance en son intégrité et sa loyauté à notre égard. »

La note d'Anderson sous-estimait la portée des divulgations techniques prévues, jouait sur le mot « direct » et escamotait le rôle militaire du plutonium produit en même temps que l'énergie et, enfin et surtout, se cachait derrière le terme « Europe » que Churchill avait employé, ne mentionnant à aucun moment la visite en France et à Joliot, qui aurait sûrement fait sursauter Churchill. Ce dernier parapha sans commentaires la note le lundi 20.

Les choses s'étaient compliquées par ailleurs. Michael Perrin, le secrétaire général de Tube Alloys, avait été avisé le vendredi 17 par le commandant Horace Calvert, de l'ambassade américaine, et chef de la sûreté pour les questions atomiques en Europe, de l'arrivée d'un message de Groves, de la part des autorités américaines, mettant deux conditions essentielles à la visite de Halban au Royaume-Uni : toutes ses conversations avec des scientifiques français devraient être écoutées et enregistrées, et il ne devrait pas être autorisé à se rendre en France.

De retour le samedi 18 novembre à Londres, Winant rendit visite le lundi 20 au chancelier. Il avait bien discuté avec les autorités américaines l'aide-mémoire d'Anderson. Ce qui les avait le plus inquiétés était le fait que Halban se considérait gestionnaire des intérêts français. Comme ce fait était cité dans la lettre d'Anderson au sujet de la visite de Halban à Paris, il pensait que cela irriterait les gens à Washington, et il proposa au chancelier de lui rendre cette lettre. Anderson la reprit, sachant que son contenu n'avait pas été transmis à Groves, maintenu ainsi dans l'ignorance des divulgations techniques envisagées pour Joliot. Quant à la visite de Halban à Paris, Winant paraissait l'approuver et il suggéra de télégraphier à Groves pour lui demander de venir à Londres en discuter avec le chancelier de l'Échiquier, dans le cadre d'une conversation générale sur Tube Alloys. Anderson donna son accord et se déclara prêt à reculer de quelques jours le voyage en France de Halban.

Pendant ce temps, Halban s'impatientait. Il devait soit aller à Paris, soit repartir pour Montréal où son travail l'attendait. Akers envoya alors, le jeudi 23, une note à Anderson, lui demandant de recevoir le jour même le savant français pour discuter avec lui ce que celui-ci devrait faire en cas de report de sa visite à la requête des Américains. Akers terminait sa note sur une menace mystérieuse ; il craignait que Halban, en désespoir de cause, ne tentât une action qui rendît impossible son maintien dans le projet et aboutît à de sérieuses difficultés avec les gouvernements américain et français.

Le soir même, Anderson appela au téléphone Winant, encore sans nouvelles de la réaction de Groves au télégramme demandant sa venue à Londres, et le pressa de lui donner une réponse à la question du voyage de Halban à Paris. « Voulez-vous vraiment qu'il y aille ? » demanda l'ambassadeur, et, devant la réponse affirmative du ministre et à la surprise de celui-ci, il lui donna satisfaction : « Qu'il y aille donc ! »

L'insistance de Halban et d'Akers et les faux-fuyants d'Anderson avaient eu gain de cause, et certainement, le ministre anglais n'était pas mécontent du tour qu'il jouait à Groves puisqu'il avait reçu un accord officiel américain inespéré, et, il le savait bien, sans que Washington eût été consulté.

Halban s'envola le vendredi 24 pour Paris ; l'ambassadeur britannique, avisé du report de deux jours sur la date initialement prévue, avait pris les mesures nécessaires pour qu'il soit convenablement transporté et logé. Le même jour, Cockcroft écrivant de Montréal à Chadwick, à Washington, pour lui annoncer le retour de Guéron de Paris, ajouta, laconique comme d'habitude : « Il est clair toutefois que quelqu'un de moins discret pourrait s'attirer des ennuis en visitant Paris. Le bruit court que Halban va à Paris. »

La rencontre avec Joliot

Halban débarqua à Paris le 24 novembre 1944, le jour même où de Gaulle s'envolait pour Moscou, pour sa première visite officielle en Union soviétique. Plus tard, lorsque Winant cherchera à s'excuser de ne pas avoir pu empêcher la visite de Halban, il se félicitera de l'avoir fait reporter jusqu'au départ du président du gouvernement provisoire en Union soviétique, comme si Joliot, après avoir vu Halban, allait se précipiter chez le Général pour le mettre au courant et lui permettre à son tour d'informer Staline !

La visite de Halban se prolongea jusqu'au 5 décembre. Pour montrer à Joliot qu'il avait l'appui du gouvernement anglais, il lui proposa de se rendre à Londres pour rencontrer le chancelier de l'Échiquier, sir John Anderson. Nullement impressionné, Joliot répondit à Halban (de qui je tiens cette précision) que, si Anderson voulait le rencontrer, il n'avait qu'à venir à Paris, ce que fit ce dernier, tout en prétextant vis-à-vis des Américains (qui n'en furent pas dupes) qu'il avait à faire à Paris et qu'il avait, à cette occasion, rencontré presque par hasard le prix Nobel français, sur une suggestion d'Ève Curie, une amie de sa femme. Celle-ci était extrêmement bien disposée envers la France et avait certainement contribué à renforcer la francophilie de son mari.

Comme il aurait été facile de le prévoir, la visite de Halban ne remporta pas le succès espéré par Anderson et lui-même. Chacun des acteurs de cette histoire poursuivait un but différent.

Pour Halban, après deux ans d'autosuggestion solitaire sur

l'importance des brevets et de la validité de sa politique à leur égard, ce qu'il visait c'était un certain succès vis-à-vis des Anglais par l'obtention, comme peut-être une sorte de revanche sur son éviction de la direction du laboratoire de Montréal, d'une approbation de Joliot, et par là même du CNRS, de son accord sur les brevets. D'une façon plus générale, il voulait recevoir de Joliot un quitus sur la façon dont il s'était acquitté de sa mission de 1940. Il avait déjà envoyé de Montréal à Joliot, dès la libération de Paris, une lettre personnelle où il mentionnait très discrètement son activité et où il relatait son différend avec Kowarski dans les termes suivants : « Malheureusement, il y a eu une sérieuse rupture entre Kowarski et moi, qui a duré presque deux ans. Nous avons tous les deux eu un peu tort. Kowarski nous a joints ici il y a deux semaines et j'ai l'impression qu'il est aussi content que moi. Le tout ne se serait pas passé si nous avions été avec vous. » (Kowarski, qui n'avait pas pardonné à Halban, était satisfait d'être à Montréal et, qui plus est, chargé du projet de la première pile canadienne, mais Halban n'avait, lui, aucune raison d'en être content.)

Pour Anderson, comme pour Akers, en dehors d'une question de prestige vis-à-vis de Groves et de Cherwell, l'intérêt de la visite de Halban était la mainmise du gouvernement anglais sur les droits, en dehors de la France et de ses possessions, des fameux brevets français, avec le contrôle politique, industriel et peut-être même les bénéfices financiers qu'il était convaincu, comme Halban, de pouvoir en retirer. Il espérait aussi que Halban réussirait à décourager à cette occasion Joliot et le gouvernement français de faire, tout au moins avant la fin de la guerre, une demande d'accession à l'entreprise atomique des puissances anglo-saxonnes.

Quant à Joliot il était certainement frustré devant le secret le maintenant, lui, le pionnier, à l'écart du domaine révolutionnaire qui aurait dû continuer à être le sien sans l'invasion de la France et aurait encore pu l'être s'il était parti pour l'Angleterre en 1940. Il était aussi complexé par son appartenance au parti communiste, dont il parlait sans cesse en cherchant à la justifier (Guéron venait d'en faire l'expérience lors de leurs rencontres récentes). Comme il était devenu responsable de la relance de l'ensemble de la recherche scientifique française, l'énergie atomique n'était plus pour lui l'objet de toutes ses pensées comme quatre ans auparavant. Il serait heureux si on lui proposait sa propre réintroduction et celle de son pays dans le groupe de savants et de puissances engagés dans l'entreprise, mais, dans sa fierté, il n'avait nullement l'intention de la réclamer.

Les conversations entre Joliot et Halban se tinrent en des endroits et à des heures variés et furent souvent interrompues par de longs récits de Joliot sur sa vie et ses exploits dans la Résistance. Après que Halban lui eut fait comprendre l'impossibilité pour la France d'être pour l'instant acceptée comme partenaire, ce qui contraria beaucoup Joliot, les conversations portèrent sur le problème des brevets et son extrême complexité. Bien que déçu de la position réservée à la France dans l'accord par lequel ses deux collaborateurs s'étaient engagés à travailler pour le gouvernement britannique, Joliot ne désavoua pas Halban pour le rôle dont il se déclarait investi comme son représentant et celui du CNRS.

Après la guerre, Joliot laissa entendre que ses souvenirs n'étaient pas conformes aux déclarations de Halban selon lesquelles il aurait reçu de Joliot des instructions verbales aux fins de disposer, comme bon lui semblerait, pour le mieux, des droits de ce dernier dans les inventions brevetées en France avant l'invasion. Pour lui, Halban, dans les conditions que l'on ne pouvait imaginer, était libre d'agir pour le mieux, conjointement avec Kowarski, au sujet de l'exploitation de ces inventions, mais il n'avait jamais été question qu'ils en aient l'entière disposition. Il faut admettre que, dans les circonstances où Halban avait quitté la France, un malentendu de ce genre pouvait facilement survenir entre deux personnes d'une égale et entière bonne foi.

On se rendit compte, plus tard, qu'un décret de juillet 1939 interdisait à tout Français, sous les peines les plus graves, de prendre à l'étranger, sans l'autorisation du gouvernement français, un brevet intéressant la défense nationale. Halban et Kowarski, en redéposant à leurs noms, en Angleterre, les demandes de brevets secrets, faites en France, juste avant l'invasion et en les apportant au gouvernement anglais avaient contrevenu à ce texte, qu'ils ignoraient.

Halban et Joliot se séparèrent sans que ce dernier, en son nom ou en celui du CNRS, eût accepté ou refusé d'entériner l'accord conclu avec le DSIR, ni renoncé à déposer dans de nouveaux pays étrangers les premiers brevets français, au risque de leur donner une publicité que les Anglais voulaient éviter. Mais Joliot stipulait qu'aucun arrangement sur les brevets ne pourrait être envisagé en dehors d'un accord général de collaboration franco-britannique dans ce domaine. Il trouvait que, dans l'échange des droits, la part faite à la France était insuffisante. Enfin, aucune négociation ne pourrait s'engager sans l'autorisation du général de Gaulle, avec lequel il avait eu, quelque temps auparavant, une conversation de deux heures et demie sur la recherche scientifique française. Il avait mentionné l'affaire atomique, la question des brevets et la nécessité de reprendre rapidement les recherches en France. Le Général avait été très intéressé.

Joliot n'avait pas été mécontent de ses premières conversations avec son ancien collaborateur. Le 1er décembre, vers la fin du séjour de Halban, Joliot avait convoqué Allier, l'homme à qui la France était redevable de l'obtention du stock d'eau lourde norvégienne en 1940. Il voulait discuter avec lui la possibilité de transformer le prêt de cette eau lourde en un achat ferme, pour renforcer la position française dans une éventuelle négociation sur le retour de la France dans l'entreprise atomique. Le compte rendu, établi par Allier, de ce long entretien a l'intérêt de montrer l'état d'esprit de Joliot au moment où il revoyait Halban, les connaissances qu'il avait, malgré le secret, sur les recherches anglo-américaines et aussi les illusions qu'il se faisait sur le désir des Alliés de faire appel à lui.

Joliot était satisfait que, dans les accords conclus par Halban, ce dernier eût réservé la position de la France bien que dans des termes ni très heureux ni suffisants à ses yeux, mais ces accords devaient offrir un point de départ pour une négociation nouvelle. Selon Joliot, le fait que Halban eût stipulé dans les accords de brevets une redevance de l'ordre de 10 % pour le CNRS, plaidait en sa faveur, car il aurait pu oublier tout ce qu'il devait à la France. Le rapport d'Allier faisait une réserve en ces termes : « Mais il est permis d'éprouver aussi une certaine inquiétude sur la teneur de ces accords, car on peut craindre que Halban, très sûr de lui et même très suffisant, ait eu affaire à très forte partie avec les négociateurs qui lui ont été opposés. La personnalité de Halban est d'ailleurs curieuse, ce savant passionné par ses recherches vit modestement en apparence, mais tient aux facilités que peut lui donner l'argent ; c'est un fait, en tout cas, qu'après s'être marié une première fois avec la plus riche héritière de Hollande (ce qui n'est pas exact) il a épousé ensuite une jeune Deutsch de la Meurthe. »

Selon le compte rendu d'Allier, Joliot était plus au courant de l'entreprise secrète qu'on ne le croyait. Il avait été stupéfait d'apprendre sur quelle échelle gigantesque avaient été entrepris les travaux aux États-Unis. Les sommes dépensées — lui avait-on assuré — dépassaient celles investies dans le canal de Panama, excédant sans doute le milliard de dollars. Une usine de proportions démesurées, dont les bâtiments couvraient plusieurs hectares, avait été montée ; cent cinquante mille travailleurs étaient utilisés. Il savait aussi que la firme Du Pont était un des entrepreneurs industriels.

Il savait que les recherches anglaises étaient importantes, sans atteindre l'ampleur américaine, et que l'on était arrivé à un résultat assez inattendu : le gouvernement américain avait dû autoriser le gouvernement britannique à poursuivre ses expériences au Canada. Joliot en concluait que l'on se trouvait devant un effort gigantesque, surtout américain et accessoirement britannique, pour mettre au point une découverte qui était évidemment de nature, en cas de réussite totale, à révolutionner l'économie mondiale. Il était encore trop tôt pour dire quand on aboutirait à des résultats pratiques — ce serait peut-être dans dix ans seulement —, mais dès maintenant on pouvait dire que les recherches étaient très avancées et que les plus grands espoirs étaient permis.

A aucun moment Joliot n'avait mentionné la fabrication d'une arme, preuve que ses informateurs manifestaient une certaine discrétion. Il se faisait des illusions : l'empressement des officiers américains à le sonder au sujet de l'eau lourde, dès la libération de Paris, semblait pour lui une preuve que le gouvernement américain désirait le réintégrer dans l'affaire.

En effet, le 25 août, une heure après l'arrivée des chars de la division Leclerc à Paris, Joliot avait eu la surprise de voir s'arrêter devant son laboratoire une jeep avec deux officiers du « Deuxième Bureau américain » ; ils avaient poussé l'amabilité jusqu'à passer, en route vers Paris, par sa propriété de Bretagne et sa maison de Sceaux afin de pouvoir lui en donner des nouvelles toutes fraîches. Au cours des semaines qui avaient suivi, Joliot disait avoir été de nombreuses fois en butte aux curiosités et aux amabilités des services américains. C'est à l'occasion de ces contacts qu'il s'était fait peu à peu une idée de l'immensité de l'effort américain.

Dans le courant de l'automne, Joliot avait été invité à se rendre à Londres. L'impression qu'il avait gardée de ce voyage était étrange. Ses interlocuteurs avaient montré à son égard une gêne non dissimulée. Il en avait retiré le sentiment que des accords, dont la teneur et le sens lui restaient cachés, avaient été passés entre gouvernements américain et britannique. Il avait été frappé de l'empressement qui lui avait été manifesté, non pas seulement, pensait-il, à cause de l'amabilité propre aux Anglais, mais aussi du besoin d'un concours français.

Le compte rendu d'Allier soulignait l'antagonisme qui pourrait compliquer la tâche de Joliot (sans qu'il fût précisé s'il s'agissait d'un point de vue exprimé par Joliot ou par Allier, le rédacteur du récit de leur conversation) « car, autant le groupe anglo-saxon peut désirer sa collaboration sur le plan technique, autant il peut craindre que Joliot — dont nul n'ignore l'appartenance au parti communiste — ne fasse bénéficier l'URSS de la documentation venue à sa connaissance ».

Après quatre années d'Occupation, Joliot portait le même jugement que les Allemands sur l'entreprise américaine. Convaincu, comme ceux-ci, de l'impossibilité de fabriquer rapidement une bombe atomique, il croyait l'immense effort américain essentiellement motivé par le désir de prendre une sérieuse avance industrielle et commerciale pour l'après-guerre.

Retour de Halban à Londres

Pendant qu'Allier rédigeait son compte rendu sur sa conversation avec Joliot, d'autres rapports se préparaient de l'autre côté de la Manche. En réponse à l'appel de Winant, Groves avait envoyé à sa place à Londres le chef de la sûreté de toute l'entreprise américaine, le colonel Lansdale, brillant jeune avocat dans le civil, le supérieur du commandant Calvert, responsable des questions de sûreté atomique en Europe.

Arrivé le 29 novembre, Lansdale apprit la présence depuis plusieurs jours de Halban à Paris, où Anderson venait de le rejoindre. Ayant expliqué à Winant que cette visite allait faire très mauvaise impression à Washington, il encouragea l'ambassadeur à demander à Anderson d'abréger au minimum le séjour de Halban. Anderson répondit que Halban n'avait pas terminé ses conversations.

Lansdale s'efforça de débrouiller l'écheveau de toute l'affaire. La photocopie disponible du texte de son premier télégramme à Washington est couverte d'annotations rageuses ou ironiques de Groves. Lansdale dépeint Winant comme débordé, manquant d'instructions de Washington et totalement dépassé par les connaissances techniques d'Anderson. Le chef de la sûreté a cependant réussi à obtenir des renseignements détaillés sur l'affaire des brevets, ainsi qu'une copie du contrat de Halban et Kowarski avec le DSIR ; son informateur est Michael Perrin, le secrétaire général de Tube Alloys. Il le trouve coopératif et plaisant, et Calvert et lui vont passer leur dimanche dans la maison de campagne de Perrin, faire une randonnée ensemble (Groves inscrit en marge : « Pas étonnant qu'il ne rentre pas »).

Ce même dimanche 3 décembre, à 1 heure du matin, Winant est appelé au téléphone par Groves et Harvey Bundy, assistant spécial du secrétaire à la Guerre Stimson. Il existe un document du département de la Guerre marqué « Top Secret avec interdiction d'en faire une copie exacte », donnant, mot à mot, toute la conversation qui a duré huit minutes. Celle-ci semble n'avoir eu pour seul but, pour Groves et Bundy, que de confirmer que les discussions entre Halban et Joliot se déroulaient malheureusement dans des lieux où ils pourraient se dire tout ce qu'ils voudraient (c'est-à-dire en dehors des oreilles indiscrètes des microphones). L'ambassadeur en profita pour demander à Bundy de prévenir l'hôte de la maison d'en face du Département d'État (le président) que toute cette affaire lui prenait un tiers de son temps et l'épuisait.

Le surlendemain, Halban était de retour à Londres. Après avoir rédigé son rapport de mission, il fut interrogé par Akers pour savoir s'il s'était cantonné au texte des divulgations autorisées par Anderson et montrées à Winant. Halban reconnut avoir mentionné aussi des points secondaires comme les problèmes de corrosion, ceux dus à la décomposition de l'eau lourde par des radiations et enfin, sans donner aucun détail, les difficultés liées à la nécessité d'avoir autour d'une pile, un épais écran protecteur contre les radiations.

On peut se demander pourquoi Halban avait insisté pour être autorisé à donner des informations précises à Joliot, et à mentionner, même très superficiellement, l'existence du plutonium et de sa propriété fissile ainsi que la poursuite de travaux sur la séparation de l'uranium 235, deux domaines hautement secrets. Il aurait pu tout aussi bien s'en tenir, sous couvert du secret absolu auquel il s'était engagé, à une phrase générale comme « on a fait de grands progrès, nos travaux du Collège de France et ceux de Cambridge avec le stock d'eau lourde y ont contribué », et, contrairement à ce qu'il avait dit à Akers, ce n'aurait pas été « absurde » et la négociation avec Joliot sur les brevets n'en aurait guère souffert. Je crois tout simplement que c'était une question d'orgueil. Il ne voulait pas se présenter à Joliot les mains vides sur le plan technique. En disant quelque chose, il voulait sans doute montrer qu'il en savait beaucoup plus, plutôt que de se retrancher derrière un secret général qui aurait pu cacher un grand vide.

Halban connaissait l'hostilité de Groves à son égard. Pourquoi l'avoir provoquée ? Il avait dû mésestimer les limites du poids du soutien du ministre anglais Anderson, qui ne l'abandonnera jamais. S'il n'avait voulu courir aucun risque, il aurait dû demander à Joliot de venir à Londres et accepter que ses conversations soient écoutées par les Américains. C'était sa seule chance de se sortir de cette affaire, dans laquelle il s'était engagé avec tant d'insistance. Il fallait laisser les accusations d'indiscrétion se porter sur d'autres. Le jour du retour de Halban à Londres, le 5 décembre, une courte communication de la sûreté américaine était envoyée de Paris au département de la Guerre à Washington : « Professeur Auger, Collège de France, déclare que bombe atomique ne peut pas être prête à servir avant l'été 1945. Autres enquêtes suivent. »

Quoi qu'il en soit, quelques jours plus tard, le 11 décembre, Halban, encore à Londres, assez secoué par toute cette affaire, et jugeant que sa mission de juin 1940 était accomplie, eut une longue conversation avec Akers, puis rédigea une lettre pour lui dire son souhait de quitter le Canada, au moment approprié, sans doute vers l'été suivant. Il souhaitait terminer en Angleterre ses deux ans et demi de contrat restants et pouvoir reprendre sa carrière de chercheur en physique, quitte à subir une diminution de salaire, ou même rester consultant de Tube Alloys. Les raisons qu'il avançait étaient multiples : l'organisation de Montréal sous la direction de Cockcroft, dirigée vers le projet de pile, n'était pas propice à la recherche pure, les effets de ses frictions avec ses collègues de tous grades et aussi les Américains et les Canadiens, résultats de vingt mois de responsabilités administratives et politiques, pour lesquelles il n'avait ni formation antérieure ni goût et, enfin, sur un plan plus personnel, l'antisémitisme régnant au Canada, qui bien que surtout social, était intolérable pour une personne d'origine juive. En réalité, contrairement à ce qu'il disait dans cette lettre, il avait acquis pour les affaires administratives et politiques un goût prononcé et une certaine confiance dans ses aptitudes en ce domaine.

Halban insistait aussi sur un besoin immédiat de prendre du repos et, comme son épouse attendait un enfant pour le printemps, il demandait s'il était possible maintenant de travailler à temps partiel à Montréal, et peut-être même pas du tout à partir d'avril, ce qui lui donnerait le temps de former son successeur. Copies de cette lettre furent transmises pour avis à Anderson, Chadwick et Cockcroft, ainsi qu'au directeur du DSIR, sir

Edward Appleton, dont la réaction fut favorable. Il était normal qu'Halban voulût s'éloigner du laboratoire qu'il avait créé et dont on venait de lui retirer la direction. La tempête qui se préparait n'allait pas lui laisser organiser à son gré ce départ.

18

Ouragan sur les ondes

Le troisième partenaire

Le ministre anglais était satisfait de sa visite à Joliot. Dans l'ensemble, elle s'était bien passée et avait été bénéfique. Le 15 décembre 1944, il lui envoya une lettre lui proposant une nouvelle rencontre, cette fois à Londres et dans un avenir pas trop lointain. Anderson lui offrait, sur une suggestion de Halban, de lui fournir, par le canal du DSIR, de l'équipement et des produits disponibles en Angleterre et manquant en France en raison de l'Occupation.

Le calme étant revenu, Rapkine jugea le moment propice pour envoyer à Akers une note de protestation au sujet du report de ma visite en France, demandé par Chadwick et Cockcroft, suite à la pression américaine. S'étant rendu deux fois à Paris depuis la Libération, il était en mesure de mieux se rendre compte de l'importance, pour ma carrière universitaire, d'une prochaine prise de contact avec Debierne et les autres personnalités du laboratoire Curie et de l'université.

Le 19 décembre, Anderson envoya à Chadwick un télégramme lui demandant, sauf objections sérieuses, de prendre avec Cockcroft les dispositions nécessaires pour cette visite à Paris, à laquelle j'avais dû renoncer avec réticence sur leur requête. Il y exposait à nouveau sa thèse : « A mon point de vue le problème des relations de la France avec TA, auquel il faudra faire face tôt ou tard, sera moins insoluble si nous traitons maintenant les Français de Montréal comme si nous leur faisions confiance. Je suis convaincu que, si nous les considérons comme des " prisonniers ", le seul résultat sera de faire soulever la question prématurément et vivement du côté français. De plus, je trouve difficile d'expliquer à

Rapkine pourquoi nous trouvons nécessaire de discriminer Goldschmidt par rapport à Halban et Guéron. » Il ajoutait que l'ensemble du problème de la visite de Halban et des relations avec les Français avait été discuté à fond avec Lansdale lors de sa récente visite. Selon lui, le chef de la sûreté atomique américaine semblait avoir compris la sagesse de la thèse d'Anderson et en avait conclu que les doutes qui avaient prévalu à Washington étaient en grande partie dus à une méconnaissance du passé.

La lecture de ces télégrammes et lettres m'a ainsi révélé, plus de quarante ans après, que j'avais failli être autorisé à passer les fêtes de fin d'année 1944 à Paris. Mais le calme était trompeur et ne faisait que précéder la tempête. Lansdale jouait sans doute un double jeu, rassurant à Londres et attisant le feu à Washington, tandis que Groves n'avait pas digéré l'attitude d'Anderson à son égard et, furieux des « divulgations » de Halban à Joliot, s'apprêtait à prendre sa revanche.

Halban se trouvait à nouveau en mer sur le *Queen*, mais retournant vers New York. Brusquement, deux télégrammes des 21 et 22 décembre arrivèrent à Londres pour Anderson, de Washington et d'Ottawa, lui montrant que l'orage grondait et que les hostilités commençaient.

Dans celui de Washington, Chadwick maintenait son point de vue. Aucun Français de Montréal ne pouvait se rendre à Paris sans donner quelque information sur le projet et ces visites ne devraient s'effectuer que dans des circonstances et des conditions convenues avec précision entre Anderson et les représentants américains, non seulement à Londres mais à Washington. Il n'était pas question dans tout cela de traiter les Français comme des prisonniers, la preuve en était que Guéron et moi partagions son point de vue sur la nécessité d'agir avec précaution et il ajoutait que, bien que déçu, j'avais accepté de bonne grâce le report de ma visite. Il affirmait que le voyage de Halban à Paris avait provoqué à Washington une violente réaction, que le retour de Lansdale n'avait nullement contribué à apaiser. Si le représentant de Groves avait compris les motifs sous-tendant l'attitude de Londres, il se trouvait en total désaccord avec l'action poursuivie. Selon la conclusion du message de Chadwick, mon séjour à Paris en ce moment précipiterait les choses car les Américains le considéreraient comme un défi à leur égard, il devrait donc être remis... et il le fut !

Le second télégramme provenait de Malcolm Macdonald, le haut-commissaire britannique à Ottawa et montrait que Groves, au lieu de protester auprès d'Anderson, avait trouvé le point faible de la cuirasse britannique et venait d'y porter un coup bas. Personne, dans l'affaire de la visite de Halban, n'avait pensé à prévenir et encore moins à consulter les Canadiens.

Howe, le ministre canadien, avait reçu une violente protestation de Groves se plaignant de ce que Halban avait dévoilé à Joliot des données hautement secrètes sur la partie américaine de l'entreprise, et semblait avoir été aussi coupable d'une faute encore plus grave en mentionnant la date probable à laquelle la bombe serait prête à être utilisée contre l'ennemi (il s'agissait sans doute d'une confusion et Halban avait été accusé de l'indiscrétion attribuée à Auger et mentionnée plus haut). L'affaire, selon Howe, était susceptible d'avoir les plus graves répercussions sur les relations entre les Américains et le laboratoire de Montréal, dont l'avenir était menacé. Comme ministre responsable du projet atomique au Canada, il aurait dû en dernier ressort donner ou refuser la permission pour ce voyage de Halban. Il avait donc décidé de lui interdire l'accès au laboratoire à son retour.

Dans le mois suivant, Roosevelt et Churchill durent être mis au courant de l'affaire, tandis que plus de cent télégrammes *Immediate and Top Secret* furent expédiés par Anderson à Washington et Ottawa ou reçus par lui de ces deux postes, qui devaient s'en transmettre réciproquement des copies. Ces télégrammes reprenaient les mêmes arguments, contre-arguments et procès d'intention sur l'origine, les circonstances exactes ou supposées, les révélations autorisées ou présumées de la visite de Halban à Paris, ainsi que sur les droits respectifs des Anglais, Canadiens et Américains à décider de telles visites, et plus généralement sur le problème des Français du laboratoire de Montréal et, enfin, de temps à autre sur ma visite, promise mais remise, à Paris.

A un moment, les déchiffreurs d'Ottawa durent se plaindre, ils ne pouvaient plus suivre, en plus de leur routine journalière, la cadence de ces télégrammes supplémentaires qui dépassait leur capacité de décodage.

Le point crucial des discussions était de savoir ce que Halban avait exactement dit à Joliot, l'absence de microphones se faisant cruellement sentir ! Les Américains faisaient toute une montagne de quelques bribes que Halban avait reconnu avoir ajoutées aux informations contenues dans le texte soumis d'avance à Anderson. Selon la conviction de Groves, il n'était pas possible que Joliot fût satisfait des divulgations de Halban, il lui en avait forcément demandé plus. Il était certain que Halban avait dû lui donner satisfaction, comme s'il s'agissait d'une scène de séduction où, la femme ayant commencé à céder, l'homme en réclame davantage et elle ne peut plus lui résister.

Il est extraordinaire de penser au nombre d'heures qu'en pleine guerre le ministre des Finances du Royaume-Uni a dû consacrer à une affaire, relativement banale, mettant en jeu deux nationaux d'un pays allié, dont l'un avait à rendre compte de la mission confiée par l'autre quatre ans auparavant. Mais il s'agissait du secret atomique et celui-ci amplifiait et déformait tout.

Nous avions reproché à Halban, dans les jours difficiles de Montréal, de faire souvent une histoire d'un incident mineur. Groves allait en faire autant au centuple sur le plan international, et, si le personnage central du drame paraissait être Halban, il n'était devenu qu'un prétexte à une épreuve de force entre le général américain chargé de la lourde responsabilité de mener à bon port l'entreprise atomique et le ministre britannique, cherchant à lutter pour une indépendance déjà perdue et décidé à obtenir pour son pays les avantages espérés, mais illusoires, des droits sur les brevets. Anderson se battait aussi pour payer dans une certaine mesure la dette d'honneur des Britanniques envers les Français, à la suite de notre contribution à leur projet atomique.

Anderson d'abord chercha à régler son contentieux avec les Canadiens et Macdonald, le haut-commissaire britannique à Ottawa, s'efforça de faire lever l'interdiction, prononcée par Howe, du retour de Halban au laboratoire. Cette interdiction n'était pas exigée par Washington et Groves avait dû reconnaître que, à tort ou à raison, Winant avait autorisé la visite après avoir pris connaissance du texte des révélations destinées à Joliot, même s'il ne l'avait pas compris. Restait l'accusation de fuites graves. Il était manifeste que, dans leurs fureurs respectives, Groves avait exagéré et Howe avait renchéri sur ces exagérations.

Il semblait que Lansdale avait été envoyé en Europe pour surveiller Halban. Étant arrivé trop tard à Londres, un autre officier du contre-espionnage avait été envoyé à Paris et s'était tant bien que mal acquitté de sa tâche. Il aurait même lu la correspondance de Halban à son épouse et y aurait relevé une indiscrétion.

Le prestige de Howe était aussi en jeu et, juste avant de partir se reposer une quinzaine de jours aux Bahamas, il se calma et leva l'interdiction. Anderson lui envoya alors un télégramme avec des excuses commençant dans les termes suivants : « Je regrette profondément qu'une de mes actions vous ait placé dans une position embarrassante vis-à-vis des Américains... » Les choses furent ainsi arrangées avec le ministre canadien.

Ottawa avait pris nettement le parti de Washington et, dans son journal, à la date du 8 janvier 1945, Mackenzie reconnaît que Howe avait porté certaines accusations non fondées sur des prétendues divulgations à caractère militaire de Halban, mais il conclut : « Dans le fond je pense que toute cette agitation aura des effets salutaires, car ils ont une tendance à Londres à mettre l'accent sur leurs intérêts et à oublier que la majeure partie du festin — comme le dit Groves — a été fournie de ce côté. »

Une semaine auparavant, le *Queen* était arrivé à New York le 28 décembre 1944 et je fus le premier à reprendre contact avec Halban. Je me trouvai dans la métropole américaine, ayant pris quelques jours de congé pour passer le nouvel an avec les miens. Halban avait l'air satisfait de son voyage et je passai avec lui plusieurs heures à l'hôtel où il avait pris une chambre pour se reposer. J'étais heureux d'avoir enfin des nouvelles de mes amis et collègues du laboratoire Curie et de connaître les réactions de Joliot à notre présence au Canada et, aussi, ce qu'il savait ou supposait de notre activité. Ni Halban ni moi n'avions alors la moindre idée de la tempête soulevée par sa visite.

Son avion pour Montréal ayant été annulé à cause du brouillard, je lui proposai, avant de prendre le train de nuit, de se joindre à moi pour dîner avec une amie dans l'appartement qu'elle occupait dans un autre hôtel. De retour au mien, je fus réveillé vers minuit par un coup de téléphone de Chadwick me demandant de prendre le premier train du matin pour Washington. Il voulait avoir un compte rendu de ce que Halban m'avait raconté. Arrivant au milieu de la matinée du 29 décembre dans le bureau du savant britannique, je fus stupéfait de l'entendre s'excuser de m'avoir dérangé inutilement. Toutes les conversations de Halban, entre son arrivée et son départ de New York, avaient été enregistrées par les services américains et Chadwick venait de recevoir le texte des passages susceptibles de l'intéresser. Je me suis longtemps demandé s'ils avaient aussi pu disposer des microphones dans l'appartement de notre hôtesse à dîner.

Chadwick me mit alors au courant du drame provoqué par cette malencontreuse visite, qu'il s'était efforcé en vain de faire reporter le plus tard possible. Il craignait qu'elle ne puisse servir de prétexte aux Américains pour déclencher une nouvelle rupture des relations atomiques comme celle de l'année 1943. De ma visite à Paris, il n'était plus question avant des jours meilleurs.

Chadwick avait l'air physiquement et nerveusement épuisé. Il n'en dormait plus et, avec un humour macabre et caractéristique, il me confia que, bien que bon patriote, il s'était pris à souhaiter que le *Queen,* arrivé la veille à New York, eût été torpillé en route et ait sombré corps et biens, ce qui lui aurait bien arrangé les choses avec Groves ! Petite consolation, la liste des Honneurs du jour de l'an allait lui apprendre, trois jours plus tard, que le roi l'avait fait chevalier, il était maintenant « sir James ».

Mise au courant de Roosevelt et de Churchill

Chadwick n'avait certes pas le monopole de l'exagération, car au moment même où nous venions d'évoquer un naufrage imaginaire, Groves, à Washington, préparait un mémorandum pour son ministre, le secrétaire à la Guerre Stimson, en vue d'une audience le lendemain avec Roosevelt, pour l'informer de ce que le Général appelait une violation par les Britanniques de l'accord de Québec.

Il n'y allait pas de main morte, car selon lui, à la suite de cette violation : « La France avait obtenu un atout de marchandage hors de proportion avec ce à quoi elle aurait droit d'aspirer. Elle était maintenant en situation de faire un chantage politique sur les réalisations américaines et d'amener ou de menacer d'amener la Russie dans le paysage. »

Groves expliquait que, seul à connaître toutes les phases du projet, il était le plus qualifié pour régler l'affaire avec le chancelier de l'Échiquier, mais il ne pouvait se rendre à Londres, son absence risquant de causer une perte de temps précieux sur le programme en cours.

Le lendemain, 30 décembre, au moment de pénétrer dans le bureau de Roosevelt à la Maison-Blanche, Stimson prit sur lui de se faire accompagner de Groves et nous devons à ce dernier un compte rendu sur le vif de la réunion. Celui-ci a le beau titre de mémorandum, suivi de : « Ce qui s'est passé à une réunion à la Maison-Blanche entre 12 h 30 et 13 heures, à la date ci-dessus, et à laquelle furent présents : le président, le secrétaire à la Guerre, le major général L. R. Groves. »

Après un rappel de l'accord de Québec qui liait les deux pays cosignataires avec un lien de sang comme entre deux honnêtes frères, « le président leva deux doigts serrés pour montrer qu'il était d'accord sur le degré d'intimité de cette association », le ministre reprocha aux Anglais de ne pas avoir prévenu les Américains des liens que les Français présents à Montréal avaient avec leur gouvernement.

Stimson raconta ensuite comment Halban s'était rendu en

Angleterre sans notification de Washington et comment sir John Anderson « avait roulé ce pauvre vieux John » (l'ambassadeur John Winant) et avait cherché à tromper les Américains. Stimson ajouta que « le général Groves, qui est le seul à avoir une véritable connaissance complète de toute la situation, pense que l'on ne peut se fier en aucune circonstance à sir John (le ministre) ». Selon Groves et Stimson, la France avait été placée, avec l'encouragement du ministre anglais, en situation de réclamer d'être pleinement associée à un accord tripartite. Le président exprima alors ses vues sur la situation incertaine en France, sur la possibilité d'une révolution et conclut qu'elle était actuellement pour le moins un partenaire peu convenable. Stimson ajouta que les Canadiens Howe et Mackenzie s'étaient très bien comportés dans cette histoire, avaient envoyé quelques furieux télégrammes à Londres et, en cas de difficultés, se rangeraient sûrement du côté américain.

Roosevelt demanda si Churchill était au courant, la réponse fut : « probablement non », car « c'était Anderson qui cherchait à mener la barque ». Le président ayant demandé à Stimson s'il connaissait le chancelier de l'Échiquier, le secrétaire à la Guerre répondit par la négative, mais le décrivit comme « un grand homme avec des petits yeux noirs brillants ». Groves et Stimson ajoutèrent qu'il avait l' « instinct impérial », et qu'il paraissait rechercher les bonnes grâces de De Gaulle pour accroître l'influence britannique sur le gouvernement français. Heureusement, grâce aux manœuvres dilatoires américaines, Joliot n'avait pu informer de Gaulle avant la visite de celui-ci à Moscou.

Le président avait été si intéressé par la discussion que celle-ci avait duré bien au-delà du temps prévu, d'où la nécessité de reporter la réunion suivante avec le secrétaire d'État Edward Stettinius. C'est à cette occasion que Roosevelt prit la décision d'informer celui-ci pour la première fois de l'entreprise atomique et de ses implications internationales.

Le lendemain, 31 décembre, Stimson eut une nouvelle audience avec le président, consacrée à la difficulté des relations avec l'Union soviétique. Abordant à nouveau la question atomique, le secrétaire à la Guerre prévint le président de la connaissance qu'il avait de tentatives d'espionnage des Russes sur le projet américain, mais celles-ci ne devaient pas leur en avoir donné une véritable idée. Il n'avait toutefois aucun espoir de garder indéfiniment un tel secret, mais il ne pensait pas le moment venu le partager avec l'Union soviétique. Le président donna son accord.

Stimson et Groves déduisirent de ces réunions au plus haut

niveau que seul le comité politique mixte créé par l'accord de Québec était habilité à décider du sort de Halban et des autres Français.

Deux jours plus tard, le 2 janvier 1945, c'était au tour du « ministre aux petits yeux noirs brillants » d'informer à Londres son patron Churchill des difficultés rencontrées avec les Américains au sujet des Français de Montréal et de l'autorisation qu'il avait donnée à la visite parisienne de Halban. Il reconnaissait avoir reçu pour cette visite un accord inattendu de Winant, sans que celui-ci en ait référé à Washington, l'incident soumis au comité politique mixte à Washington devrait vite s'estomper comme neige au soleil. Il restait la question plus importante de l'avenir des relations du TA avec les Français. « Si nous ne faisons pas attention, nous pourrions facilement pousser la France tout droit dans les bras de la Russie. » Il soulignait la nécessité de tenir compte de la personnalité de Joliot, définissant son communisme comme étant de la « variété intellectuelle », et il affirmait que l' « éminent physicien nucléaire » était un homme de principes élevés et avant tout un patriote français.

Après avoir contribué à appeler l'attention des Américains sur la présence des Français dans le projet anglo-canadien, l'affaire Halban avait abouti à soulever le problème plus général des relations avec la France dans le domaine atomique et était devenue secondaire par rapport à cette question. Parallèlement, Anderson s'était progressivement forgé une vision de la situation sans rapport avec la réalité et avait réussi à convaincre les Américains de sa validité.

Cette pseudo-situation était bien décrite dans une note préparée en vue de la réunion du comité politique mixte, prévue pour le 22 janvier, et destinée au président de cette réunion, Stimson. L'auteur de cette note était Harvey Bundy, le plus proche collaborateur du secrétaire à la Guerre, son destinataire. Il y disait : « Sir John Anderson signale qu'il y a un grave danger que les Français, par le canal de Joliot, ou par le canal de De Gaulle à l'instigation de ce savant, puissent insister pour une participation immédiate dans le projet TA. On ne sait pas si cette requête portera seulement sur les aspects industriels ou aussi sur une participation dans le domaine militaire. Étant donné que les États-Unis et la Grande-Bretagne ne veulent pas soulever cette question actuellement, le problème est de savoir quelle est l'assurance minimale à donner à Joliot pour obtenir un ajournement de la question et une protection contre une exploitation politique française qui, avec ou sans collaboration avec les Russes, serait très dangereuse pour notre sécurité. »

Dans la même note de Bundy, il était aussi dit, à propos du projet de ma visite en France, que Chadwick était partisan de me l'accorder, car cette autorisation aurait pour effet d'ajourner « une action radicale des autorités françaises ».

Or ni Joliot ni à plus forte raison le gouvernement français n'avaient été demandeurs d'une participation à l'entreprise atomique alliée ou d'une assurance à une participation ultérieure. C'était Halban qui avait demandé à rendre visite à Joliot et non l'inverse. La seule requête de Joliot avait été d'obtenir la possibilité de faire une tournée de conférences sur la Résistance aux États-Unis et cela lui avait été refusé.

Il n'y a jamais eu en France, entre la libération de Paris et la fin de la guerre avec le Japon, la moindre décision ou même discussion gouvernementale au sujet d'une négociation avec les Anglais, et à plus forte raison avec les Américains, sur une demande de participation à l'entreprise atomique alliée et, encore moins, une intention d'agiter, comme moyen de chantage, un rapprochement avec l'Union soviétique. Le général de Gaulle et son gouvernement provisoire avaient assez à faire avec la remise en état physique et politique du pays. Au moment où un siège à la Conférence de Yalta venait d'être refusé à la France, ce qui comptait c'était d'assurer à notre pays une place convenable dans les négociations de paix.

Durant cette période, le Général ne devait recevoir que deux fois Frédéric Joliot, à l'automne 1944 sur les problèmes de recherche scientifique et au mois de mai 1945, avec Pierre Auger, pour leur donner le feu vert pour l'étude, avec Raoul Dautry, d'un futur organisme atomique national. La seule négociation internationale qu'il autorisa dans ce domaine fut, sur proposition de Dautry, une rencontre avec le gouvernement norvégien en exil, pour un achat d'eau lourde portant, cette fois, sur plusieurs tonnes. Le Général avait compris notre communication d'Ottawa : la priorité était de reprendre le plus vite possible les recherches en France.

Quant à Joliot, heureux et en confiance dans ses trois familles : la personnelle, la scientifique et la politique, il n'était pas attiré vers l'étranger. Il devait, outre son manque de familiarité avec la langue anglaise, se sentir doublement handicapé, d'une part du fait de sa non-participation au prolongement chez les Alliés de ses brillants travaux du Collège de France, d'autre part en raison de l'inévitable méfiance qu'allait créer, chez ces Alliés, son appartenance au parti communiste.

A aucun moment, le compte rendu de Halban le montre, il n'avait manifesté l'intention de faire pression, ou de pousser son gouvernement à le faire, pour obtenir l'introduction de la France dans l'entreprise, introduction dont Halban lui avait clairement expliqué l'impossibilité actuelle.

Les attentions intéressées dont il avait été l'objet de la part des services de renseignement américains, des savants anglais et du chancelier de l'Échiquier en personne, lui avaient fait espérer, à tort, qu'on allait avoir besoin de ses services. Cela lui permettait de rêver et de parler à haute voix — il commençait à le faire de plus en plus longuement — d'une alliance atomique franco-britannique face au géant américain et même peut-être, en cas d'échec, d'un rapprochement avec l'Union soviétique. Paradoxalement, à ce stade, les quelques velléités de participation de Joliot à l'entreprise atomique alliée avaient plutôt été provoquées par ceux qui la redoutaient que par sa volonté personnelle. Le secret atomique avait quand même joué dans le bon sens, car malgré les bruits recueillis et les révélations si discutées de Halban, il ne se rendait pas compte de la véritable importance et de l'étendue du domaine en cours de défrichement et développement.

Contrairement à ce dont Groves était convaincu, aucun de nous, anciens du projet de Montréal, ne fut pendant la dernière année de la guerre, et même après celle-ci, l'objet de la moindre curiosité de Joliot d'en savoir plus que ce que nous lui révélions ; c'était plutôt le contraire, comme si cela lui était pénible de parler des détails techniques et des circonstances politiques d'une aventure dont il s'était écarté, peut-être à tort, comme il le confia plus tard à Anderson, lors de leur seconde entrevue.

Le fait que Joliot ne semblait nullement pressé d'agir est confirmé par le récit fait par le chancelier de l'Échiquier de son premier entretien avec Joliot, lors de la visite de Halban. Il y disait que Joliot, à part son désir de faire accepter ses brevets dans le plus grand nombre de pays possible, n'avait manifesté aucun souci d'urgence au regard des autres aspects du problème.

Anderson paraît avoir imaginé, sans aucun élément à l'appui, l'éventualité de l'imminence d'une demande française de participation, ou, au mieux, s'en être convaincu progressivement. Cette conviction avait à son tour transformé l'hostilité initiale de Groves envers la présence des Français dans le projet en une quasi-hystérie.

Les motifs de l'attitude du ministre anglais sont difficiles à percer. Était-ce pour justifier sa décision initiale d'envoyer Halban à Paris, ou plutôt espérait-il forcer la main des Américains, soit pour les pousser conjointement avec les Anglais à négocier avec les Français, soit au moins à obtenir leur accord pour autoriser le Royaume-Uni à le faire et ainsi pouvoir reprendre avec de meilleures chances de succès la négociation sur les brevets ? Peut-être y avait-il aussi, compte tenu des aléas passés de la collaboration avec Washington, un désir de ne plus se trouver seul face aux États-Unis ? On ne le saura jamais.

Menaces d'internement

Tandis que les télégrammes sur le problème des Français continuaient à faire des ondes au-dessus de l'Atlantique à la cadence moyenne d'environ trois par jour, on préparait, dans les capitales concernées, le comité politique mixte du 22 janvier 1945, destiné, sinon à fixer, du moins à préparer les décisions sur notre sort.

Quatre jours auparavant, Anderson adressa une note à Churchill où il expliqua avec clarté les grandes lignes de l'entreprise et rendit un remarquable hommage à la contribution française. Il commençait par rappeler les deux principales divisions de l'affaire :

« *a*) Le projet militaire — c'est-à-dire la séparation de l'isotope de l'uranium pour usage dans une bombe. Les Français n'ont apporté aucune contribution à ce projet qui a impliqué un immense effort industriel des États-Unis.

« *b*) Le projet énergétique — c'est-à-dire la production d'énergie d'une pile comme source de puissance. Les Français étaient parmi les pionniers de tête avant la guerre et ont apporté une contribution de grande valeur à ce travail dans ce pays et au Canada.

« Il a été découvert depuis que des substances pouvant avoir des applications militaires sont produites dans une pile, mais les problèmes très difficiles liés à l'utilisation de ces substances pour en faire une arme n'ont pas encore été résolus et les Français n'ont rien eu à faire avec les recherches en cours pour résoudre ces problèmes. »

Il poursuivait : « Il ne peut être question, j'en suis sûr, de donner aux Français, à ce stade, la moindre information sur le projet militaire ou sur le potentiel militaire du projet énergie. Mais il paraît clair, toutefois, qu'ils sont fondés à réclamer une part équitable du projet énergie, en raison de leur contribution à celui-ci. Cela peut-être réglé soit : *a*) par une assurance d'un traitement équitable dans de domaine après la guerre ou *b*) par le moyen d'une sorte de transaction sur l'échange de brevets dans ce domaine. »

Anderson penchait pour la première solution. Il commençait ainsi à prendre ses distances vis-à-vis de la question des brevets. Joliot ayant refusé comme insuffisante la transaction proposée dans le contrat de Halban, il faudrait, pour le satisfaire dans une nouvelle négociation, lui offrir des droits sur des brevets supplémentaires, ceux-ci ne pourraient être qu'américains et un accord avec les États-Unis à cet égard était impensable.

Il concluait : « Si nous voulons soutenir la position des Français, il est essentiel que nous traitions avec une réelle considération leurs savants à Montréal qui nous ont apporté une aide si précieuse. La principale difficulté provient des doutes que les Américains et les Canadiens ont encore sur le degré de confiance à faire à Halban. Je ne partage pas ces doutes et pas un soupçon de preuve n'a été fourni pour les étayer. »

Churchill lui donna le feu vert sans commentaires.

Pendant la quinzaine précédant la réunion du comité politique mixte, Anderson avait cherché à obtenir un accord de Washington pour associer les Américains à une déclaration assurant les Français d'un traitement équitable après la guerre. De multiples versions d'un projet de texte donnant une telle garantie avaient circulé. L'avant-veille de la réunion, Stimson fit savoir que, les Américains n'ayant en aucune façon eu affaire aux Français, il n'était pas question que son gouvernement s'associât à un geste de celui de Sa Majesté envers la France, et ce geste devrait avoir le moins de portée possible.

Quant à Groves, sa position à notre égard ne débordait ni de confiance ni d'affection. Il envisageait trois cas dans une note dont le titre alambiqué représentait déjà tout un programme : « L'essentiel des recommandations qui seront faites par le major général Groves et représentant son propre point de vue quant à la méthode de traiter la question de la façon ayant le plus de chances de préserver la sûreté essentielle. » Dans l'attente d'une réaction de Joliot à la politique décidée en commun à son égard, Guéron, Kowarski et moi serions autorisés à rester au laboratoire, strictement cantonnés dans nos domaines de travail respectifs. Interdiction nous serait faite de quitter les États-Unis et le Canada. Halban, soumis à la même interdiction, recevrait un congé de durée illimitée aux États-Unis. En cas de refus, il devrait être interné sous stricte surveillance.

En cas de réaction favorable de Joliot à la politique décidée à son égard, Kowarski, Guéron et moi devrions accepter une prolongation de notre contrat jusqu'à six mois après la fin de la guerre. Nous serions autorisés à nous rendre en Angleterre pour rencontrer, sous contrôle approprié, les collègues français impliqués dans l'avenir de nos carrières. Halban serait autorisé à poursuivre des recherches en physique nucléaire fondamentale dans une université canadienne distante de Montréal, toute communication avec ses anciens collègues devant se limiter à des questions privées. En cas de refus, il se verrait offrir, jusqu'à la fin de son contrat (septembre 1947), un congé aux États-Unis avec interdiction de toute activité dans le domaine nucléaire. S'il refusait l'une ou l'autre de ces solutions, il devrait être interné, seul moyen efficace de protéger la sûreté. Groves ajoutait que son point de vue à l'égard de Halban était différent de celui d'Anderson.

En cas de réaction défavorable ou violemment hostile de Joliot, nous devrions, tous les quatre, être internés au Canada sans le droit de communiquer avec quiconque. Groves reconnaissait la nécessité d'une étude attentive pour savoir si de tels internements étaient possibles sous les lois en vigueur !

Les vrais espions

Le départ de Halban de Montréal était donc inévitable. Anderson en était convenu dès le début de janvier. Mais le général Groves n'aurait pas dû tellement s'en réjouir, car, comble de l'ironie, son successeur à la tête de la divison de physique à Montréal, Alan Nunn May, le premier chercheur anglais de talent à rejoindre Halban et Kowarski à Cambridge, était secrètement communiste depuis l'âge de seize ans.

Fils d'un fabricant de boutons de porte ruiné par la crise des années trente, il était l'assistant de Chadwick quand celui-ci lui demanda de rejoindre l'équipe de Cambridge dont la composition tendait à devenir trop « Europe centrale ». Ce célibataire triste et silencieux, mais non dénué d'humour, était populaire et estimé au laboratoire. Il était, depuis son arrivée à Montréal, en relation avec le chef du renseignement soviétique à Ottawa, le colonel Zabotin, attaché militaire à l'ambassade, et il allait l'alimenter en renseignements techniques autrement plus importants que ceux communiqués par Halban à Joliot, et dont les principaux avaient été obtenus à Chicago où il se rendit à plusieurs reprises. Il allait transmettre à son correspondant un échantillon d'une matière fissile rare dont la disparition devait nous émouvoir, Guéron et moi.

Le passage à l'Occident en septembre 1945 d'Igor Gouzenko, le déchiffreur du colonel soviétique, avec les carnets de son patron, devait aboutir à la découverte de tout un réseau d'espionnage au Canada. May fut arrêté après son retour en Angleterre en mars 1946 et condamné à dix ans de prison.

Ainsi, les Soviétiques allaient recevoir de May tous les renseignements dont disposaient les Français du projet de Montréal. Ils avaient à leur disposition une source bien plus importante, grâce à la trahison de Klaus Fuchs, jeune et brillant physicien théoricien, d'origine allemande, un des représentants de la science britannique à Los Alamos. Fils d'un pasteur protestant de Leipzig, communiste dès sa jeunesse, il avait quitté l'Allemagne à l'âge de vingt et un ans pour terminer ses études en Angleterre, fuyant les persécutions nazies. Profitant des rares permissions de quelques heures accordées aux savants de Los Alamos pour aller faire des courses à Santa Fe, la ville la plus proche, il avait régulièrement alimenté en renseignements un correspondant travaillant pour les services soviétiques. Il était spécialiste des deux domaines les plus secrets : la séparation de l'uranium 235 et, surtout, le mécanisme de la bombe ; il allait même participer aux premières discussions infiniment secrètes, sur l'éventualité de la réalisation de la bombe à hydrogène.

Dans la documentation britannique en notre possession, il existe une lettre du mois d'août 1944 envoyée de l'Office scientifique central britannique à Washington à Chadwick à Los Alamos concernant le projet de la première grande pile canadienne. Cette lettre faisait mention d'un autre document concernant un sujet beaucoup trop secret pour être confié à la poste et qui, comble de l'ironie, allait parvenir à Chadwick, *by Fuchs' safe hand*, par la main sûre de Fuchs, en route pour Los Alamos !

Les services de sûreté britanniques connaissaient l'affiliation du jeune théoricien au parti communiste comme étudiant en Allemagne, mais n'en avaient pas prévenu les services américains lors de son transfert aux États-Unis au début de 1944. Après la guerre, il allait devenir le chef de la physique théorique de l'entreprise anglaise. Orgueilleux, se croyant irremplaçable et convaincu de son impunité, il avoua en 1950 à un officier de sûreté anglais avoir communiqué à l'Union soviétique, depuis 1942, toutes les connaissances qu'il avait acquises. Il avait d'ailleurs refusé au cours de son premier interrogatoire d'entrer dans le détail des secrets révélés aux Russes, car il avait des doutes sur le degré d'habilitation au secret de l'officier de sûreté auquel il avait affaire ! Il fut condamné à quatorze ans de prison à la suite d'un procès assez exceptionnel, car il fut le seul à apporter les preuves de sa propre culpabilité.

Le Royaume-Uni ne devait pas avoir le monopole de l'espionnage atomique. En 1944, un mécanicien américain, David Greenglass, avait fourni au même agent que Fuchs des détails sur le dispositif de la bombe au plutonium. Il était le frère d'Ethel Rosenberg qu'il dénonça, ainsi que son mari Julius, comme responsables de son acte, qui n'avait nullement la portée des divulgations de Fuchs. Son témoignage fut le principal chef d'accusation contre les époux Rosenberg qui furent condamnés à mort en 1951 et exécutés en 1953. Ce jugement, en pleine période de « maccarthysme », contrastait avec les peines infligées par les Anglais pour des délits analogues. Les époux Rosenberg, dont le degré de culpabilité ne pouvait être le même pour le mari et la femme, proclamèrent leur innocence jusqu'au dernier moment. L'affaire souleva dans le monde une émotion et une réprobation générales et fut largement utilisée par la propagande antiaméricaine.

Groves n'avait pas si tort de s'inquiéter des communistes et des risques de fuites vers l'Union soviétique. La difficulté était de mettre la main sur les vrais espions. Mais, en janvier 1945, les Français étaient dans le collimateur du général américain, leur faute étant de vouloir conserver leur nationalité, retourner le moment venu dans leur pays, et d'avoir en France un patron, passé ou peut-être à venir, devenu communiste durant l'Occupation.

La dernière tentative d'Anderson

La réunion du comité tripartite du 22 janvier 1945 aboutit à un accord sur le texte d'une déclaration inoffensive susceptible d'être faite par Anderson à Joliot. Ce texte, où chaque mot avait été pesé et chaque phrase disséquée, est caractéristique par sa lourdeur en comparaison de la légèreté de l'engagement pris : « Étant donné qu'il n'est pas souhaitable, avant la fin des hostilités avec les puissances de l'Axe, d'essayer d'engager des discussions détaillées au sujet d'arrangements avec la France dans le domaine des sources d'énergie atomique, le gouvernement de Sa Majesté est prêt, du fait de ce report, à assurer le gouvernement français que, sitôt la fin des hostilités avec les puissances de l'Axe, il poursuivra les discussions avec le gouvernement français, en vue d'une juste solution de toute revendication du gouvernement français concernant les applications commerciales ou industrielles des sources d'énergie atomique. »

En somme les Américains autorisaient les Anglais à dire aux Français qu'ils ne pourraient reprendre qu'après la guerre les discussions sur les brevets, dont eux, Anglais, avaient pris l'initiative ; ils ne pouvaient ajouter : car les Américains nous l'ont interdit jusqu'à cette date !

Dans toute la négociation sur ce texte, le secrétaire à la Guerre Stimson nous avait été spécialement hostile. Son opinion, fondée, disait-il, sur une longue expérience, était que « si l'on cédait un pouce aux Français, ils profiteraient de l'occasion pour faire des efforts continus, et peut-être couronnés de succès, afin d'obtenir tout le bras sous forme d'informations ou de participation. » Il accusait aussi les Français d'ergoter sur le sens des mots et avait fait supprimer les termes « traitement équitable » pour cette raison.

Le 27 janvier, le jour même où Harry Hopkins, proche conseiller et confident de Roosevelt, rencontrait de Gaulle à Paris, pour, selon les termes du Général, « faire passer la pilule » du veto du président à la participation de la France à la Conférence de Yalta prévue une douzaine de jours plus tard, Anderson envoyait à Churchill un bref compte rendu de la réunion du comité tripartite.

Le chancelier de l'Échiquier soulignait le refus de Stimson d'associer de quelque façon que ce soit le gouvernement des États-Unis à la déclaration susceptible d'être faite à Joliot. Le chancelier se déclarait prêt à faire cette déclaration à moins que le président et le Premier ministre ou leurs ministres des Affaires étrangères n'aboutissent à Yalta à une meilleure solution.

Enfin, Anderson sortait à nouveau le chiffon rouge, si souvent brandi devant les Américains, en soulignant le risque de voir Joliot, désespérant d'être traité convenablement par les États-Unis, conseiller à de Gaulle de prendre précipitamment une action dans une autre direction (c'est-à-dire vers l'Union soviétique). La réponse du Premier ministre ne tarda pas : « Si une telle chose était vraiment à craindre, Joliot devrait être détenu, de force mais confortablement, pendant quelques mois. »

Affolé par cette éventualité, Anderson envoya un mot personnel à Anthony Eden, le secrétaire britannique aux Affaires étrangères, déjà parti pour Yalta, en lui demandant de veiller, au cas où la question serait discutée entre le président et le Premier ministre, à l'abandon d'une telle mesure. Il était évidemment inconcevable pour Anderson de faire interner le plus éminent savant français vivant, ami de l'Angleterre et très lié avec la plupart des principaux savants britanniques. Heureusement, le problème ne fut pas soulevé à Yalta.

A Londres, Anderson rencontra Joliot le 23 février 1945. Celui-ci s'engagea dans un monologue qui dura la quasi-totalité des trois quarts d'heure de l'entretien. Anderson le laissa parler sans l'interrompre et n'eut pas besoin de lui faire la déclaration si laborieusement rédigée par le comité tripartite. Le savant français était conscient, par ses conversations avec Halban et Guéron, des engagements pris verbalement lors du détachement de ce dernier auprès du DSIR et du désir du gouvernement britannique de faire de son mieux pour que la France soit traitée équitablement le moment venu. Selon le savant français, la France, comme la Grande-Bretagne, grâce à son empire, riche en matières premières, était bien équipée pour aborder un problème d'une telle envergure ; elle bénéficierait ultérieurement des connaissances acquises par ses savants à la suite de l'envoi de Halban et de Kowarski en Grande-Bretagne en 1940. Il s'était lui-même demandé parfois s'il n'aurait pas mieux agi pour la France en les accompagnant.

Joliot considérait qu'il était dangereux qu'un seul pays occupât une place dominante dans ce domaine. Si la France n'était pas admise à collaborer avec les États-Unis et la Grande-Bretagne, elle devrait se retourner vers l'Union soviétique. Puis il ajouta, sans aucune autre précision, que la question avait été posée à ce pays pour savoir s'il serait intéressé, la réponse avait été « oui ». Mais à la question suivante sur l'état d'avancement des travaux de l'URSS, la réplique avait été : « Aucune information ne peut être donnée » et les choses en étaient restées là.

Joliot donna aussi à Anderson un aperçu, analogue à celui exposé à Allier, de ce qu'il croyait savoir sur les travaux américains et souligna à ce propos la discrétion de ses collègues français du projet de Montréal à qui il n'avait pas voulu poser de questions. Il savait que les choses se traitaient à une échelle gigantesque aux États-Unis, mais ses propres découvertes avaient été faites avec un appareillage très simple. Il était convaincu de l'intérêt pour la France et la Grande-Bretagne de travailler ensemble, car elles tiendraient mieux tête aux États-Unis que chacune séparément.

Finalement Anderson put prendre la parole pour s'excuser de ne pas pouvoir lui en dire plus sur la politique britannique envers la France en matière atomique après la fin des hostilités, car rien ne s'était passé depuis leur entrevue à Paris en décembre. Joliot, après avoir mentionné qu'il reviendrait de temps à autre en Angleterre, repartit apparemment satisfait.

Rassuré par cette entrevue, Anderson ne se déclarait pas encore battu et il se tourna vers Eden, bien disposé envers la France. Il le rencontra le 9 mars 1945 pour lui demander son aide. Eden accepta d'envoyer le 20 mars à Churchill une note signée par lui et Anderson. Il s'agissait de demander encore au Premier ministre de chercher à convaincre les Américains de promettre aux Français de participer, le moment venu et dans une mesure appropriée, à l'effort anglo-américain. Les mêmes arguments étaient expliqués, une fois encore, avec toujours le spectre du rapprochement franco-soviétique.

Churchill, excédé, envoya le 25 mars une vive réponse à son ministre des Affaires étrangères commençant par : « Je ne suis certainement pas d'accord pour que ce secret soit cédé aux Français. Mon accord écrit avec le président Roosevelt interdit à chaque partie de révéler à quiconque d'autre le secret. » Il lui reprochait de sous-estimer l'immense effort américain et expliquait sa politique : « Dans toute circonstance, notre politique doit être de garder l'affaire, autant que nous pouvons la contrôler, dans des mains américaines et britanniques et laisser les Français et les Russes faire ce qu'ils peuvent », et il soulignait qu'il ne fallait pas les aider à combler leur retard.

Il décrivait le danger de la prolifération : « Vous pouvez être tout à fait sûr que toute puissance qui obtiendra le secret essaiera de fabriquer l'objet et cela touchera à l'existence même de la société humaine [...] cette question est hors de proportion avec quoi que ce soit qui existe dans le monde entier. » Il manifestait son mécontentement envers la France : « Je commence à être assez fatigué par les différentes choses que nous devons faire ou ne pas faire de peur que les relations franco-britanniques en souffrent. » Et il concluait par : « Quant à la question d'honneur entre nous et la France, à cette époque la France était représentée par Vichy et de Gaulle n'avait aucun statut légal pour parler en son nom. Je n'ai jamais conclu le moindre accord avec la France ni aucun Français. Je continuerai certainement à pousser le président à ne pas permettre la moindre révélation à la France ou à la Russie. »

La note avait été dictée d'un ton rageur, car, dans le brouillon conservé dans les archives officielles britanniques, trois paragraphes violents dispersés dans le texte ont été biffés. Dans l'un, il disait : « J'ai été choqué quand le président avait proposé avec désinvolture de révéler le secret à Staline sous le prétexte que de Gaulle, s'il en entendait parler, nous trahirait sûrement avec la Russie. » Plus loin, il avait dicté cette étrange phrase : « Une chose dont je suis sûr est que rien ne plairait plus à de Gaulle que d'avoir plein de TA pour punir la Grande-Bretagne et rien qu'il aimerait moins que d'armer la Russie communiste avec le secret. » TA dans ce cas voulait sûrement dire bombes atomiques. Est-ce que Churchill avait une vision du Général arrosant l'Angleterre de bombes, ou plutôt lui faisant face avec un armement puissant ? Par contre, le Premier ministre ne croyait pas au spectre de la collaboration franco-soviétique, si souvent agité par son chancelier. Churchill avait aussi barré une dernière phrase après la conclusion : « Même six mois feraient une différence, si nous devions arriver à une épreuve de force avec la Russie ou en vérité de Gaulle. »

La dernière tentative du chancelier pour nous garantir une future collaboration avec les Britanniques avait fait long feu. Anderson s'était bien battu pour la France qui n'en demandait pas tant.

La sentence

Le comité tripartite du 22 janvier 1945, pour lequel Groves avait proposé un éventail de solutions pour notre sort et celui de Halban, s'était séparé sans prendre de décision à ce sujet, mais avait chargé Howe d'élaborer une solution à soumettre à la prochaine réunion tripartite prévue début mars.

Le ministre canadien, qui avait déclenché les hostilités à la fin de 1944 par sa décision, rapportée ensuite, d'interdire à Halban l'accès du laboratoire de Montréal, était ainsi chargé de proposer les conditions de paix. La réunion eut lieu le 8 mars dans une ambiance meilleure, liée à l'absence de revendications de Joliot, lors de sa rencontre avec Anderson. La « sentence » de Howe fut adoptée sans discussion, à la surprise de Chadwick et de Mackenzie, car, selon eux, avant la réunion, Stimson paraissait encore plus hostile aux Français que Groves. Kowarski, Guéron et moi étions non seulement autorisés à rester dans le projet anglo-canadien, mais il était souhaité que nous obtenions des autorités françaises une prolongation de six mois de nos contrats, de fin juin 1945 à la fin de l'année. Un avis favorable était donné à ma demande de visite en France, pour faciliter les négociations de nos contrats. Il fallut la lecture, plus de quarante ans après, des documents officiels pour m'apprendre que cette autorisation m'avait été donnée par crainte d'un refus de ces prolongations, refus qu'aucun de nous n'avait envisagé.

Quant à Halban, après avoir été consulté et avoir reconnu les difficultés de sa situation, il avait accepté l'arrangement suivant : cessation de tout contact officiel avec le laboratoire de Montréal le 1er avril ; départ pour les États-Unis avant le 1er juin ; séjour aux États-Unis au moins jusqu'au 1er janvier 1946, avec la possibilité d'être associé à un travail de recherche scientifique dans une université après accord du comité tripartite.

Anderson, soulagé de voir le bout du tunnel où la présence des Français de Montréal l'avait plongé, et désireux de rentrer dans les bonnes grâces de Howe, lui envoya un message aimable : « Je pense que ce résultat satisfaisant est largement dû à votre tact et à votre infatigable action ; je vous en suis très reconnaissant. »

Le 28 mars, Anderson prévenait Washington et Ottawa de l'accord de principe de Rapkine pour la prolongation de nos contrats et ajoutait que le bon accueil que Rapkine avait réservé à ces demandes avait été facilité par la nouvelle de l'autorisation de mon voyage en France. Le lendemain, j'étais convoqué à Washington pour mettre au point cette visite. Ce même jour, le 29 mars, Cockcroft signait deux notes confidentielles, l'une pour l'officier de sûreté à qui il renvoyait le laissez-passer de Halban, en précisant que celui-ci quittait le laboratoire ce jour et ne pourrait y rentrer que sur autorisation de lui-même, Cockcroft, ou de son adjoint. La seconde était envoyée aux seuls chefs de division. Son texte était le suivant : « Le Dr Halban a remis sa démission du laboratoire de Montréal avec effet au 1er avril 1945. Il restera en Amérique du Nord pour une période ultérieure de façon que ses services puissent être retenus comme consultant. Durant cette période tout contact avec le Dr Halban pour des questions autres que privées se fera par l'intermédiaire du directeur. »

Une page était tournée dans l'histoire de la mission eau lourde de juin 1940 et dans celle de l'aventure atomique.

Le départ de Halban du projet ne provoqua ni protestations ni surprise, car il nous avait confié depuis plusieurs mois son désir de s'en éloigner, comme il l'avait précisé à Akers dès son retour de Paris après sa malencontreuse visite à Joliot. Ce fut plutôt un sentiment de soulagement au laboratoire, où sa direction avait fait bien des mécontents et où il ne comptait plus aucun soutien important.

Il passa les deux derniers mois de la guerre dans une certaine inactivité, à New York, n'ayant pu trouver de laboratoire universitaire d'accueil, ce à quoi Groves n'avait sans doute pas dû être étranger. Un an plus tard, en juillet 1946, Halban quitta New York avec sa famille pour se fixer en Grande-Bretagne et se consacrer à la recherche pure. D'un commun accord avec le DSIR son contrat avec cet organisme prit fin en septembre 1946, un an avant la date prévue. Il avait proposé de l'interrompre plus tôt, mais Anderson, tenace comme il l'était, avait encore gardé un espoir de conclure avec la France l'accord sur les brevets, jusqu'en mai 1946 quand Joliot, venu à Londres, lui fit perdre ses illusions.

Halban allait quitter ainsi le domaine de la technique et de la politique de l'énergie atomique auquel il avait donné tant de lui-même. Ses supporters, Akers, Anderson et Cherwell, ne l'abandonnèrent pas et il s'installa à Oxford à la suite d'une invitation de Cherwell et d'un de ses collègues du comité Maud, Franz Simon devenu sir Francis. Il y resta huit ans pendant une des périodes les plus fécondes de sa carrière, marquée par des travaux de qualité en science fondamentale et la formation d'une équipe de jeunes chercheurs de talent qui lui restèrent très dévoués.

Durant ces années, il fut, une fois, brièvement mêlé aux problèmes atomiques français. Peu après la révocation de Joliot de sa fonction de haut-commissaire à l'énergie atomique en 1950, le président du Conseil voulut consulter un spécialiste français extérieur au CEA. Halban étant le seul, il lui fit téléphoner à Oxford par son directeur de cabinet. Celui-ci fut surpris d'entendre Halban, citoyen français, poser une condition pour une rencontre, qu'il accepta évidemment, avec le chef du gouvernement : que le président Georges Bidault ne lui offre pas le poste de haut-commissaire… ce que celui-ci n'avait nullement l'intention de faire !

En 1954, il revint en France comme professeur associé à la Sorbonne, puis fut chargé de la responsabilité de la construction d'un grand accélérateur de particules à la faculté d'Orsay. En 1960, il prit sa retraite prématurément, car ses troubles cardiaques, qui ne furent pas sans influence sérieuse sur son caractère, s'étaient aggravés ; malintentionnés à son égard comme nous l'étions, nous ne les avions jamais pris très au sérieux à Montréal ; nous avions tort, car il mourut en 1964, à l'âge de cinquante-six ans seulement, des suites d'une opération à cœur ouvert.

Cinq mois s'étaient écoulés entre le départ de Halban pour Londres, puis Paris et, après son retour, sa séparation définitive de l'entreprise qu'il avait créée. Il y a un contraste étonnant entre l'ampleur prise par le drame provoqué par ce voyage et le calme du laboratoire de Montréal durant cette période.

Les bienfaits de la reprise de la collaboration avec les Américains se faisaient sentir. Kowarski, après une visite aux États-Unis au laboratoire d'Argonne pour étudier de près la première pile à eau lourde, préparait avec quelques ingénieurs, l'un néo-zélandais, les autres canadiens, les plans d'une pile plus simple, puisque de puissance nulle, c'est-à-dire sans refroidissement, dont il avait la responsabilité. Guéron et moi, ainsi que nos collaborateurs, étions pleinement occupés par les traitements des lingots irradiés provenant d'Oak Ridge et l'étude des traces d'éléments fissiles extraits. Assisté d'une petite équipe, j'avais isolé quelques milligrammes de plutonium par des moyens de fortune inspirés de mon expérience du laboratoire Seaborg et nous avions commencé l'étude du traitement par solvants pour la séparation du plutonium, procédé pour lequel j'avais le feu vert de Cherwell. Enfin, Cockcroft avait renforcé ses liens avec le Conseil national des recherches à Ottawa en prenant comme adjoint un de ses dirigeants, un chimiste.

Les bruits de l'affaire nous arrivaient assourdis par le secret. Ma visite à Washington avec Chadwick le 29 décembre nous avait donné un tableau sombre de la situation : les menaces de nouvelle rupture de la collaboration avec les Américains, l'hostilité de Groves à la présence des Français, doublée de son désir contradictoire de nous garder au moins jusqu'à l'utilisation de la bombe, toujours prévue pour le milieu de l'année 1945, et le report de mon voyage en France jusqu'au règlement de l'affaire. Nous n'avions à aucun moment eu le moindre écho de la possibilité d'internement, avancée par Groves quelques semaines plus tard.

Les hostilités tripartites cessèrent à des conditions relativement modérées, la collaboration avec les Américains intacte, les bonnes relations entre Ottawa et Montréal conservées, mon contrat et ceux de Kowarski et Guéron prolongés, ma visite en France autorisée. La seule victime de l'affaire fut Halban, qui de toute façon envisageait de s'éloigner du laboratoire de Montréal.

Sa politique personnelle et ses tractations sur les brevets, dont nous ignorions le détail, avaient eu le tort, à nos yeux, d'avoir risqué de porter atteinte à l'indispensable collaboration avec les Américains, ainsi qu'à notre présence même au laboratoire. Sa tâche n'avait pas été facile. Arrivé sans soutien, mais non les mains vides, en Grande-Bretagne en 1940, quatre ans plus tard, lors de sa reprise de contact avec Joliot, représentant du gouvernement de son pays, il dépendait de trois autorités de tutelle différentes.

Sa première autorité de tutelle, le gouvernement britannique, personnifiée par Anderson et Akers, résulta de la signature en septembre 1942 de son contrat avec le DSIR comprenant l'accord sur les brevets. La création de l'entreprise anglo-canadienne le confronta peu après à une seconde autorité : le gouvernement canadien, représenté par Howe et Mackenzie, autorité moins puissante politiquement mais forte d'un atout que la première ne pouvait plus s'offrir, elle tenait les cordons de la bourse de toute l'opération. L'accord de Québec le mit face, un an plus tard, à une troisième autorité de tutelle : le comité politique mixte, présidé par Stimson et animé par Groves, assuré du soutien canadien, et maître des clefs de l'indispensable collaboration américaine.

La première de ces autorités, le gouvernement britannique, soutint jusqu'au bout Halban et il lui resta fidèle. Mais il n'avait pas su, ou ne voulut pas, composer avec cette fidélité et une certaine soumission aux deux autres. Ce sera sa faute et sa malchance.

Seule la lecture de la quantité ahurissante de notes et de télégrammes disponibles peut donner sa signification au drame diplomatique démentiel soulevé par cette affaire. La personne de Halban, sa visite à Paris, ses révélations à Joliot, la présence des autres Français à Montréal ne paraissent que des prétextes à une épreuve de force anglo-américaine voulue par Groves, avec le soutien de Bush et de Stimson, et marquée dans les deux camps par une commune méconnaissance de la situation française et du caractère de De Gaulle.

Roosevelt avait bien parlé de l'accord de Québec comme un lien de sang liant deux honnêtes frères, mais il ne voyait aucun inconvénient à ce que les États-Unis se comportent comme un frère aîné imposant au Royaume-Uni sa volonté pour ce qui touchait leur politique atomique internationale commune. L'accusation d'impérialisme portée contre Anderson coupable non seulement « d'avoir roulé le pauvre John » mais surtout d'avoir voulu tenir des engagements pris par son pays et prendre en compte aussi les intérêts d'une France « menacée de révolution », est caractéristique de la domination atomique américaine à venir. Le double procès d'intention fait à Joliot, accusé d'avoir exigé plus d'informations de Halban pour les transmettre à l'Union soviétique, a déjà un relent de maccarthysme avant la lettre.

Churchill et Cherwell, son proche conseiller, s'étaient résolument embarqués dans la politique encore poursuivie à ce jour : la priorité absolue au rapprochement atomique militaire avec les Américains, aux dépens même d'une complète liberté d'action. Cette perte de souveraineté nationale venait pour la première fois de se manifester. Anderson avait voulu passer outre ce nouveau lien de dépendance du Royaume-Uni vis-à-vis des États-Unis, et ce lien l'avait frappé en plein visage comme un élastique tendu et relâché.

L'accord de Québec avait obligé les Britanniques à se soumettre aux règles édictées par les Américains, il allait par la suite aliéner l'indépendance du Royaume-Uni dans le domaine atomique international, en l'éloignant de l'Europe et en l'empêchant de jouer le rôle qui aurait pu être le sien, en relation avec la France, comme suite normale de l'effort français durant le conflit.

Près de vingt ans plus tard, le président Kennedy, désireux de voir la France se joindre au traité de Moscou d'arrêt des expériences nucléaires autres que souterraines, nous offrit en échange, dans des termes imprécis, une assistance à notre programme atomique militaire. De Gaulle lui répondit par une fin de non-recevoir dans les termes suivants : « Je ne vois pas comment la France pourrait recevoir dans ce domaine le concours d'un autre État sans des conditions qui limiteraient son droit de disposer de ses armes, ce qu'elle tiendrait pour incompatible avec sa souveraineté. »

Il n'avait nullement l'intention d'accepter pour notre pays la perte de souveraineté que Churchill, puis plus tard Harold Macmillan, acceptèrent en ce domaine pour le leur.

Paradoxalement, si, contre toute attente, Anderson avait eu gain de cause et avait pu assurer à la France la promesse de devenir partenaire en second dans le groupe anglo-saxon après la guerre, nous aurions perdu un certain degré de l'indépendance qui a été par la suite une caractéristique de notre développement atomique, tant civil que militaire.

Avec le recul nécessaire, le bilan de l'action de Halban est positif, surtout du fait des répercussions de cette action après les hostilités ; son rôle sur le déroulement même de la guerre s'étant limité à l'influence sur le démarrage de l'entreprise américaine de la partie du rapport Maud concernant l'expérience décisive de Cambridge.

La création au Canada de la première entreprise scientifique multinationale est due à son ambition, sa volonté d'aboutir et ses visions de grandeur et d'avenir. Il n'avait pas voulu se laisser tenter par l'offre de Compton en 1942 de venir s'installer, avec ou sans Kowarski, à Chicago. Quel qu'eût été le rôle qu'il y aurait joué, il aurait été absorbé dans la masse des savants présents et le gouvernement américain aurait tout fait pour le garder aux États-Unis, ainsi que Kowarski si celui-ci l'avait accompagné. Le bénéfice pour la France aurait été nul.

Le projet de Montréal établi, il a réussi, ce que Rapkine avec sa persévérance et sa force de persuasion n'avait pu obtenir, à embaucher en Amérique du Nord, dans un domaine des plus secrets, des savants disponibles aux États-Unis comme Auger, Placzek, Pontecorvo et moi, dont le gouvernement américain n'avait pas voulu parce qu'étrangers.

Si, aujourd'hui, le Canada est le champion du monde des centrales à eau lourde et si l'État d'Ontario a 40 % de sa production d'électricité d'origine nucléaire, c'est à Halban qu'ils le doivent. Si, au lieu d'être obnubilé par le problème compliqué des brevets, il avait tout simplement demandé et obtenu une redevance minime de 1 ‰ de la valeur de tous les kilowatts-heure produits au Canada à partir de sa « réaction en chaîne uranium-eau lourde » les siens recevraient aujourd'hui une superbe rente de deux millions de dollars par an.

Sans lui, la Grande-Bretagne n'aurait pas participé durant la guerre au développement des applications de la réaction en chaîne par neutrons lents, ni obtenu, comme la France, après les hostilités, les connaissances qui permirent à ces deux pays de gagner de deux à trois ans sur les débuts de la réalisation de leur programme atomique.

Si Halban n'avait pas eu à temps l'idée de m'envoyer en stage sur la chimie du plutonium chez Seaborg durant l'été de 1942, nous n'aurions pas disposé en France des données nécessaires pour construire à temps une usine de retraitement des combustibles irradiés et l'explosion de notre premier engin atomique aurait été sans doute retardée au moins d'une ou deux années. Je n'aurais pas non plus eu la carrière passionnante dont la rédaction de cet ouvrage est le dernier acte.

Sans Halban et son entreprise anglo-canadienne, le Commissariat à l'énergie atomique n'aurait sans doute pas été créé, si tôt après la guerre, par le général de Gaulle, car nous n'aurions pas pu faire son initiation, dès juillet 1944, sur l'existence à venir de l'arme nouvelle, infraction beaucoup plus répréhensible à notre engagement de secret que les révélations faites par Halban à Joliot avec l'assentiment de son ministre et de l'ambassadeur américain, révélations dont il fut la victime.

Il a donc rendu des services inestimables tant à la Grande-Bretagne et au Canada, ses pays d'accueil pendant la guerre, qu'à la France, sa patrie d'adoption. Il faut ici lui en rendre hommage.

19

La promesse tenue

Visite à Paris

Sorti de l'ouragan diplomatique, Chadwick me convoqua le 30 mars 1945 à Washington. L'affaire des Français réglée, le gouvernement anglais était en situation de tenir sa promesse. Ma visite à Paris était autorisée, à une condition. Un peu gêné, il m'expliqua une requête de Groves : le général américain tenait à ce que je fusse accompagné par un de ses officiers de renseignement pendant mon déplacement en France. Surpris, mais plutôt amusé, à l'idée d'être doté d'un garde du corps ou plutôt d'un « garde-langue », j'acceptai tout de suite cette proposition au soulagement du savant anglais.

Chadwick avait, sans attendre ma réponse, organisé un déjeuner avec le colonel Lansdale, chef du service du renseignement atomique, pour me présenter à mon futur accompagnateur, un jeune capitaine américain sympathique et corpulent. Je n'eus aucun mal à démontrer, au cours du repas, à Lansdale et à Chadwick, le côté anormal et voyant de la présence en France, à mes côtés, d'un inconnu qui, bien que parlant couramment français, avait un fort accent dévoilant son origine. Rien ne pourrait mieux éveiller auprès de mes parents, amis et collègues les soupçons de ce que l'on voulait cacher : l'importance de l'entreprise mystérieuse sur les alliages de tubes à laquelle j'étais censé officiellement travailler.

Sans doute rassuré par ma bonne volonté, Lansdale fit marche arrière et abandonna son plan en faveur d'une promesse de ma part de téléphoner chaque matin à un certain capitaine Don, à l'ambassade américaine à Paris, pour lui donner le programme de ma journée, sans doute pour faciliter une filature que je ne pus jamais déceler. Le dernier jour de mon séjour à Paris, ce capitaine me convia à déjeuner et parut satisfait de ma conduite.

Chadwick, au cours de notre conversation du matin, m'avait confié qu'il n'y avait plus aucun obstacle sur le chemin de la mise au point de la bombe, ni de doute sur son fonctionnement. Elle allait être prête dans environ quatre mois et il ne savait pas s'il fallait s'en réjouir ou le déplorer.

Muni de visas de sortie, de transit et d'entrée, obtenus à Ottawa auprès des autorités canadiennes et des représentations britannique et française, je m'envolai de Montréal le 7 avril au matin sur un bombardier Liberator, peu confortable et insuffisamment chauffé, pour Goose Bay au Labrador, où se trouvait une immense base aérienne, point de départ de tous les avions militaires envoyés en Europe. Après avoir assisté devant une grande carte météorologique au briefing des nombreux équipages s'apprêtant à faire cette nuit-là la traversée de l'Atlantique dans diverses directions, nous reprîmes notre vol vers Prestwick en Écosse.

Arrivé le lendemain matin et après un long trajet en train, je retrouvai à Liverpool Cockcroft, qui m'avait précédé de peu, pour visiter avec lui l'usine où la méthode de production de l'uranium métal avait été mise au point. Il était venu en Grande-Bretagne choisir un site pour le futur centre nucléaire britannique parmi plusieurs aérodromes militaires destinés à être désaffectés. En fin de journée, nous reprîmes le train pour Londres. Nous devions coucher dans une sorte de club près de Piccadilly appartenant à la *Society for Visiting Scientists,* créé à l'initiative de Rapkine, où se trouvaient, dans cette période troublée, des lits disponibles dans des chambres dortoirs pour des scientifiques de passage. On pouvait s'y réveiller ainsi presque joue à joue avec un lauréat du prix Nobel.

J'avais dû être fatigué par le voyage, car à la sortie du métro, vers minuit, dans le black-out londonien, en l'absence de tout taxi, j'avais eu une défaillance, n'ayant plus la force de porter ma lourde valise avec des cadeaux pour la France. Cockcroft, chargé aussi d'un gros bagage, prit le mien et, dans une scène digne du film *La Traversée de Paris* avec Gabin et Bourvil, je suivis dans le noir mon patron, me confondant en excuses de le voir faire le porteur.

Je passai cinq jours à Londres dans l'attente d'une place à bord d'un DC 3 militaire pour Le Bourget. Cela me donna la possibilité de faire connaissance du siège de Tube Alloys, Old Queen Street, et d'y voir Akers et Michael Perrin.

Je rendis visite au « commandant Bernard », du Service de l'armement de la France combattante, pour le mettre au courant des problèmes politiques auxquels nous avions dû faire face à Montréal depuis le passage par Londres, en novembre, de son beau-frère Guéron.

Je retrouvai aussi avec plaisir Rapkine et Francis Perrin, encore affectés à la mission scientifique à Londres, ainsi qu'Auger, en courte visite venant de Paris. L'évocation des semaines orageuses passées dont Rapkine avait eu quelques échos, nous conduisit à discuter entre nous les difficultés que pourrait soulever la présence de Halban dans l'équipe chargée de la relance des recherches atomiques françaises, difficultés liées tant à sa personnalité qu'à l'hostilité à son égard des Américains et dans une certaine mesure des Canadiens. Guéron et Kowarski avaient évoqué cette question avec moi avant mon départ de Montréal.

Je fus chargé d'une tâche délicate : prévenir Joliot, au nom des quatre autres Français, du projet anglo-américain ainsi qu'en celui de Francis Perrin, de notre forte réticence à la participation de Halban à la future organisation atomique en France, participation rendue peu probable en raison du contrat le liant au gouvernement britannique jusqu'en septembre 1947 dont il aurait pu sans doute se désengager, mais aussi du souhait dont il nous avait fait part de s'éloigner de l'énergie atomique et de reprendre une activité dans la recherche fondamentale.

J'arrivai le 14 avril à Paris. Deux jours auparavant, le monde avait été secoué par la nouvelle de la mort de Roosevelt. Maintenant, l'Allemagne nazie s'effondrait. Hitler vivait ses derniers jours. Le 26 avril, Pétain se constituait prisonnier à la frontière franco-suisse, il avait eu quatre-vingt-neuf ans l'avant-veille. L'étendue des atrocités et du génocide dans les camps d'extermination commençait à être connue dans toute son horreur à la suite de la délivrance des survivants par les troupes américaines et soviétiques, mais le retour tant attendu du million de prisonniers et des rares déportés survivants n'allait avoir lieu qu'un mois plus tard. La France épuisée se préparait aux premières élections depuis la guerre, celles des conseils municipaux.

Mes deux semaines passèrent trop rapidement. Les jours n'avaient pas assez d'heures pour essayer de comprendre comment avaient vécu et même survécu les parents et amis et de connaître la liste des déportés disparus. Parmi ces derniers, une cousine germaine et tous les siens étaient partis en juillet 1944 par le dernier convoi ayant quitté le camp de Drancy pour Auschwitz ; deux des enfants adolescents avaient réussi à sauter du train en route. Ils furent quatre de cette famille à ne pas revenir, dont un enfant de neuf ans ayant servi de cobaye à de monstrueux essais médicaux.

J'habitais chez mon oncle Carle Dreyfus. Sa vie avait été sauvée par un hôtelier de la région, qui l'avait caché durant les derniers mois de l'Occupation après que le duc de Valençay l'eût chassé du château où se trouvait le dépôt du musée du Louvre dont, comme conservateur, il avait la garde.

Le laboratoire Curie et l'École de physique et de chimie avaient été cruellement frappés. Fernand Holweck, maître de conférences au laboratoire et physicien éminent, était mort en prison en décembre 1941 à la suite des tortures subies. Il avait été parmi les fondateurs d'un réseau pour faire sortir de France les aviateurs anglais ayant été parachutés sur notre sol après destruction de leur avion ; un traître s'y était infiltré et plusieurs dizaines de membres du réseau avaient été arrêtés. Puis, en mai 1942, un gendre de Langevin, Jacques Solomon, à l'origine d'une publication clandestine, avait été arrêté et fusillé sans jugement avec plusieurs autres intellectuels communistes.

Debierne m'accueillit affectueusement. Il avait, bien sûr, oublié m'avoir reproché en 1940 de ne pas avoir eu le courage de rentrer à Paris. Avec Irène Joliot, les choses furent plus compliquées, car j'avais été obligé de l'interroger sur les circonstances et les enseignements d'un grave accident qui avait endeuillé le laboratoire Curie quelque temps auparavant.

Au cours d'une opération de distillation sur une forte source de polonium qu'elle effectuait avec Sonia Cotelle, une physicienne d'origine polonaise, un des piliers du laboratoire grâce à sa gentillesse, son exubérance et son ancienneté, le récipient de verre s'était fendu et Mme Cotelle avait pris en pleine figure le polonium dont elle avait ainsi respiré une quantité très supérieure à la dose létale. Elle avait succombé deux semaines plus tard dans les conditions les plus pénibles. Mme Joliot, qui se tenait derrière elle, avait été protégée par sa collaboratrice et n'avait subi aucun effet immédiat sur sa santé.

Chadwick m'avait demandé, de la part du général Groves, d'obtenir tous les renseignements médicaux sur cet accident. Ces renseignements étaient utiles pour la protection des travailleurs dans l'installation américaine où l'on préparait, en vue de leur utilisation dans l'amorce de la bombe, des quantités beaucoup plus importantes de polonium que celles disponibles jusque-là, grâce à une irradiation par neutrons du bismuth (élément voisin du polonium) dans une pile.

Je n'avais pu expliquer, à cause du secret, les raisons de mon enquête à Irène Joliot ; celle-ci très affligée par ce tragique accident et pensant que je m'occupais de ce qui ne me regardait pas, me répondit assez sèchement que les symptômes et la thérapeutique, utilisée en vain, étaient classiques et je n'en sus pas plus.

Joliot fut par contre très amical, commença par me tutoyer, ne me posa aucune question indiscrète, n'eut pas l'air trop surpris de ma déclaration sur notre opposition commune à travailler sous les ordres de Halban, ou même seulement à ses côtés, et m'affirma qu'il comptait bien à mon retour en France m'avoir finalement dans son équipe.

Il me parla longuement de sa vie et de celle de son laboratoire sous l'Occupation, de ses recherches sur l'utilisation des radioéléments en biologie, de son adhésion au parti communiste après les assassinats de Holweck et de Solomon, du chaleureux accueil qu'il avait trouvé dans ce parti, de son rôle dans la Résistance comme président du Front national de tendance communiste, bien à l'opposé du parti actuel du même nom, de son entrée dans la clandestinité durant les mois précédant la Libération, et enfin de la part prise par son laboratoire dans la fabrication d'explosifs et de cocktails Molotov pour les derniers combats dans Paris.

Dès son retour au Collège de France en août 1940, il avait dû subir un interrogatoire extrêmement pressant d'un général physicien Erich Schumann, compositeur de marches militaires et descendant du célèbre musicien. Les questions avaient porté sur ses recherches sur la fission et sur le sort de ses stocks d'uranium et d'eau lourde. Devant la menace de démonter son cyclotron, en cours d'achèvement, pour le reconstruire en Allemagne — menace sans doute illusoire en raison des difficultés et des délais de l'ensemble de l'opération —, il était arrivé à un compromis avec les autorités militaires occupantes : quatre spécialistes allemands termineraient le montage et effectueraient la mise en marche de l'installation sous la direction du physicien allemand Wolfgang Gentner, l'ancien collaborateur de Joliot, lors de l'époque de la découverte de la radioactivité artificielle.

La machine avait été mise en marche au début de 1942, et Gentner, qui avait à plusieurs reprises protégé Joliot, avait été rappelé à Heidelberg pour s'occuper du montage du premier cyclotron allemand (achevé en 1944), mais aussi à la suite d'une dénonciation l'accusant d'être trop favorable à Joliot. Les Allemands s'étaient engagés à ne pas utiliser le cyclotron du Collège de France pour des buts militaires, néanmoins plusieurs savants impliqués dans la recherche sur l'uranium vinrent au laboratoire, dont Walter Bothe, un des plus éminents, mais quand celui-ci voulait faire des irradiations, en particulier sur des échantillons d'uranium, le cyclotron comme par miracle fonctionnait mal, grâce aux manœuvres habiles du chef mécanicien du laboratoire, grand responsable du maniement de cette machine compliquée.

De toute façon, comme Compton me l'avait dit en 1942, ce cyclotron n'était pas assez puissant pour permettre d'y produire, par irradiation d'uranium, du plutonium en quantité suffisante pour découvrir ce nouvel élément et en identifier les propriétés chimiques et nucléaires.

Joliot me raconta aussi sa convocation pendant d'été 1943 par Bichelonne, le secrétaire d'État à la Production industrielle du gouvernement Laval qui, comme chef de cabinet de Dautry, avait signé en juin 1940 l'ordre de mission de Halban et de Kowarski et déconseillé le départ de Joliot et Denivelle en Angleterre. Le ministre insista auprès du savant français pour qu'il reprenne ses recherches sur la fission et confirma cette demande par écrit en offrant à Joliot toutes matières premières, crédits et collaborateurs nécessaires, y compris parmi ceux qui risquaient d'être astreints au Service du travail obligatoire en Allemagne. Joliot répondit, par écrit aussi, qu'il serait impossible et peu opportun de reprendre les expériences interrompues depuis l'armistice et relatives « à la production de réactions en chaîne explosives dans l'uranium en vue de la construction de centrales thermiques ». Rejetant la proposition de Bichelonne, il lui expliqua qu'il avait eu plusieurs fois l'occasion de préciser sa position à des représentants des services allemands et que ceux-ci savaient qu'il se refuserait à toute participation à l'effort scientifique de guerre allemand et ne lui avaient jamais fait aucune proposition dans ce sens.

Je quittai Joliot avec l'impression très nette que, malgré ses conversations avec Halban, en ce qui concernait ses idées sur les applications militaires de la fission de l'uranium, la pendule s'était arrêtée en juin 1940. Il n'était pas conscient de l'imminence d'une réalisation et d'une utilisation de la bombe atomique. C'était une preuve que de Gaulle, comme nous le lui avions demandé avec insistance à Ottawa, avait maintenu un secret absolu sur notre communication et n'en avait pas fait part au plus grand spécialiste français, responsable par surcroît de l'organisation de la recherche scientifique nationale.

Le 30 avril, par une tempête de neige, je repris l'avion pour Londres ; parmi les passagers se trouvait un ami, Jean Rosenthal, héros du maquis des Glières et compagnon de la Libération. Il partait pour la Birmanie, en vue de participer, après un long voyage en bateau, à un entraînement de trois mois avant de reprendre le combat contre le Japon. Sa femme était en larmes à l'aérodrome ; voulant la consoler, je pris sur moi de commettre un début d'indiscrétion en lui affirmant, d'un ton péremptoire, que tout serait terminé avant que son mari ne reprenne les armes.

Le voyage de retour d'Angleterre vers l'Amérique du Nord s'effectua en Clipper, gros hydravion commercial, par une voie détournée d'environ quinze mille kilomètres. Le vol partait de Bournemouth, faisait escale à Lisbonne, puis en Afrique, à Bathurst en Gambie britannique, traversant l'Atlantique presque au plus étroit jusqu'à Belém au Brésil, pour remonter par Trinidad, plusieurs îles des Antilles britanniques, les Bermudes et se terminer sur la côte est des États-Unis, à Baltimore. L'absence de système de dégivrage obligeait ce type d'avion à emprunter un tel trajet, la voie directe par les Açores n'étant utilisée que durant les mois d'été. L'appareil, qui dépassait à peine les deux cents kilomètres à l'heure, était des plus confortables, avec pour ses seize passagers d'excellentes couchettes superposées sur les côtés de plusieurs compartiments distincts, avec pour chacun une table centrale pour les repas, la lecture ou les jeux de cartes. On avait d'ailleurs plutôt l'impression d'être dans une nacelle de dirigeable en comparaison avec l'espace restreint réservé aux usagers des avions de transport de cette époque et surtout de nos jours.

La guerre avec l'Allemagne avait commencé pour moi à Tahiti, elle devait se terminer, après tant d'événements subis et de chemins parcourus, au Brésil. Le radio du bord nous avait appris la reddition des Allemands, juste avant l'amerrissage à Belém, tôt le matin du 8 mai. Nous eûmes une heure pour nous promener en ville. Je crus bien faire en allant frapper aux volets fermés du consulat de France pour annoncer à notre représentant dans ces lieux éloignés la bonne nouvelle, mais la façon dont je fus accueilli par un monsieur d'un certain âge en pyjama me donna à croire qu'il aurait préféré dormir quelques heures de plus.

Le voyage se termina dans la baie de Delaware à Baltimore, à moins d'une heure de train de Washington où je rendis compte de ma visite à Chadwick avant de repartir sur Montréal après un court arrêt auprès de ma mère à New York.

La bataille de l'eau lourde

La semaine qui suivit mon retour au laboratoire de Montréal fut consacrée à l'étude de ce qui s'était passé dans le domaine atomique en Allemagne durant la guerre, car nous venions de recevoir au Canada la copie de tous les documents et rapports scientifiques récupérés par une mission spéciale américaine organisée à cet effet. Cette étude était d'autant plus passionnante que les principaux travaux se rapportaient au système uranium-eau lourde, les Allemands ayant suivi la même voie que les Français dont ils connaissaient les recherches de 1940.

Les Alliés avaient tenté à plusieurs reprises de saboter l'usine norvégienne de Rjukan, la seule source d'eau lourde dont disposaient les Allemands. L'ingénieur en chef de l'usine avait d'abord fait parvenir aux Anglais les plans de l'usine par le canal de la Résistance avant de rejoindre lui-même Londres au début de novembre 1942 et servir de conseiller pour les diverses tentatives de sabotage de la production.

La première opération fut un désastre. Elle eut lieu à la fin de novembre 1942 et consista en l'envoi de deux planeurs chargés d'une vingtaine de spécialistes des raids commandos. L'un des planeurs s'écrasa en Norvège non loin de la côte avec le bombardier qui le remorquait, le second planeur se détacha brutalement plus à l'intérieur des terres, près de la moitié des hommes furent tués sur le coup, les blessés et les survivants furent passés par les armes par les Allemands qui renforcèrent ensuite la protection militaire de l'usine de la Norsk Hydro.

La seconde tentative, en février 1943, fut couronnée de succès et s'effectua sans perte d'homme. Un commando de skieurs norvégiens entraînés en Angleterre et parachutés sur un plateau désert, à une cinquantaine de kilomètres de l'usine, réussit en pleine nuit à faire sauter la salle de concentration finale de l'eau lourde, avant de se disperser dans la neige et la nuit sans être pris.

Remise en état en trois mois, l'usine fut bombardée de très haute altitude en novembre 1943 par cent cinquante Forteresses volantes américaines. Les ateliers de production d'eau lourde ne furent pas touchés, contrairement aux graves dégâts apportés à la salle des turbines électriques. Il fut alors décidé de démonter l'installation pour la remonter en Allemagne, supposée être plus à l'abri des bombardements et d'y transporter aussi environ six cents tonnes d'eau lourde à des degrés de concentration très divers.

De nouveau la Résistance entra en lice et deux saboteurs

réussirent à déposer en février 1944 une bombe à retardement à bord du ferry-boat chargé des conteneurs d'eau lourde de ce transport final. Le bateau sauta au milieu du fjord à l'endroit où il était le plus profond, occasionnant la perte de près d'une trentaine de vies humaines.

La bataille de l'eau lourde avait été ainsi gagnée. Elle fit après la guerre l'objet d'un film admirable réalisé par le journaliste Jean Marin, un des animateurs de l'émission « Les Français parlent aux Français » à la BBC pendant la guerre, et tourné sur place avec les résistants norvégiens qui avaient risqué leur vie. Joliot, Halban et Kowarski y apparaissent dans quelques scènes du début tournées au Collège de France.

La vitesse avec laquelle l'usine de Rjukan avait été réparée après le sabotage de février 1943 fut considérée par les services de renseignement alliés comme une preuve très valable du sérieux et de l'envergure de l'effort nazi en ce domaine. Tandis qu'au contraire les Allemands, avertis de l'importance des travaux américains par leurs propres organes de renseignement ne prirent pas ceux-ci au sérieux, persuadés que les Américains cherchaient à prendre une avance industrielle et commerciale pour l'après-guerre. Cette double méprise des services dits d' « intelligence » en anglais eurent des effets inverses et dans la bonne direction : excitants aux États-Unis et tranquillisants en Allemagne.

L'échec allemand

Malgré son accès au gisement de Joachimsthal, au stock considérable d'uranium belge, et à l'usine norvégienne d'eau lourde, l'effort nucléaire allemand après un bon démarrage s'était perdu dans les sables après l'attaque contre l'Union soviétique en 1941. Un premier écho rassurant fut apporté par Niels Bohr lors de son évasion du Danemark à l'automne 1943, puis sembla se confirmer en novembre 1944, à la suite du dépouillement d'un certain nombre de documents trouvés à l'université de Strasbourg par une mission composée de spécialistes du renseignement scientifique, sous la direction du physicien nucléaire américain Samuel Goudsmit ; celui-ci avait été spécialement choisi à l'extérieur du projet américain pour le cas où il tomberait dans des mains ennemies.

Cette mission, conçue par Groves et Bush, était chargée de capturer en Allemagne savants, matériaux et documents relatifs au travail sur l'uranium. Elle avait pris comme nom de code Alsos, traduction grecque du mot anglais *grove*, bosquet en français. Elle commença à se faire les dents à Paris, en interrogeant Joliot le jour de la Libération de la capitale, et à Toulouse, en mettant la main, à la poudrerie, sur la trentaine de tonnes d'uranate belge qui y avait été camouflée durant toute la guerre comme matériau de construction.

A la mi-avril 1945, la mission Alsos, devançant les troupes soviétiques, avait réussi à s'emparer des onze cents tonnes de composés d'uranium belge près des mines de sel de Stassfurt en Allemagne orientale, puis à saisir les stocks d'eau lourde et d'uranium métal destinés à être utilisés dans une future expérience, cette fois dans la zone de pénétration française avec seulement quelques heures d'avance sur nos troupes. Ces stocks étaient cachés dans un vieux moulin à Haigerloch, au sud de Stuttgart, dans le Wurtemberg. Les autres éléments de l'expérience envisagée furent trouvés dans un tunnel, creusé dans une falaise, non loin du laboratoire de physique monté à cet effet. La plupart des scientifiques et des documents furent capturés vers la mi-avril dans cette région et ce sont ces rapports que nous devions étudier à Montréal après mon retour de France.

Il en ressortait que l'affaire, après un bon démarrage technique, avait été mal répartie entre groupes rivaux, sans les priorités nécessaires. Les Allemands, conscients du potentiel explosif redoutable de l'uranium 235, avaient été découragés par la difficulté de trouver un procédé convenable pour séparer les deux isotopes et par l'immense effort nécessaire pour le traduire à l'échelle industrielle. Ils avaient abordé le procédé d'ultracentrifugation sur lequel ils se spécialiseront trente ans plus tard.

En avril 1942, mettant en jeu la même quantité d'eau lourde que Halban et Kowarski dans leur expérience de Cambridge de décembre 1940, ils arrivèrent au même résultat et déduisirent avec justesse qu'il leur faudrait environ cinq tonnes d'eau lourde pour obtenir la réaction en chaîne continue. Mais, grâce à l'héroïsme de la Résistance norvégienne, ils ne disposèrent jamais de cette quantité.

En cette année 1942, le maréchal Hermann Goering mit la haute main sur l'entreprise, mais ni lui ni le chef de la production industrielle, Albert Speer, n'y attachèrent jamais une importance suffisante car celle-ci fut trop timidement affirmée par les scientifiques. L'entreprise était alors effectivement dirigée par un physicien de talent, Walter Gerlach ; les lettres et rapports, rarement secrets, qui lui étaient adressés lui donnaient le titre de

« plénipotentiaire pour la physique nucléaire du maréchal du Reich ».

L'industrie allemande avait mis au point la fabrication de l'uranium métal, en poudre d'abord, puis en cubes et en plaques. Un des rapports caractéristiques du climat intellectuel qui régnait dans les laboratoires nous avait fascinés. Il relatait, avec un extraordinaire luxe de détails et avec une chronologie précise, un incendie dû à de la poudre d'uranium, substance hautement pyrophorique, et qui avait eu lieu au cours de l'expérience uranium-eau lourde suivant celle d'avril 1942. L'incident avait abouti à une perte totale de l'uranium et de l'eau lourde, largement diluée dans l'eau ordinaire utilisée par les pompiers. L'auteur du rapport insistait, en conclusion, sur les risques inhérents à son travail, selon lui tout aussi sérieux que ceux qu'il aurait rencontrés au front. Les savants allemands avaient à justifier que les travaux sur l'uranium n'étaient pas, comme l'avait pensé Mme Pleven lors de ma visite en 1941, un moyen de se planquer !

Au moment de la débâcle, une vaine tentative fut faite pour réunir les savants concernés dans le réduit bavarois, mais l'effondrement de l'Allemagne fut trop rapide. Bien que n'ayant pas réussi à construire une première pile comme Fermi en décembre 1942, ils étaient fiers de leurs études surtout théoriques et persuadés de leur avance. Il fallut l'annonce de la destruction d'Hiroshima pour qu'ils comprennent, non sans quelque incrédulité d'abord, leur immense retard. Les microphones installés dans la villa où ils étaient internés dans la campagne anglaise permirent de le savoir. L'Allemagne avait non seulement perdu la guerre, mais aussi la course atomique, dont Hitler avait chassé les meilleurs spécialistes vers les pays alliés européens ou les États-Unis.

[illegible] la politique [illegible] du maréchal de [illegible]

[illegible] de [illegible] en plaques [illegible] quelque [illegible] Il relate, avec un [illegible] et avec une chronologie précise, un [illegible] au cours de l'expérience [illegible] à son [illegible] comme [illegible] [illegible] de se [illegible] [illegible]

[illegible] pour [illegible] [illegible]

[illegible] en décembre [illegible] [illegible] de la [illegible] [illegible] la guerre [illegible] ou les [illegible]

20

Rappelé, retenu et renvoyé

Le procédé au trigly

Les trois mois qui suivirent mon retour au laboratoire de Montréal, entre la reddition de l'Allemagne et celle du Japon, furent aussi excitants et importants pour moi que le furent ceux passés à Chicago en 1942. Cette fois je n'étais pas là pour m'instruire mais pour réussir.

J'étais le chef d'un projet, à la tête d'une véritable, bien que petite, équipe de chercheurs, face à une tâche exaltante. Il fallait montrer aux Américains l'inefficacité de leur politique du secret et effectuer, sans eux, la séparation du plutonium, différemment et au moins aussi bien. Cette tâche fut couronnée de succès, grâce à la découverte d'un procédé simple et original dont j'étais le principal auteur. Cette réussite me remplit d'espoir pour la suite de ma carrière, je la voyais se dérouler en France, dans ce secteur vital du développement de notre énergie nouvelle.

Au début de cette recherche, à l'automne 1944, nous étions seulement quatre pour ce travail, puis par la suite une demi-douzaine de chercheurs canadiens et anglais se joignirent à nous pour une partie de leur temps au moins. Mon plus proche collaborateur, Leslie Cook, était sans doute le seul jeune Canadien ayant été formé dans une des grandes écoles classiques de la chimie radioactive en Europe. Un peu plus jeune que moi, énergique et ambitieux, il avait fait une thèse chez les concurrents du laboratoire Curie, sous la direction d'Otto Hahn, à l'Institut Kaiser-Wilhelm à Berlin, à la veille de la découverte de la fission et du début de la guerre. Il racontait, d'une façon amusante, les imprécations d'Otto Hahn et de Lise Meitner contre Irène Joliot chaque fois qu'arrivaient de Paris les publications des travaux de cette « bonne femme », les obligeant à remettre sur le métier leur toile de nouveaux radioéléments, qu'ils croyaient avoir si bien tissée, pour expliquer l'action des neutrons sur l'uranium, travaux d'Irène Joliot qui finalement les mirent sur la bonne voie. Se joignirent aussi à nous, dès le début de notre recherche, un jeune et sympathique chimiste canadien fraîchement sorti de l'université, Tom Hardwick, ainsi qu'une blonde et charmante assistante, Mary Feeney.

Ce petit monde avait été relégué dans une grande pièce au rez-de-chaussée, le plus loin possible des laboratoires où s'effectuaient des mesures de faible radioactivité. Son sol et ses murs durent être décapés au marteau piqueur, en raison de leur forte radioactivité, quand les locaux du laboratoire furent rendus à l'université quelques années plus tard.

Notre matière première de départ était nettement plus riche en plutonium que celle de Chicago : quelques lingots cylindriques d'uranium métal gainé d'aluminium, d'environ vingt centimètres de long et quatre de large, pesant près de cinq kilogrammes (comme l'or, l'uranium est un des métaux les plus denses connus). Irradiés près d'un an dans la pile d'Oak Ridge, fortement radioactifs, ils contenaient chacun quelques milligrammes de plutonium. Ces « hot dogs », comme nous les appelions en raison de leur forme et du danger de leurs radiations, devaient être manipulés à distance et traités chimiquement derrière d'épaisses protections de plomb.

La première tâche fut de dissoudre trois « chiens chauds » dans de l'acide nitrique, après en avoir pelé chimiquement la gaine d'aluminium dans un bain de soude ; puis, procédant plus ou moins comme je l'avais fait pour ma part du quart de milligramme à Chicago, nous réussîmes à isoler six milligrammes de plutonium. Le tout prit quelques semaines pour aboutir au moment où nous pûmes voir, à l'œil nu, une petite quantité de sel pur d'un élément, fruit de l'alchimie moderne.

L'étape suivante dura environ six mois. Nous avions commandé aux États-Unis, essentiellement à la firme Carbon and Carbide Chemicals (la société mère d'Union Carbide impliquée récemment dans l'accident tragique de Bhopal en Inde), des échantillons de plus de deux cents solvants non miscibles à l'eau. Il s'agissait de tester chacun d'eux dans diverses conditions pour évaluer ses capacités d'extraction soit de l'uranium, soit du plutonium, soit des produits radioactifs de fission, après agitation avec une solution de nitrate de ces éléments. La méthode envisagée était fondée sur la propriété, relativement spécifique au nitrate d'uranium et à celui du plutonium, d'être solubles dans un grand nombre de solvants organiques tandis que les produits de fission l'étaient peu ou pas. Pour le plutonium et pour les produits de fission, les coefficients de solubilité dans chaque solvant étaient déterminés par des mesures de radioactivité.

Il fallait procéder systématiquement, famille par famille de solvants. Une vingtaine d'entre eux étaient toujours disposés dans des flacons, sur une grande table centrale, et beaucoup d'huile de coude était utilisée pour mélanger intimement les deux phases dans des tubes à essais, puis, après décantation, plusieurs analyses et mesures de radioactivité étaient nécessaires pour évaluer l'efficacité, s'il y en avait, de chaque solvant.

Nous passions de longues heures de travail, dans une ambiance gaie, pleine d'odeurs fortes, parfois agréables mais aussi quelquefois détestables. Nous en arrivions à manger nos sandwiches du déjeuner au laboratoire, ce qui était interdit. C'était l'époque où les bas Nylon, inusables et fort coûteux, faisaient leur apparition. Les jeunes femmes chic mais économes se peignaient les jambes en brun pour donner l'impression d'en porter. Un jour, à l'heure du déjeuner, l'administrateur du projet, un Canadien sombre et triste, faisant une ronde, pénétra dans ma pièce et en sortit horrifié sans prononcer un mot : j'étais en train de tracer avec grand soin la couture du faux bas de la jambe de notre gentille assistante, délicatement allongée (la jambe) sur mes genoux.

Au mois de mai, après mon retour de France, nous avions terminé l'évaluation de tous les solvants et sélectionné une demi-douzaine de champions pour sortir dans différentes conditions l'uranium, puis le plutonium, en laissant tous les produits de fission dans la phase aqueuse de dissolution nitrique de l'uranium irradié d'un « hot dog ». Ils étaient tous plus aptes à extraire l'uranium que le plutonium, sauf l'un d'eux plus avide de plutonium ; il était utilisé dans la fabrication du caoutchouc artificiel et portait en anglais le beau nom de *triglycoldichloride* (dichlorure de triglycol), rapidement baptisé par nos soins *trigly*. Avec le trigly j'étais presque sûr de tenir le bon bout ; j'en rêvais la nuit, puis, un soir tard, resté seul au laboratoire, j'ai effectué quelques essais et mesures. J'avais trouvé au moins un moyen relativement simple de le mettre en œuvre, peut-être pas pour une usine de taille industrielle, mais en tout cas pour l'installation pilote dont la construction était envisagée.

Les mois de l'été 1945 furent consacrés à préciser la mise en œuvre du trigly et deux variantes furent étudiées plus à fond, la première utilisant seulement ce solvant, selon mon schéma, l'autre faisant aussi intervenir l'éther dans un premier stade. Cette dernière possibilité fut abandonnée, en raison des dangers d'explosion inhérents à la manipulation de l'éther, et le choix définitif du procédé fut décidé au mois d'octobre. Notre équipe fut alors élargie pour comprendre plusieurs ingénieurs chimistes canadiens destinés à concevoir et réaliser l'installation d'extraction du plutonium.

Les trois explosions atomiques

Tout ce travail sur le trigly s'effectuait au moment où l'entreprise atomique américaine arrivait au but. Ni le « camp de concentration des prix Nobel », ni le supercloisonnement ne purent empêcher fin juillet l'arrivée, jusqu'à nos oreilles à l'affût, des rumeurs sur un essai réussi de la bombe dans le désert du Nouveau-Mexique. Quelques lignes de la presse locale avaient mentionné une explosion dans un dépôt de munitions.

Plus tard, je fus impressionné par l'histoire de la femme conduisant sa voiture au Nouveau-Mexique durant cette nuit du 16 juillet 1945, arrivant dans un village à 5 heures du matin, s'arrêtant et se mettant à frapper aux portes pour réveiller les habitants : « Il faut que je vous raconte ce que j'ai vu, disait-elle, ce n'est pas croyable ! Je viens de voir le soleil se lever puis immédiatement se recoucher. » Les agents de la police secrète présents, comme dans chaque ville des environs, pour surveiller les réactions de la population, eurent toutes les peines du monde à la calmer.

La nouvelle de la destruction d'Hiroshima me parvint par la radio, avec l'annonce faite au monde par le président Harry Truman sur le bateau de guerre qui le ramenait de la Conférence de Potsdam (où il avait seulement mentionné à Staline l'utilisation prochaine d'une arme nouvelle d'une puissance de destruction inhabituelle). Il faisait état de l'intention des États-Unis de ne pas divulguer le détail des procédés techniques ayant abouti à la bombe.

Trois jours plus tard, après la destruction de Nagasaki, le président dans un nouveau discours exposa la responsabilité qui allait incomber à son pays dans des termes marqués de puritanisme, qui préfiguraient la future politique américaine de non-prolifération : « Nous devons nous constituer les gardiens de cette nouvelle force afin d'empêcher son emploi néfaste et afin de la diriger pour le bien de l'humanité. C'est une terrible responsabilité qui nous est échue. Nous remercions Dieu qu'elle soit venue à nous plutôt qu'à nos ennemis et nous prions pour qu'Il nous guide pour l'utiliser dans Ses voies et dans Ses buts. »

Le drame des destructions d'Hiroshima et de Nagasaki n'avait créé chez moi aucun trouble de conscience, aucun scrupule moral, je dois le reconnaître, mais un immense sentiment de soulagement. La guerre, commencée par le Japon à Pearl Harbor et menée par celui-ci avec un courage et une cruauté inouïs, s'était terminée le 14 août par sa reddition, sans les centaines de milliers de morts qu'aurait entraînés un débarquement allié face à des soldats décidés à mourir en kamikazes. J'avais eu raison de promettre le 30 avril, à l'aérodrome du Bourget, à la femme de Jean Rosenthal qu'il arriverait trop tard pour reprendre le combat. Satisfaction du scientifique : l'honneur des savants était sauf, l'immense effort américain en bordure duquel nous avions travaillé n'avait pas accouché d'une souris. Groves, présent à l'explosion du désert du Nouveau-Mexique, avait pensé à l'homme qui le premier avait traversé les chutes du Niagara en funambule et s'était dit qu'il venait d'en faire autant pendant trois ans. Satisfaction de pouvoir bientôt rentrer en France en expliquant sans honte à quoi j'avais travaillé pendant la guerre !

Dès la semaine suivant l'utilisation de la bombe, je prévins ma mère de ma visite à New York pendant le week-end. Je pouvais enfin lui révéler le comment et le pourquoi de mon activité secrète. Je m'étais durant ces années au Canada efforcé de venir embrasser ma mère à New York au moins une fois par mois, et parfois même plus lorsque j'avais une excuse professionnelle pour me rendre aux États-Unis. J'avais d'ailleurs toujours été impressionné par les bonnes relations que ma mère entretenait avec la direction de l'hôtel, car en ces temps où New York était bondé durant les week-ends, en particulier par des permissionnaires stationnés aux États-Unis, elle avait toujours réussi à m'obtenir une chambre et presque toujours à son étage, le seizième. Cette fois le charme devait être rompu, car, à la réception, on lui affirma que l'hôtel était complet. Elle demanda à voir le directeur et lui rappela qu'il ne lui avait jamais fait faux bond une seule fois en trois ans. La réponse fut : « Oui, madame, mais la guerre est terminée ; nous avions instruction, venue de très haut, de toujours donner une chambre à votre fils pour qu'il soit plus facile à surveiller, et l'instruction vient d'être annulée. » Grand seigneur, le directeur lui débloqua néanmoins une chambre pour moi... cette fois en l'honneur de la paix.

J'arrivai à New York le 16 août, le jour de la publication par le gouvernement américain d'un livre sur la réalisation de la bombe, le rapport Smyth, donnant tous les principes techniques des voies explorées puis abandonnées, comme ceux des méthodes mises au point avec succès, soulignant les points les plus difficiles à résoudre. Cette publication mit les Anglais en fureur, elle était à la fois en contradiction avec la politique du secret décidée en commun par les trois alliés anglo-saxons, et avec ce qui avait été prévu entre ces pays : un rapport succinct pour chacun d'eux.

En réalité, à partir de fin 1944, Groves avait fait préparer par un physicien, Henry Smyth, un rapport justificatif concernant les dépenses de deux milliards de dollars de l'immense entreprise. Ce document aurait permis d'affronter une éventuelle commission d'enquête parlementaire dans le cas où la bombe n'aurait pas fonctionné. Ce rapport, un véritable livre de deux cent cinquante pages, avait été ainsi rédigé avec le temps et le soin nécessaires. A aucun moment les Anglais n'avaient été prévenus de sa préparation. Après l'essai réussi de la bombe, Groves, ayant en main ce document tout à sa gloire, ne résista pas à l'envie de le faire publier par le département de la Guerre et de fixer ainsi lui-même unilatéralement les nouvelles limites du secret à ce qui n'était pas contenu dans le rapport Smyth.

Les Anglais, consultés au dernier moment par les Américains, conformément à l'accord de Québec, furent opposés à cette publication. Ils jugeaient ce rapport, à juste titre, beaucoup trop instructif et précieux pour un pays décidé à se lancer dans un programme d'armement atomique, et ils se trouvaient pris de court pour rédiger à temps un livre aussi bien préparé et documenté. Finalement, ils cédèrent de mauvaise grâce devant la pression américaine.

Cette publication souligne le caractère artificiel du drame provoqué par Groves, à la suite des informations communiquées, huit mois auparavant, par Halban à Joliot, une goutte d'eau dans l'océan par rapport aux révélations faites cette fois par Groves lui-même. De plus, cet océan de données était, comme on aurait pu s'y attendre, scandaleusement silencieux sur la contribution française. Seuls Becquerel et les Curie étaient mentionnés dans l'introduction pour la découverte de la radioactivité et du radium, ainsi que les Joliot à propos de celle de la radioactivité artificielle et pour la preuve physique du phénomène de fission.

Le rapport canadien de six pages publié au même moment

n'était pas plus disert sur la contribution française dans la création du projet anglo-canadien, ne citant que les noms d'Auger et de Halban dans une liste d'une douzaine de chefs de service du laboratoire de Montréal. Le rapport mentionnait la grande pile à eau lourde en construction à Chalk River, et la possibilité d'en retirer, après fonctionnement, l'uranium et d'en extraire chimiquement le plutonium.

Seul le livre blanc anglais d'une trentaine de pages, préparé en hâte et publié le 13 août, faisait état de l'envoi en juin 1940 par Joliot de Halban et de Kowarski en Grande-Bretagne avec leur stock d'eau lourde, de l'expérience de Cambridge, du transfert en 1942 au Canada de l'équipe de Halban et du rôle de ce dernier à la tête du laboratoire de Montréal jusqu'au début de 1944.

Le 5 septembre 1945

En ce mois d'août 1945, pour les trois Français restant dans le projet anglo-canadien, les problèmes posés par leur avenir, même immédiat, étaient plus importants que des récriminations sur l'absence de reconnaissance du rôle des Français dans l'histoire de l'aventure atomique.

Paneth, qui n'avait jamais su s'imposer à la tête de la division de la chimie, avait été encouragé à reprendre à l'automne son poste de professeur d'université à Durham en Angleterre. Guéron, de cinq ans plus âgé que moi et plus ancien dans l'équipe, devait lui succéder, mais préoccupé de reprendre sa carrière universitaire, il souhaitait rentrer rapidement en France ; Cockcroft m'avait annoncé que je remplacerais Guéron après son court règne, car il souhaitait me voir prolonger, au-delà de la limite fixée à fin 1945 dans mon contrat, ma participation au projet jusqu'à l'achèvement et le fonctionnement de l'installation pilote de plutonium.

De ce fait, j'étais partagé entre, d'une part, le souhait de rentrer en France pour essayer d'y obtenir, dès la reprise des recherches nucléaires, la responsabilité des secteurs que je connaissais le mieux, et, d'autre part, le désir de rester au Canada, pour y diriger la division de chimie et la mise en œuvre semi-industrielle du procédé trigly.

Kowarski, quant à lui, avait les mains pleines avec l'achèvement de la pile de puissance zéro qu'il avait baptisée Zeep après de longues jongleries avec des initiales, jongleries dont il avait le secret comme celui des calembours et qui le mettaient en joie. Zeep signifiait *Zero Energy Experimental Pile*. Il était prêt à rentrer en France, se sentant moralement engagé par sa nationalité fraîchement acquise et son appartenance à l'équipe de Joliot, mais il commençait à regretter de ne pas choisir la Grande-Bretagne, où Chadwick et Cockcroft auraient été prêts à l'accueillir.

Le 5 septembre fut un jour de gloire pour lui, sa pile Zeep divergea dans l'après-midi après que son remplissage d'eau lourde eut atteint le niveau correspondant, à très peu de chose près, aux quatre tonnes et demie d'eau lourde prévues par le calcul des théoriciens. Treize mois s'étaient écoulés depuis la décision de construction et celle-ci avait pu se faire sans ralentir la réalisation de la grande pile infiniment plus compliquée et qui n'allait diverger qu'en juillet 1947, cette fois avec dix-huit mois de retard sur le planning initial. La réussite de Zeep était un événement considérable qui n'eut pas la publicité méritée en raison des règles du secret dont l'influence était encore considérable.

Ce même après-midi du 5 septembre, où commençait à fonctionner au Canada la première pile construite en dehors des États-Unis et la seconde pile à eau lourde au monde, Igor Gouzenko, le chiffreur de l'ambassade soviétique à Ottawa, avait pris son destin entre ses mains, en ne quittant pas les mains vides son ambassade. Il venait de soutirer les documents les plus compromettants pour l'attaché militaire, le colonel Zabotin, chef du service d'espionnage russe à Ottawa. Après avoir vainement essayé le lendemain d'intéresser la presse ou des services officiels, Gouzenko se réfugia le soir suivant avec sa femme et leur enfant chez leurs voisins de palier. Ceux-ci appelèrent la police au moment où plusieurs membres de l'ambassade venaient de défoncer la porte de l'appartement de Gouzenko et y mettaient tout sens dessus dessous pour retrouver les papiers manquants. La police prit alors Gouzenko et sa famille sous sa protection.

Parmi les documents subtilisés, l'un d'eux expliquait qu'Alek (nom de code d'Alan Nunn May) avait fourni à un agent soviétique le 9 août une capsule de platine contenant cent soixante microgrammes d'uranium 233 qu'un autre membre de l'ambassade avait immédiatement emportée par avion à Moscou.

Un travail entrepris à Montréal depuis la reprise de la collaboration avait abouti en 1945 à la séparation de plusieurs milligrammes d'un isotope radioactif artificiel à vie longue de l'uranium, l'uranium 233 formé par bombardement par neutrons du thorium, élément lourd proche de l'uranium dans la classification. Seaborg avait découvert cet isotope en 1942 et montré qu'il était, comme le 235, susceptible de subir la fission et par conséquent, en quantité suffisante, de servir à une arme.

Guéron et moi avions isolé ces premiers milligrammes à partir de « hot dogs » en thorium irradiés à Oak Ridge et fournis par les Américains. Puis Guéron s'était spécialisé sur ce problème. Après quelques mois d'étude sur un précieux milligramme de cet élément, il trouva brusquement en octobre qu'il en manquait environ un cinquième dont aucun de ceux qui l'avaient manipulé, dont May lui-même, n'offrit d'en expliquer la disparition. Force fut de prévenir le directeur ; nous le fîmes ensemble, Guéron et moi. Cockcroft, silencieux comme de coutume, prit quelques notes de son écriture minuscule dans son carnet noir, puis demanda à Guéron de lui préparer un bref rapport. Il n'avait aucune raison d'avoir l'air surpris. Comme il nous le raconta plus tard, il savait par le carnet de Zabotin, depuis quelques semaines, que l'échantillon avait été fourni par May et était déjà arrivé à Moscou. May, qui venait d'être rappelé en Angleterre, ne fut arrêté qu'en février 1946 au moment où l'existence du réseau d'espionnage soviétique au Canada fut rendue publique. Zabotin, le chef du réseau, était déjà reparti clandestinement, rappelé aussi, mais en consultation, depuis la fin de l'année 1945 à Moscou d'où il ne revint plus.

Le rappel

Depuis le début de septembre 1945, les autorités anglaises se préoccupaient des modalités d'un autre rappel, celui des trois Français restant dans le projet anglo-canadien. Leur présence serait sûrement requise en France sitôt prise la décision de relancer les recherches et les travaux sur l'énergie atomique.

Le paysage politique britannique avait basculé avec le raz de marée travailliste des élections de fin juillet 1945. Churchill, chassé, avait été remplacé par Clement Attlee, son vice-Premier ministre dans le gouvernement d'union nationale durant la guerre, mais tenu à l'écart du secret de Tube Alloys. Le nouveau gouvernement était au pouvoir depuis une semaine quand Hiroshima et Nagasaki furent détruites.

Attlee décida de garder Anderson comme responsable politique de l'entreprise atomique britannique, bien que celui-ci fût personnellement opposé aux idéaux travaillistes. Il fut nommé, avec des pouvoirs de ministre, à la tête d'un comité consultatif sur l'énergie atomique, relevant directement du Premier ministre.

Ainsi, le problème du retour des Français relevait-il des mêmes acteurs : Anderson et Akers à Londres, Chadwick et Groves à Washington, Howe, Mackenzie et Cockcroft au Canada. Mais cette fois-ci, tout le monde était prêt à mettre du sien pour résoudre la question sans drame.

Le 28 septembre, trois semaines avant la création du CEA, Auger se rendit à Londres pour informer Akers de la décision du gouvernement français de fonder un Institut de recherches atomiques, indépendant de la défense nationale, exempt de secret et dont l'objectif initial serait la construction d'une petite pile. Joliot, le directeur du futur Institut, souhaitait voir Auger abandonner la direction de l'Enseignement supérieur, pour en faire partie. Auger ne voulait accepter qu'à la condition d'être libéré de son engagement au secret. Selon Akers, favorable à cette requête, Auger lui avait fait une profession de foi hostile à la fabrication par la France de l'arme atomique et souligné le risque de se voir remplacer par un des savants français favorables à un tel programme, s'il était amené à refuser ce poste du fait d'un veto britannique à sa libération de son vœu du secret.

Auger avait dirigé la division de physique du projet de Montréal pendant la sombre période de la rupture des relations avec Chicago et avait quitté le Canada au milieu de l'année 1944, juste au moment où la collaboration reprenait avec les Américains. Ceux-ci ne s'inquiétèrent donc pas trop des informations qu'il serait susceptible de transférer à Joliot et à ses collègues, surtout après la publication du rapport Smyth. Ils donnèrent ainsi leur accord à la participation d'Auger au nouvel organisme et ce feu vert fut télégraphié le 13 octobre à Akers qui s'empressa de l'annoncer à Auger, dans une lettre où il faisait référence à la libération de celui-ci vis-à-vis de son engagement au secret dans des termes quelque peu sibyllins : « Je sais qu'il est évidemment impossible d'éliminer de votre esprit les connaissances obtenues en travaillant pour nous au Canada, mais je sais que nous pouvons compter sur vous pour ne pas transmettre des ensembles spécifiques d'informations dans la forme dans lesquelles elles furent acquises. »

Le CEA fut créé le 18 octobre, et, le 30 du même mois, Rapkine arriva à Montréal, mandaté par Joliot et Auger pour régler notre situation avec Cockcroft. Le retour rapide de Kowarski et de Guéron pour participer à la fondation du CEA était souhaité, tandis qu'un accord était donné par Joliot pour la prolongation de ma présence au Canada si tel était le souhait du Conseil national des recherches. Cockcroft écrivit immédiatement à Mackenzie pour lui demander sa réaction à une telle prolongation, à laquelle il était favorable, pour une durée de six mois et peut-être jusqu'à la mise en marche de l'installation d'extraction de plutonium.

J'étais venu voir Rapkine à Montréal, de Chalk River, où je venais de m'installer pour surveiller l'achèvement d'un laboratoire de chimie de haute activité, spécialement conçu pour les recherches permettant de préciser, sous radiation, le comportement du procédé trigly. J'étais très flatté de l'insistance de Cockcroft à me retenir au Canada, et croyant, comme lui, à tort, que la petite unité envisagée pourrait être terminée au milieu de l'année 1946, j'étais désireux d'assister à son démarrage et à son fonctionnement.

Toutefois, j'étais un peu envieux de voir Guéron et Kowarski rentrer en France et prendre place au CEA avant moi ; il y avait aussi la question des attributions de chacun de nous dans le nouvel organisme et je craignais, si je rentrais six mois ou un an après mes collègues, d'avoir des difficultés à me tailler un secteur dans un gâteau dont les parts auraient déjà été distribuées lors du démarrage du CEA. Je proposai donc à Guéron, en présence de Rapkine, de partager d'avance entre nous deux le domaine de la chimie du CEA dans la même optique qu'au Canada. Guéron me répondit que tout l'intéressait et qu'à mon retour nous ferions tout ensemble — ce qui ne me paraissait ni très pratique ni très satisfaisant.

« On verra bien », me dis-je, et, sur ce, je repris la route vers ma nouvelle résidence à quatre cents kilomètres à l'ouest, où j'étais persuadé de passer les quelques derniers huit à douze mois de mon séjour en Amérique du Nord.

Deep River

La localisation du premier centre nucléaire canadien avait été admirablement choisie à deux cents kilomètres à l'ouest d'Ottawa, sur la rive sud de la rivière du même nom qui sépare l'Ontario des collines du Québec, au nord dans une région très boisée à peine habitée mais desservie par deux grandes voies transcontinentales de fer et de terre.

Deux sites avaient été expropriés, à une douzaine de kilomètres l'un de l'autre, celui en aval, pour le centre proprement dit, c'est-à-dire les piles atomiques, les laboratoires et leurs services, celui en amont, pour les habitations des travailleurs et de leurs familles. Ce dernier se trouvait au bord d'une plage de sable et d'une sorte de lac, formé par la rivière, large de près de deux kilomètres à cet endroit. La ville fut nommée Deep River, car Champlain et ses explorateurs avaient baptisé ce segment du fleuve, découvert par eux au XVIIe siècle, la « rivière creuse ». La localité la plus proche se trouvait à quarante kilomètres.

Deep River est aujourd'hui une petite ville de près de six mille habitants, alors que seules quelques cabanes en rondins habitées par des Indiens et un bungalow de vacances d'été, tous au bord de la rivière, se trouvaient sur ses trois cents hectares au moment de l'expropriation. Un an plus tard, quand je fus appelé à m'y installer, près de trois mille ouvriers, logés dans des camps mobiles, dont deux cent cinquante prisonniers de guerre, s'affairaient sur les deux sites.

La fin de la guerre avait plutôt accéléré la cadence, car Chadwick avait prévenu les Canadiens du risque de voir les Américains, après avoir atteint avec succès leur objectif atomique militaire, se tourner vers le domaine des piles à eau lourde. Groves avait heureusement rassuré à ce sujet, dès le 10 août, un des collaborateurs de Howe, ajoutant que l'association avec les Canadiens était beaucoup plus importante pour les États-Unis que celle avec les Anglais.

J'eus la chance ainsi d'assister à la fin de la création, à partir de rien, dans une forêt de pins, de peupliers et de bouleaux, d'une ville. En ce début d'automne, une maison d'hôtes pour les célibataires, une soixantaine de maisons préfabriquées à un ou deux étages, et une seule à trois étages destinée à Cockcroft qui allait l'occuper peu après, une école et un hôpital étaient pratiquement terminés.

Les matériaux de construction étaient encore contingentés à cette date et les habitations furent achevées et occupées sans que les portes intérieures, toutes identiques, soient fournies ; elles avaient été remplacées dans la maison d'hôtes par de simples draps. Puis, un beau jour, nous vîmes un étrange spectacle, l'arrivée d'un cortège de camions transportant toutes les portes de toutes les maisons de la ville.

Un beau laboratoire doté d'une excellente ventilation et de moyens de manipulation à distance de produits fortement radioactifs venait d'être achevé pour nos recherches sur le plutonium. Une de nos tâches était de déterminer le comportement du trigly et des différentes étapes de notre procédé sous intense radiation. Notre équipe s'était accrue, en particulier d'un jeune professeur d'université anglais, Robert Spence, destiné à devenir le chef de la chimie du futur projet britannique et que j'avais interviewé lors de mon passage en Angleterre en avril.

Isolés comme nous l'étions, nous suivions difficilement les

événements internationaux, et nous ne nous étions pas rendu compte de la portée de la première conférence au sommet uniquement consacrée au problème atomique. Elle s'était tenue à la mi-novembre près de Washington, à bord du yacht présidentiel sur la rivière Potomac, entre Truman, Attlee et Mackenzie King. Ils s'y mirent d'accord sur la poursuite de la politique du secret et du monopole de l'uranium disponible dans le monde occidental. L'uranium et les connaissances étant les deux éléments indispensables à tout programme nucléaire, cette politique verrouillait donc l'accession d'autres pays à l'arme, ou, comme on dirait aujourd'hui, représentait la solution la meilleure de non-prolifération.

Le dimanche 18 novembre au matin, Cockcroft me fit chercher à la maison d'hôtes. Deux nobles visiteurs étaient attendus de retour de la conférence au sommet, Howe et Anderson ; ils avaient décidé au dernier moment de venir visiter Chalk River et venaient de s'envoler d'Ottawa en hydravion.

La nouvelle se répandit et tous les habitants de Deep River s'amassèrent sur la plage pour voir arriver les deux grands hommes, d'autant plus qu'il y avait un risque de catastrophe dû aux nombreux troncs d'arbres descendant le fleuve, flottant entre deux eaux et susceptibles en cas de collision de faire capoter l'hydravion au moment où il se poserait. Cockcroft avait cherché à prévenir le pilote de l'hydravion, mais il n'y avait pas de radio à bord, puis prenant les choses calmement, avait envoyé des hommes en barque agiter des drapeaux rouges, ajoutant qu'au pire nous changerions de ministres.

Anderson était bien comme on me l'avait dépeint, grand et hautain. Howe, la figure burinée et le teint bronzé, avait une carrure de bûcheron. Je lui fis les honneurs de notre nouveau laboratoire. Il m'annonça qu'il allait l'inaugurer officiellement, puis, ayant remarqué l'absence de champagne et de toute personne de sexe féminin, il l'arrosa par ses propres moyens.

Je devais aller fréquemment à Ottawa, où, tout à côté de l'ambassade de France, dans un hangar appartenant au Conseil national des recherches, se montait un essai grandeur nature de l'installation d'extraction du plutonium sur une solution d'uranium non irradié dans une pile. Heureusement, j'avais acheté une voiture d'occasion à mon dernier séjour à New York, le plus petit modèle Ford de l'année 1941, la construction d'avant-guerre, presque inusable. Je dus apprendre à conduire sur la neige, redresser les dérapages sur verglas, et ne pas oublier, par les temps de grand froid, de brancher l'électricité sur une résistance chauffante fixée au moteur, sitôt l'arrêt de celui-ci, pour le maintenir à une température suffisante.

L'ambassadeur de France, le premier depuis la Libération, Jean de Hautecloque, cousin du maréchal Leclerc, était des plus hospitalier. Il avait sept filles et sa femme et lui avaient la passion d'organiser des pièces de théâtre où toute la famille jouait ainsi que des jeunes gens de notre représentation et du haut-commissariat britannique. Le public se tenait dans le grand hall en marbre de l'ambassade et la pièce se jouait sur l'escalier ou juste devant. J'ai un souvenir d'une représentation sur le thème d'*Ali Baba et les Quarante Voleurs* où l'ambassadeur, déguisé en esclave noir, et un de ses collègues dans le même costume avaient apporté devant Mackenzie King, une grande boîte posée sur un tréteau d'où était sortie la plus jeune des filles de la maison, âgée de quatre ans, déguisée en petite princesse arabe et qui avait récité adorablement un petit compliment au Premier ministre.

A Deep River, les soirées étaient calmes sauf le samedi où tous les jeunes célibataires allaient le matin à Pembroke, la ville la plus voisine, faire des provisions d'alcool pour se défouler durant la soirée, faisant ensuite des courses effrénées et un chahut terrible dans les couloirs de la maison d'hôtes pour finalement, dégrisés le lendemain matin, ne pas savoir très bien qui avait fait quoi et avec qui la veille. Ces samedis infernaux, je demandais l'hospitalité dans la maison de l'un ou l'autre de mes collègues mariés.

Cette situation était due en partie à l'article 11 du règlement de la ville imposé par la compagnie Defence Industries Limited (DIL) (composée essentiellement d'apports des filiales canadiennes de Du Pont et d'ICI... toujours elles !) qui après avoir construit Deep River était responsable de sa gestion municipale. L'article 11 interdisait aux habitants de l'aile « mâle » de la maison d'hôtes de se rendre dans l'aile réservée au sexe féminin et inversement.

Les semaines passant, l'article 11 était devenu de plus en plus impopulaire parmi les célibataires dont l'âge était compris entre vingt et trente ans, et sur la demande de mes collègues non mariés des deux sexes, j'acceptai d'intervenir auprès de Cockcroft pour essayer de faire modifier le règlement. Le directeur décida de tenir après dîner une sorte de cour de justice où le représentant de DIL, qui faisait un peu fonction de maire de Deep River, et moi-même fûmes les avocats des deux points de vue opposés. Mon argument était que si nous étions assez responsables pour nous voir confier les secrets les plus importants, on devrait pouvoir nous faire confiance pour savoir bien nous tenir avec le sexe opposé ; Cockcroft fut convaincu : l'article 11 fut aboli, ma popularité fut grande et qui sait si quelques Canadiens, aujourd'hui près de la quarantaine, ne doivent pas à mon intervention d'avoir vu le jour !

La prolongation et le renvoi

Début décembre 1945, Cockcroft annonça à tous les membres du projet dépendant des autorités britanniques la venue prochaine d'un haut fonctionnaire du ministère de l'Approvisionnement *(ministry of Supply)* pour nous offrir de nouveaux contrats, ce ministère, après l'avènement du gouvernement travailliste, ayant remplacé le DSIR comme autorité de tutelle de la recherche atomique anglaise.

Cet agent recruteur m'offrit le 18 décembre un contrat d'un an comme *principal scientific officer* à un salaire double de celui du DSIR, en raison de ma future responsabilité de chef de division. J'acceptai et écrivis à Rapkine à Paris, en lui demandant, au moment où sa mission scientifique française allait être supprimée, de m'obtenir d'Auger ou de Joliot un accord officiel de ma prolongation soit au titre de l'enseignement supérieur, soit, de préférence, à celui du Commissariat à l'énergie atomique ; je craignais les effets d'une absence prolongée sur ma carrière en France et disais : « Je tiens beaucoup à ce que ma situation soit plus clairement fixée et que l'on me fasse sentir de France que les absents n'ont pas toujours tort. »

J'allais être fixé plus tôt que je ne croyais mais d'une façon bien différente. Le 1er janvier 1946, le jour où j'entamais mon bail d'un an comme dernier Français présent et comme chef de la division de chimie de l'ensemble du projet du laboratoire de Montréal et du centre de Chalk River, Cook, mon adjoint canadien, vint me voir à la maison d'hôtes de Deep River, s'excusant du cadeau de jour de l'an qu'il m'apportait et qui était plutôt pour lui. On venait de lui faire savoir d'Ottawa de se tenir prêt à me remplacer d'un instant à l'autre. Washington exigeait, semblait-il, mon renvoi, car ma présence dans le projet au-delà du 1er janvier risquait de remettre en cause le bon fonctionnement de la collaboration avec les Américains.

J'écrivis à Cockcroft en offrant de me sacrifier sur l'autel de cette collaboration dont la rupture nous avait tant nui dans le passé. Je lui disais néanmoins mon espoir de voir achever l'installation de plutonium avant mon retour en France et lui demandai de ne pas me laisser dans une trop longue incertitude.

Le 5 janvier, Kowarski s'embarquait à New York sur le *Queen* et, par une étrange coïncidence, Halban était aussi à bord, enfin autorisé à se rendre en Angleterre. Cockcroft fit remarquer avec humour que cela ne posait aucun problème car le transatlantique était assez vaste. Guéron partit quelques jours plus tard sur un bateau plus lent.

Le 16 janvier, Cockcroft me répondit par une lettre amicale et élogieuse : la situation envisagée dans mon mot du 1er janvier s'était confirmée, et pour des raisons hors de son contrôle il était obligé de mettre fin à notre collaboration. Mackenzie me fit porter aussi une lettre le même jour pour me dire combien mes collègues canadiens et lui-même auraient voulu me voir rester dans son organisation. Le 20 janvier je quittai avec regret le Canada où j'avais reçu pendant près de trois ans et demi un merveilleux accueil. Une nouvelle page de ma carrière était tournée.

Si j'étais resté toute l'année 1946 au Canada, je n'aurais pas vu l'achèvement de l'usine pilote d'extraction de plutonium. Elle fut beaucoup plus longue à construire que prévu et ne fut terminée qu'en 1949. A ce moment-là, d'autres solvants meilleurs que le trigly avaient été découverts ou étudiés aux États-Unis et en Grande-Bretagne. Le fonctionnement de cette installation ne fut pas dépourvu de péripéties, elle permit toutefois de produire une quinzaine de kilogrammes de plutonium durant les quelques années de sa marche, quantité suffisante pour faire plusieurs bombes, mais qui fut utilisée pour enrichir l'uranium des réacteurs de recherche canadiens.

Si priorité avait été donnée à l'application militaire, l'usine aurait pu être construite plus rapidement et le Canada aurait pu ravir au Royaume-Uni sa place de troisième membre du club atomique, obtenue en 1952, trois ans après l'accession à l'arme de l'Union soviétique. Le gouvernement canadien, au moment où l'arme était à sa portée, était devenu le premier pays à renoncer de plein gré à celle-ci, apportant ainsi une contribution anticipée majeure à la future politique mondiale de non-prolifération.

Près de quarante ans plus tard, plus personne dans les sphères nucléaires canadiennes ne connaît l'existence et, à plus forte raison, l'histoire de cette installation de retraitement, ni le fait qu'elle avait produit des quantités de plutonium d'importance militaire. Comme s'il s'agissait d'un épisode de jeunesse que l'on voudrait cacher. J'ai eu cette impression quand, en 1986, on m'a refusé, à Chalk River, la possibilité de consulter les rapports que j'avais rédigés moi-même sur le procédé trigly en 1945 Ils n'avaient pas été sortis du secret bien que ne présentant plus aucun caractère secret du point de vue technique. Devant le ridicule de la situation, je reçus quelques mois plus tard les photocopies de mes rapports. On les avait enfin « déclassifiés ».

Notre départ du Canada et nos futures obligations vis-à-vis de notre engagement au secret furent, sans compter un nombre considérable de coups de téléphone dont il n'y a aucune trace, l'objet d'une quarantaine de télégrammes et de lettres entre Londres, Ottawa et Washington en fin d'année 1945 et au tout début 1946, la moitié d'entre eux étant consacrés à mon seul cas. Ils étaient dénués, sur le fond et dans la forme, de l'intensité et de la passion qui avaient marqué ceux, bien plus nombreux, l'année précédente, de l'affaire Halban. Ici encore seule la lecture précise de ces documents m'a permis de comprendre quarante ans plus tard comment mon renvoi avait coïncidé avec mon engagement pour une année supplémentaire.

Le 25 octobre 1945, en l'absence de Chadwick en Angleterre, le général Groves avait été interrogé sur le problème posé par notre éventuel départ par un des membres britanniques du comité tripartite, le maréchal Wilson. La réaction de Groves était prévisible, il souhaitait nous voir partir le plus vite possible et suggérait une mise en congé avec solde jusqu'à la fin de notre contrat, le 31 décembre, et il s'étonnait de l'insistance des Anglais à me garder jusqu'à cette date. Toutefois, il reconnaissait qu'après nous avoir relâchés il ne serait pas pratique de contrôler ni nos mouvements ni l'usage que nous ferions de nos connaissances.

A propos de ce dernier point, une étonnante réunion s'était tenue à Chicago le 18 septembre, sans doute en relation avec la toute récente défection de Gouzenko et la révélation de la trahison de May, pour « estimer les connaissances en possession des scientifiques d'*Evergreen* (nom de code américain du projet anglo-canadien) sur les opérations du Laboratoire de métallurgie de Chicago ». J'étais parmi ceux dont les agents de la sûreté réunis voulaient le plus savoir ce que j'y avais appris ; largement plus que souhaitable fut le verdict de cet étrange colloque où je fus aussi accusé d'avoir commis une grave entorse à la règle du cloisonnement au cours d'un exposé à Montréal à des collègues non chimistes.

A la suite de la visite de Rapkine à Cockcroft, à Montréal, le 30 octobre 1945, Mackenzie écrivit le 3 novembre à Groves pour lui demander son accord afin d'autoriser le retour en France de Guéron et de Kowarski, ce qu'il jugeait désirable. Groves ne donna son accord que le 4 décembre, confirmant sa préférence pour ce prompt départ. Le 12 décembre, les deux atomistes français donnèrent leur démission avec effet au 1er janvier 1946.

Informé du désir de Cockcroft de me garder au moins jusqu'en mai 1946, Londres émit des réserves sur cette prolongation dans un télégramme du 29 novembre tout en étant prêt à considérer les arguments de Cockcroft. Ceux-ci ne se firent pas attendre et furent exprimés énergiquement dans un télégramme du 7 décembre. J'y étais décrit par Cockcroft comme « le scientifique clef du groupe travaillant sur le procédé d'extraction du 49 (code du plutonium) ». Il soulignait l'absence de toute assistance américaine sur ce procédé et le handicap que représenterait pour ce travail mon départ. Il ajoutait : « Goldschmidt a joué un grand rôle dans la mise sur pied du projet canadien. Il est un scientifique distingué et sa personnalité est un atout considérable dans notre action pour faire des laboratoires de Chalk River un ensemble efficace. »

Londres n'avait pas été convaincu et demanda le 11 décembre à Cockcroft de discuter la question avec Chadwick en route vers les États-Unis. Cockcroft n'était pas homme à se déclarer battu et me laissa signer mon contrat d'un an le 19 décembre, sans me prévenir des incertitudes pesant sur cette prolongation.

Le 21 décembre, à Washington, Cockcroft revint à la charge avec Chadwick avant une entrevue de celui-ci avec Groves. Le général fut intransigeant et formellement opposé à une prolongation de ma présence qui équivaudrait, à ses yeux, à fournir de nouvelles informations à la France. Chadwick, qui personnellement aurait bien voulu me garder, n'était pas loin d'accepter le point de vue du général et trouvait que ce serait une erreur de risquer de porter le moindre tort aux futures relations avec les États-Unis pour éviter « une gêne temporaire ». Il en avait profité pour demander à Groves une assistance américaine dans le domaine de l'extraction du plutonium afin de compenser le manque causé par mon départ, Groves répondit qu'il ne pouvait rien promettre et que Chadwick devait lui écrire, ce que celui-ci fit, mais en vain.

Dans une lettre à Cockcroft du 27 décembre où Chadwick relatait son entrevue avec Groves, il ajoutait : « Il y a une possibilité que la situation puisse être modifiée par la réunion des ministres des Affaires étrangères à Moscou et, dans cette éventualité, la question pourrait être réexaminée avant le départ de Goldschmidt de ce pays. Cette possibilité me paraît très faible et ne vaut pratiquement pas la peine d'être mentionnée à Goldschmidt. »

Il s'agissait de la réunion des ministres des Affaires étrangères des trois grandes puissances alliées qui allaient proposer de confier aux Nations unies le problème du contrôle de l'énergie atomique. Chadwick avait peut-être imaginé que le secret y serait aboli !

Cockcroft, qui s'était bien gardé de prévenir les trois autres acteurs de ce ballet épistolaire de mon nouvel engagement pour un an, encouragea Mackenzie à écrire à Groves, ce qu'il fit le 28 décembre avec une rare vigueur et en accentuant encore les arguments et éloges exprimés à mon sujet par Cockcroft. Il soulignait que le travail sur le plutonium était accompli sous ma direction par une quarantaine de chimistes et d'ingénieurs, tous canadiens, avec comme seul apport américain quelques milligrammes de plutonium. Il commençait à trouver — écrivait-il en conclusion — que les contributions et intérêts canadiens étaient par trop submergés dans des négociations formelles anglo-américaines.

Le 8 janvier, Chadwick excédé par Cockcroft qui l'avait prévenu de son intention de continuer le combat en ma faveur, écrivit à Mackenzie pour lui dire, avec l'appui d'Anderson, sa conviction que mon départ du projet était indispensable dans l'intérêt de la collaboration avec les États-Unis. Il estimait que Cockcroft exagérait la nécessité de ma collaboration, car le travail de laboratoire étant sûrement terminé, la parole était maintenant surtout aux ingénieurs (ce en quoi il avait raison). Il rappelait une lettre de Rapkine du 1er avril à Cockcroft lors de notre dernier renouvellement de contrat insistant pour que le 1er janvier 1946 soit vraiment la date finale pour notre participation au projet.

De son côté, Groves écrivait le 14 janvier à Mackenzie et à Chadwick. Dans la première lettre, il disait : « Je sympathise complètement avec vos difficultés, mais je ne peux pas voir comment, avec l'attitude du peuple américain, avec lequel je suis en général d'accord, il serait possible de continuer à garder un citoyen français employé sur un travail par lequel il entrerait en possession de données secrètes concernant notre activité. »

Dans la lettre à Chadwick, Groves notait le départ de Kowarski et de Guéron et espérait le mien proche. « Je suis parfaitement conscient de sa valeur de scientifique mais à moins qu'il soit prêt à devenir un citoyen anglais ou canadien, je considère qu'il n'est pas possible pour lui de continuer à participer à ce travail. »

Le 16 janvier, je pris congé à Ottawa de Mackenzie. A cette date dans son journal, où, lors de notre première rencontre en 1942 il avait parlé de mes origines juives, il me traite de « vrai gentleman ». Le lendemain, il écrivait à Groves pour lui annoncer mon départ me qualifiant de « gars extraordinairement décent » et dans une autre lettre à Chadwick, il exprimait sa reconnaissance à Cockcroft d'avoir si énergiquement soutenu les intérêts canadiens dans cette affaire.

J'avais quitté le Canada le 20 janvier 1946 avec regret mais sans rancœur. La lecture aujourd'hui de cette correspondance, où je ne suis qu'un pion entre de fortes personnalités voulant affirmer la primauté de leur thèse, me plonge dans l'étonnement et même une certaine admiration pour la façon dont chacune d'elles menait son combat. Groves se battait pour l'isolationnisme et le monopole atomique américain, Chadwick pour la survie de la collaboration anglo-américaine, Cockcroft pour l'indépendance de sa gestion du projet dont il était responsable et enfin Mackenzie pour que son pays cesse d'être traité comme le plus pauvre des parents dans cette association à trois.

Chadwick était le seul qui avait vu juste : au stade où en était le procédé trigly, ma contribution ne pouvait être que minime, mais ma présence encore un an à Chalk River, tout en me privant d'une participation passionnante aux débuts du CEA, ne m'aurait guère permis de rapporter de véritables données intéressantes à ce nouvel organisme.

Chadwick avait écrit à notre sujet à Groves, le 7 janvier, pour avoir son accord pour nous relever d'une stricte observation de notre engagement sur le secret, mais nous demander de limiter la dissémination des informations en notre possession aux cercles officiels et gouvernementaux, y compris le CEA, à l'exclusion de toute personne privée ou de toute firme industrielle.

Dans sa réponse, le 14 janvier, Groves prit le contrepied de Chadwick et s'opposa à tout relâchement de notre engagement sur le secret. Il concluait dans ces termes : « Je réalise pleinement que cette attitude n'empêchera pas une personne de transmettre des informations, mais je crois que la situation serait rendue pire s'ils étaient autorisés à divulguer ces informations, ce qui, à mon avis, serait le résultat de votre proposition. »

Attitude typiquement anglo-saxonne car, dans les pays latins, le fruit défendu a le plus de saveur !

Notre retour en France se fit ainsi sans que nous fussions déliés de notre engagement du secret. Cockcroft, au moment de leur départ, avait donné à Guéron et à Kowarski une lettre dans le sens de celle de Chadwick à Groves, il dut leur demander de la lui renvoyer car elle était due à un malentendu. Une autre plus officielle nous était destinée. Début février 1946, chacun de nous en reçut une bien plus belle de sir John Anderson lui-même, où il nous demandait, jusqu'à nouvel ordre, de respecter l'engagement du secret dont il ne pouvait nous délier. Le nouvel ordre n'est jamais venu car on a oublié par la suite de nous délier !

Avant de quitter l'Amérique du Nord où je venais de vivre une aventure technique et politique extraordinaire, je demandai rendez-vous à Groves qui me reçut à Washington fort aimablement. La mesure qu'il venait de prendre contre moi n'avait rien de personnel et il aurait été prêt à me garder si je m'étais engagé à rester dans le projet au Canada, en Angleterre ou aux États-Unis pendant quatre ou cinq ans au lieu de me comporter comme un chercheur détaché par le gouvernement français. Il ajouta que je n'aurais pas été le seul étranger dans ce cas, car il venait d'accepter la poursuite de la participation à Chalk River de mon ami, le brillant physicien italien Bruno Pontecorvo sans liens avec son gouvernement. Groves ne se doutait pas alors que d'autres liens, plus dangereux, allaient quelques années plus tard lui faire regretter, ainsi qu'aux Anglais, de ne pas avoir fait partager mon sort à Pontecorvo. Celui-ci devait, en 1950 au début de la guerre de Corée, quitter avec éclat l'Angleterre devenue sa patrie d'adoption, pour s'installer avec sa famille en Union soviétique.

Je discutai avec Groves lors de ma visite d'adieu le problème du secret et il prit verbalement sur celui-ci une attitude raisonnable. Il ne pouvait pas nous empêcher, sans nous obliger à changer de carrière, de faire profiter le CEA de nos connaissances et de les communiquer à nos équipes, mais il me demanda que ce fût fait sans publication et seulement au fur et à mesure du déroulement de nos travaux. Cette solution de compromis fut appliquée pendant les premières années du CEA sans qu'aucune des parties intéressées ait eu à s'en plaindre.

Les places de bateau vers l'Europe étaient rares et recherchées, mais j'eus la chance d'être prévenu du départ, de New York le 5 février, du premier vol commercial New York-Paris et de pouvoir obtenir une place sur un Constellation, version civile de la superforteresse B 29, qui avait servi à lancer les deux bombes atomiques, l'une à l'uranium 235, l'autre au plutonium, sur le Japon.

Comme il s'agissait d'un vol inaugural, nous eûmes droit en plein air par un temps glacial, à l'aérodrome, à un buffet, avec champagne et trois beaux discours du maire de New York, du consul général d'Irlande (car nous y faisions escale après l'avoir fait aussi à Terre-Neuve) et de celui de France. Dûment congelés, nous prîmes place dans l'avion. Mon voisin se présenta à moi : « Je suis M. Ricci, le mari de Nina Ricci, et un des rares couturiers parisiens non pédérastes. » Vingt heures avant d'atterrir en France, j'avais retrouvé une liberté d'expression bien de chez nous.

L'arrivée au-dessus de Paris, le lendemain matin, se fit par un temps de chien. Après avoir envisagé d'aller se poser à Marseille, le capitaine du *Star of Paris* décida de faire une tentative d'atterrissage à Orly, un aérodrome militaire récemment rendu au trafic civil, et finalement il y parvint. En raison de la circonstance, un comité d'accueil officiel nous reçut dans un hangar plutôt sinistre et quelques mots furent prononcés par Max Hymans, secrétaire général à l'Aviation civile. J'avais fait sa connaissance en juillet 1940 à Valençay et le savais être un des intimes des Joliot.

Mes premiers mots en France furent alors : « Comment vont Fred et Irène ? » et la réponse de Hymans : « Je ne les ai pas vus depuis une quinzaine, ils sont partis se reposer à la montagne. » Ainsi le général Groves, la Transworld Airlines et les vacances de sports d'hiver avaient-ils bien combiné les choses. Nous allions, les trois ex-Canadiens, retrouver ensemble notre futur patron et comme je l'avais déjà fait à Chicago, puis à Montréal en 1942, j'allais avoir la chance de participer dès l'origine au démarrage d'une aventure atomique nationale, cette fois celle de mon pays.

Troisième Partie

Les fondateurs

21

Les premiers pas du CEA

La pendule des recherches françaises sur la fission de l'uranium s'était arrêtée le soir de l'embarquement pour l'Angleterre de Halban et de Kowarski. L'utilisation de l'arme nucléaire au Japon allait la remettre en marche après un arrêt de plus de cinq années. Les deux figures dirigeantes parmi les pionniers de 1940, Dautry et Joliot, étaient depuis la Libération, à nouveau, à des postes d'autorité, le premier comme ministre de la Reconstruction et de l'Urbanisme, le second comme directeur du CNRS, et se trouvaient en contact l'un avec l'autre par le truchement d'Allier. Comme rien ne se faisait d'important, alors, sans passer par de Gaulle, ils s'étaient déjà empressés indépendamment d'alerter le président du gouvernement provisoire.

Dautry, après l'armistice de 1940, s'était retiré dans une propriété qu'il possédait en Provence et y était resté jusqu'à la Libération, loin des intrigues politiques de Vichy et des machinations collaborationnistes de Paris, refusant même une offre de reprendre la direction de la SNCF. Les 13 et 29 mars et le 26 mai 1945, il avait adressé à de Gaulle deux notes et un aide-mémoire concernant « un programme d'action dans le domaine de la recherche et de l'utilisation de l'énergie nucléaire ». Dans la première note, il précisait : « Il conviendrait que la France se réintroduise dans le circuit des recherches en formant une équipe de travailleurs qui serait placée à la disposition et sous l'autorité de M. Joliot-Curie. » Dans l'aide-mémoire du 26 mai, il faisait état de la reprise satisfaisante des négociations sur la fourniture d'eau lourde avec le gouvernement norvégien en exil à Londres.

Pour sa part, Joliot avait soulevé le problème de la recherche atomique ainsi que la question des brevets avec le Général dès son entrevue de l'automne 1944, puis, accompagné de Pierre Auger, il l'avait revu en mars 1945 pour insister sur la nécessité de créer un organisme consacré à l'énergie atomique. De Gaulle leur avait déjà dit à cette occasion : « Prenez Dautry avec vous. »

Le Général était alors déjà conscient du potentiel militaire et politique de la future arme à la suite de notre brève communication à Ottawa en juillet 1944. Cela me fut confirmé par l'épisode que me raconta, peu après mon retour en France, René Mayer, alors ministre des Travaux publics et des Transports : le 8 mai 1945, dans l'après-midi, le jour de la reddition de l'Allemagne nazie, celui-ci se rendit au ministère de la Guerre pour féliciter le Général, qui y résidait, sur la fin des hostilités en Europe, aboutissement de ce qu'il avait entrepris et espéré depuis le 18 juin 1940. Le Général lui répondit que malheureusement « une grande cochonnerie » était en préparation, une arme épouvantable dont l'après-guerre serait marqué.

Quelque vingt-cinq ans plus tard, j'ai voulu évoquer avec l'ancien président du Conseil cette conversation avec de Gaulle ; René Mayer se rappelait très bien sa visite du 8 mai, et sa surprise d'avoir trouvé le Général seul rue Saint-Dominique un tel jour, mais m'affirma qu'il n'avait jamais été question entre eux d'une arme nouvelle. C'est un exemple de la fragilité du témoignage humain ; soit René Mayer avait oublié cette conversation dont le récit m'avait frappé, soit je tenais cette réaction du Général d'un autre de ses familiers à cette date, car je ne peux croire l'avoir inventée de toutes pièces.

Dans ses *Mémoires de guerre*, de Gaulle écrira à propos de « la foudre des bombes atomiques » frappant Hiroshima et Nagasaki : « Je dois dire que la révélation des effroyables engins m'émeut jusqu'au fond de l'âme. Sans doute ai-je été, depuis longtemps, averti que les Américains étaient en voie de réaliser des explosifs irrésistibles en utilisant la dissociation de l'atome. Mais, pour n'être pas surpris, je n'en suis pas moins tenté par le désespoir en voyant paraître le moyen qui permettra, peut-être, aux hommes de détruire l'espèce humaine. »

Le 13 octobre 1945, peu de jours avant la création du CEA, le Général exprima son point de vue sur l'arme atomique à l'occasion d'une conférence de presse. Après avoir rappelé le rôle joué à l'origine par les savants français, il déclara : « Finalement cette bombe a été fabriquée par nos alliés et il est vrai qu'en tant que gouvernement, en tant que France, nous n'y étions pas. Que voulez-vous, il y a beaucoup de choses qui ont été réglées pendant que nous n'étions pas là. Ce ne sont pas toujours les choses les plus heureusement réglées. Quant à la bombe atomique, nous avons le temps. Je ne suis pas convaincu que l'on ait à employer les bombes atomiques à très bref délai dans ce monde. En tout cas, le gouvernement français ne perd pas de vue cette question qui est très grave pour le monde entier et dont les conséquences sont évidemment immenses. Cette bombe a abrégé la guerre. Pour le moment c'est une justice à lui rendre. Nous-mêmes ou nos descendants verrons si l'on doit dans l'avenir continuer à lui rendre justice. » Cette vision prophétique de la dissuasion nucléaire démontre aussi que le Général ne semblait pas motivé, à ce stade, par un désir pressant de lancer la France, en pleine reconstruction, dans la course à la bombe.

Un statut de cohabitation

Peu de temps auparavant, dans les derniers jours de septembre 1945, de Gaulle avait à nouveau demandé à Joliot de se rapprocher de Dautry, cette fois pour étudier avec celui-ci la constitution d'un organisme d'État capable de permettre à la France de reprendre son rang dans l'ensemble de ce domaine révolutionnaire. Il s'agissait de rédiger, en moins d'un mois, une ordonnance et son décret d'application, car le pouvoir de légiférer, avec le seul accord du Conseil d'État, conféré au président du gouvernement provisoire, allait expirer le 21 octobre avec la première élection législative depuis la guerre, celle des députés de l'Assemblée constituante, destinée à remplacer l'Assemblée consultative créée fin 1943 à Alger.

De Gaulle songeait sans doute déjà à son ministre de la Reconstruction pour assumer la responsabilité administrative de l'organisme envisagé, qu'il ne voulait en tout cas pas laisser dans les seules mains des savants, en particulier de Joliot, communiste de surcroît. En leur confiant à tous les deux la tâche d'élaborer ces statuts, il paraissait refuser de trancher en faveur du savant ou du grand administrateur pour la prééminence dans la direction. Non seulement il les engageait dans ce que nous appelons, depuis mars 1986, une expérience de cohabitation, mais il leur demandait de se mettre eux-mêmes d'accord au préalable sur les règles destinées à régir leur future collaboration.

Les pourparlers s'engagèrent entre d'une part Dautry et d'autre part Joliot, assisté de sa femme, d'Auger et de Francis Perrin, « Joliot et ses amis », comme les appelait l'homme providentiel de cette négociation, le conseiller d'État Jean Toutée, à qui le CEA doit plus qu'à tout autre l'originalité de son statut, facteur considérable de sa réussite future. Familier de longue date de Dautry, qui avait souvent fait appel à sa compétence, il fut à la fois l'inspirateur et le rédacteur de l'ordonnance. Modeste mais ferme et décidé à soutenir les droits de l'administration, il fut néanmoins l'arbitre entre les deux camps. Les divergences portèrent, en particulier, sur les titres et les prérogatives des deux futurs dirigeants du nouvel organisme, ainsi que sur le nom de celui-ci. L'administrateur voulait un « haut comité » de l'énergie atomique, avec un « commissaire scientifique ». Le savant et ses amis auraient sans doute préféré un haut-commissariat, mais acceptaient un « commissariat » dirigé par un « haut-commissaire », qui aurait eu prééminence sur un « représentant de l'État ». Finalement, les savants eurent gain de cause sur le nom de l'organisme, tandis que furent retenus les titres de « haut-commissaire à l'énergie atomique » et d' « administrateur général, délégué du gouvernement ».

Entre le 3 et le 12 octobre, cinq projets successifs d'ordonnance et de décret furent établis par Toutée. Le dernier projet muni de la signature approbative des quatre savants fut apporté le 14 au général de Gaulle par Dautry et Auger, remplaçant Joliot qui était en voyage, et fut soumis le surlendemain au Conseil d'État. Celui-ci le modifia à peine, mais y ajouta un exposé des motifs. L'ensemble fut finalement signé par le général de Gaulle et contresigné par dix ministres concernés le 18 octobre, trois jours avant les élections.

Quatre bonnes fées s'étaient ainsi penchées sur le berceau du CEA. Le Général, en faisant appel à Joliot et Dautry, et celui-ci à Toutée, venait, presque en privé et à l'insu du public pourrait-on dire, de jeter les bases sur lesquelles allait se bâtir le développement nucléaire français dans les domaines de la science, de l'industrie et de la défense. Le CEA, placé sous l'autorité du chef du gouvernement, allait bénéficier d'une réglementation originale exceptionnelle, unique en France, car il était doté de la personnalité civile et de l'autonomie administrative et financière tout en gardant les prérogatives de puissance publique.

Le texte de l'ordonnance ne se prononce pas sur le problème de la prééminence entre les deux dirigeants du CEA, et, pour éviter de donner à l'un la carte numéro un et à l'autre le numéro deux, il avait été décidé de leur donner à chacun le numéro un et à Mme Joliot le numéro trois. L'ordonnance stipule même : « Le Commissariat est représenté sur le plan national et dans les négociations internationales par le haut-commissaire et l'administrateur général agissant conjointement ou séparément ; ceux-ci fixent ensemble les conditions de réalisations industrielles du Commissariat ; ils sont les conseillers du gouvernement pour toutes les questions relatives à l'énergie atomique. » Quelque sept ans plus tard, les termes « conjointement ou séparément » se rapportant au rôle des deux têtes dans les négociations internationales allaient jouer un rôle important dans la poursuite de ma carrière au CEA.

L'exposé des motifs, écrit d'une seule traite, à la main, par Toutée, avec quelques rares mots raturés, définissait admirablement l'esprit de la « cohabitation » voulu par le législateur : « L'organisme créé sous le nom de Commissariat comprend un comité peu nombreux qui joue le rôle d'un conseil d'administration actif, et qui affirme en même temps le travail d'équipe convenant à la recherche scientifique. L'impulsion scientifique et technique se trouve concentrée dans les mains d'un haut-commissaire pris parmi les personnalités scientifiques du comité, cependant qu'un administrateur général reçoit, avec le titre de délégué du gouvernement, les attributions d'ordre administratif et financier. Cette dualité, exercée dans une étroite collaboration pour la mise en œuvre de la politique définie par le comité, correspond aux différences profondes qui existent entre les deux activités du Commissariat. D'une part, pour travailler avec fruit, les savants qui le composent doivent être dégagés du souci administratif, d'autre part, l'État qui fournit les fonds doit conserver la haute main sur leur emploi. »

Les « scientifiques » avaient remporté une victoire sur les « administratifs » en occupant quatre des sièges du comité tandis que deux autres seulement étaient réservés à des non-spécialistes, celui de l'administrateur général et celui d'un militaire, le président du comité de coordination des recherches concernant la défense nationale.

Chacun des deux partenaires de cette inhabituelle dualité affirmait que c'était à sa demande, et pour le décharger des domaines étrangers à sa compétence, que le chef de l'État lui avait désigné un partenaire pour son travail de direction. Je les ai entendus chacun parler dans ce sens : « Je voulais avoir avec moi le prix Nobel », disait l'un, « Je tenais à être aidé par un spécialiste indiscuté de l'administration et des finances », affirmait l'autre.

En réalité, ils ne pouvaient se passer l'un de l'autre et, heureusement, ils s'estimaient. Joliot, parfois tendu et impatient vis-à-vis de Dautry, ne pouvait oublier la façon dont celui-ci l'avait compris et soutenu dès le début de la guerre. Leur cohabitation, non sans d'inévitables froissements dus à leur différence d'âge de vingt ans, de tempérament et de position sur l'échiquier politique fut dans l'ensemble une réussite. Toutefois le caractère plus scientifique qu'industriel des tâches du CEA à l'origine, la jeunesse et le prestige de Joliot lui donnèrent dans ces débuts une position de leader. Mais après sa révocation et au fur et à mesure de l'industrialisation et de la militarisation du CEA, l'équilibre fut rétabli entre « scientifiques » et « administratifs » au sein du comité par l'accroissement du nombre de ces derniers, tandis que la prééminence de l'administrateur général s'affirma progressivement par rapport au haut-commissaire. Celui-ci continua à être choisi parmi des physiciens spécialistes de la science fondamentale. Le plus remarquable est que ce statut, conçu à l'origine pour un organisme de dimensions réduites, se trouva, par la suite, admirablement adapté pour permettre une croissance imprévisible à l'époque de la fondation.

Le partage des tâches

Le début du CEA se situe le 3 janvier 1946, date de la nomination, pour un mandat de cinq ans, des six membres de son comité composé aux deux tiers de savants : Joliot, haut-commissaire et ses « amis », Mme Joliot, Pierre Auger et Francis Perrin, Dautry, administrateur général, encore ministre pour trois semaines jusqu'au changement de gouvernement provoqué par la démission et le départ du général de Gaulle le 20 janvier, et enfin, ès qualités, le général Bloch Dassault, frère du constructeur d'avions Marcel Dassault, et grand chancelier de la Légion d'honneur.

Le comité de l'énergie atomique (c'est le nom qu'il prendra et gardera par la suite) se réunit pour la première fois, en l'absence de De Gaulle, son président, les 10 et 18 janvier, dans le bureau de Dautry, au ministère de la Reconstruction. Sa première décision fut le choix d'un secrétaire général. Allier, par son rôle passé, aurait pu briguer ce poste, mais il renonça à le faire, car Joliot le récusa en raison de ses liens avec la Banque de Paris et des Pays-Bas (liens bien utiles cependant en 1940 pour l'obtention de l'eau lourde). Le choix se porta sur Léon Denivelle, un chimiste industriel, apprécié de Dautry et ami de Joliot avec lequel il avait passé la matinée tragique du 18 juin 1940 à Bordeaux où, encouragés par Bichelonne, alors chef de cabinet de Dautry, ils prirent tous deux la décision de rester en France malgré les objurgations de lord Suffolk.

Denivelle avait organisé, à partir de Montbéliard au printemps 1944, le départ pour la Suisse, d'abord de Langevin, puis ensuite de Mme Joliot et de ses deux enfants, déjà adolescents. Cette dernière avait failli faire échouer toute l'opération en exigeant avec énergie que sa fille Hélène ait au préalable passé son baccalauréat. Pendant l'Occupation, il avait créé avec Joliot une petite société d'études pour les applications des radioéléments artificiels. Homme fin et de compromis, il allait jouer un rôle important comme trait d'union de la cohabitation dans ces débuts du CEA.

Au cours de ses deux premières séances, le comité dut s'attaquer au problème de l'installation matérielle du siège et des futurs laboratoires du nouvel organisme. Le général Dassault offrit de s'employer à obtenir la disposition du fort de Châtillon pour les laboratoires et de quelques ateliers de la poudrerie du Bouchet, non loin d'Arpajon, pour les travaux de chimie industrielle. Quant au premier siège, il fut cédé, en sous-réquisition, par le ministère des Prisonniers. Il comprenait deux vastes appartements, avenue Foch, au coin de la rue de la Pompe, ayant appartenu au constructeur d'automobiles Louis Renault, puis été confisqués après son arrestation en 1944 pour collaboration. Situés sur le même palier, ils furent répartis, comme par une manifestation du bicéphalisme politique, l'un à gauche aux techniciens, l'autre à droite aux administrateurs.

Telle était la situation lors de mon retour à Paris, le 6 février. Je téléphonai à Auger, qui me confirma l'absence des Joliot jusqu'à la semaine suivante. En attendant, Kowarski et Guéron allaient lui faire, ainsi qu'à Perrin, un exposé sur les derniers travaux canadiens. Rendez-vous avait été pris le lendemain dans un petit amphithéâtre de l'Institut Henri-Poincaré, près de l'Institut du radium. Auger m'ayant promis le secret, je fis irruption un quart d'heure après le début de la réunion, avec un sonore « Salauds, vous auriez bien pu m'attendre ! », d'où la surprise de Perrin, Kowarski et Guéron, persuadés qu'ils étaient de ne pas me revoir avant un an.

Cockcroft avait interdit à Guéron et à Kowarski d'emporter tout document avec eux, mais les avait autorisés à prendre autant de notes qu'ils voulaient à la condition qu'eux seuls puissent les déchiffrer. Ils ne s'en étaient pas privés, Kowarski pour la physique, Guéron pour la chimie. Kowarski, très fier de ses notes, s'en servait en planchant au tableau noir lors de mon interruption inattendue ; après quelques effusions, il reprit le cours de ses explications mais, quelques minutes plus tard, il s'embrouilla dans ses calculs. Avant qu'il n'ait pu se ressaisir, Guéron avait pris à son tour la craie et rétabli le bon ordre de la démonstration, tout en nous annonçant qu'il avait aussi collecté des notes sur la physique. Cela ne fit aucun plaisir à l'initiateur de Guéron, à la science des neutrons en 1942 à Cambridge. Kowarski devint au CEA un critique de plus en plus sévère et injuste de son ancien élève en physique nucléaire. Il allait inventer une formule : « On ne peut pas faire cela à Jules », et précisément il prenait un plaisir presque sadique à le faire.

Quelques jours plus tard, ce furent les vraies retrouvailles avec Fred et Irène. Kowarski ne les avait pas revus depuis 1940. Guéron et moi les avions bien rencontrés au cours de nos courtes visites à Paris, fin 1944 et début 1945, mais nos bouches étaient alors cousues par le secret. Maintenant, nous pouvions leur parler librement.

Les années d'Occupation et de guerre avaient modifié bien des choses, ne serait-ce que le nom de Fred qui se faisait appeler maintenant Joliot-Curie comme Irène. Je ne pus jamais m'y faire et continuai à les appeler Joliot comme dans ce récit. Irène, n'ayant jamais ménagé sa santé, avait souvent l'air fatigué avant la guerre. Elle nous parut la moins changée des deux ; Joliot avait maigri. Sa belle figure, marquée maintenant de profondes rides verticales, était toujours aussi vivante. Il nous accueillit affectueusement, nous tutoya et parut enchanté de nous voir tous les trois réunis.

Il décida de nous répartir des tâches dirigeantes dans l'activité technique du CEA, mais, pour souligner le rôle de pionnier de Kowarski, il lui attribua le titre de directeur des services scientifiques, tandis qu'il nous nommait Guéron et moi chefs de service, en nous partageant les responsabilités de la chimie. Comme spécialiste de l'extraction par solvants pour la purification de l'uranium et de la séparation du plutonium, j'étais chargé d'un service doté du nom inattendu de chimie extractive, au salaire de vingt-six mille francs par mois, avec rang de chef de service de deuxième classe, selon le statut du personnel mis au point par le comité. L'éventail des salaires des cadres s'y échelonnait, depuis le diplômé débutant de sixième classe, à sept mille cinq cents francs par mois, jusqu'au directeur de première classe, à trente-deux mille francs.

J'étais comblé par mon rang, mon salaire et mes responsabilités, limitées au domaine exact de ma spécialité, mais qui, par la force des choses, n'allaient être d'actualité que dans plusieurs mois pour la purification de l'uranium, et dans quelques années pour la production du plutonium. En somme, je me trouvais dans la situation d'un acteur engagé pour un rôle intéressant mais seulement au deuxième acte d'une pièce qui en comporterait plusieurs. Mais la pièce était passionnante et appelée à le rester et, pas un instant, je n'envisageai l'éventualité de reprendre ma place d'assistant à la Sorbonne auprès du laboratoire Curie. Un arrêté du 30 août 1945 m'avait réintégré dans mes fonctions à dater du 21 décembre 1940, date d'application par le gouvernement de Vichy du statut des Juifs, ainsi annulé. Par une sorte de fidélité, je n'ai pas rompu les liens avec l'enseignement, gravissant très lentement *in absentia* les échelons d'une carrière universitaire fictive, car j'étais régulièrement, tous les cinq ans, détaché auprès du CEA.

Ce fut ensuite la présentation, avenue Foch, à Dautry, pas du tout impressionnant. Nous le savions un grand serviteur de l'État. Il me mit à mon aise, s'enquérant de ma famille et de ma carrière. Je n'osais lui dire que, depuis 1940, son visage m'était familier sous divers aspects. En effet, pendant la « drôle de guerre », le ministre de l'Armement était connu pour ses inspections inattendues et souvent à des heures bizarres dans les laboratoires, ateliers et usines dépendant de lui. Pour ne pas être pris au dépourvu dans notre laboratoire sur les gaz asphyxiants au parc d'artillerie de Poitiers, nous avions affiché plusieurs portraits agrandis de Dautry, tel quel, ou assortis de lunettes noires ou d'une fausse barbe.

L'état-major du CEA naissant était caractérisé par les tranches d'âge des différentes catégories de ses membres : les deux représentants de l'administration, Dautry et Dassault, tous deux polytechniciens, avaient nettement dépassé la soixantaine, les membres scientifiques du comité, professeurs à la Sorbonne ou au Collège de France, les Joliot, Auger et Perrin, ainsi que Denivelle le secrétaire général, étaient encore à quelques années de la cinquantaine ou s'en approchaient, tandis que les trois ex-Canadiens avaient entre trente-quatre et trente-neuf ans. J'étais le moins âgé d'entre eux.

Paradoxalement, les connaissances propres à l'énergie atomique étaient surtout entre les mains des jeunes, de Kowarski, Guéron et moi, employés à plein temps, ce qui nous donnait un double avantage sur nos supérieurs hiérarchiques, les quatre commissaires scientifiques, car, tenus par leurs occupations universitaires, administratives ou de recherches, ils ne consacraient au CEA qu'une partie de leur temps. Cet avantage nous permit dans les premières années du CEA d'avoir une influence sans rapport avec notre standing universitaire ou, comme se plaisait à le dire Kowarski, bien que nous n'appartenions pas à l'*establishment* des technocrates français. Nous avions la responsabilité de proposer les programmes scientifiques et techniques et de les exécuter ou les faire exécuter. Joliot se trouvait un peu dans la situation d'un chef d'orchestre dont les musiciens écrivaient eux-mêmes la partition qu'ils devaient jouer.

Les quatre commissaires scientifiques s'étaient répartis leurs domaines de responsabilité ou plutôt de supervision, Perrin l'aménagement du centre de Châtillon, Auger les matières premières et Mme Joliot les problèmes chimiques. Joliot se réservait les questions importantes mettant en jeu les relations avec le gouvernement et les différents ministères, y compris celles se rapportant aux domaines des autres commissaires. Ce fait entraîna, dès le printemps de 1948, la démission d'Auger. Celui-ci, en raison de sa participation à l'entreprise anglo-canadienne, avait espéré jouer un rôle de haut-commissaire adjoint, compatible avec son standing. Voyant qu'une telle ambition ne cadrait pas avec la façon de diriger de Joliot, il accepta un poste à l'UNESCO récemment créée, celui de directeur des sciences naturelles. Il put, par la suite, y rendre un service précieux à la science internationale par son action en vue de la création à Genève du CERN, le premier grand centre européen de physique nucléaire.

Le comité scientifique

Joliot avait décidé d'établir, dès les derniers jours de février, un comité scientifique comprenant en principe les commissaires scientifiques et les « trois experts particulièrement qualifiés » comme nous fûmes désignés dans l'arrêté de nomination signé par le chef du gouvernement provisoire, après que le comité de l'énergie atomique en eut approuvé *a posteriori* l'existence.

Dautry ne participa qu'à la première séance de ce comité scientifique, et, par la suite, se fit remplacer par le secrétaire général. Destiné à élaborer les décisions concernant le programme scientifique présidé par Joliot, il devint l'instrument de travail du CEA débordant ses attributions techniques pour se pencher sur les problèmes les plus variés auxquels était confronté le jeune organisme. Involontairement ou non, Joliot avait ainsi trouvé la parade pour résoudre, ou au moins étudier entre scientifiques seulement, la plupart de ses problèmes de cohabitation avec Dautry.

L'instance supérieure, chargée d'administrer le CEA, le comité de l'énergie atomique, se pencha surtout sur les problèmes d'intendance et de logistique complexes et importants durant cette époque de remise en marche du pays : choix d'un siège social, recherche d'un terrain pour le premier grand centre nucléaire, logements de certains travailleurs, statut du personnel... Ce comité se réunira une quinzaine de fois pendant les six premiers mois de son existence, et deux fois sous la présidence statutaire de Félix Gouin, président du gouvernement provisoire. Il se penchera, avec sagesse, sur les problèmes posés par la prospection de l'uranium, la formation des prospecteurs, les premières missions d'exploration dans la région d'Autun en France et à Madagascar, et sur la question d'une législation minière appropriée, pour laquelle on fit de nouveau appel aux talents de Toutée. Tout le monde était conscient que l'avenir du CEA dépendrait du succès de ces recherches minières et de l'importance des ressources en uranium découvertes en métropole ou dans nos possessions d'outre-mer.

Tandis que les réunions du comité de l'énergie atomique, à la cadence de deux ou trois par mois, se déroulaient sous la double présidence de Joliot et de Dautry, mais en pratique plutôt sous celle du savant, le plus loquace des deux, celles du comité scientifique avaient lieu trois fois par semaine dans une ambiance détendue, sous la direction de Joliot, principal responsable, dès le début, de cette absence de formalisme. L'on y parlait en toute franchise, se critiquait et se contredisait sans égards, quand on ne se coupait pas la parole ; l'on y riait aussi beaucoup et le tutoiement était le plus courant. Bien des choses auraient été différentes au Canada, si Halban avait su se comporter avec ses collaborateurs comme Joliot savait le faire au sein de « son » comité.

En plus d'un attachement commun à la recherche scientifique et d'un désir de voir réussir notre Commissariat, des liens divers nous unissaient ; ceux du mariage... et du prix Nobel entre les Joliot, ceux de l'exil en Grande-Bretagne ou au Canada entre les trois ex-Canadiens et Auger, et enfin ceux d'une profonde amitié remontant à leur enfance entre Auger et Perrin, beaux-frères de surcroît et tous les deux barbus. Ceux-ci prétendaient qu'un jour à Chicago, discutant ensemble au cours d'une visite du zoo, ils s'étaient retournés pour voir avec stupeur la foule les suivant, fascinée par ces deux individus barbus, de taille disparate, gesticulant tout en parlant rapidement à haute voix dans une langue étrangère.

Un autre facteur contribuait à atténuer les distinctions de rang entre les uns et les autres au sein de ce comité : l'intimité dans laquelle nous vivions dans notre appartement des scientifiques de l'avenue Foch, et d'une façon générale les difficultés de tout ordre, où l'absence de bois de chauffage pour les poêles, les coupures d'électricité, les bons d'essence, les cartes d'alimentation et même le marché noir, étaient encore là pour nous rappeler que l'Occupation et la guerre n'étaient pas loin. Notre siège provisoire devint rapidement trop étroit. Les secrétaires logeaient dans les salles de bains quand on arrivait à leur trouver une machine à écrire. Je m'étais contenté d'un « strapontin » — une chaise — dans la pièce occupée par Kowarski, symbole de mon acceptation de son rang de directeur scientifique. La cuisine fut transformée en bureau surchargé d'occupants. L'inconfort en commun engendrait l'intimité et celle-ci, additionnée d'une forte dose d'enthousiasme, caractérisait ces premiers mois de notre aventure.

Rien n'y était normal, ne serait-ce que le choix du fort de Châtillon pour nos laboratoires. Il s'agissait d'un des vieux forts de la ceinture de Paris, construits après la guerre de 1870, non pour protéger la ville contre une nouvelle invasion ennemie, mais à la suite de la Commune, pour tirer sur les insurgés dans la capitale en cas de révolution. Il allait enfin servir à une cause noble et devenir le site de la première pile atomique française. En attendant, en 1946, il était encore utilisé pour de sinistres besognes. Notre installation dans le fort pour transformer ses sombres casemates en laboratoires ne put commencer avant le 25 mars, après que le général Dassault eut demandé un préavis d'un mois, de manière « à faire déplacer les exécutions capitales » et évacuer les munitions. Fin février, lors de notre première visite, on venait d'y fusiller, à l'aube, Jean Luchaire, père d'une ravissante actrice de cinéma de ma jeunesse, Corinne Luchaire, et directeur d'un des journaux parisiens les plus fanatiques de la collaboration : *Les Nouveaux Temps*. C'était à ce journal que Joliot avait malencontreusement accepté de donner, au début 1941, une interview où il s'était défoulé de ses complexes vis-à-vis des polytechniciens en accusant ceux-ci d'avoir été les grands responsables de notre carence industrielle et de notre déficience dans les fabrications d'armement.

La première réunion du comité scientifique eut lieu le 27 février, avenue Foch, dans le grand salon nu, meublé d'une grande table et de sièges Louis XIII venus de je ne sais où. On décida sans discussion « d'installer une pile à eau lourde pour les raisons suivantes : *a)* elle exige moins de métal ; *b)* elle laisse une plus grande latitude quant à la pureté ; *c)* Kowarski vient d'en monter une au Canada dont la mise en œuvre a demandé onze mois ».

Il fut proposé de ne pas dépasser trois cents kilowatts pour cette unité, dont la production de plutonium serait suffisante pour les études chimiques. En réalité, Kowarski se proposait de s'attaquer au modèle qui suivrait Zeep, sa pile canadienne à puissance nulle, en cherchant à reproduire la pile CP3 d'Argonne de trois cents kilowatts, la première à eau lourde à fonctionner au monde et dont il avait eu communication des données, en 1944.

Joliot n'avait pas encore pris à cette date une position systématiquement hostile à l'arme atomique, car, dans l'exposé sur le plan scientifique et technique du CEA, fait trois semaines plus tard, le 19 mars, au nouveau président du gouvernement provisoire, Félix Gouin, successeur de De Gaulle, il précisait : « Ce plan tient compte du fait que l'arme atomique n'est qu'une application, parmi un grand nombre d'autres, du plus grand intérêt pour l'amélioration des conditions de vie. Ce sont celles-ci qui nous ont semblé être à retenir pour le moment en France en raison de la situation intérieure générale et de nos moyens de production. »

Suivait l'énumération de cinq points : un effort intense de prospection minière, l'aménagement de bureaux d'études, de laboratoires et d'ateliers au fort de Châtillon, le traitement des minerais et la préparation des matériaux d'extrême pureté à la poudrerie du Bouchet et dans l'industrie, la construction d'un centre de recherche de physique nucléaire aux environs de Paris où seraient installées les deux premières piles, la première envisagée ci-dessus de quelques centaines de kilowatts à eau lourde, l'autre environ dix fois plus puissante au graphite, refroidie à air, et enfin la construction d'une pile de grande puissance de l'ordre de cent mille kilowatts, produisant un dixième de la quantité d'électricité consommée en France en 1938. Un tel plan, inspiré des étapes de l'entreprise américaine, était, avant toute chose, lié à la disponibilité d'uranium.

Le seul projet de la première pile envisagée était des plus ambitieux car nous savions que nous allions manquer de tout pour équiper nos laboratoires et nos ateliers : machines-outils, appareils de mesures, produits chimiques spécialisés... mais il y avait une seule certitude, nous n'allions pas être démunis d'uranium et d'eau lourde pour cette première pile. C'est pour cela que les premières années du CEA furent sans angoisse et heureuses, comparées à celles de Montréal où nous ne manquions de rien sauf d'uranium et d'eau lourde.

Pour l'eau lourde, le rôle de Dautry avait été capital. Il avait fait confiance à Joliot à la fin de 1939. Il avait monté l'expédition Allier en février 1940. Il avait donné ordre à l'équipe du Collège de France de partir pour l'Angleterre avec l'eau lourde norvégienne en juin 1940. Après la Libération, il envoya Allier, en avril 1945, reprendre contact avec le gouvernement norvégien, en exil à Londres, pour proposer à celui-ci de respecter pendant dix ans au-delà des hostilités le contrat d'exclusivité qu'il avait conclu, pour le gouvernement français, avec la Norsk Hydro en mars 1940. Enfin, Allier avait obtenu, en septembre 1945, à Oslo, du ministre des Affaires étrangères norvégien et de la firme intéressée, une promesse de vente des cinq premières tonnes produites après la guerre. Cet accord sera transformé en achat ferme lors d'une mission de Guéron et de Denivelle à Oslo, en mai 1946 ; le prêt des cent quatre-vingt-cinq kilos de 1940, encore en usage au Canada, sera aussi transformé en achat à cette occasion, en même temps que sera entamée une négociation pour ajouter deux tonnes aux cinq obtenues.

Pour le stock d'uranium, le mérite en revient d'abord à Joliot. Il avait reçu, en 1939 et 1940, à titre de prêt de l'Union minière du Haut-Katanga, à la suite du projet d'accord avec le CNRS de mai 1939, un total d'environ huit tonnes d'oxyde d'uranium. Mais il faut aussi se rappeler l'action et la discrétion de ceux qui contribuèrent à transporter cet uranium au Maroc en juin 1940 et à l'y cacher, à l'insu des commissions d'armistice allemande et italienne, des autorités chérifiennes, puis plus tard des Américains. Sans ce précieux stock, la date de mise en marche de notre première pile aurait été beaucoup retardée.

En avril 1946, Dassault s'occupa pour le compte du CEA de l'opération de rapatriement du Maroc, sur laquelle un secret absolu fut observé. L'armée, la marine et les douanes apportèrent leur concours et l'oxyde fut ramené à Paris sans encombres. Ce stock provenant du Maroc fut en effet d'une importance vitale pour la construction de la première pile, car le contenu du wagon d'uranate impur trouvé au Havre, après la guerre, représentait moins de trois tonnes d'oxyde, quantité insuffisante pour la réaction en chaîne avec l'eau lourde. Néanmoins, le total d'une dizaine de tonnes d'oxyde disponibles en 1946 se révéla suffisant pour nos deux premières piles et nous permit de gagner près de trois ans, temps qu'il nous fallut pour produire le même tonnage à partir de ressources métropolitaines encore ignorées à cette date.

Une entente tristement cordiale

Au début de mars 1946, j'accompagnai Kowarski à Londres pour la première reprise de contact avec les Anglais depuis notre départ du Canada. Nous étions chargés de jeter les premiers jalons d'une éventuelle collaboration franco-britannique et de reprendre les discussions sur l'épineux problème des brevets. Nous fûmes reçus par sir John Anderson, encore responsable de l'énergie atomique, et toujours bien disposé envers la France. Le moment n'était pas des plus heureux, car la première affaire d'espionnage soviétique venait d'éclater, avec l'arrestation de Nunn May, et faisait la une des journaux. Anderson, toujours aussi sérieux et digne, nous remit en main propre la lettre nous rappelant que nos engagements vis-à-vis de l'acte officiel anglais du secret nous interdisaient toute communication non autorisée des données secrètes apprises pendant la guerre, ce qui n'augurait pas favorablement d'une future collaboration anglo-française. Celle-ci n'avait aucune chance d'aboutir, les autorités britanniques ne cessant jamais, alors comme depuis, de se tourner en ce domaine vers Washington, malgré les pilules amères que les Américains leur firent avaler à plusieurs reprises.

Joliot se faisait à ce sujet des illusions, comme le montre l'exposé du 19 mars, peu après notre retour de Londres, au cours de la première réunion plénière du comité de l'énergie atomique, présidée par Félix Gouin. Il précisait : « Notre situation, je dirais morale, vis-à-vis de l'Angleterre et du Canada est bonne, les Français ayant participé aux recherches dès l'origine dans ce pays. Les États-Unis évitèrent de reconnaître explicitement la contribution française, sans doute pour des raisons nationalistes et économiques. Les petites nations ont certainement intérêt à se lier avec nous dans ce domaine. Mon point de vue est que nous pouvons aider l'Angleterre à se détacher des États-Unis. Cette action sera d'autant plus vive que notre effort de réalisation sera plus grand. » Joliot ne se rendait pas compte que son appartenance au parti communiste était un handicap majeur dans l'exécution d'une telle politique qui relevait beaucoup plus de la théorie et du rêve que de la réalité.

Deux mois plus tard, en mai 1946, Dautry, Joliot et Kowarski se rendirent à Londres et y rencontrèrent à la fois Anderson et le ministre responsable de l'énergie atomique. Les Anglais s'attendaient, de la part des Français, à des demandes de collaboration qui les auraient beaucoup embarrassés, du fait de leurs efforts de voir renouer avec les Américains les liens atomiques qui venaient, une fois de plus, de se détériorer et aussi en raison d'autres liens, qui attachaient Joliot au parti communiste. A leur étonnement, ils se virent proposer de vagues offres de bon voisinage et d'échanges techniques, contrastant avec les exigences qu'ils craignaient. Les discussions s'enlisèrent encore sur le problème des brevets, après que Joliot eut proposé d'exploiter en commun non seulement les premiers brevets pris à Paris, puis à Cambridge, mais aussi tous les brevets français et anglais à venir. Quant aux Français, ils trouvèrent réservé l'accueil qui leur avait été fait, mais ne s'en étonnèrent pas outre mesure.

Joliot avait d'autant plus de mal à se replacer dans l'ambiance compliquée de nos relations passées avec les Anglais et dans le cadre de celles de ces derniers avec Washington qu'il n'avait pas envie de parler de ce qui s'était passé en Grande-Bretagne et au Canada en son absence. Ce n'est qu'après son retour de Londres que je pus, à la fin de mai, lui faire, pour la première fois, au comité scientifique un exposé sur « les grandes lignes de l'histoire sinueuse de la collaboration anglo-américaine entre 1942 et 1946 ». Il fut aussi question, dans les réunions du comité scientifique, de préparer un livre blanc sur la participation française à l'entreprise atomique alliée. Joliot ne devait pas y tenir, car ce rapport officiel ne vit jamais le jour et cet ouvrage peut en partie y remédier.

Dès l'instant où Joliot avait refusé, fin 1944, avec de bonnes raisons, d'entériner l'accord sur les brevets conclu en 1942 entre Halban, Kowarski et les autorités anglaises, aucun lien contractuel n'obligeait celles-ci à nous traiter en partenaire du fait de notre apport pendant la guerre. Néanmoins, au mois de décembre 1946, le comité officiel de l'énergie atomique, présidé par Anderson, se pencha sur le problème. Sa conclusion, inspirée en particulier par le Foreign Office, fut que le Royaume-Uni ne pouvait pour l'instant accepter les offres françaises de collaboration, ni dans le domaine des échanges d'informations, ni dans celui, plus réduit, des questions de brevets, mais qu'il ne serait pas judicieux de les rejeter d'emblée. La réponse, approuvée par le Premier ministre et le secrétaire aux Affaires étrangères, devait être faite oralement à Joliot : le moment n'était pas mûr pour une telle collaboration, à laquelle le Royaume-Uni était en principe favorable et celle-ci devait être reconsidérée plus tard, à la lumière des résultats obtenus aux Nations unies sur le contrôle international de l'énergie atomique. Joliot accepta ce point de vue qui avait été exposé à Washington pour souligner le respect par Londres des accords passés.

Cependant, l'épineuse question des deux brevets déposés en France, en avril 1940, par Joliot, Halban et Kowarski, puis repris trois mois plus tard en Angleterre par ces deux derniers, fut réglée à l'amiable, les Anglais obtenant les droits dans l'Empire britannique et les Français dans le reste du monde. Ainsi s'acheva banalement cette affaire des brevets de base qui avait soulevé, pendant la guerre, tant de problèmes et de passions et qui avait été si néfaste pour Halban.

Par la suite, le CEA, à qui le CNRS avait cédé ses droits, ne put réussir, malgré des démarches interminables, à faire reconnaître ses droits de propriété industrielle par les États-Unis. Ceux-ci firent, en 1969, un geste symbolique par la remise solennelle d'une récompense de trente-cinq mille dollars aux inventeurs. En fin de compte, avant que les brevets ne deviennent caducs, le CEA ne toucha comme redevances qu'un montant de l'ordre d'un million huit cent mille francs des Belges et des Allemands pour leurs premières centrales. Par ailleurs, le CEA avait dépensé environ un million de francs pour les dépôts à l'étranger et les frais d'avocat aux États-Unis. Le solde, conformément à la volonté des inventeurs, fut consacré à des bourses pour de jeunes chercheurs.

A la fin de 1947, au moment où l'industrie française selon les directives de Guéron commençait à produire du graphite de haute pureté nécessaire pour les piles suivantes, le CEA demanda aux Anglais s'ils pouvaient comparer un échantillon de notre graphite avec le leur, du point de vue de sa teneur en impuretés, nuisibles pour son usage nucléaire. Londres, peu favorable à cette requête, qui aurait pu nous faire gagner un peu de temps, consulta Washington qui encouragea les Anglais à ne pas lui donner suite. Seul, Anderson, l'ancien chancelier de l'Échiquier, nous resta fidèle : « Il me semble très regrettable — écrivit-il — que nous ne puissions rendre ce mince service aux Français... il y a peu de chose que nous pouvons offrir à la France en matière de collaboration et cela me paraît relever d'une vue bien étroite des choses que de refuser une si petite assistance. Nous ne voulons pas les jeter dans les bras de la Russie. Je suis d'accord que nous ne pouvons pas aller à l'encontre des États-Unis sur ce point, mais je voudrais au moins temporiser. »

C'est sur cette triste note de notre plus fidèle partisan britannique que l'on peut clore la longue histoire de l' « entente cordiale » atomique, commencée à Cambridge par Halban et Kowarski. Il faudra attendre la levée du secret atomique, en 1955, pour qu'un accord limité de collaboration nucléaire franco-britannique voie le jour.

Un soupçon d'activité technique

Si la pureté du graphite était un problème important en 1947, celui de la purification de l'uranium se posait dès 1946 et relevait de ma responsabilité de maître de la chimie extractive. Mme Joliot, le commissaire dont je dépendais, voulait confier cette opération au Service central des poudres, qui s'offrait à l'effectuer à la poudrerie du Bouchet. Pour ma part, mon expérience de Poitiers, en 1940, m'avait laissé un mauvais souvenir des « militaires en chimie » et j'étais réticent, sans doute injustement, à me remettre entre leurs mains. Formé aux habitudes américaines, j'étais favorable au recours à l'industrie privée et j'envisageais de choisir Rhône-Poulenc, spécialiste de la chimie fine, habitué au maniement des solvants et qui venait de réussir la délicate fabrication de la pénicilline en France. J'allai trouver Joliot pour obtenir son arbitrage en ma faveur et contre sa femme. Ma suggestion le fit bondir : « Je ne vais quand même pas confier la première opération industrielle du CEA à un grand trust ! » Il me proposa comme compromis de faire appel à la Société des Terres rares, spécialiste de la chimie industrielle de certains métaux spéciaux et dont Joliot connaissait les dirigeants, et qui était d'ailleurs liée à Péchiney.

Les Terres rares nous proposèrent d'affecter à cette opération une usine leur appartenant à La Rochelle, bien placée pour accueillir les minerais ou concentrés venant d'outre-mer. C'est ainsi que ma première activité technique au CEA fut, fin avril, d'être le chauffeur de Mme Joliot et de Denivelle pour les conduire à La Rochelle dans ma Ford modèle 1941, récemment arrivée par cargo d'Amérique et dont la couleur bleu clair et la forme peu courante en France faisaient à la fois ma joie et un contraste avec les quelques traction-avant noires et tristes affectées au CEA.

En route pour La Rochelle, à trente kilomètres de Tours survient une crevaison, je change le pneu, mais déclare ne pas vouloir poursuivre le voyage avec de si hautes personnalités du

CEA sans roue de secours en bon état. C'était l'époque où il fallait un bon pour n'importe quoi et une chambre à air neuve était un n'importe quoi fort difficile à obtenir. Au village suivant je donnai un coup de téléphone à la préfecture de Tours, détentrice des bons, pour prévenir du passage imminent de la célèbre Mme Joliot-Curie, prix Nobel et ancien ministre, en déplacement officiel, avec le besoin impératif d'une chambre à air de dimension déterminée. A notre arrivée à la préfecture, les secrétaires étaient aux fenêtres. On leur avait donné un court congé pour voir Mme Curie, l'auteur de la découverte du radium !... La chambre à air nous attendait aussi.

La fin du voyage se fit sans histoire avec une roue de secours en parfait état, mais ce qui n'était pas en parfait état, c'était l'usine que les Terres rares voulaient nous offrir. Elle avait subi les méfaits d'un violent bombardement. Le compromis fut alors de demander à la direction des poudres de nous céder en location les ateliers de la poudrerie du Bouchet, où elle envisageait d'effectuer l'opération de raffinage de l'uranium si celle-ci leur était confiée par le CEA, et de charger les Terres rares du montage de l'installation. Les Poudres acceptèrent de bonne grâce. Les ateliers en question, construits en 1940 pour la fabrication de gaz toxiques, n'avaient jamais servi mais n'étaient pas vierges, car les troupes américaines avaient occupé la poudrerie au mois d'août 1944 et un artiste méconnu avait laissé sur les murs de ces ateliers vides de toute installation les seules fresques pornographiques polychromes grandeur nature que j'ai eu le plaisir de voir et qui furent condamnées à disparaître, contrairement à celles bien plus réduites et anciennes de Pompéi, avec lesquelles elles rivalisaient en réalisme !

En ce même mois d'avril 1946, Joliot décida d'affecter, à mon service, trois pièces dans ses laboratoires de la « synthèse atomique » à Ivry. Elles avaient servi à des travaux de biologie, étaient en bon état, mais dépourvues de matériel depuis que les « occupants » s'en étaient emparés. Ainsi nanti, je pouvais recruter des collaborateurs et le premier, symboliquement, fut Hélène Emmanuel ; elle m'avait précédé au laboratoire Curie et m'avait recueilli dans la grande salle de chimie qu'elle occupait pendant le premier mois qui suivit mon arrivée en 1934. J'y avais collé des étiquettes sur les flacons en attendant de savoir qui, de Debierne ou de Joliot, serait mon patron.

Notre première tâche fut de trouver de la verrerie ; ayant appris par un journal la mise en vente d'une pharmacie à Bondy, nous fîmes l'acquisition d'un matériel des plus bizarres, dont seule une partie était utilisable et, vers la mi-mai, nous étions prêts à commencer à y travailler à petite échelle, mais avec enthousiasme. Une fois de plus, des décisions prises dans les plus hautes sphères de la politique mondiale allaient se faire sentir à mon niveau modeste. J'allais être envoyé à l'autre bout du monde, au fond du Pacifique, non pour mesurer des rayons cosmiques, comme sept ans auparavant, mais pour assister à un spectacle des plus inhabituels.

22

Bikini et la renommée

Bikini représente aujourd'hui surtout le nom d'un charmant et léger vêtement féminin avec ses deux versions réduites plus osées, le mono et le zéro. Ce fut à l'origine le nom d'un atoll des îles Marshall, lieu de grandes manœuvres militaires, les plus importantes jamais réalisées et les premières de l'ère atomique. Les expériences de Bikini furent aussi un gigantesque et malsain *happening* contribuant à fausser l'esprit du public vis-à-vis de la portée de l'arme nouvelle et à obscurcir l'horizon politique international à un moment assez crucial. Pour moi, il représente le souvenir d'une vision hallucinante, puis de la seule croisière exotique où je me sois ennuyé et le seul épisode de ma carrière qui m'ait apporté une renommée, fugitive, mais réelle.

La semaine du 13 mai 1946 avait débuté pour moi par une participation à une étrange messe républicaine. Je n'avais pas osé refuser à Joliot, prétendument en mission aux États-Unis, de le remplacer à une « grande réunion d'information » tenue le soir au grand amphithéâtre de la Sorbonne, devant un public clairsemé et organisée par deux fédérations, celle des officiers et celle des sous-officiers de réserve républicains. D'illustres personnages de tous horizons politiques y avaient pris la parole, comme Edmond Michelet, ministre des Armées, ainsi que ses collègues communistes, Charles Tillon, ministre de l'Armement et le général Joinville, vice-président de la commission de la Défense nationale à l'Assemblée constituante et ancien chef d'état-major des Forces françaises de l'intérieur. Ces orateurs rendirent tous hommage aux deux fédérations et à leur organisation mère, la Confédération nationale des réserves des armées de la République fondée au lendemain des émeutes de février 1934, dissoute par Vichy et dont l'objectif était de « grouper et instruire les cadres de réserve pour mieux défendre la République contre ses ennemis de l'extérieur et de l'intérieur ». Ne sachant pas très bien ce que je faisais dans cette noble assemblée, bien que maréchal des logis de réserve, je m'en tirais — pour mon premier exposé public — par un grand dégagement sur la nécessité et l'urgence de la mise sur pied d'un contrôle international de l'énergie atomique.

J'avais dû bien remplir ma corvée, car le vendredi de la même semaine, le 17 mai, Joliot me convoqua avant la séance du comité de l'énergie atomique pour me dire qu'il envisageait de proposer au comité ma nomination comme observateur du gouvernement français aux expériences de Bikini. Il venait de recevoir deux lettres du ministre des Affaires étrangères, Georges Bidault. La première lui annonçait la convocation prochaine à New York de la commission des Nations unies, destinée à étudier le contrôle international de l'énergie atomique, créée en janvier et pour laquelle Auger et lui avaient déjà été pressentis comme délégués adjoints et experts auprès de notre ambassadeur près des Nations unies, Alexandre Parodi. La seconde lettre lui faisait part d'une invitation du gouvernement américain à envoyer deux observateurs et un représentant de la presse française aux expériences de Bikini, les observateurs devant se trouver à la mi-juin à San Francisco pour s'embarquer pour un voyage d'au moins deux mois sur un navire de guerre américain. Tout semblait prévu pour qu'il soit impossible à Auger et à lui-même d'assister aux expériences et, de toute façon, une absence de deux à trois mois, imposée à l'un ou à l'autre, serait préjudiciable à la bonne marche du CEA.

Le comité de l'énergie atomique estima que l'un des observateurs devait être un scientifique parlant parfaitement l'anglais et l'autre un expert naval, mon nom fut mis en avant en raison de mes « excellentes relations avec l'Amérique et notamment le général Groves »... sans doute parce qu'il avait exigé mon renvoi du Canada ! Dautry posa la question de savoir si « par égard pour l'opinion publique », le CEA ne devrait pas être représenté par un commissaire. Mais Perrin ne devait pas avoir envisagé de sacrifier ses vacances à l'Arcouest, ni Mme Joliot d'être pendant deux mois la seule femme à bord d'une unité navale américaine, et le comité scientifique dans sa réunion du lundi 20 mai confirma, sans égard pour l'opinion publique, ma désignation. Joliot écrivit dans ce sens à Bidault, précisant que j'avais « toutes les qualités requises pour accomplir cette mission : compétence scientifique, grande connaissance du milieu particulier avec lequel les observateurs seront en contact, esprit observateur et finesse ».

Mon ordre de mission fut rapidement établi par le ministère des Affaires étrangères. Un arrêté du 31 mai, publié à l'*Officiel*, et repris dans tous les journaux, désignait mes deux compagnons de voyage : le capitaine de frégate de l'état-major général de la marine, Pierre Ballande et, comme correspondant de presse, Yves Farge, héros de la Résistance, ancien commissaire de la République à Lyon au moment de la Libération. Je repris ainsi l'avion pour l'Amérique le 1er juin, abandonnant mes activités chimiques à peine enclenchées, après un séjour de moins de quatre mois en France, en somme une longue escale.

Arrivé à New York, je pris contact avec notre délégation auprès des Nations unies qui se préparait à aborder une dizaine de jours plus tard, assistée de Joliot et d'Auger, le problème du contrôle international de l'énergie atomique. Ce fut mon premier contact avec des diplomates, trois d'entre eux m'invitèrent à déjeuner : Guy de La Tournelle, qui représenta la France plus tard dans des postes importants, Pierre Chatenet, futur ministre du général de Gaulle et président d'Euratom, et François de Rose qui me parut particulièrement intéressé par les questions scientifiques. Celui-ci avait dû renoncer à Polytechnique ou Navale, ayant perdu un œil du fait d'une malencontreuse balle de tennis. Lui ayant décrit un avenir passionnant pour un diplomate qui se spécialiserait dans le domaine révolutionnaire de la fission, je n'eus aucun mal à l'encourager à demander à Parodi, son ambassadeur, de le charger du dossier nucléaire. De New York, je gagnai San Francisco. Après une courte reprise de contact avec mes collègues de 1942 à Chicago, Seaborg et Perlman, réinstallés dans leur laboratoire de l'université californienne de Berkeley, et une visite à l'intendance de la marine pour me vêtir tout de kaki, j'étais prêt à m'embarquer le 12 juin 1946 pour cette étrange croisière offerte par le gouvernement américain.

La revanche de la marine américaine

La marine américaine avait manqué de flair : en mars 1939, elle avait refusé de s'intéresser aux démarches de Fermi et de Szilard qui, à cause de la possibilité d'utiliser l'énergie de la fission pour la propulsion sous-marine, s'étaient d'abord adressés à elle pour obtenir un appui officiel de la recherche navale. Cela se passait six mois avant l'initiation et la sensibilisation de Roosevelt par ces mêmes savants, assistés d'Einstein. Plus tard, en 1943, les laboratoires de la marine s'étaient engagés dans un des procédés de séparation de l'uranium 235, mais c'était le moins rentable de ceux menés alors jusqu'au stade industriel. La marine n'avait pas eu sa part du succès et de la gloire qui avaient associé l'armée et le général Groves à la production de la bombe et l'aviation à son emploi au Japon.

Dès septembre 1945, un mois après la fin de la guerre, le chef de l'état-major de l'aviation demanda la mise à sa disposition d'un certain nombre de bateaux de guerre japonais pour tester l'arme nouvelle. C'en était trop pour la marine, elle contre-attaqua en demandant à être associée à l'exercice en proposant que celui-ci se fasse sous la responsabilité des chefs des trois armes. Le président Truman donna son accord au début de 1946, deux semaines avant l'adoption par l'assemblée générale des Nations unies de la résolution créant la commission destinée à organiser le contrôle international de l'énergie atomique.

La coïncidence de ces expériences avec les premières réunions de cette commission, tout regrettable qu'elle était, était involontaire, d'autant plus que ces expériences avaient été prévues pour le mois de mai, Truman ayant exigé la présence de membres du Congrès, la date du 1er juillet fut alors fixée pour le premier essai afin de tenir compte de la fin de la session parlementaire.

Là où les choses avaient dérapé, c'est avec le battage énorme précédant et entourant ces expériences, battage difficile à concevoir aujourd'hui où seuls les sismographes néo-zélandais, australiens ou d'ailleurs, annoncent au monde nos discrets essais souterrains dans d'autres atolls de ce même océan Pacifique. Le problème de l'effet biologique à l'échelle mondiale des retombées des essais aériens n'avait pas encore été soulevé et ne méritait pas encore de l'être. Il s'agissait de bombes atomiques « classiques », un millier de fois moins puissantes que les futures armes H, et en particulier que celle qui explosa le 1er mai 1954 sur ce même atoll de Bikini et qui provoqua un mort et des blessés dans l'équipage d'un thonier japonais, situé à cent cinquante kilomètres de l'explosion, événement majeur quant au déclenchement des réflexes antinucléaires militaires ou civils dans l'opinion publique mondiale. La bombe avait permis d'abréger la guerre et le sentiment de répulsion envers l'arme nouvelle ne commença à se répandre dans le public qu'en 1950 avec la décision américaine de construire la bombe thermonucléaire.

La presse trouvait, en cette fin de printemps 1946, un public éveillé à tout ce qui touchait la mystérieuse et secrète énergie atomique, et d'autant plus intéressé qu'il avait l'impression d'une certaine levée de l'épais rideau du secret ; il pensait pouvoir se rendre compte par lui-même de la portée de cette bombe dont la description des effets effroyables au Japon avait pu lui paraître difficile à croire. Cependant les prévisions les plus fantastiques furent émises, tout y passa : raz de marée, tremblements de terre, transmutation en cascade de l'eau de l'océan avec dévastation des côtes et îles du Pacifique, et bien entendu l'anéantissement des observateurs. Il ne faisait aucun doute, dans l'opinion publique ainsi déformée, que la bombe allait au moins détruire la flotte assemblée pour servir de cible.

La marine n'avait peut-être pas cherché à provoquer cet état de choses, mais elle aurait dû essayer de l'endiguer. Ses experts savaient que la bombe atomique, à ce stade, tout en étant la plus puissante des armes, avait une portée définie et que seul un nombre restreint de bateaux de guerre — édifices construits spécialement pour résister aux coups, obus ou torpilles — seraient coulés. On s'était efforcé de donner à ces expériences un caractère scientifique qu'elles n'avaient pas. Aucune donnée nouvelle sur la production civile d'énergie atomique ne pouvait en être déduite, et les résultats biologiques espérés auraient pu être obtenus avec un cout considérablement moins élevé. La plupart des savants qui avaient participé à la recherche atomique américaine pendant la guerre refusèrent d'être impliqués dans ces expériences. Même l'organisation du général Groves, encore en place à cette date, y collabora sans enthousiasme.

Il est difficile aujourd'hui de se faire une idée claire des objectifs, souvent contradictoires, poursuivis par les différents organismes américains jouant un rôle dans le déroulement de cette affaire. Le Département d'État voulait sans doute utiliser ces expériences pour appuyer les thèses américaines sur le contrôle international en impressionnant les représentants des onze nations invitées — les pays du Conseil de sécurité et le Canada — ainsi que le public mondial. La Défense tenait à impressionner et intimider le monde, pour souligner la puissance des États-Unis et non pour favoriser l'élimination internationale de l'arme nouvelle. La marine oscillait entre ce dernier point de vue et le désir de montrer que l'importance de son rôle n'était pas entamé par la bombe atomique. Les amiraux américains responsables ne pouvaient se douter que la fission nucléaire, grâce à la mise au point du moteur atomique, allait apporter, dix ans plus tard, à leur marine une révolution, ainsi que leur revanche sur l'armée et l'aviation vainement recherchée dans ces expériences et leur publicité malsaine.

Une étrange croisière

L'embarquement se fit donc à San Francisco sur le *Panamint*, un navire de communication de douze mille tonnes, bourré d'antennes de radio, de radars, pas spécialement conçu ou équipé pour des passagers civils. La croisière était prévue pour deux mois au moins, durée à laquelle je devais ma désignation, car elle rendait impossible la participation des principaux experts scientifiques à la fois aux premières réunions de New York et aux expériences du Pacifique. Cette incompatibilité n'avait pas dû être fortuite, car nous apprîmes par la suite que plusieurs milliers de participants furent transportés par avion de San Francisco à Kwajalein, la base la plus proche de Bikini. Ce fut le cas pour un grand nombre de journalistes américains et même de quelques-uns de leurs collègues étrangers.

Nous étions, en tout, vingt-deux représentants étrangers dans cette étrange arche de Noé où chaque pays avait envoyé une paire d'espèces différentes, mais toujours du même sexe : militaires, marins ou poudriers, tous plus ou moins spécialistes du renseignement, parlementaires, universitaires et scientifiques. Le Royaume-Uni avait envoyé deux membres du Parlement, l'un travailliste, l'autre conservateur. Les délégués soviétiques étaient tous deux scientifiques, l'un expert du traitement des minerais, l'autre spécialiste de physique nucléaire. Le délégué mexicain était un ingénieur, futur recteur de l'université de Mexico, dont aucun des quatre grands-parents ne savait lire ni écrire.

Quelques membres du Congrès se trouvaient aussi sur notre bateau, mais ne se mêlèrent pas à nous, ainsi qu'une vingtaine d'observateurs scientifiques américains, la plupart spécialistes des sciences naturelles. J'étais, à bord, le seul scientifique ayant participé à la recherche de guerre sur la bombe atomique.

Les deux essais eurent lieu aux dates fixées, les 1er et 25 juillet : il était prévu de nous laisser séjourner le moins possible dans la rade de Bikini. Entre les deux expériences, on nous fit visiter un certain nombre d'îles de l'archipel des Marshall et de celui des Carolines, Maguro, Ponape, Truk, Guam et Kwajalein. Le scénario était toujours le même : exposé sur la reconquête par les fusiliers marins américains, puis visite des cimetières américain et japonais, et tourisme. Les îles et leurs habitants manquaient du charme et de la beauté que j'avais tant appréciés à Tahiti sept ans auparavant.

La veille de la première explosion, nous fûmes invités sur le bateau amiral de la flotte assemblée pour être présentés au secrétaire à la Marine James Forrestal, et rencontrer les membres du comité présidentiel d'évaluation des expériences. Je retrouvai quelques connaissances des années de guerre, dont Karl Compton, le frère du directeur du Laboratoire de métallurgie de Chicago en 1942 ; il me demanda ce que j'allais faire entre les deux expériences et je lui confirmai mon manque d'enthousiasme pour le périple envisagé. « Aucun problème, me répondit-il, notre comité va visiter pendant ces trois semaines les universités australiennes et néo-zélandaises, il y a de la place dans l'avion qui nous est affecté, je vous invite à vous joindre à nous. » J'acceptai avec joie, mais, hélas !, n'entendis plus parler de cette invitation avant le départ, le 5 juillet, pour notre tour des îles. Une heure plus tard, j'étais convoqué par notre garde-chiourme-cornac en chef, un certain colonel Horace Smith, qui nous menait à la trique, et je me fis passer un savon comme je n'en avais pas reçu depuis mon service militaire à Aubervilliers, le soir où étant de garde à la porte du fort, j'avais été trouvé, endormi à côté de mon fusil, par le commandant de retour de l'Opéra. Dans les vociférations de Smith, je compris que j'étais accusé d'avoir cherché, sans passer par la voie hiérarchique, à me faire réclamer par des civils et à me soustraire à la marine dont j'avais l'honneur d'être l'invité. L'amiral Blandy, responsable de l'opération de Bikini, prévenu, avait sans hésiter mis le veto à un projet si incorrect. En réalité, personne ne voulait me voir passer trois semaines avec les quelques scientifiques chargés d'évaluer les résultats quantitatifs des essais et au courant de toutes leurs données les plus secrètes.

Il faut dire que l'on ne donna aux observateurs étrangers aucun résultat des mesures physiques relatives aux essais, ni même, ce qui est plus important, aucune donnée sur les effets biologiques de ceux-ci. Nous n'avions vu aucun animal servant de cobaye, ni avant ni après les expériences. Les seuls renseignements dont on nous abreuva furent ceux concernant l'organisation de l'expérience dont nous pouvions juger la perfection. On nous précisa que nous étions des spectateurs « non participants », et il nous était donné moins d'informations qu'à la presse pour laquelle on avait plus d'égards car elle contribuait à la publicité recherchée sur l'opération.

Il était clair — les officiers de renseignement plutôt que de relations publiques, à qui nous étions confiés, nous le firent sentir

— que les observateurs étrangers avaient été imposés à cause de considérations de politique générale à l'organisation militaire, qui nous voyait sans plaisir assister, même à des distances considérables, a un exercice mettant en jeu le plus grand secret militaire americain. Les relations entre observateurs étrangers furent bonnes. La longueur du voyage et l'absence de renseignements scientifiques étaient désagréablement ressenties par la plupart d'entre nous et cela nous unissait. Tous les soirs, il y avait cinéma en plein air sur la plage arrière du bateau, seule distraction à bord, où l'alcool était interdit mais toléré en cachette. Nous ne manquions jamais ce spectacle, même sous les grains tropicaux. Je suis allé ainsi cinquante-sept soirs consécutifs au cinéma, voir un nombre considérable de navets, assis entre les mêmes voisins, Stefan Pienkowski, le président de l'université de Varsovie, un des organisateurs de la résistance des étudiants, et le physicien Chang Yao chao, un des futurs dirigeants de l'effort atomique de la Chine populaire.

Inactif et démoralisé, je confiai à mon collègue et compagnon de cabine, le commandant Ballande, mon envie de télégraphier au CEA pour demander, après le premier essai, mon rappel à New York ou Paris, où je pourrais être plus utile. Avant d'avoir rédigé ce télégramme de désespoir, j'en reçus un de Joliot fort mécontent à l'idée que je cherchais à me dérober à l'accomplissement de ma mission. Ne croyant pas à la transmission de pensée, je soupçonnai mon « concabin » d'être responsable de cette engueulade télégraphique. Il m'avoua avoir, en raison de mes états d'âme, télégraphié à Paris, à mon insu, pour prévenir la marine de se préparer à envoyer un second observateur à ma place ; la rue Royale avait alors interrogé le CEA dont j'avais subi la réaction courroucée. Je ne cachai pas à Ballande qu'à mon avis son esprit de corps avait un peu dépassé les limites de la correction entre « prisonniers » de la même cabine.

Le soir du premier essai, nous reçûmes la visite du représentant de la presse française, Yves Farge ; il venait de recevoir, sur le bateau des représentants de la presse, un télégramme — non pas d'engueulade — du président du Conseil lui offrant le délicat portefeuille de ministre du Ravitaillement. Il avait répondu affirmativement à Bidault et voulait, à défaut de sa femme, exposer à des oreilles françaises ses projets. Ce fut une étrange expérience d'entendre à chaud les réactions de cet homme fort sympathique et estimable, qui avait échoué aux élections à la Constituante, devant une carrière politique s'ouvrant à lui d'une façon inatten due. Il voulait instituer la peine de mort contre les responsables du marché noir et constituer un quatrième parti (c'était l'époque du tripartisme), celui des gens honnêtes. Comme ses prédécesseurs à ce ministère, il échoua devant une tâche impossible, en fut aigri, se jeta dans les bras de l'extrême gauche et mourut quelques années plus tard dans un accident d'automobile, dans le Caucase, au cours d'un voyage où il était l'invité du gouvernement soviétique.

Farge fut remplacé par André Labarthe, le scientifique à qui Halban avait demandé en août 1940 une sorte de bénédiction pour travailler avec les Anglais. Devenu un journaliste de talent, il se débrouilla pour être sur notre bateau, celui des observateurs scientifiques. Intarissable en histoires amusantes de toutes sortes, dont certaines hostiles au général de Gaulle, à qui il vouait une rancune tenace, il amena de la gaieté et de l'entrain dans la seconde partie de notre voyage.

Nous étions coupés du reste du monde et les seules nouvelles nous venaient sous la forme d'une feuille ronéotypée, présente à notre place au petit déjeuner. Elle n'était pas rédigée par un diplomate. Car arrivant à table parmi les premiers, un matin, je lus avec embarras l'en-tête : « L'ambassadeur Bullitt déclare que l'Union soviétique veut la guerre » citant, en ces débuts de guerre froide, le dernier représentant des États-Unis en France avant l'avènement du gouvernement de Vichy. Quand les deux délégués soviétiques arrivèrent au repas, ils devinrent écarlates, se levèrent de table et demandèrent à quitter le bateau immédiatement. Nous étions en route pour notre périple des îles et nous nous trouvions à deux jours de toute escale ; ces quarante-huit heures suffirent à peine pour faire changer d'avis les deux victimes de cette maladresse. La *Pravda* ne portait pas non plus dans son cœur ces expériences, reprochant aux États-Unis de les utiliser pour perfectionner leur arme, au lieu de l'éliminer, et d'avoir volontairement fait coïncider ces expériences avec les délibérations des Nations unies afin d'influencer celles-ci.

Mes prières furent partiellement exaucées, et au retour, à l'escale de Hawaii, un télégramme m'attendait me réclamant comme expert de notre délégation à New York. Je pris un avion militaire et évitai six jours de voyage.

Les essais et leurs effets

Les expériences coûtèrent près d'une centaine de millions de dollars de l'époque. Quarante-deux mille personnes, dont cinq cents civils, y participèrent et les observèrent à bord de plus de cent cinquante navires, tandis que quatre-vingts autres unités servirent de cible. Ces dernières comprenaient des cuirassés, des porte-avions, des croiseurs lourds et bien d'autres types de navires, soit américains destinés à être désarmés, soit japonais ou allemands. Sur chaque bateau cible se trouvaient des équipements militaires devant être testés, dont des tanks et des avions, des animaux condamnés à être irradiés et des appareils enregistreurs automatiques.

La première explosion aérienne eut lieu à l'altitude voulue de trois cents mètres, mais au-dessus d'un secteur relativement peu dense en navires cobayes, ayant manqué de six cents mètres la cible, un cuirassé peint en vermillon. Nous l'avions observée à la distance exagérée de trente-huit kilomètres à travers des verres noirs pour nous protéger de l'intensité de la boule de feu de quelques kilomètres de diamètre. Puis ayant retiré nos lunettes, nous vîmes le nuage blanc en forme classique de champignon, avec des bandes couleur pêche, et traversé par de nombreux avions sans pilote, préleveurs d'échantillons, dont la mise en jeu fut une grande première mondiale. Près de deux minutes plus tard, le bruit de l'explosion nous arriva sous forme d'un roulement sourd et lointain.

Parmi la vingtaine de navires se trouvant à moins d'un kilomètre de la verticale de l'explosion, cinq coulèrent immédiatement ou dans les vingt-quatre heures. Victimes de leur exagération, les journalistes furent déçus par l'aspect moins spectaculaire que prévu, et avant même d'avoir inspecté les dégâts considérables, que les observateurs étrangers constatèrent les jours suivant l'essai, ils qualifièrent celui-ci d'une façon irresponsable de demi-échec. Il arriva ce qui était à craindre : le public eut tendance à minimiser l'arme atomique.

En revanche, l'explosion sous-marine d'une bombe située à dix mètres de profondeur fut extraordinairement impressionnante. L'expérience fut effectuée dans les conditions de l'attaque d'une flotte au mouillage dans un port. La bombe, déclenchée par radio, se trouvait sous une barge à environ quatre cents mètres d'un cuirassé de vingt-six mille tonnes, l'*Arkansas,* et à six cents mètres du *Saratoga,* un porte-avions à coque de cuirassé d'un tonnage un peu supérieur. Nous nous trouvions cette fois à dix-huit kilomètres.

Un éclair de faible luminosité fut suivi par la formation d'une sorte de tronc de cône inversé d'eau, qui sortit de la mer pour donner naissance à un immense nuage blanc opaque semisphérique cachant presque toute la cible. Jusque-là le spectacle était plutôt décevant. Puis le nuage disparut en moins de deux ou trois secondes révélant une gigantesque et surnaturelle colonne d'eau (en réalité, il s'agissait d'une espèce d'écume) de sept cents mètres de diamètre qui était montée en quelques secondes à deux kilomètres de hauteur, soit sept fois celle de la tour Eiffel. La colonne, qui ressemblait à un immense chêne blanc, éclairée par le soleil, contenait quelques millions de tonnes d'eau. Cette eau se mit à retomber pendant quelques minutes arrosant toute la cible. Au pied de la colonne se forma comme un anneau d'eau turbulente haut de plus de cent mètres, ce mur se transforma en une vague de près de trente mètres de haut à cinq cents mètres de l'explosion, diminuant rapidement pour n'avoir que deux ou trois mètres en arrivant à l'île située à quatre kilomètres de l'engin et entre celui-ci et nous. Ce fut le plus beau et le plus hallucinant spectacle en plein air que j'aie jamais vu. Je le dis avec quelque gêne d'employer ce qualificatif esthétique pour décrire un phénomène lié à ce qui était déjà et est devenu encore beaucoup plus une arme abominable de destruction.

Le cuirassé *Arkansas* n'était plus là quand tout se dissipa ; les photos de la colonne d'eau montrent une grande tache noire sur le flanc de celle-ci. Il ne s'agissait pas du bateau lui-même soulevé comme un fétu de paille, mais de son mazout projeté dans l'eau après que le choc eut brisé le cuirassé. Le porte-avions *Saratoga* coula dans les sept heures comme beaucoup d'autres navires, tandis que les bateaux flottant encore avaient été souillés de produits radioactifs mortels par l'écume retombant et les vagues qui suivirent. La radioactivité dans le lagon fut si intense qu'aucune personne ne fut autorisée à y pénétrer avant quatre jours.

Je pouvais, à mon retour en France, écrire dans mon rapport officiel : « Nous avons assisté aux expériences en spectateurs, mais il n'est nul besoin des chiffres exacts des mesures pour se rendre compte du progrès révolutionnaire que représente l'arme nouvelle [...] La seule défense est la distance et la dispersion ; un débarquement comme celui de Normandie est inconcevable contre un pays qui possède l'arme atomique. Mais même dans une flotte dispersée, le cuirassé le plus puissant peut être anéanti par une bombe éclatant à quelques centaines de mètres de lui. » Encore ne s'agissait-il que de bombes au plutonium, du type de Nagasaki, mille fois moins puissantes que les armes H réalisées à ce jour.

A la mi-août, comme mes collègues soviétiques et polonais de la croisière du *Panamunt*, je rejoignis pour un mois la commission de l'énergie atomique des Nations unies à New York, et je pus sentir encore mieux le contraste entre ces deux manifestations, l'une inhumaine et inutile, l'autre irréaliste mais indispensable.

Revenu à Paris à la mi-septembre, à ma surprise, une sorte de renommée m'y attendait.

J'avais été plongé, presque par accident, dans un environnement militaire et dans le mécanisme de grandes manœuvres, qui m'étaient très étrangers. J'en avais souffert. Voilà qu'à mon retour, on s'intéressait à moi, on demandait à me connaître. J'étais devenu le seul Français (ou plutôt un des quatre « seuls Français », chacun dans son milieu) à avoir assisté aux expériences de Bikini et à avoir vu exploser des bombes atomiques, la quatrième et la cinquième essayées au monde, et je devais rester le seul jusqu'en 1960.

J'étais à cette époque, et pour quelques mois, célibataire. Les invitations à des repas pleuvaient, venant le plus souvent de personnalités que je ne connaissais pas. J'ai ainsi rencontré chez Jean Ulmo, maître de conférences à l'École polytechnique, Louis Armand, président de la SNCF, le héros de Résistance-Fer, ainsi que les premiers et brillants jeunes élèves de Polytechnique à se diriger vers le CEA à leur sortie de l'École : Claude Bloch, Jules Horowitz et Michel Trocheris.

Puis ce furent les demandes de conférences. Roger Seydoux, le directeur de Sciences-po, me demanda d'y faire, à l'automne 1946, un cours sur l'énergie atomique en une dizaine de conférences facultatives pour les élèves. Il fut surpris, comme moi-même, qu'à la dernière leçon, il y eût presque salle pleine et autant d'auditeurs qu'à la première. Vingt ans plus tard, les choses avaient changé. François Chapsal, le nouveau directeur de l'Institut des sciences politiques, me demanda en 1960 d'y professer régulièrement et de faire une douzaine de leçons — correspondant à une demi-option — sur l'histoire de la politique atomique internationale. En 1966, à mon second exposé de la série, je n'eus que deux élèves ; refusant d'affronter l'incertitude planant sur l'assistance à ma troisième leçon, j'envoyai ma démission !

Mais la gloire se présenta le 5 décembre 1946 avec une conférence au grand amphithéâtre de la Sorbonne, où tout le monde n'avait pu entrer. Joliot présidait et me présenta élogieusement à l'auditoire, puis je m'efforçai de faire comprendre au public la gravité du problème posé par l'existence de l'arme nouvelle. Le lendemain, *L'Humanité* dans un article intitulé « La bombe atomique et Mademoiselle Rotschild (*sic*) » couvre Joliot de compliments et ajoute : « D'une voix monotone, M. Goldsmith (*sic*) nous décrivit d'abord avec force détails terrifiants la puissance des bombes américaines. Un vrai croque-mitaine ! » L'article se terminait par : « Mais qui est donc ce Goldsmith ? direz-vous. C'est le technicien dont dépend pratiquement l'extraction de l'uranium en France ! Vous êtes inquiets ? Vous le seriez encore plus si vous aviez entendu chuchoter, comme on le murmurait hier soir, qu'il est le fiancé d'une demoiselle Rotschild et qu'il a pas mal d'intérêts aux États-Unis... sans parler de ses amitiés pour le trust français Péchiney. Dès lors, on comprend la conférence... »

Cet article, dans la ligne du parti communiste, qui cherchait à cette date à minimiser l'avance militaire américaine liée à la possession de l'arme atomique, avait un relent de *Paris-Soir* sous l'Occupation. Cette feuille qui à la fin de 1941 avait, comme je l'ai déjà dit, parlé de Joliot-Curie comme « grand protecteur s'il en fut des juifs à l'université », me mentionnant comme « Goldschmitt (Juif français) » ajoutant « le susdit Goldschmitt était comme par hasard apparenté aux Rothschild ».

Fureur de Joliot, le lendemain, à la lecture de l'article de *L'Humanité*, il le juge comme une insulte envers sa personne, en tant que président et initiateur de la conférence sur Bikini, et il m'affirme énergiquement qu'il se fait fort d'obtenir une rectification et des excuses de la feuille communiste. J'attends toujours. Joliot, s'étant enquis de l'auteur de l'article, apprit qu'il provenait de la plume de Luce Langevin, la belle-fille du directeur de Physique et Chimie et belle-mère de la fille de Joliot, Hélène, mariée au petit-fils de Paul Langevin. L'affaire dut être ainsi enterrée en famille, non sans probablement quelques éclats.

Il y avait un peu de feu dans cette fumée inexacte. J'étais en effet ami d'enfance, mais nullement parent, de certains des jeunes Rothschild de Paris. Je venais de rencontrer, depuis peu, la veuve d'un autre ami, Jean-Pierre Reinach, petit-neveu du capitaine Dreyfus. Engagé à Londres dans les Forces françaises libres, il avait été tué au cours d'un des premiers parachutages en France, en mai 1942. Naomi Reinach, sa veuve, était venue à Paris en 1946 pour s'occuper de l'assistance aux enfants juifs de parents exterminés dans les camps de concentration. Elle était une Rothschild de la branche anglaise. Son père, Lionel de Rothschild, décédé en 1942, banquier à Londres, avait été connu dans les milieux de la botanique internationale comme un des plus grands spécialistes des rhododendrons. Nous allions nous marier six mois plus tard, elle m'apportait une adorable petite fille de quatre ans, Jocelyne, qui n'avait jamais connu son père et qui sera plus tard une grande sœur pour nos enfants Paul et Emma. Décidément, l'après-Bikini avait été une période heureuse pour moi.

23

La grande négociation

L'épisode de Bikini, malgré son retentissement, se présente, avec le recul, comme un épiphénomène par rapport à la première grande négociation à l'échelle mondiale de l'après-guerre, celle des Nations unies sur le contrôle international de l'énergie atomique. Cette négociation a été la dernière chance pour l'humanité d'éviter une course irréversible aux armements nucléaires, de revenir à un monde exempt de bombes atomiques, et d'y développer, sans entraves politiques, les applications industrielles de la fission de l'uranium.

A tour de rôle, Auger, Francis Perrin, Kowarski, Guéron et moi (c'est-à-dire les membres anglophones du comité scientifique du CEA ayant travaillé en Amérique du Nord pendant la guerre) avons participé, comme experts de la délégation française, à cette négociation qui se poursuivit pendant près de deux ans de juin 1946 à mai 1948. Joliot fit partie de la représentation française pour les premières discussions à New York de la commission créée à cet effet, mais ne devait plus y revenir en raison de son ignorance de la langue anglaise et de son appartenance politique, tandis que Mme Joliot était trop franche et directe pour se complaire dans les arcanes de la diplomatie internationale.

Je pris part ainsi à trois reprises à ces travaux des Nations unies, lors de mon séjour à New York au retour de Bikini, à la fin de l'été de 1946, puis pendant cinq mois, au début de 1947 et, enfin, durant les deux derniers mois de cette tentative au printemps de 1948. En principe, nous devions nous succéder à une cadence d'un à deux mois, mais, en mars 1947, peu après mon mariage à New York, ma femme dut y subir une grave opération et Joliot, avec beaucoup de compréhension, prolongea ma mission jusqu'aux derniers jours du mois de juin.

Depuis la fin de la guerre, nous n'avions pas cessé de scruter l'évolution de la politique atomique américaine. Cela ne nous changeait d'ailleurs guère car nous l'avions fait tout au long des années précédentes à propos de la turbulente collaboration entre les trois partenaires anglo-saxons ; mais il y avait maintenant une différence fondamentale : une grande partie des discussions se faisait au grand jour. Pendant que nous étions encore au Canada, nous avions déjà suivi, dès l'automne de 1945, la montée en ligne des savants nucléaires américains. Muselés pendant les hostilités par les règles strictes du secret et même souvent privés d'échanges entre eux par le cloisonnement cher au général Groves, ils étaient décidés à se battre par leurs écrits et leurs paroles pour influencer le cours politique des conséquences de leurs découvertes. Ils étaient d'autant mieux placés pour le faire que leur expertise restait indispensable aux autorités responsables, en raison de la nouveauté et de la complexité du domaine concerné.

Une croisade fut alors entreprise pour alerter le public sur le problème de l'arme atomique et de ses dangers pour l'avenir de la civilisation. Elle fut amorcée par les savants qui, comme Leo Szilard, avaient, au dernier moment, cherché en vain à empêcher l'utilisation de la bombe que certains d'entre eux, les plus favorables à l'Union soviétique, présentèrent par la suite comme le premier acte de la guerre froide. Un ouvrage écrit en commun par une quinzaine de personnalités de la science et du journalisme eut un extraordinaire retentissement. Son titre était *One World or None (Le Monde unifié ou le Néant).* Il cherchait à démontrer l'impossibilité de se défendre contre l'arme nouvelle et les ravages que provoquerait un éventuel conflit nucléaire. Une description de l'horreur du bombardement d'Hiroshima y voisinait avec des visions terrifiantes d'une attaque atomique sur New York.

Le premier succès des savants américains fut d'empêcher l'adoption d'un projet de loi destiné à régir le développement atomique national et qui faisait la part trop belle au rôle de l'armée. Sitôt connu ce projet, les chercheurs y virent le risque d'un maintien exagéré du secret et d'une perte de leur liberté de travail jusque dans les laboratoires de recherche fondamentale. Un incident inattendu devait leur apporter une aide appréciable : la nouvelle, fin novembre 1945, que l'armée américaine avait procédé au démantèlement des cinq cyclotrons existant dans les universités japonaises et en avait jeté les composants dans la mer. Le plus avancé de ces instruments de recherche avait été précisément acheté aux États-Unis, juste avant la guerre. Groves dut reconnaître qu'il avait personnellement donné les ordres pour cette action stupide et inexcusable, au moment même où, d'ailleurs, le commandement suprême allié venait, indépendamment, d'autoriser l'usage de ces cyclotrons pour des recherches biologiques et médicales.

Le Sénat créa alors une commission destinée à l'étude de la future législation ; celle-ci allait se réunir de novembre 1945 à avril 1946 pour entendre, en séances, souvent publiques et parfois secrètes, les dépositions de ceux qui avaient joué un rôle dirigeant dans l'entreprise atomique américaine. Nous suivions avec grand intérêt, en France, les comptes rendus de ces réunions largement publiés dans la presse américaine, cela au moment même où le CEA, créé pour sa part sans discussions publiques ni débats parlementaires, faisait ses premiers pas. Les savants américains s'efforcèrent d'expliquer aux sénateurs membres de cette commission qu'il n'y avait pas de véritable secret, ni pour l'arme, ni pour la future production d'énergie pour des buts civils, car les données fondamentales étaient universellement connues et les principaux procédés industriels, décrits sommairement dans le rapport Smyth, seraient toujours à la portée d'un grand pays décidé à fournir l'effort nécessaire. Dans une déposition sur l'inefficacité de la politique du secret, Szilard devait citer en exemple le succès de mon équipe de Montréal dans la mise au point, indépendamment des Américains, d'un procédé nouveau d'extraction de plutonium.

Une autre déclaration nous avait beaucoup impressionnés, celle de Robert Oppenheimer. Un sénateur lui ayant demandé s'il existait un instrument permettant de déceler une bombe atomique cachée dans une ville, le savant responsable de l'équipe ayant mis au point les premières armes et leur mécanisme, répondit : « Oui, cet instrument existe, c'est un tournevis avec lequel il faudrait ouvrir chaque coffre, chaque armoire, chaque piano de chaque maison de la ville. » Le spectre du terrorisme nucléaire était déjà présent dans cette déclaration.

Mais la question le plus souvent posée par la commission du Sénat concernait le temps nécessaire à l'Union soviétique pour fabriquer sa première bombe. Le général Groves estimait le retard de ce pays à quinze ou vingt ans. Chadwick, à qui j'avais posé la question, sous-estimait la puissance industrielle soviétique, car il m'avait répondu que, si l'on donnait aux Russes tous les plans de l'usine et de l'arme, il leur faudrait encore une dizaine d'années.

Mais la plupart des savants voyaient plus juste et estimaient l'avance américaine de trois à six ans ; elle ne fut que de quatre années.

Finalement, malgré les efforts des partisans de l'armée, les scientifiques, soutenus par le président Truman, l'emportèrent et, en juin 1946, le Congrès adopta une loi confiant à une commission de cinq civils le développement nucléaire américain. Toutefois cette loi, le *Mac Mahon Act*, du nom du sénateur qui avait proposé la création de la commission d'enquête, consacrait l'isolationnisme atomique des États-Unis, car elle limitait les échanges d'informations avec d'autres pays au seul domaine scientifique de base et interdisait toute communication de données de caractère technologique ou industriel avant que ne soit instauré, dans le monde, un contrôle international efficace de toutes les activités atomiques. En somme, il s'agissait d'une nouvelle manifestation de la philosophie qui avait imprégné, en 1943, la politique des États-Unis à l'égard de ses deux partenaires anglo-saxons, celle de la fameuse lettre de Conant. Ces deux pays allaient ainsi, à la suite de l'adoption de la loi Mac Mahon, se trouver logés à la même enseigne que toutes les autres nations ; mais ils étaient d'une certaine façon moins bien lotis, du fait des engagements contractés par l'accord de Québec qui les mettait dans l'impossibilité de communiquer des informations à d'autres pays sans l'accord américain ; de ce point de vue, la France était plus libre que le Royaume-Uni et le Canada.

Au moment où le CEA, coupé des ressources mondiales en uranium et limité aux seules données technologiques rapportées du Canada, s'attaquait aux toutes premières étapes du développement nucléaire, le gouvernement américain avait donc conditionné sa renonciation à la politique du secret et du monopole de l'uranium à la mise sur pied d'un contrôle international. C'est dire l'importance qu'allaient prendre à nos yeux les travaux de la commission de l'énergie atomique des Nations unies créée, pour mettre sur pied ce contrôle, lors de la première assemblée générale de l'ONU, à Londres, en janvier 1946. L'avenir du développement nucléaire français et donc d'une certaine façon le déroulement de notre carrière, mais surtout le sort de la paix mondiale pourraient dépendre de l'issue de ces travaux.

Un plan révolutionnaire

Dès ce même mois de janvier 1946, le gouvernement américain fit entreprendre une première étude sur le contrôle international de l'énergie atomique. Celle-ci aboutit à la publication, en mars

1946, d'un rapport d'une importance exceptionnelle et dont la philosophie révolutionnaire était due au génie d'Oppenheimer, inspirateur des travaux du groupe de spécialistes chargés d'étudier ce problème. Ce rapport, publié sous la responsabilité du sous-secrétaire d'État Dean Acheson et de David Lilienthal, président de l'Entreprise nationale de la vallée du Tennessee (TVA), fut connu par la suite sous le nom de rapport Acheson-Lilienthal. Il affirmait que la protection contre une éventuelle guerre nucléaire ne pourrait pas être efficacement assurée, même si toutes les nations souscrivaient à des engagements de renonciation à l'arme atomique et soumettaient au contrôle international toutes leurs activités nucléaires à des fins civiles ; or, précisément, ces engagements et ce contrôle sont la base du traité de non-prolifération (TNP) de 1968, seul instrument disponible actuellement pour limiter le nombre des pays possédant l'arme. La philosophie du rapport Acheson-Lilienthal était donc qu'un traité du genre du TNP auquel toutes les nations auraient souscrit, dans un monde exempt de bombes atomiques, ne serait pas une garantie suffisante contre l'éventuel détournement d'un effort nucléaire national civil vers des applications militaires.

Le rapport proposait de soustraire à la gestion nationale toutes les installations susceptibles de se prêter à la production d'explosifs nucléaires et de les confier à une autorité internationale du développement atomique, organisme supranational qui exploiterait et développerait les applications de la découverte de la fission de l'uranium au nom et pour le compte de toutes les nations du globe. En somme, les auteurs de ce rapport aboutissaient à un embryon de gouvernement mondial dans une affaire de portée universelle.

Il faut se rendre compte qu'à cette époque personne n'avait la moindre certitude sur la cadence et l'échelle du développement futur des applications pacifiques de l'énergie nucléaire, ni sur le rôle que les différents pays pourraient jouer dans cette aventure pleine de promesses. Les installations nucléaires de type industriel étaient alors aux seules mains des États-Unis et le rapport proposait une série d'étapes transitoires pour passer du stade national à celui de l'exploitation internationale. Progressivement, les États-Unis auraient cédé à l'autorité d'abord leurs connaissances, ensuite leurs installations, puis leurs matières fissiles et enfin leurs laboratoires militaires et leurs armes. Ces opérations de transition, susceptibles de s'étaler sur plusieurs années, devaient être accompagnées simultanément par l'installation progressive du contrôle international. C'était un des aspects politiques les plus délicats du plan, d'autant plus que ses auteurs proposaient qu'une des premières étapes en fût le recensement international des ressources mondiales en uranium, ce qui aurait impliqué l'ouverture du territoire russe à du personnel étranger et une atteinte au secret, c'est-à-dire une des bases de la protection de l'Union soviétique contre le reste du monde.

Quand le texte de ce rapport fut rendu public au début du printemps de 1946, nous eûmes tous l'impression au CEA qu'il s'agissait d'un document fondamental ; notre façon d'envisager ce problème capital du contrôle en fut marquée pour longtemps, sans doute plus qu'il ne l'aurait fallu, car nous tendions à en minimiser les aspects utopiques, pressés que nous étions de voir abolir par les Américains le secret atomique et leur monopole des matériaux nucléaires. Nous savions bien que les Russes ne pourraient accepter d'emblée un tel projet, mais il représentait à nos yeux une base de départ pour une négociation qui devait aboutir. Je me pris même à rêver que je poursuivrais un jour ma carrière comme fonctionnaire international dans un poste de responsabilité de la division du plutonium de l'autorité envisagée.

Nous eûmes même l'espoir que l'affaire était en bonne voie quand le secrétaire d'État, James Byrnes, choisit pour cette négociation capitale son ami de longue date, le vieil homme d'État et financier Bernard Baruch, sorte de personnage légendaire, âgé de soixante-quinze ans, éminence grise de tous les derniers présidents et milliardaire. Il jouissait d'une grande réputation dans les milieux du Congrès et semblait donc bien placé pour faire accepter par celui-ci un traité international comportant des abandons de souveraineté.

Nous aurions été moins satisfaits si nous avions pu lire ce que Lilienthal en pensait : « Quand j'ai appris cette nouvelle — écrivait-il dans son *Journal*, publié en 1964 —, j'en ai été tout à fait malade. Nous avions besoin d'un homme jeune et vigoureux, dénué de toute vanité, et que les Russes ne soupçonneraient pas de n'être là que pour les acculer à une impasse, sans aucun égard pour la coopération internationale. »

La vanité de Baruch souffrait d'avoir à patronner un plan qu'il n'avait pas conçu et, comme si les dispositions du rapport Acheson-Lilienthal n'étaient pas déjà en elles-mêmes suffisamment opposées à l'obsession soviétique du secret et de l'indépendance nationale, il obtint l'accord du président Truman, pour ajouter une clause politique supplémentaire supprimant, dans le cas du contrôle de l'énergie atomique, le droit de veto, privilège des cinq membres permanents du Conseil de sécurité des Nations unies. Une telle clause était particulièrement offensante pour l'Union soviétique, qui avait fait en 1945, de ce droit de veto, une condition majeure de sa participation à la nouvelle organisation mondiale.

La proposition américaine, devenue ainsi le « plan Baruch » fut présentée officiellement aux Nations unies à la séance inaugurale de la commission de l'Énergie atomique le 14 juin 1946, le surlendemain de l'embarquement pour Bikini des observateurs étrangers, invités de la marine américaine.

Cinq jours plus tard, l'ambassadeur soviétique auprès de l'ONU, Andrei Gromyko, entamant sa très longue carrière de diplomate, proposa une convention internationale perpétuelle sur l'abolition absolue de l'usage et de la production des armes atomiques, ainsi que la destruction des armes existantes dans les trois mois après l'entrée en vigueur du traité. Les États signataires devaient s'engager, dans les six mois, à promulguer une législation nationale punissant sévèrement toute violation de la convention, violation considérée comme un crime contre l'humanité, et à assurer eux-mêmes le respect de ce traité sur leur territoire. Il s'agirait en somme d'un contrôle par le contrôlé lui-même, c'est-à-dire l'antithèse de l'inspection internationale. Le plan soviétique aurait abouti à un désarmement nucléaire unilatéral des États-Unis, sans aucune contrepartie ou contrôle international de l'application de ce traité.

Les deux positions semblaient inconciliables. Les États-Unis étaient en train de réduire leurs forces conventionnelles et comptaient sur leur force atomique pour faire face aux puissantes divisions soviétiques en Europe. Ils voulaient donc une ouverture de l'Union soviétique avant toute renonciation à leurs armes nucléaires. Les Russes, au contraire, comptaient sur le secret de la localisation de leurs installations industrielles et militaires pour se protéger contre une éventuelle attaque américaine. Ils n'étaient pas disposés à la moindre ouverture de leur territoire ou à quelque intervention que ce soit dans leur développement atomique avant d'obtenir un désarmement total de la force nucléaire américaine.

L'Union soviétique n'était soutenue que par la Pologne, tandis que les neuf autres pays membres de la Commission étaient favorablement disposés envers le plan américain. C'était l'époque où, contrairement à ce qui se passe aujourd'hui, les États-Unis étaient suivis presque automatiquement à l'ONU par une majorité des pays occidentaux favorables aux thèses américaines mais cherchant néanmoins à arrondir les angles entre l'Est et l'Ouest. Cette majorité, dans le cas de la négociation atomique, n'était pas faite pour atténuer la méfiance soviétique, amplifiée par la clause de suppression du veto.

La délégation française était dirigée par notre ambassadeur aux Nations unies, Alexandre Parodi, Joliot et Auger étant représentants adjoints. Nous étions favorables au plan américain et désireux d'œuvrer en faveur d'un compromis. Parodi, dans sa première intervention, affirma le caractère pacifique des travaux du CEA. « Je suis autorisé à dire que les buts que le gouvernement français a assignés aux recherches de ses savants et de ses techniciens sont purement pacifiques. Notre vœu est que toutes les nations du monde fassent de même le plus tôt possible, et c'est avec empressement qu'à cette fin la France se soumettra aux règles qui seront jugées les meilleures pour assurer dans le monde entier le contrôle de l'énergie atomique. » Il ne pouvait en être autrement au stade peu avancé de notre effort, la question d'un programme militaire n'allait se poser que quelque huit à dix ans plus tard.

L'impasse américano-soviétique fut d'abord quelque peu masquée par un travail proposé par la délégation française et à la suite duquel les experts se mirent d'accord sur la possibilité technique d'exercer un contrôle atomique efficace. Je participai à New York, lors de mon retour de Bikini, à la rédaction finale de ce rapport scientifique et technique. Puis, pendant l'automne 1946, avec en arrière-plan à l'ONU une montée croissante des hostilités verbales de la guerre froide à l'assemblée générale, et une certaine dissension entre Américains sur les conséquences éventuelles de leur plan sur leur propre sécurité, le travail de la commission de l'énergie atomique se concentra sur la recherche de compromis sur les points les plus délicats : les limites de la gestion internationale, les étapes de transition et la suppression du droit de veto.

Finalement, soutenu par Truman, Baruch décida, vers la fin de l'année, de bousculer les Soviétiques et de les forcer à se prononcer sur son plan. Les grandes lignes de celui-ci furent ainsi adoptées le 30 décembre 1946 par la commission grâce à un vote de dix voix contre zéro, l'Union soviétique et la Pologne s'étant abstenues. Ayant échoué dans sa tentative de faire accepter par les Soviétiques un plan, dont il n'avait conçu que la clause la plus inacceptable pour eux, Baruch, déçu, remit sa démission. La délégation française n'avait pas osé s'abstenir pour ne pas encourir les foudres de Washington, mais avait exprimé ses plus fortes réserves sur la clause supprimant le droit de veto.

A l'insu des diplomates et des experts, la première pile soviétique avait divergé la veille de Noël, six jours avant le vote sur le plan américain, et près de quatre ans, jour pour jour, après celle de Chicago dont elle avait les mêmes composants. Les Russes visaient (et finalement réussirent) à atteindre la même cadence que les Américains, à savoir moins de trois ans entre le démarrage de la première pile et la première explosion. On sait aujourd'hui, que, dès 1941, un physicien nucléaire soviétique conscient de l'arrêt de toute publication sur la fission aux États-Unis et en Grande-Bretagne, avait prévenu Staline de sa conviction que des recherches sur l'arme atomique y étaient en cours. Staline donna alors à ses savants l'ordre d'en faire autant, mais l'effort russe fut arrêté dans l'œuf par l'invasion allemande. Il ne reprit qu'en 1944 avec des travaux sur l'obtention de l'uranium et du graphite purs. Les renseignements obtenus par espionnage et la réussite américaine de l'été 1945 provoquèrent, ensuite, l'octroi de la plus haute priorité aux travaux, qui furent d'abord dirigés sur la voie du plutonium produit dans des piles au graphite.

C'est également à l'insu de tous les autres pays qu'en janvier 1947, quelques semaines après le vote sur le plan Baruch, le gouvernement travailliste britannique, privé de toute assistance américaine, décida dans le plus grand secret d'engager le Royaume-Uni dans la voie de la production de l'arme atomique. Le mois suivant, en février, cinq des pays vaincus, la Bulgarie, la Finlande, la Hongrie, l'Italie et la Roumanie allaient être obligés de renoncer formellement à l'arme atomique à la suite d'une clause inscrite dans les traités de paix qu'ils venaient de conclure, preuve que personne ne croyait plus à la conclusion d'un traité universel abolissant l'arme nucléaire. Cette clause a été la première manifestation de la discrimination qui caractérise le statut actuel des pays du globe ; ceux-ci sont partagés entre : les cinq membres permanents du Conseil de sécurité, possédant ouvertement un arsenal nucléaire — les nations vaincues dans le dernier conflit mondial dont l'Allemagne et le Japon avec lesquels les traités de paix n'ont pas encore été conclus, obligées de renoncer à l'arme —, les quelque cent trente pays ayant, en adhérant au TNP, souscrit à cette même renonciation, de leur plein gré, et enfin la poignée d'États qui ont refusé d'aliéner leur liberté dans ce domaine, tout en soutenant, pour ceux qui poursuivent un effort nucléaire, que celui-ci est purement pacifique, ce qui n'est pas toujours le cas comme, sans doute, pour Israël et l'Afrique du Sud, l'Inde et le Pakistan, l'Argentine et le Brésil.

Cependant, aux Nations unies, les discussions sur le contrôle atomique se poursuivaient, indépendamment des remous croissants de la guerre froide. Au mois de mars 1947, le Conseil de sécurité pressa la commission de l'énergie atomique de continuer ses travaux et d'établir un rapport sur lequel pourrait s'appuyer un projet de traité. A ce stade, plusieurs personnalités officielles américaines, comme Robert Oppenheimer, convaincues de l'impossibilité d'obtenir de l'Union soviétique la levée du voile du secret, recommandèrent la rupture des négociations. Le plan Baruch, baptisé maintenant le « plan de la majorité » fut néanmoins étudié en détail, de mars à septembre 1947, par les diplomates et experts occidentaux. Cela se faisait sous l'œil critique des représentants soviétiques et polonais décidés à ne jamais accepter la structure et les fonctions utopiques envisagées pour la future agence internationale. Les Américains eux-mêmes, n'ayant jamais considéré possible de mettre en vigueur leur plan sans la participation de l'Union soviétique, étaient conscients du caractère irréaliste de l'exercice entrepris.

C'est à ce stade des travaux que je rejoignis comme expert la délégation française aux Nations unies pour une période bien plus longue qu'initialement prévue. Ce fut mon premier contact prolongé avec le monde de la diplomatie et des grandes organisations internationales. J'ai eu la chance d'être guidé dans ce milieu, nouveau pour moi, par deux hommes de grande qualité, Alexandre Parodi et François de Rose.

L'ambassadeur Parodi avait été un grand résistant pendant la guerre. Il était devenu délégué général du comité national de Libération en France occupée, fonction qu'occupait Jean Moulin lors de son assassinat par la Gestapo. Il était à côté du général de Gaulle dans la fameuse descente des Champs-Élysées le 26 août, après la libération de Paris. Issu du Conseil d'État, fin, précis et courtois, il ouvrait toujours sa porte à ses collaborateurs. Ami et protecteur du CEA, devenu secrétaire général du ministère des Affaires étrangères, il accéda à la demande de Guillaumat de me réserver le poste de représentant de la France au conseil des gouverneurs de l'Agence internationale de l'énergie atomique (AIEA), lors de sa création à Vienne, en 1957, fonction que j'occupai pendant vingt-trois ans et qui continue d'être confiée à mes successeurs à la tête de la direction des relations internationales du CEA.

François de Rose avait suivi le conseil que je lui avais donné lors de mon passage par New York, en route pour Bikini, et avait obtenu de Parodi d'être chargé du dossier nucléaire. Il y réussit admirablement, se familiarisant avec les problèmes techniques qu'il avait à connaître. Il nous donna, à tour de rôle, l'hospitalité dans son bureau et fut un excellent professeur de diplomatie pour les scientifiques français qui se succédèrent à New York et qui lui enseignèrent, en échange, les mystères de la fission. Il devint, lui aussi, un fidèle ami et conseiller du CEA, avant d'être appelé, en 1951, à siéger pendant plusieurs années au comité de l'énergie atomique. Il fut aussi, au début des années cinquante, un des responsables de la création du CERN, le célèbre centre international de physique nucléaire de Genève.

Ainsi, pour la première fois, les savants faisaient-ils partie des délégations de diplomates, dont ils devenaient les conseillers scientifiques. Le premier siège des Nations unies se trouvait à Lake Success, dans Long Island, à une heure de New York. Il était situé, symboliquement, dans la moitié reconvertie d'une grande usine de gyroscopes pour l'armement, encore en activité. La longue route qui nous y menait nous donnait l'occasion d'expliquer aux diplomates, souvent même d'autres pays, les mystères de l'atome et de la fission, avant que ceux-ci ne s'attaquent aux négociations politiques.

Il me fallut quelque temps pour me familiariser avec ce monde à part, avec ses règles du jeu complexes, sa scène et ses votes publics, avec les pressions exercées par telle ou telle puissance, ses négociations par groupes de pays, ses acteurs parlant par longs monologues successifs, que nous devions encore subir dans deux langues différentes, car l'interprétation simultanée dans les différentes langues de travail (alors l'anglais et le français) n'avait pas encore été établie. Il me fallut m'habituer à l'arsenal des commissions, des comités, des sous-comités, des groupes de travail, des groupes d'experts, du système de résolutions, d'attendus, de recommandations, d'amendements, à l'importance attachée à la rédaction de ces textes et au sens de chaque mot, avec les difficultés de communication dues à la barrière des langues, malgré les prouesses de l'interprétation.

Cela se trouvait à l'extérieur de l'Organisation elle-même. Plus tard, comme gouverneur pour la France auprès de l'AIEA, j'eus à connaître le fonctionnement interne d'une agence internationale et le monde à part de ses fonctionnaires, avec ses quotas par nationalité, avec ses rivalités et ses jalousies, ses problèmes de représentation géographique prenant trop souvent le pas sur la qualité des recrues, ses échelles de salaires, ses règles d'avancement, ses luttes d'influence pour placer un candidat à un poste déterminé, au salaire le plus élevé possible, et enfin avec sa ligne de démarcation entre le domaine dépendant des pays membres de l'organisation et celui propre au secrétariat de celle-ci, partage rendu plus difficile dans le cas d'une organisation dotée de pouvoirs supranationaux, comme la Communauté économique européenne.

Je fus, en 1947, peu à peu pris au jeu de ce monde artificiel et les doutes que j'ai eus d'abord sur son efficacité furent bientôt contrebalancés par la conclusion qu'il n'y a pas de mauvais rendement pour ces contacts entre pays opposés, contacts qui souvent ne pourraient pas avoir lieu autrement.

Il y avait aussi, à la commission des Nations unies, une grande variété parmi les diplomates, leurs conseillers et experts scientifiques. Les experts polonais et soviétique étaient des anciens du laboratoire Curie : les Prs Ignacy Zlotowski et Dimitry Skobeltzyn. Ce dernier n'était pas un produit de la révolution, il avait eu une gouvernante française dans son enfance et, nous ramenant parfois dans sa grande voiture noire, il nous prévenait que son chauffeur parlait toutes les langues. L'ambassadeur anglais était sir Alexander Cadogan. Comme secrétaire général du Foreign Office, il avait accompagné Churchill à toutes les conférences au sommet pendant la guerre. Sa femme, lady Théo, une originale, essayait en vain dans les réceptions de faire sortir de ses gonds le flegmatique Gromyko en lui disant les pires choses sur son gouvernement. Les Canadiens avaient dans leur délégation un jeune diplomate, russe blanc d'origine, le comte Georges Ignatieff, fils du dernier ministre de l'Éducation du tsar, et qui comptait parmi ses ancêtres le général Koutouzov, le vainqueur de la Berezina. Il était fort respecté par ses collègues soviétiques. Je retrouvais aussi de vieilles connaissances, comme le physicien belge Jacques Errera, qui avait, en 1935, cherché en vain à obtenir pour moi la permission de visiter l'usine de radium de l'Union minière, et les grands noms de la recherche atomique anglaise : Darwin, qui était à la tête de l'Office scientifique central britannique lors de ma venue à Washington en 1941, George Thomson, l'ancien président du comité Maud, et enfin Chadwick, se plaignant toujours de sa santé et supportant de plus en plus difficilement le séjour, et les restaurants, à Washington et à New York.

Les Américains, volontairement ou non, n'avaient pas eu la main heureuse pour le remplacement de Baruch à la tête de leur délégation. Ils avaient choisi un avocat et homme d'affaires, Frederick Osborn, encore plus grand et maigre que son prédécesseur et qui avait l'air d'un don Quichotte échappé d'une gravure de Gustave Doré. Il était un ami personnel du secrétaire d'État, le général George Marshall ; celui-ci lui avait confié pendant la guerre, avec le rang de général, le problème du maintien du moral des troupes. Plein de bonne volonté, mais ne connaissant rien de l'énergie atomique et de son contrôle, il devait peu à peu perdre son propre moral et devenir agressivement antisoviétique, au fur et à mesure de l'échec de sa mission, ce qui n'arrangeait guère les choses.

J'avais pris l'habitude d'envoyer chaque semaine au CEA une lettre, rédigée sur le vif, pour donner à mes collègues une idée de l'ambiance des négociations, autrement que par les télégrammes officiels préparés par notre délégation pour le Quai d'Orsay. L'ensemble de ces missives, dénommées WAT pour *Weekly Atomic Times,* représente une sorte de chronique des discussions, qui se faisaient dans la confusion et l'irréalisme, et donne un aperçu de quelques-uns des problèmes soulevés à cette date.

La Commission convoqua Oppenheimer et celui-ci nous fit part de ses prédictions pour l'avenir du développement industriel de l'énergie atomique. Il envisageait trois étapes : dans les cinq ans, la réalisation aux États-Unis de la première machine productrice d'électricité, puis, dans les dix à vingt ans, l'aboutissement de grands projets fournissant de l'énergie probablement à coût élevé et dans des circonstances exceptionnelles comme des régions polaires ou désertiques du globe, enfin, dans les trente à cinquante ans, les combustibles nucléaires devraient avoir pris une place aussi importante que le charbon et le fuel, qu'ils commenceraient à remplacer. En somme, un échelonnement dans le temps qui s'est à peu près réalisé, avec la différence que les premiers grands prototypes ont été construits dans des pays industrialisés et non dans des zones du globe privées d'énergie… et de consommateurs.

Lilienthal vint aussi nous parler. Il venait d'être confirmé par le Sénat comme premier président de la commission de l'Énergie atomique des États-Unis, non sans difficulté, car ses ennemis lui avaient reproché à la fois d'être favorable à l'intervention de l'État et opposé à la libre entreprise en raison de son rôle à la tête de la TVA, et d'avoir proposé dans son plan de livrer les secrets atomiques américains à l'Union soviétique. Sa vue de l'avenir était pessimiste ; il nous affirma que tout système de contrôle plus faible que le sien, sans gestion des activités dangereuses par la future autorité, serait une fraude. Puis, au grand dam de la délégation américaine, il déclara qu'en l'absence de contrôle international le principal objectif de sa commission atomique nationale serait d'augmenter l'avance actuelle de son pays dans le domaine des armes et de le préparer à affronter une guerre nucléaire. A son avis, c'était aussi le but des autres commissions atomiques existantes, ce qui lui valut une ferme repartie de ma part ; je lui rappelai la déclaration de Parodi de juin 1946, sur le caractère pacifique des recherches françaises. J'en profitai pour mentionner le refus scandaleux de sa commission de livrer, aux pays européens demandeurs, des radioéléments artificiels produits dans les piles américaines et nécessaires pour la recherche en biologie et en médecine. Il fallut l'appui répété des savants américains les plus célèbres pour que ces livraisons puissent être autorisées, à partir de la fin de 1947, aux laboratoires mêmes où la radioactivité artificielle avait été découverte et développée.

En dehors de ces quelques auditions, les travaux de la commission de l'Énergie atomique de l'ONU furent consacrés au plan de la majorité et se déroulèrent, non sans contestations, au sein de celle-ci, sur l'étendue des droits de la future agence internationale. Par exemple, plusieurs séances et des débats houleux furent consacrés à la question de savoir si les gisements d'uranium seraient ou non propriété de l'agence. Les représentants des États sur lesquels se trouvaient de telles ressources minières se battirent pour qu'elles restent propriété nationale. Ils eurent gain de cause, l'agence ne prenant possession des minerais qu'après leur extraction du sol.

L'agence devait donc être propriétaire de toutes les matières fissiles au long de leur cycle de transformation, depuis leur sortie de la mine jusqu'au stade final du plutonium ou de l'uranium 235. Elle assumerait la gestion de toutes les installations immédiatement utilisables pour la production de ces explosifs nucléaires potentiels et accorderait des licences nationales pour les opérations moins dangereuses. Elle fixerait des contingents annuels pour l'extraction du minerai dans chaque pays possesseur de gisements, ainsi que pour les autres stades du cycle du combustible et, enfin, pour la production même d'énergie récupérable. Chargée de tâches de recherches et de développement l'agence devrait être investie de droits d'inspection étendus, lui permettant de détecter en tout point du globe toute activité nucléaire non déclarée, en particulier toute opération minière clandestine.

Quand on réfléchit à l'importance et au bon fonctionnement

des programmes nationaux actuels de production d'électricité d'origine nucléaire et des nombreuses installations associées de la mine à la centrale électrique, dans quelque vingt-cinq pays industrialisés sans que cela ait contribué de façon appréciable à la prolifération des armes, on peut être surpris de voir à quel point les idées du rapport Acheson-Lilienthal avaient imprégné nos esprits et ceux de nos collègues occidentaux. Contrairement à la plupart de nos gouvernements, qui n'étaient pas encore convaincus, nous étions alors presque envoûtés par le dogme selon lequel les applications pacifiques de l'énergie atomique étaient trop dangereuses pour la paix du monde pour qu'on les laissât entre les mains des nations. L'hostilité de l'Union soviétique à l'égard de cette philosophie avait sans doute renforcé nos convictions.

La proposition soviétique de 1947

C'est dans ce contexte que, le 11 juin 1947, juste une année après la première réunion de la commission et l'annonce du plan Baruch, l'ambassadeur Gromyko présenta un ensemble de propositions qui prenaient exactement le contre-pied des principes approuvés par la majorité ; elles reposaient sur l'hypothèse que toutes les décisions et activités nucléaires resteraient sous l'autorité nationale, mais que leur caractère pacifique serait soumis à un contrôle international.

Une semaine auparavant, s'adressant au Conseil de sécurité, Gromyko avait déclaré que la notion de propriété et de gestion internationales avancée par la majorité était extrêmement pernicieuse, inacceptable et constituerait une menace à l'indépendance et à la vie même des États. Cependant, tout au long de l'année écoulée, la position soviétique à l'égard du contrôle international semblait avoir évolué. En octobre 1946, Staline avait déclaré qu'il était partisan d'un tel contrôle. Gromyko avait repris la formule et j'ai un souvenir très vif d'une réunion de la commission, en avril 1947, où pendant trois heures d'affilée il avait été l'objet, avec une violence digne des interrogatoires de films policiers, d'une avalanche de questions de la part des principaux délégués occidentaux sur ce qu'il entendait par « un contrôle international et une stricte inspection » ; l'ambassadeur répliquait par des déclarations longues et confuses (heureusement la traduction simultanée avait fait son apparition) où il disait ne pas comprendre la question posée, ou prétendait y avoir répondu à plusieurs reprises, ou, enfin, il posait lui-même des questions. La réunion s'acheva dans une ambiance de tension extrême sans qu'il ait accepté d'adjoindre le mot « internationale » à celui d' « inspection », et l'on se sépara sur la suggestion de Parodi qu'il serait plus raisonnable de poser les questions par écrit et de recevoir les réponses de la même manière.

Le nouveau plan soviétique de juin 1947 proposait la création, dans le cadre du Conseil de sécurité, d'une commission internationale de contrôle composée des pays membres de ce Conseil, qui aurait pour tâche d'effectuer périodiquement, dans le monde entier, des inspections des installations d'extraction de matières premières atomiques, de transformation de celle-ci, de production de plutonium et d'uranium 235 et d'énergie d'origine nucléaire. Ce contrôle devait être un complément à la convention universelle sur l'interdiction des armes nucléaires, avancée un an auparavant, dès le début des négociations, par l'Union soviétique et maintenue par celle-ci.

Le lendemain de la présentation de cette proposition, j'écrivais au CEA, dans ma lettre hebdomadaire : « Ce plan est sans aucun doute un progrès de plus des Soviétiques dans la voie de la concession, et s'il avait été présenté un an plus tôt, il aurait eu une grande influence. » Puis, après avoir résumé les grandes lignes du plan, en insistant sur l'absence du droit de veto et sur la clause demandant la mise hors la loi et la destruction des bombes américaines, j'ajoutais : « Dans le fond, les Russes disent aux Américains : Soulevez votre rideau du secret, nous lèverons celui de fer assez pour que vous puissiez périodiquement visiter nos usines et mines atomiques. Évidemment les États-Unis sont plus gourmands que cela et veulent se faire payer leurs secrets par des garanties beaucoup plus complètes. Mais il n'y a aucun doute, nous avons ici le premier effort russe pour exprimer en détail ce que Staline entend par un contrôle international et une stricte inspection et c'est un plan qui se tient. Je ne pense pas que l'accord général sur la question puisse jamais être obtenu ; mais ses chances ont passé d'une sur dix mille à peut-être une sur cinquante et, quand il s'agit des chances d'éviter la guerre, c'est quelque chose de considérable et vaut la peine qu'on s'y arrête longuement. »

Quelques rares séances furent consacrées aux propositions soviétiques, à des demandes d'explications (notamment par un questionnaire écrit de Cadogan, le représentant britannique) et à des critiques de celles-ci. Les réponses de Gromyko furent satisfaisantes : la commission de contrôle, avec un droit de regard sur les comptabilités nationales des matières premières, ferait des inspections à intervalles variés et aurait le droit d'effectuer des recherches spéciales exceptionnelles, uniquement en cas de soupçons de violation de la convention sur l'interdiction des armes atomiques. Le corps des inspecteurs serait recruté sur une base internationale ; mais la présence permanente d'inspecteurs auprès d'installations nationales était exclue « car elle cesserait alors d'être une inspection, pour devenir une surveillance et une gestion ».

La commission de contrôle aurait disposé de laboratoires de recherche sur les applications civiles de l'énergie atomique, encouragé un large échange d'informations entre pays et été équipée pour donner des conseils aux pays qui auraient souhaité en recevoir. Enfin, il était spécifié que les pays signataires auraient le droit de poursuivre sans restriction toute activité et recherche concernant les utilisations pacifiques de la fission. Il restait encore une pierre d'achoppement fondamentale, l'insistance avec laquelle le représentant soviétique demandait que la convention sur l'interdiction de l'arme fût non seulement signée, mais encore mise en vigueur avant la convention créant la commission internationale de contrôle. Les Russes n'avaient pas renoncé à leur exigence d'un désarmement atomique américain avant de s'engager eux-mêmes à livrer, par le biais de l'inspection internationale, le secret de l'emplacement de leurs mines et installations nucléaires.

Les propositions soviétiques ne furent jamais considérées par les pays occidentaux comme une base de discussions et furent rejetées en avril 1948, dix mois après leur présentation à la commission par le vote habituel de neuf voix contre deux. Ce rejet venait après approbation, à la même majorité, d'une déclaration commune préparée par l'expert de chacune des délégations du Canada, de la Chine, du Royaume-Uni et par moi-même, pour la France. Celle-ci se résuma en ces termes : « Les propositions soviétiques ne constituent pas une base acceptable pour le contrôle international de l'énergie atomique. La commission de l'énergie atomique ne peut souscrire à un plan qui n'empêcherait pas le détournement des matières atomiques, qui n'offre aucun moyen de détecter les activités clandestines et qui ne prévoit aucune mesure de coercition rapide et efficace. Le gouvernement soviétique a, non seulement, proposé un plan fondamentalement impropre à assurer un contrôle efficace, mais encore a subordonné son acceptation d'un contrôle pourtant bien faible à l'interdiction et à la destruction préalable de toutes les armes atomiques. Il est complètement irréaliste de s'attendre qu'un pays renonce aux armes atomiques sans être nullement assuré qu'on empêchera tous les autres pays d'en fabriquer. »

L'ironie de cette phrase est que, quarante ans plus tard, quelque cent trente pays non dotés d'armes nucléaires, ont, en adhérant au TNP, fait précisément ce que nous avions jugé alors « complètement irréaliste ».

Quelques semaines plus tard, le 17 mai 1948, la commission de l'Énergie atomique des Nations unies, après presque deux ans d'existence et plus de deux cents réunions à Lake Success et à New York, « déposa son bilan » et fit savoir que ses travaux étaient dans l'impasse et qu'il ne servirait à rien de poursuivre la négociation à son échelon.

Une occasion manquée

L'impossibilité de parvenir à un accord durant ces deux années a été une tragédie de la méfiance réciproque et l'une des premières manifestations de la guerre froide. Américains et Soviétiques n'avaient pu s'entendre, ni sur le type d'organisation qui aurait à diriger et à contrôler à l'échelle mondiale le développement pacifique de la nouvelle énergie, ni sur la définition des étapes successives de l'abandon par les États-Unis des quelques armes qu'ils possédaient déjà. Elles n'étaient que d'une demi-douzaine au milieu de 1946, lors de la première réunion de la commission et de deux douzaines environ au milieu de 1948, lorsque celle-ci annonça son échec. Ce stock limité n'aurait pas permis au gouvernement des États-Unis de garder en secret un nombre tant soit peu important de bombes non déclarées, même s'il en avait eu l'intention, car il n'aurait pas été possible de cacher le poids exact de plutonium et d'uranium 235 produits.

Avec cet échec, la dernière chance qu'avait l'humanité de retrouver un monde sans armes atomiques s'était évanouie pour un temps indéterminé. La course aux armements nucléaires, que Niels Bohr avait prédite avec une extraordinaire perspicacité dès 1944, et qu'il avait tenté d'empêcher au cours de ses entretiens avec Churchill et Roosevelt, était inévitable.

Près de quarante ans après, les arsenaux des deux superpuissances contiennent des dizaines de milliers de bombes infiniment plus destructrices que celles qui ont mis fin à la Seconde Guerre mondiale, cependant que des centaines de ces mêmes armes redoutables sont entre les mains de trois autres États moins puissants.

Si l'on essaie de réaliser le désarmement nucléaire total, il n'y aura aucun moyen de vérifier les déclarations d'un pays qui possède un grand nombre de ces armes, car il sera facile pour lui d'en dissimuler une partie importante. C'est pourquoi il est peu probable qu'un sentiment de sécurité puisse régner à cet égard, jusqu'au jour, hélas !, encore bien hypothétique, où le monde sera enfin ouvert et uni sous un seul gouvernement.

Cet échec est donc une sérieuse défaite sur la longue route de l'humanité vers l'élimination des armes de destruction de masse comme moyen de résoudre les conflits entre États. Cette défaite est considérée comme telle par la plupart des spécialistes du désarmement ou de l'histoire politique de l'énergie nucléaire. Dans l'esprit de ceux-ci, il s'agit essentiellement du rejet du plan Baruch, car tout le monde semble avoir oublié l'existence et surtout le contenu des propositions soviétiques de juin 1947.

En 1985, ayant eu à préparer un exposé à l'occasion d'une conférence à Copenhague, célébrant le centenaire de la naissance de Niels Bohr, j'ai étudié l'historique de ces négociations et relu dans le détail le texte du plan soviétique. Quelle n'a pas été ma surprise en voyant que la philosophie et les principales dispositions de ce projet correspondaient presque exactement à celles du traité de non-prolifération dont la conclusion en 1968, vingt ans plus tard, fut proclamée presque unanimement comme le pas le plus important réalisé en vue de la limitation du nombre de pays possédant l'arme atomique, et dont l'existence est considérée aujourd'hui comme le pilier le plus important du régime actuel de non-prolifération.

Nous étions trop influencés par la philosophie supranationale et le prestige des États-Unis pour comprendre les mérites relatifs du plan soviétique et pour accepter ses propositions comme base de discussion possible, tout en gardant l'espoir qu'on pourrait plus tard trouver un compromis pour le calendrier de démantèlement des bombes américaines. Nous ne pouvions pas deviner que les Soviétiques nous offraient la plus large ouverture de leur territoire qu'ils aient proposée à ce jour à la communauté internationale.

Il se peut que le Politburo ait été convaincu que ses propositions n'avaient aucune chance d'être acceptées par l'Occident, tant qu'elles stipuleraient l'application préalable de la convention de mise hors la loi de l'arme. Si tel était le cas, en présentant leur plan, les Soviétiques ne risquaient pas de se trouver obligés de soumettre leurs installations au genre d'inspection qu'eux-mêmes et les Américains allaient pouvoir imposer vingt ans plus tard, au nom de la non-prolifération, à presque tout le reste du monde. Il est curieux qu'à l'occasion de la négociation et de la conclusion du

TNP, l'Union soviétique n'ait jamais essayé de tirer parti du fait que les pays occidentaux acceptaient son point de vue sur le contrôle qu'ils avaient repoussé à la fin des années quarante.

Ayant participé personnellement au rejet des propositions soviétiques, je me demande aujourd'hui si nous n'avons pas laissé échapper une occasion unique, non que je croie qu'on aurait pu obtenir une renonciation américaine ou soviétique à la bombe en 1948, à la veille du blocus de Berlin et quinze mois seulement avant le premier essai soviétique, mais l'Union soviétique avait proposé pour tous les pays, et déclaré accepter pour elle-même, ce que nous appelons, dans notre jargon spécialisé actuel, des « garanties totales ». Elles étaient plus complètes que celles du TNP actuel, car elles auraient même porté sur les mines d'uranium, aujourd'hui exemptées de l'inspection internationale à la demande des principaux pays producteurs occidentaux, qui ont tenu à protéger le secret commercial de leurs opérations d'extraction.

Cela dit, même si nous avions surmonté notre méfiance et pris les Soviétiques au mot, et même s'ils ne s'étaient pas rétractés, il est douteux, alors que la guerre froide faisait rage, que nous eussions pu conclure une convention internationale avant le premier essai soviétique. Si les négociations d'une telle convention avaient été suffisamment avancées à l'époque, elles auraient peut-être conduit, avant l'apparition de la bombe H, à une manière de traité de non-prolifération en vertu duquel seules deux puissances dotées d'armes nucléaires auraient possédé un nombre limité de bombes. Cela aurait occasionné plus tôt une détente entre les deux superpuissances, et facilité un accord sur la limitation de leurs arsenaux nucléaires naissants, à des proportions suffisamment réduites pour ne pas rendre impossible leur élimination complète à une date ultérieure.

N'ayons pas d'illusions ! Tant que nous n'aurons pas atteint un stade d'ouverture mondiale suffisant, et tant qu'il existera de grands États souverains susceptibles de s'engager dans une confrontation armée totale, aucun système, qu'il soit d'inspiration soviétique ou américaine, ne pourra empêcher l'un d'entre eux d'utiliser des armes nucléaires, ou toute autre technique de destruction de masse, s'il est convaincu que sa liberté ou son existence en dépend.

Ce n'est pas la suppression des armes nucléaires qui apportera la paix au monde, mais la paix mondiale qui permettra leur suppression.

24

Une pile toute simple

En partant pour New York, en février 1947, pour mon tour d'expert, j'avais laissé au laboratoire d'Ivry une équipe de quatre chimistes. Après deux premiers recrutements en mai 1946 (René Caillat et Hélène Emmanuel), j'avais engagé, à l'automne, deux ingénieurs, à leur sortie de Physique et Chimie (Jean Sauteron et Monique Wohluter). Ils n'étaient pas livrés à eux-mêmes, car Jules Guéron, pendant mon absence, avait accepté de superviser leurs travaux sur la purification de l'uranium et de suivre l'avancement des installations aménagées par la Société des Terres rares à la poudrerie du Bouchet et la transformation en laboratoires des sombres casemates du fort de Châtillon, dont la configuration tenait de celle d'une station de métro en réduction.

Guéron allait même recruter, alors, certains de mes plus proches collaborateurs, pour l'usine du Bouchet Paul Vertès, ancien ingénieur de chez Kuhlmann, où il avait travaillé sous la direction d'Étienne Hirsch, le beau-frère de Guéron, Pierre Regnaut d'une promotion de Physique et Chimie voisine de la mienne, et Charles Eichner, le chercheur qui au début des années trente avait frôlé la découverte de l'hydrogène lourd et qui allait contribuer aux progrès de la chimie et de la métallurgie au Commissariat. Faisant la connaissance de ce dernier, lors de mon retour de New York, je fus étonné d'apprendre que Guéron l'avait embauché avec promesse de devenir mon adjoint, une attribution dont je tenais à être le seul juge. Rapidement, la validité de ce choix m'apparut des plus justifiées, ce qui fit dire par la suite que Guéron avait le talent de sélectionner d'excellents adjoints pour ses collègues.

Le principal événement de la vie du jeune CEA, que je suivis d'outre-Atlantique, en ce début de 1947, fut la bataille de Saclay.

Dautry et Joliot s'étaient accordés, au printemps précédent, pour retenir le plateau ouvert à tout vent du Christ-de-Saclay, comme site du futur centre d'études nucléaires du CEA, appelé à devenir le premier grand laboratoire multidisciplinaire français. L'expropriation de cent cinquante hectares de terre à blé, dénommés par la presse hostile « Bikini-sur-Yvette », souleva un tollé parmi les cultivateurs et une grande agitation chez les notables de la région. Ils étaient encouragés par quelques parlementaires locaux, redoutant de voir modifier la composition électorale de leurs circonscriptions par l'arrivée d'un grand nombre d'ouvriers et de techniciens. L'un d'eux, Édouard Bonnefous, alla jusqu'à invoquer le danger, dans une prochaine guerre, pour le château de Versailles, situé à une douzaine de kilomètres d'une telle cible. Interpellation à l'Assemblée nationale, recours en Conseil d'État n'y firent rien et l'expropriation des terrains fut décidée au printemps de 1947. La première décision fut, sur l'insistance de Mme Joliot, de planter cinq mille arbres là où il n'y en avait aucun. Le visiteur écologiste non prévenu pourrait être conduit à s'indigner aujourd'hui de la présence de tant de constructions sur un beau plateau boisé, ayant l'apparence d'un véritable parc... naturel !

Cet environnement de nos bâtiments techniques de Saclay m'a valu, en 1963 un des incidents inattendus de ma carrière de « diplomate nucléaire ». C'était à l'occasion d'un grand dîner donné à Paris par l'ambassadeur de Suisse, Agostino Soldati, en l'honneur du duc et de la duchesse de Windsor ; il y avait de nombreuses tables et, bien entendu, j'étais loin de celle des altesses royales. Mais, à la fin du dîner, notre hôtesse, Mme Soldati, vint vers moi et, à voix haute, que tous entendirent, me signifia que le duc et la duchesse souhaitaient me parler en privé. Quel ne fut pas mon étonnement quand elle m'accompagna vers un petit salon où les deux invités d'honneur m'attendaient assis sur un sofa.

La duchesse, encore très belle, me demanda de m'asseoir entre elle et l'ex-Édouard VIII. « Parlez fort, me dit-elle, car il est très sourd et nous voulons vous poser une question bien indiscrète. » Je fus pris de panique, la question allait sûrement concerner un domaine délicat couvert par le secret atomique, sans doute quelque aspect de notre programme militaire. Puis elle ajouta : « Combien payez-vous vos jardiniers à votre centre nucléaire de Saclay et leur donnez-vous une pension de retraite ? » J'eus du mal à éviter d'éclater de rire, puis je me souvins que leur propriété de Gif-sur-Yvette était voisine de nos laboratoires. Elle précisa, ce qui éclaira tout, que ses jardiniers, l'un après l'autre, la quittaient pour une situation moins noble mais probablement plus rémunératrice. Il me fut facile de lui répondre qu'en effet le CEA donnait une pension à tous ses agents, jardiniers ou autres, et sans doute un meilleur salaire qu'elle ne le faisait. Quand nous rejoignîmes les autres invités, le secret ayant été gardé de part et d'autre sur ce qui s'était dit, j'étais devenu un convive de marque. Les années ont passé, les bijoux de la duchesse ont été dispersés pour le plus grand bien de l'Institut Pasteur et le domaine couvert par le secret atomique s'est bien amenuisé.

En ce printemps 1947, où la bataille de Saclay avait été gagnée par le CEA, celui-ci venait d'être doté d'un siège à la hauteur de ses ambitions, un vaste hôtel particulier, rue de Varenne, au coin de la rue Barbet-de-Jouy, occupé par la Haute Cour de justice et fondé par une autre belle dame, la duchesse de Clermont, qui, avant la Révolution française, s'y consola fort bien d'un long veuvage.

J'étais un peu triste d'être loin de Paris au moment où étaient prises ces décisions, mais les absents n'ont pas toujours tort, car avant de quitter New York en juin 1947, je fis une fructueuse visite à mes anciens amis et collègues au Canada. Je m'y étais déjà brièvement rendu lors de mon retour de Bikini, au mois d'août 1946 ; Cockcroft, pour me faire honneur, m'avait désigné comme président du jury destiné à choisir la première Miss Deep River parmi les plus jolies jeunes personnes du nouveau centre. Il y avait deux concurrentes manifestement plus séduisantes que les autres, qui chacune avaient leurs partisans convaincus parmi les autorités. Les tenants des deux clans ayant failli en venir aux mains le jour du défilé et de l'élection, ceux-ci avaient été annulés au tout dernier moment et j'avais été privé à la fois de ma présidence et des baisers à la lauréate.

Cette fois-ci, la visite prit un tour plus sérieux, Bruno Pontecorvo était venu me chercher à l'aérodrome d'Ottawa et, durant les trois heures de route, il me raconta l'évolution des études et des travaux canadiens depuis ma dernière visite. La grande pile de recherche de dix mille kilowatts, objet du compromis tripartite du printemps de 1944, était enfin en voie d'achèvement, avec près d'un an et demi de retard sur le planning initial. Heureusement m'expliqua-t-il, l'existence officielle de la petite pile Zeep de puissance nulle, terminée sous la direction de Kowarski en septembre 1945, et acclamée publiquement comme la première au monde construite en dehors des États-Unis, avait, le secret sur les travaux en cours aidant, permis de sauver la face du programme canadien vis-à-vis du public et du Parlement et d'éviter que ne s'ébruite la nouvelle des retards sérieux subis dans la construction de la grande pile, incomparablement plus importante en réalité.

J'en déduisis que l'objectif principal du CEA devrait être d'avoir aussi tôt que possible une pile qui fonctionne, quelle qu'en soit la puissance. Or, j'étais bien placé pour savoir que les facteurs qui allaient conditionner la durée de construction de la pile de trois cents kilowatts, décidée un an auparavant, étaient la production de l'uranium métal extrêmement pur, la fabrication des barres faites dans ce matériau et, enfin, leur mode de refroidissement. L'uranium métal n'avait jamais été produit industriellement en France. Guéron, responsable de ce secteur, en avait confié l'étude à la Société des Terres rares, et celle-ci n'avait guère progressé. Une pile de puissance nulle à oxyde d'uranium, plus facile à réaliser, devait permettre, à mon avis, de gagner deux ans sur la pile envisagée, avantage non seulement psychologique mais aussi technique, car de nombreuses expériences pourraient être immédiatement réalisées avec une telle machine, sans compter la production de quantités non négligeables de radioéléments artificiels et de plutonium par milligrammes. De retour à New York, je n'eus aucun mal à convaincre Kowarski, qui venait d'arriver pour me remplacer de l'intérêt de cette solution. Il nous semblait improbable que Joliot acceptât de modifier l'objectif du CEA, annoncé depuis plus d'un an et jamais amendé depuis. Je craignais en soulevant la question de n'aboutir qu'à provoquer des remontrances à l'égard des chimistes et des exhortations à accélérer leur mise au point du métal. Néanmoins, fort de l'expérience canadienne et de l'appui de Kowarski, je décidai de prendre le risque et je préparai, au cours du voyage de retour en France à bord d'un paquebot, une longue note, maintes fois remise en chantier, pour la rendre le plus convaincante possible. Je la présentai le 8 juillet 1947 à la réunion du comité scientifique, et, à mon grand étonnement, elle fut adoptée sans discussion par les Joliot, Auger et Francis Perrin. Comme la pile serait de puissance nulle, elle pourrait, contrairement à celle de trois cents kilowatts prévue à Saclay, être érigée au voisinage d'habitations et sa construction immédiate au centre de Châtillon fut décidée. Kowarski fut chargé de sa réalisation et s'engagea à la terminer avant la fin de 1948, avec près de trois ans d'avance sur la date envisagée pour l'achèvement du centre de Saclay. Mettant un point d'honneur à baptiser toutes les nouvelles piles, il la dénomma « Zoe » (Zéro, Oxyde, Eau lourde), l'emportant sur Auger, plus intellectuel et raffiné, partisan d' « Eudoxie ».

J'avais souligné plusieurs fois, en séance du comité scientifique (et devais le refaire par la suite), la réticence de nos savants patrons à discuter de notre programme technique. Seules faisaient exception les questions de prospection et de recherches minières, souvent traitées en détail. J'avais été frappé du contraste entre les très longues discussions animées par Halban, au début du projet de Montréal, sur les différents types de réacteurs, leurs combustibles et leurs modes de refroidissement, et une certaine indifférence de Joliot pour les mêmes questions. Tout se passait comme si celui-ci avait du mal à effectuer le saut du domaine de la recherche fondamentale, à laquelle il avait tant apporté, à celui de la traduction pratique de celle-ci. Je lui reprochai, en octobre 1947, de ne pas avoir assez de contacts avec les ingénieurs et les techniciens du CEA et leurs laboratoires, lui qui parlait tellement de « son laboratoire » du Collège de France.

Ce qui l'intéressait, c'étaient les questions d'organisation du CEA, de ses équipes et de ses établissements, comme le plan de masse de Saclay ou les problèmes de l'agence d'architecture chargée de la réalisation de ce centre et au sujet desquels il entra parfois en conflit avec Dautry. Il voulait y réaliser un grand institut de physique nucléaire, doté de cyclotrons et d'accélérateurs, afin de profiter de la manne facilement accordée au CEA pour relancer la recherche fondamentale en France. Il avait raison et il était appuyé par son épouse et les deux autres commissaires scientifiques, heureux d'obtenir aussi des subventions pour leurs chercheurs et leurs laboratoires du Collège de France, de l'Institut du radium et de l'École normale. Kowarski était d'ailleurs en désaccord avec Joliot sur cet aspect des choses, il lui reprochait, ainsi qu'à Dautry, de vouloir ériger à Saclay « un château de Versailles », conçu par le célèbre architecte Auguste Perret et son équipe, au lieu de bâtiments en brique simplement fonctionnels comme il les avait appréciés dans les centres atomiques anglais et canadiens. Il voulait que l'activité du CEA fût consacrée à l'énergie atomique à laquelle il trouvait, comme moi, que nos commissaires, à l'exception sans doute de Francis Perrin, ne s'intéressaient pas assez.

L'usine du Bouchet

Au mois de novembre 1947, Joliot décida d'une réorganisation des services techniques, en vue de la prompte réalisation de Zoe.

Kowarski devint directeur, chargé des piles et accélérateurs, Guéron chef du service de chimie générale, et moi-même chef du service de chimie industrielle. J'étais maintenant responsable de la production des matériaux de haute pureté, oxyde d'uranium pour Zoe et métal pour les piles suivantes, nécessaires à la fabrication des combustibles atomiques, tout au long du cycle, à partir des concentrés d'uranium, tandis que le domaine de Guéron comprenait l'analyse chimique, le graphite et l'eau lourde.

Commencée pendant l'été de 1946, la petite usine de raffinage érigée dans une enclave de la poudrerie du Bouchet fut achevée fin 1947 par la Société des Terres rares, qui se chargea ensuite de purifier et de transformer en oxyde les quelques tonnes d'uranium nécessaires à Zoe, à partir du stock d'origine belge caché au Maroc pendant la guerre. L'oxyde de haute pureté, de couleur brune, devait être ensuite mis en pastilles de forte densité. Il fallut improviser et c'est à un ingénieur métallurgiste de talent, sorti du rang, Jacques Stohr, et à Louis Vautrey que revient le mérite d'avoir réussi à transformer les pastilles d'oxyde en une sorte de faïence dense obtenue dans des fours conçus et fabriqués à cet effet à Châtillon. Ils furent les premiers à réaliser le matériau mis en œuvre aujourd'hui dans le modèle de centrales nucléaires le plus répandu dans le monde et construites en France dans les vingt dernières années.

Paul Vertès, l'ingénieur que Guéron avait engagé pour moi, avait la responsabilité de suivre au Bouchet les travaux entrepris pour notre compte par la Société des Terres rares et ceci ne s'était pas passé sans froissements ni récriminations ; il était sans pitié pour les retards, les dépassements financiers, et les défaillances d'appareillage ; la firme industrielle lui reprochait son manque de souplesse, son refus de tenir compte des inévitables délais de mise au point et, aussi, sa présence permanente sur le dos des opérateurs responsables. La cadence et l'intensité des conflits s'étaient accrues avec le temps et avec notre impatience à obtenir le tonnage d'oxyde d'uranium nécessaire à la pile. Ces conflits étaient soumis à l'arbitrage et à la diplomatie de Denivelle, le secrétaire général du Commissariat, ami en même temps de Joliot et des dirigeants de la Société des Terres rares avec laquelle il était lié comme administrateur d'une entreprise sœur, les Produits chimiques de Thann et Mulhouse, ce qui sous un certain angle facilitait les choses et sous un autre les compliquait car il se trouvait un peu juge et partie.

Finalement, je convainquis Joliot de l'intérêt pour le CEA de reprendre à son compte la raffinerie du Bouchet, et celle-ci nous fut remise pendant l'été de 1948 par la Société des Terres rares, qui avait eu le mérite de l'ériger et de la faire fonctionner de façon satisfaisante, à partir de nos données rapportées du Canada. Comprenant alors une centaine d'ouvriers et de techniciens, l'usine fut rattachée à mon service de chimie industrielle et dirigée par Vertès, assisté de Regnaut et Sauteron. Pendant ce même été 1948, Denivelle décida de donner sa démission de son poste de secrétaire général du CEA pour se consacrer à l'industrie chimique française à laquelle il était resté attaché et avait rendu de nombreux services, en particulier comme président, durant quinze ans, de la Société de chimie industrielle. Pendant deux ans et demi, il s'était efforcé de mettre sur pied au CEA une organisation structurée, face à des scientifiques peu disposés à la rigueur administrative et d'arrondir, non sans peine, les angles entre Joliot, son ami, et Dautry dont il était très estimé.

Mon domaine d'activité avait ainsi pris un tour plus industriel, couvrant une nouvelle responsabilité, celle de la mise au point de la production de l'uranium métal de haute pureté destinée aux piles devant suivre Zoe. Cette fabrication se faisait par une mise à feu d'un mélange de fluorure d'uranium, belle matière verte, et de copeaux brillants de calcium métal. Cette opération spectaculaire était accompagnée d'un grand jet de flammes et fut pendant plusieurs années le clou de la visite du Bouchet, où, en attendant l'achèvement de Saclay, l'on amenait nos invités de marque français ou étrangers. Une fois la réaction terminée, on cassait la gangue de fluorure de calcium fondu d'où l'on sortait un lourd et noir lingot brut d'uranium métal.

Tandis que le fluorure d'uranium était fabriqué dans notre propre usine, il fallut monter en France la production de calcium de haute pureté. Trois sociétés industrielles furent mises en compétition et ce fut une petite firme : la Société électrométallurgique du Planet qui allait fournir la plus grande part de nos besoins. Le CEA conclut avec elle un contrat de prise en charge, pendant un an, de son usine de La Roche-de-Rame, dans les Hautes-Alpes. Le procédé mis au point, la société retrouva son indépendance et le Commissariat lui passa des commandes jusqu'au jour où des progrès dans la production de l'uranium métal permirent de passer du calcium au magnésium de haute pureté, plus facilement disponible en France. Cette opération délicate de préparation du calcium fut suivie pour mon service par Charlie Fisher, une nouvelle jeune recrue, sortant de Physique et Chimie.

Poker technique

Ce problème de l'obtention du calcium de haute pureté fut à l'origine d'un incident, caractéristique de la psychologie des personnes concernées. Au retour de mes vacances de l'été 1948, Guéron, qui avait assuré la permanence, me mit au courant des faits suivants : les services du contre-espionnage français l'avaient prévenu, au début de la période des vacances, du passage en Allemagne fédérale, de la zone orientale, d'un ingénieur chimiste allemand, directeur d'une usine de fabrication de calcium de haute pureté. Nous l'appellerons le Dr S... Ils étaient prêts à le conduire à Paris si le Commissariat était intéressé et, en attendant, ils nous faisaient parvenir un spécimen du produit qu'il avait apporté avec lui pour montrer la validité de son procédé. Guéron fit analyser cet échantillon et, l'ayant trouvé satisfaisant, accepta de rencontrer le Dr S... L'entrevue eut lieu quelques jours plus tard dans les locaux des services de la Direction générale des études et renseignements (DGER), boulevard Suchet. Le chimiste allemand commença à décrire son procédé, puis s'arrêta net. Il n'en dirait pas plus, mais était prêt à nous en fournir une description détaillée pour la somme d'un million deux cent mille francs (anciens). Les dirigeants du CEA étant en vacances, et Guéron n'étant pas habilité à s'engager seul dans une telle opération, celui-ci proposa que l'on reconduise l'inventeur en Allemagne, quitte à le faire revenir par la suite.

Deux jours plus tard, les officiers du contre-espionnage apportèrent à Guéron un document en allemand, paraissant être le descriptif mentionné. Le chimiste allemand avait demandé, avant de repartir en Allemagne, à visiter Paris et, pendant son absence, sa valise avait été fouillée et une photocopie avait été prise du rapport qui s'y trouvait. Guéron, choqué par le procédé qu'il trouvait incorrect, refusa de prendre connaissance du document et le mit au coffre dans une enveloppe scellée. Telle était la situation qu'il m'exposa avant son départ en congé.

N'ayant pas les mêmes scrupules que mon collègue, je ressortis l'enveloppe du coffre et fis étudier le document par Eichner, parfaitement germanophone. Selon celui-ci, il s'agissait d'un procédé original intéressant, fondé sur l'électrolyse, et suffisamment bien décrit pour être mis en pratique par notre industrie. Muni de cette information, je profitai d'une réunion programme, à l'Arcouest, pour exposer à Joliot le problème et lui demander des instructions. Le haut-commissaire, intéressé, jugea qu'il fallait montrer que le CEA était désireux de recevoir de telles informations secrètes et qu'il était souhaitable que cela se sût en Allemagne. Il fallait donc faire une offre au Dr S..., mais pas à n'importe quel prix. Il me suggéra de m'entendre avec Eichner pour fixer un prix raisonnable, puis de faire revenir à Paris l'inventeur et de lui faire une proposition. Quelques jours plus tard, avec l'accord de Joliot sur la somme proposée, je me trouvais à mon tour boulevard Suchet devant un homme jeune, sérieux et pâle, et apparemment très ému. Je fus bref : « Le gouvernement français n'a pas l'habitude de marchander, je vais vous faire une offre, vous aurez deux minutes pour nous donner votre réponse, si c'est oui, vous serez payé immédiatement en liquide en échange de votre descriptif, si c'est non, vous serez reconduit en Allemagne et ce sera la fin de nos contacts ; la somme est de trois cent mille francs. » Le Dr S... prit en grand silence les deux minutes pour réfléchir, ce qui me parut interminable, puis ce fut « *Ja* ». Je lui tendis l'enveloppe avec les billets de banque, et il me donna une copie du document que nous avions en notre possession depuis quelques semaines.

Quelques jours plus tard, Joliot me raconta la suite. Il avait reçu la visite du capitaine responsable de l'opération. Celui-ci lui avait fait une violente scène, scandalisé par ce don de trois cent mille francs à un Allemand, car, selon lui, les seuls bénéficiaires de cette somme auraient dû être ses propres agents. Joliot avait eu le plus grand mal à lui faire comprendre son point de vue. Finalement, le procédé ne fut pas utilisé par la Société d'électrochimie d'Ugine qui s'y était intéressée, mais celle-ci employa par la suite le Dr S... comme conseil et en fut satisfaite. La solution adoptée avait eu ses mérites.

Quelques années plus tard, en 1953, le Commissariat fut confronté à une situation un peu analogue. Le président de la commission atomique israélienne, Ernst Bergmann, vint trouver Guillaumat, l'administrateur général du CEA, pour lui proposer de lui vendre un procédé nouveau, découvert par ses chimistes, pour le traitement des minerais pauvres en uranium, mais il ne voulait pas nous en décrire même les grandes lignes, car cela nous aurait donné trop d'indications. Guillaumat, convaincu du sérieux des Israéliens, accepta de négocier « sans voir », et partant d'une demande initiale d'une centaine de millions de francs (anciens), l'accord se fit sur soixante millions. Nous reçûmes en échange plusieurs volumes de comptes rendus opératoires décrivant le procédé et ses modalités d'application. Il fut appliqué avec succès par la Société des minerais de l'Ouest (société mixte, créée entre Kuhlmann et le CEA, dont je fus le premier président), et nous permit de gagner deux ans sur la publication, en 1955, du procédé par les Américains qui l'avaient aussi découvert.

Le traitement chimique des minerais d'uranium devint un domaine important de mes responsabilités, à la suite de la découverte de plusieurs gisements exploitables dans le centre et l'ouest de la France, succédant à celle, capitale pour l'avenir du CEA, du filon de pechblende à La Crouzille, dans le Limousin à la fin de 1948. La disponibilité de ressources nationales suffisantes en uranium était une condition indispensable à l'expansion et l'indépendance de notre effort nucléaire.

La première découverte avait eu lieu dans les conditions suivantes : en 1947, des élèves prospecteurs, souvent d'anciens résistants, après quelques mois d'enseignement poussé, avaient couronné leurs études par une recherche, sur le terrain, de la radioactivité d'une région située à une vingtaine de kilomètres au nord de Limoges. Ils avaient trouvé quelques indices intéressants. L'année suivante, leurs travaux furent repris par les prospecteurs de métier du CEA, sous la direction du Pr Marcel Roubault, puis poussés avec succès au stade suivant, celui de la découverte d'un gisement très important, le 28 novembre 1948, jour mémorable pour le CEA.

La divergence de Zoe

Moins de trois semaines plus tard, le 15 décembre 1948, la fête se transporta du Limousin à Châtillon, pour la naissance de Zoe, avec Kowarski comme maître de cérémonie. Par un temps glacial, j'étais passé chez lui à 6 heures du matin, pour le conduire en auto au fort. Il avait revêtu, pour l'occasion, un bleu de chauffe tout neuf, sans doute pour faire croire sur les photos de l'événement qu'il mettait la main à la pâte. En réalité cette tenue ne faisait que souligner ses formes qui n'en avaient guère besoin. Ses invités avaient été triés sur le volet : Joliot et deux douzaines des principaux artisans de la pile, dont les responsables de la construction, Eugène Le Meur, de l'électronique, Maurice Surdin, et des calculs neutroniques, André Ertaud. Il n'avait même pas convié Perrin.

L'opération de remplissage de la cuve en eau lourde commença vers 7 heures. Kowarski s'était réservé la responsabilité de presser le bouton commandant une pompe et une seule injection d'une quantité déterminée d'eau lourde. Il fallait appuyer de nouveau sur le bouton pour avoir l'injection suivante, de façon à éviter tout risque d'emballer la réaction en chaîne en dépassant trop le niveau de divergence. Les barres de contrôle avaient été réglées pour pénétrer automatiquement dans la cuve et arrêter la réaction à une puissance d'un dixième de watt.

Bien entendu, on ne voyait rien, car tout se passait derrière la protection d'un épais cube de béton de plusieurs mètres de côté situé au milieu d'une sorte de hangar. La plupart d'entre nous étions des observateurs non participants et nous nous promenions autour de la pile pour nous réchauffer en trompant notre faim avec des sandwiches. Nous étions, en principe, sûrs des calculs dérivés des notes rapportées par Kowarski et qui avaient permis de tenir compte du remplacement de l'uranium par de l'oxyde. Nous étions aussi rassurés sur la pureté des matériaux mis en jeu. Ils avaient été contrôlés par le service de chimie analytique sous la responsabilité de Guéron. Celui-ci avait défini sa délicate tâche comme consistant « à pouvoir doser tout dans n'importe quoi, de préférence à des teneurs inférieures au millionième, et, si possible, avant d'avoir reçu l'échantillon ». Néanmoins, il y avait toujours le risque de l'imprévisible et l'avenir du CEA, et même le nôtre, dépendait de la réussite de cette opération, aboutissement de plusieurs années d'efforts. Comme le dira plus tard de Gaulle à l'occasion d'une visite en 1958 d'un de nos centres nucléaires : « Que de convergences pour une divergence ! »

Kowarski avait assigné à Joliot la tâche de tenir le livre de bord de l'expérience, et le CEA a conservé précieusement la feuille où, de son écriture fine et nette, le haut-commissaire a, sous le titre « Essai de démarrage Zoe », noté les heures, les niveaux d'eau et les indications des divers appareils de mesures de radiations et de neutrons. Le document se termine par les mentions : « Discours Kowarski, accolade 12 h 09′ 30″ avec Joliot ; 12 h 12 un coup de pompe barres déclenchées, divergence officielle. » Joliot avait ainsi participé à une seule expérience au CEA, la plus importante. Il devait ouvrir alors les portes du bâtiment et annoncer la bonne nouvelle à tous les ingénieurs, techniciens et ouvriers assemblés, qui l'applaudirent avec émotion.

Il devait plus tard, en s'excusant de « cette image grossière mais juste », décrire l'atmosphère de ce matin du 15 décembre comme « analogue à celle qui règne dans une salle d'accouchement, non dans une salle d'opération, auprès d'un être que l'on aime ».

Dès le lendemain, une conférence de presse, où Kowarski lui

disputait la vedette, consacra l'événement, célébré comme une réalisation de portée internationale, celui de la mise en marche de la première pile construite en dehors du monde anglo-saxon. En réalité les Russes nous avaient devancés de deux ans, mais rien n'était encore connu en Occident des travaux soviétiques en dehors de la contribution du savant-espion Alan Nunn May. Les télégrammes solennels, les visites illustres, dont celle du président de la République Vincent Auriol, quelques jours après la divergence, les photos dans les journaux et les magazines contribuèrent au triomphe. Le CEA avait franchi à La Crouzille et Châtillon deux étapes capitales, la naissance de Zoe lui avait donné ses premières lettres de noblesse. Que de chemin parcouru depuis la traversée du *Broompark* en juin 1940 avec l'eau lourde !

Comme l'écrira plus tard Kowarski : « Tout ce déploiement d'attention était-il justifié ? Il s'agissait somme toute d'un exploit assez modeste : mettez de l'uranium dans un grand pot rempli d'eau lourde, en gardant les proportions dans des limites tracées assez largement, et il est bien difficile d'éviter que ça chauffe. Mais entre l'immobilité et un premier pas, la distance philosophique et psychologique est bien plus vaste qu'entre ce premier pas et une course rapide. Le public ne s'y trompa pas et réagit en conséquence. »

Le pas suivant fut la décision, prise après le succès de Zoe, de construire une deuxième pile à eau lourde, cette fois à uranium métal, d'environ deux mille kilowatts, pour la production de radioéléments artificiels et de plutonium à l'échelle du gramme par jour. Le choix restait à faire sur le mode de refroidissement, soit par circulation de tout ou partie de l'eau lourde, soit par de l'air ou du gaz comprimés autour de chaque barreau. Cette dernière solution fut adoptée, au cours de l'été 1949, durant une réunion tenue à l'Arcouest. Déjà l'été précédent, Joliot avait réuni les membres du comité scientifique pour discuter et élaborer le programme du Commissariat, dans ce beau site de Bretagne, sur la pelouse devant sa maison et celle mitoyenne des Perrin, réussissant à recréer l'ambiance détendue et amicale des premiers temps du CEA.

Là encore, je bénéficiai de la décision prise, sur ma suggestion, de ne pas refroidir notre première pile et d'y utiliser l'oxyde au lieu du métal, car le temps dont nous allions disposer pour l'étape suivante allait nous permettre, sans être trop bousculés, d'achever la mise au point de la production de l'uranium métal au Bouchet et simultanément d'y monter un atelier pour traiter directement le riche minerai de La Crouzille.

La seconde pile, achevée en 1952, était refroidie par du gaz carbonique comprimé, procédé utilisé pour la première fois au monde et qui fut ensuite mis en œuvre dans les grandes piles industrielles britanniques et françaises. Kowarski en avait été responsable avec l'équipe de Zoe, mais il avait aussi, à ses côtés, le physicien théoricien Jacques Yvon, collègue de Guéron à l'université de Strasbourg, que ce dernier, après avoir convaincu Joliot de l'intérêt de le recruter, réussit à détacher de l'enseignement vers le Commissariat. Ce savant, ancien déporté de Buchenwald, joua dans le domaine de la physique des réacteurs et des centrales nucléaires un rôle aussi considérable que sa modestie était grande. Il fut appelé à devenir, en 1970, le troisième haut-commissaire du CEA.

Les enfants de Zoe

Zoe fut utilisée pour la production de radioéléments artificiels pour la recherche, l'industrie, la biologie et la médecine. On pouvait y produire une variété plus grande de radio-isotopes, avec des intensités très supérieures à celle des fournitures du cyclotron du Collège de France, seule source nationale à cette date. Mon département de chimie se vit affecter la responsabilité de préparer et de distribuer ces produits parallèlement aux importations en provenance des États-Unis et de Grande-Bretagne, qui restèrent longtemps le monopole du CEA ; ces importations relevaient de Lydia Cassin, assistante de Kowarski, qui s'en occupa avec entregent et efficacité.

Le gouvernement américain, soumis aux pressions multiples de ses savants, s'était enfin décidé en 1948 à fournir ces produits à l'étranger, uniquement à des fins de recherche non industrielle, aux seuls usagers agréés par leurs gouvernements, mais avec tant de complications administratives que les Britanniques, bien qu'arrivés un peu plus tard sur le marché, mais plus souples et moins exigeants quant à l'utilisation, les supplantèrent facilement, en France tout au moins. L'animateur anglais de cette politique libérale, Henry Seligman, était un ami, un ancien de l'équipe anglo-canadienne de Montréal, chez qui j'avais parfois passé des week-ends pendant la guerre. Plein d'entrain et doué du sens du commerce, il était toujours prêt à rendre service et à conclure ses transactions par téléphone, surtout quand il s'agissait de traitements médicaux urgents, quitte à effectuer la régularisation par la suite. Sa devise était : il n'y a pas de transaction que l'on ne puisse régler en dix minutes. N'hésitant pas à faciliter les débuts d'un concurrent potentiel, il vint en France nous aider à faire démarrer notre service de production et de distribution de radio-isotopes, service confié à Charlie Fisher, le problème de la production de calcium métal dont il s'occupait auparavant étant résolu. Au début, le CEA se spécialisa dans la fabrication des radio-isotopes à vie trop courte pour être importés de l'étranger.

Notre première livraison fut effectuée en mai 1949, son destinataire était Paul Bonet-Maury, un camarade du laboratoire Curie, spécialisé dans l'étude des effets biologiques des radiations. Il s'agissait d'un radiosodium dont la période de décroissance de moitié est d'une quinzaine d'heures. Je lui remis solennellement, avec Fisher, le produit contenu dans un petit tube de verre disposé dans un écrin protecteur de plomb ; j'y ajoutai une coupure de cent francs, de la monnaie émise par les Américains au moment de la Libération et destinée à être retirée incessamment de la circulation, en lui expliquant que la source apportée, comme le billet, perdrait toute valeur si elle n'était pas utilisée rapidement ! Les clients ultérieurs furent moins généreusement traités, ils devaient payer pour chaque livraison, mais seulement un montant symbolique, car nous tenions à généraliser l'emploi de ce merveilleux outil de recherche.

Trois ans plus tard, en 1952, le nombre de livraisons de sources de radio-isotopes produits à Châtillon s'élevait à près de mille cinq cents pour l'année, dépassant celui des importations d'Angleterre qui était de l'ordre du millier, dont les trois quarts pour une vingtaine d'hôpitaux de Paris et de province, surtout pour des hématologues ou des cancérologues comme Maurice Tubiana, alors au début de sa carrière. L'emploi thérapeutique des radio-isotopes avait ainsi étonnamment progressé en dix années, depuis les premiers essais auxquels j'avais participé à New York en 1942, et, maintenant, nous avions la satisfaction de savoir que des rémissions, et même des guérisons, étaient devenues possibles.

Mais l'enfant de Zoe, auquel je m'intéressais le plus, était celui que j'avais vu naître sous mes yeux, aussi en 1942, mais à Chicago : le plutonium. Je n'avais pas perdu l'espoir, depuis mon arrivée en France, de le voir naître à nouveau, cette fois de mes mains et dans mon pays. C'était le domaine où, non seulement, j'avais eu quelques satisfactions techniques mais, surtout, où j'avais réussi le mieux à contourner le secret atomique. La chance allait me permettre de continuer à le faire.

En prenant congé en 1946 du général Groves à Washington, je m'étais engagé à ne dévoiler en France nos connaissances — sans les publier — qu'au fur et à mesure des nécessités du déroulement de nos travaux. Sachant que j'aurais à reprendre mes recherches sur l'extraction par solvant, mais désireux de tenir mes engagements à l'égard de Groves, au lieu de faire venir des États-Unis la quelque demi-douzaine des seuls produits les plus propices, je passai dès 1946 un ordre d'achat d'un gallon de chacun d'une centaine de solvants, de façon à ne pas pouvoir être accusé d'indiscrétion.

Quelle ne fut pas ma surprise, un an plus tard, de recevoir la visite de l'agent parisien de la firme américaine auprès de laquelle j'avais passé ma commande. Il tenait à me faire savoir que l'organisation atomique britannique venait de se procurer par dizaines de tonnes un des solvants que j'avais commandés chez lui. C'était un de ceux que nous avions classés à Montréal parmi les meilleurs, mais pas celui retenu, en fin de compte, pour l'usine de retraitement canadienne. C'est ainsi que j'appris, par des moyens commerciaux classiques, que mon adjoint anglais à Chalk River, Spence, devenu depuis le chef de la chimie de l'entreprise britannique à Harwell, avait choisi ce solvant pour la première usine britannique d'extraction de plutonium. Je ne résistai pas ensuite à l'envie de prévenir de cette « fuite » le chef de la sûreté de Harwell, celui qui, quelques années plus tard, démasqua Fuchs. Il m'en fut reconnaissant, car il s'était vu refuser, par le ministère concerné, la mise au secret de cette commande.

Durant le printemps et l'été de 1949, une installation avec des protections contre les radiations avait été montée au Bouchet pour traiter une barre de Zoe. Celle-ci fut retirée de la pile le 20 septembre, précisément après neuf mois de gestation, correspondant à la formation de cinq milligrammes de plutonium. Le traitement commença un mois plus tard et devait se prolonger pendant quatre semaines, quelquefois même de nuit ; pour le suivre de plus près, je m'étais installé, avec ma femme, dans un logement destiné aux ingénieurs de passage. En raison de la très faible puissance de Zoe, on pouvait au début de l'opération séjourner un quart d'heure à un mètre du récipient d'attaque. Vertès, le directeur de l'usine, avait fait fabriquer d'extraordinaires pinces pour transférer d'un récipient à l'autre les pastilles, une fois la gaine d'aluminium dissoute dans la soude. Ces pinces, ressemblant à des instruments de torture du Moyen Âge, se révélèrent trop compliquées à utiliser pour une personne d'entendement moyen. Je décidai de trancher dans le vif et, ayant fait chercher à la cantine la louche qui avait le manche le plus long, j'effectuai le transfert en quelques minutes.

Après une dissolution dans l'acide nitrique, puis deux extractions successives par des solvants différents, l'un pour l'uranium, l'autre pour le plutonium, celui-ci se trouva concentré dans un volume suffisamment réduit pour continuer le traitement chimique au laboratoire. Le samedi, nous étions près du but et je décidai de reporter l'opération finale au surlendemain. Puis, me ravisant et n'ayant pas la patience d'attendre le lundi, je demandai à Vertès d'envoyer un pneumatique à tous les Parisiens (André Chesné, Charles Eichner, Colette Patris, Pierre Regnaut et Jean Sauteron) pour les convoquer le dimanche matin, le 20 novembre. Ils vinrent tous et je procédai devant eux à la précipitation finale. Rien ne se produisit. Nous étions silencieux. Kowarski, venu assister à la naissance d'un enfant de sa Zoe fut sans pitié, déclarant : « Il n'y a pas de plutonium là-dedans. » A cet instant, un volumineux précipité blanc se forma, c'était l'iodate de plutonium attendu. Nous l'avons centrifugé, puis mis dans un tube allongé pour augmenter le volume apparent, car il n'y avait qu'un milligramme d'élément. Je mis le tube dans ma poche de veston et nous partîmes à Sceaux montrer le premier plutonium français à Joliot, juste de retour de Moscou.

Trois jours plus tard, le 23 novembre 1949, Joliot tenait une conférence devant l'ensemble du personnel du CEA pour faire le point sur tous nos travaux. Il décrivit notre visite récente dans les termes suivants : « J'ai eu le grand plaisir — j'en ai été très touché — d'avoir la visite dimanche dernier de Goldschmidt et de son équipe, j'étais un peu grippé et j'étais resté chez moi à Sceaux, après le déjeuner. Ils avaient dans la main un petit tube qui contenait les premiers milligrammes de plutonium extraits au Bouchet. Pour la première fois je voyais cet élément dont j'avais tant entendu parler ; ce fut une très grande émotion pour un vieux chimiste et physicien qui avait fait de la radioactivité avec des substances naturelles, mais n'avait jamais vu de substance radioactive artificielle en quantité pondérable. » Puis il demanda à Colette Patris, la benjamine de l'équipe, de lui apporter le tube qu'il montra à l'assemblée.

Ce milligramme de plutonium me valut de beaux articles avec photos dans la presse, et même un très long dans *L'Humanité*, sans la moindre attaque personnelle, contrairement au compte rendu de ma conférence sur Bikini en 1946. Celui-ci signé par

Francis Cohen se terminait par : « Et puis, le résultat de cette petite pincée de poudre qu'on ne peut regarder sans rêver, sujet d'expériences ici. Mais dans la tête des cannibales arme de chantage et de mort. Mais dans le cœur des hommes de paix du monde entier, et dans la main des hommes du socialisme, la plus grande promesse d'abondance, de bonheur et de paix pour l'avenir que nous allons connaître. » Ce n'est pas ce qu'en pensent les Amis de la Terre et autres écologistes de nos jours, farouchement hostiles à l'utilisation civile du plutonium !

La technologie de cet élément n'avait pas fini de me réserver des surprises ; un peu plus d'un an après l'isolement triomphal du premier milligramme français, mon collègue anglais, Spence, de passage à Paris, au début de 1951, m'apprit qu'une boutade de Seaborg que nous avions l'habitude de citer : « Il n'y a pas de meilleur solvant pour le plutonium, le meilleur c'est celui que l'on sait le mieux utiliser », venait d'être infirmée. Les Américains avaient découvert, à l'occasion de travaux étrangers à l'uranium et au plutonium, un solvant plus efficace que les autres, mais son identité des plus secrètes ne pouvait pas m'être révélée. Je fis faire alors, par deux de mes collaboratrices, une bibliographie poussée de toutes les publications américaines récentes mettant en jeu l'extraction par solvant en chimie minérale. Au bout de quelques semaines, elles me signalèrent que le tributyl phosphate avait été utilisé avec succès pour certaines séparations difficiles d'éléments voisins. Avant d'avoir pu procéder à des vérifications, nous eûmes à Paris la visite d'un des adjoints de Spence. L'emmenant en voiture au Bouchet, et sans le regarder, je lui demandai s'il travaillait comme nous sur le tributyl phosphate. Il ne put s'empêcher de répondre : « Ah ! vous savez ! » C'est ainsi que nous « découvrîmes » les propriétés exceptionnelles de ce solvant que nous n'avions pas expérimenté au Canada, soit parce qu'il n'était pas disponible commercialement, soit parce que nous ne l'avions pas commandé.

Au cours des semaines et des mois suivants, nous pûmes nous procurer ce solvant, vérifier ses propriétés exceptionnelles et préciser au laboratoire les grandes lignes d'un procédé, transposable industriellement, pour séparer le plutonium des produits de fission radioactifs, formés dans l'uranium dans une pile en fonctionnement. J'avais été assisté dans cette recherche par Regnaut et Isabelle Prévot, une de mes élèves à Physique et Chimie, lors de mon court passage comme sous-chef de travaux pratiques en 1937. Ils devinrent les spécialistes du plutonium au

CEA. Il est probable que Mme Prévot en fut victime, car elle succomba malheureusement dans les années soixante-dix à une leucémie.

Prestige de l'atome

Durant ces premières années du CEA, avec Bikini, Zoe et l'isolement du plutonium, le prestige de l'atome était d'autant plus considérable dans le public que celui-ci avait du mal à se faire une idée de ce qu'étaient l'énergie atomique et ses mécanismes. Cela donna lieu à divers événements où je jouai le rôle d'expert, de professeur ou de conférencier.

Je fus conduit, à la fin de 1949, à menacer de saisie et de procès le magazine *Match* et à réussir à faire mettre au pilon une partie de la livraison d'un numéro de cette revue et à imposer un cache noir sur une légende des autres exemplaires, où, sous de belles photos du Bouchet et de Châtillon, il était expliqué que dans ce dernier centre les chercheurs travaillaient dans la crainte constante d'une explosion atomique possible !

A l'époque où nous étions attelés à Châtillon à l'étude du meilleur solvant, Regnaut vint un jour me prévenir qu'un de ses camarades de lycée, devenu fonctionnaire à la Défense de la sûreté du territoire, allait venir nous demander une expertise. Peu après, celui-ci nous apporta une bonbonne en plomb supposée contenir de l'uranium, et vendue pour plusieurs dizaines de millions de francs (anciens) à un jeune homme pâle et bien mis qui l'avait accompagné. Il s'agissait du marquis Scipion du Roure de Beaujeu, gendre de Mme Thome-Patenôtre, sénateur de Seine-et-Oise, et sœur de l'ambassadrice Soldati. Il avait été victime d'une machination rocambolesque, ayant été persuadé qu'il faisait œuvre de patriote en soustrayant le produit à de prétendus espions soviétiques. Après que le policier m'eut garanti qu'il n'y avait ni mouvement d'horlogerie ni bombe cachée, la bonbonne fut ouverte devant les compteurs de radioactivité, qui restèrent, en présence de quelques kilos de sable humide, aussi muets que la malheureuse victime des escrocs. L'un de ceux-ci s'était fait appeler colonel Roux-Combaluzier, ayant choisi son nom au dernier moment dans l'ascenseur de l'immeuble du marquis. Ils furent pris et condamnés à des peines de prison ferme, mais, à ma connaissance, l'argent provenant de la vente d'une rivière de diamants ne fut jamais rendu.

Les mystères de l'uranium faisaient à cette époque d'autres victimes et parfois aussi des heureux. Quelques centaines de kilos d'uranium métal avaient disparu des laboratoires allemands à la fin de la guerre. Ainsi un professeur de la faculté des sciences de Paris avait-il trouvé au marché aux puces un lingot de plusieurs kilogrammes de ce métal, qu'il avait payé quelques centaines de fois moins cher que sa valeur à cette époque. En revanche, des escrocs cherchaient à en vendre à des prix plusieurs centaines de fois trop élevés à des spéculateurs désireux de mettre leur fortune, sous un petit volume et le plus souvent en Suisse, dans un coffre-fort.

Il était important de mieux éclairer le public, de lui donner une idée plus précise de la valeur des choses et, en outre, d'expliquer que l'uranium n'allait pas ouvrir l'ère de l'énergie gratuite. Dès 1947, les protecteurs de l'environnement avaient utilisé l'argument de la disponibilité prochaine de l'énergie nouvelle pour essayer de s'opposer à la création d'un barrage en Savoie et à la disparition sous un lac artificiel du village de Tignes. Joliot dut faire une intervention à la radio pour remettre les choses au point et l'usine hydro-électrique fut construite.

En 1948, je donnai une série de dix leçons à l'École nationale d'administration, sans connaître le nom des élèves des deux promotions qui suivirent le cours. Des années plus tard, en rencontrant certains d'entre eux au faîte de leur carrière comme ambassadeurs ou ministres, j'appris que j'avais été leur professeur. Ce fut le cas, entre autres, de Michel Jobert, de François-Xavier Ortoli et d'Alain Peyrefitte. En octobre de cette même année, Paul Ramadier, alors ministre de la Défense, me fit appeler pour lui apprendre — me dit-il — ce qu'était un atome, et, plusieurs soirs de suite, assis à ses côtés derrière son grand bureau, je lui expliquai les débuts de l'aventure atomique. Sa barbe blanche lui donnait bien plus l'air d'un professeur attentionné que de l'élève studieux dont il avait gardé la curiosité et la puissance de travail. Après la dernière leçon, il m'emmena faire le tour des salons de l'hôtel de la rue Saint-Dominique pour admirer les tapisseries représentant les victoires du Grand Siècle ; celles-ci avaient l'air d'appartenir à un autre monde par contraste avec celui dont nous venions de discuter l'avenir.

Parmi mes conférences les moins réussies, fut celle que je donnai à Chaumont ; j'avais reçu un coup de téléphone comminatoire : « Ici Edgar Pisani, préfet de la Haute-Marne, je souhaite que vous veniez faire une conférence sur les expériences de Bikini, vous serez, bien entendu, ainsi que votre femme, logé à la préfecture. » Or, le clou de la conférence devait être la projection du film sur Bikini ; mais, à la suite d'une sombre histoire de rivalités entre une association laïque et un groupement catholique, je fus privé de l'appareil de projection, et, dans une salle glacée, devant un auditoire clairsemé et somnolent, je dus improviser des considérations techniques sur l'atome pour remplacer le film. « Ce n'était pas du tout ce qu'il fallait », fut le jugement du futur haut-commissaire en Nouvelle-Calédonie, et nous repartîmes le lendemain matin tôt, en rasant les murs !

Une cérémonie que je ne suis pas près d'oublier, fut celle au cours de laquelle Guéron et moi reçûmes, en 1949, les insignes de chevalier de la Légion d'honneur, quelque dix-huit mois après Halban et Kowarski. Nous avions choisi comme parrain le général Bloch Dassault qui, ayant atteint la limite d'âge, n'était plus membre du comité de l'énergie atomique, mais encore grand chancelier de la Légion d'honneur. La remise de décoration eut lieu le jeudi 20 octobre dans le grand salon d'apparat de l'hôtel de Clermont, devant toutes les autorités du CEA et nos plus proches collaborateurs, une quarantaine de personnes en tout, debout aux côtés du général en bel uniforme et képi sur la tête. Tout le monde était à l'heure... sauf ma femme. Je craignais un accident car elle avait emmené sa fille et deux petits cousins au cirque. N'y tenant plus, j'attendais dans la rue de Varenne, au comble de l'énervement. Elle arriva avec quarante minutes de retard, m'expliquant qu'elle n'avait pas eu le courage de priver les enfants d'un numéro de funambules à bicyclette et avait ensuite été prise dans un embouteillage.

Durant ces mêmes années des débuts du CEA, je reçus des invitations à faire des conférences à l'étranger et j'en donnai en Belgique, en Norvège et en Suède. La première de ces invitations était venue en avril 1948 d'Égypte, émanant d'un de mes compagnons de voyage de la croisière de Bikini ; après avoir obtenu l'accord de Joliot et de Dautry, j'acceptai avec enthousiasme mais l'affaire en resta là, car le mois suivant eut lieu la proclamation de l'État d'Israël, suivie de sa première guerre avec les pays arabes. La situation n'avait pas changé, et bien des années plus tard, mon collègue égyptien au conseil des gouverneurs de l'Agence internationale de l'énergie atomique m'exprima à plusieurs reprises son regret de ne pouvoir m'inviter à venir voir ses installations nucléaires et son pays. Pourtant, en septembre 1979, il vint vers moi en souriant : « Je peux vous inviter et je vous conseille de venir vite, car on ne sait jamais ce qui peut arriver. » J'acceptai et m'arrêtai au Caire, en route vers l'Inde, deux mois plus tard ; je fus accueilli admirablement par la commission atomique égyptienne.

Sur le plan des relations extérieures, il était regrettable que la France, principal pays non lié par la politique du secret, et possédant déjà une pile de recherche, n'ait pu prendre la tête d'une large collaboration et jouer alors le rôle que lui laissait le Royaume-Uni empêché de le faire par ses engagements envers les États-Unis. Mais, la présence d'éléments d'extrême gauche au CEA n'encourageait pas les autres pays à s'adresser à nous, sans compter que nous n'étions pas nous-mêmes immunisés contre la tentation de faire payer cher nos rares secrets.

Joliot laissa ainsi passer une occasion de nouer une collaboration avec la Norvège, à laquelle nous étions redevables de nos fournitures d'eau lourde depuis 1940. Au début de 1950, Gunnar Randers, le physicien ambitieux et dynamique, chef de l'effort atomique norvégien, vint frapper à notre porte. Il s'était lancé dans la construction d'une pile inspirée de Zoe, dont nous ne lui avions pas caché les principales données. Il n'avait pu ni découvrir d'uranium sur son territoire ni s'en procurer à l'étranger. Persuadé qu'il était seul à pouvoir sortir son collègue de l'impasse, encouragé par Kowarski, mais contre mon avis, Joliot fut très exigeant : il acceptait de céder l'uranium, mais sans les données sur sa purification et sa mise sous forme de métal ; il demandait en outre que le réacteur soit considéré comme franco-norvégien. Randers refusa ces conditions trop draconiennes ; il avait bien prévenu Joliot que son gouvernement était hésitant à s'engager avec le savant communiste, d'autant plus qu'il avait une autre corde à son arc, ce que nous avions considéré à tort comme du bluff. En effet, peu après, un accord fut conclu entre la Norvège et les Pays-Bas, qui possédaient un stock d'une dizaine de tonnes d'uranium achetées en 1939 par un professeur d'université avisé et qui était resté caché depuis. Devant la menace d'une participation française, les Anglais obtinrent ensuite l'accord des Américains pour effectuer la transformation en métal de l'uranium hollandais, et le réacteur hollando-norvégien fut achevé en 1951. Une belle occasion avait été perdue.

La leçon devait servir, car, en 1951, nous acceptions, comme les Anglais venaient de le faire dans le cas précédent, de transformer en métal pour leur première pile de l'uranium que les Suédois avaient extrait de leur sol et engagions ainsi avec ce pays une de nos premières collaborations. Un autre accord fut conclu à la même époque avec l'Inde, pays également non engagé dans la guerre froide, et dont l'effort atomique naissant était dirigé par Homi Bhabha, un physicien de renommée internationale, ami de Joliot, et avec lequel j'eus grand plaisir à me lier à la suite d'une invitation qu'il m'avait faite de venir donner fin 1951 des conférences dans son pays sur le rôle de la chimie dans l'énergie atomique.

Le CEA était cependant resté relativement isolé pendant ces quelques premières années de son existence, en raison de l'appartenance politique de son haut-commissaire. Celle-ci faisait peur à d'éventuels partenaires européens, qui craignaient en s'alliant avec nous d'aliéner leur chance d'une future collaboration avec les pays anglo-saxons. Le gouvernement américain ne se privait pas de le leur faire savoir.

25

Le rouge et le rose

Joliot et Francis Perrin étaient considérés avant la guerre comme de glorieux espoirs du parti socialiste, membres actifs de mouvements des intellectuels antifascistes. Ils avaient été signataires des condamnations du gouvernement de Staline pour avoir conclu le pacte germano-soviétique d'août 1939, qui donna le feu vert à Hitler pour son invasion de la Pologne. Comme on l'a vu, ce n'est qu'après l'attaque de la Russie par les forces nazies, en 1941, que Joliot, pendant l'Occupation, vira du rose au rouge, adhéra au parti communiste et fut porté par celui-ci à la présidence du Front national. Son prestige était tel que l'on trouva naturelle, en 1944 et 1945, alors que les communistes étaient au gouvernement, sa nomination par de Gaulle à la tête du CNRS puis à celle du CEA.

Henri Laugier avait été avant la guerre le premier directeur du CNRS et avait été mêlé à la prise des brevets de base nucléaires en 1939. Il aurait pu espérer retrouver son poste après son exil à Montréal et son ralliement en Afrique du Nord en 1943, où il avait été nommé recteur à Alger. Déçu, il s'inclina devant le choix de Joliot pour diriger la recherche scientifique, mais quand celui-ci appelé à la tête du CEA se fit remplacer au CNRS par son adjoint Georges Teissier, zoologiste, mais aussi communiste actif, Laugier, écœuré, reprit le chemin de l'étranger pour occuper à New York un des postes de secrétaire général adjoint des Nations unies.

L'entourage de Joliot, au CEA en formation, était marqué par le Parti et l'extrême gauche : Pierre Biquard, son chef de cabinet, proche de longue date et condisciple de physique et chimie ; Jean Langevin, fils du grand savant, qui avait aussi rallié les communistes pendant la guerre ; Jacqueline Hadamard, fille d'un mathématicien célèbre ; Marie-Elisa Cohen-Nordmann, sur le bras de laquelle je vis pour la première fois le tatouage des numéros matricules des survivants des camps de déportation. Son mari, journaliste à *L'Humanité*, y avait écrit, en parlant de Staline (je cite de mémoire), « que l'on voyait dans ses yeux de velours toute la bonté du monde » ! Ces familiers du haut-commissaire avaient reçu des affectations dans l'information, la documentation ou le secrétariat des comités internes du nouvel organisme, dans lequel, il faut le souligner, il n'y avait rien de secret ou de susceptible d'assister un pays quelconque sur le chemin de l'arme atomique. Joliot ne nous demanda même pas de consigner par écrit les quelques données précieuses rapportées du Canada et dont les Russes n'auraient eu que faire, disposant de renseignements bien plus avancés obtenus grâce à Fuchs et les autres espions ou même par leurs propres recherches.

Plus surprenant était le besoin de souligner à tout bout de champ son appartenance au parti communiste, même quand nous venions lui parler des problèmes de la marche du CEA. Nous pouvions être heureux quand nous nous en tirions sans subir une longue tirade, toujours la même, avec des accents et des arguments assez simplistes. Il était difficile de savoir si c'était pour se justifier, se vanter ou se convaincre.

Dans les premiers jours du CEA, Denivelle, le secrétaire général, entrant dans le bureau de Joliot, trouva celui-ci avec une jeune femme blonde. Le haut-commissaire la lui présenta comme sa secrétaire particulière, qui venait de prendre son service, mais s'excusa de ne pas savoir son nom. Quand elle eut quitté la pièce, il expliqua à son collègue que le Parti venait de la lui désigner et il lui offrit de lui en trouver une par le même canal. Denivelle, pris de court, répondit qu'il avait l'intention de demander à sa sœur d'assurer son secrétariat et de l'embaucher à cet effet.

A la fin de 1946, Joliot réunit autour d'une grande table ses chefs de service et directeurs pour choisir, parmi les quelques dizaines d'agents recrutés, ceux qui pourraient recevoir un avancement. Comme j'avais souligné les mérites de notre huissier qui, en habit, avec une belle chaîne de métal, avait l'air d'un vieux maître d'hôtel anglais, Joliot me répliqua : « Vois-tu, dans ton milieu, vous nous croyez tous avec un couteau entre les dents, eh bien, M. Masson est un membre respecté du Parti. » Qui sait s'il n'était pas le chef de la cellule de l'avenue Foch ? En tout cas, à partir de ce jour, je lui serrai encore plus consciencieusement la main qu'avant !

Parmi mes premières recrues pour mon service de chimie, la

seule recommandée par Joliot devint un membre important de la cellule communiste de Châtillon, mais cet agent était aussi un excellent métallurgiste. Un autre membre du Parti, qui rendit de grands services au CEA, fut Roland Echard, une connaissance de sanatorium de Mme Joliot. Muni de sa carte tricolore, et clamant l'appui du haut-commissaire, il avait un talent extraordinaire pour rafler, dans la zone d'occupation française en Allemagne ou dans les surplus américains, des machines-outils et bien d'autres fournitures précieuses faisant alors cruellement défaut à nos laboratoires et ateliers. Dautry eut beaucoup de mal à faire comprendre à Joliot qu'il ne pouvait accepter de voir accorder à ce champion de la débrouillardise un salaire supérieur à celui d'un professeur à la Sorbonne.

Les premières attaques

Les choses commencèrent à se gâter quand le gouvernement Ramadier renvoya les ministres communistes, au printemps de 1947, puis lorsque les pays de l'Est refusèrent le plan Marshall et, enfin, quand la coupure de l'Europe en deux blocs s'accentua au début de 1948, par le coup de Prague et la défenestration de Jan Masaryk, ministre des Affaires étrangères, fils d'un des fondateurs de la République tchécoslovaque. Le mois suivant, le 19 mars 1948, Henri Monnet, membre gaulliste du Conseil de la République, frère de Georges Monnet, ami intime et ministre de l'Agriculture de Léon Blum dans le gouvernement du Front populaire, s'éleva contre la présence à des postes d'autorité de personnes dont « les idées révèlent un synchronisme troublant avec celle de la Russie stalinienne ». Il proposa de réduire symboliquement le budget du CEA d'un million de francs, précisant : « Vous n'avez pas mis à la tête de votre armée un état-major communiste. Je vous demande de ne pas mettre à la tête de la recherche scientifique, qui intéresse au premier chef la défense nationale, des opérateurs communistes. » Son amendement fut rejeté à quelques voix de majorité, la moitié des sénateurs s'étant abstenus.

Le 18 mars 1948, à quelques heures de l'intervention de Monnet, au Sénat, je fus, à six mille kilomètres de distance, le témoin impuissant d'un incident qui fit la une de la presse mondiale. C'était pendant mon dernier séjour à New York, comme expert de notre délégation à l'ONU. Prévenu de l'arrivée par avion de Mme Joliot invitée à prendre la parole en faveur des républicains espagnols par un comité américain pour les réfugiés antifascistes, j'étais allé l'accueillir à l'aéroport de La Guardia avec Gerda Friedmann, responsable du bureau d'achat du CEA à New York, ancienne assistante de Rapkine pendant la guerre.

Grâce à ma carte de diplomate accrédité à l'ONU, nous avions pu pénétrer dans la partie réservée à la douane, séparée par une épaisse vitre de celle occupée par les services de l'immigration, ce qui nous permettait de voir, mais non pas d'entendre, ce qui s'y passait. Accompagnée par le représentant d'Air France, Irène arriva la première et nous fit un signe amical. L'inspecteur commença à feuilleter longuement son passeport, puis elle lui tendit une lettre où je pouvais lire en gros caractères l'en-tête : *Spanish Refugee Appeal.* Il étudia sans se presser ce document, puis partit téléphoner à une autre table. Pendant ce temps, les autres passagers passaient sans encombre l'obstacle de l'immigration, tandis que notre savante, prix Nobel, attendait, encore souriante, assise dans un coin. Bientôt, tout le monde fut sorti. Il ne restait plus qu'une seule valise près de nous sur une longue table de bois. De l'autre côté de la vitre, l'inspecteur attendant sans doute des instructions, et Irène commençant à s'impatienter. Son interrogatoire reprit, cette fois plus animé, et nous la vîmes prêter serment de la main à plusieurs reprises, elle avait maintenant l'air très fatiguée et irritée. A un moment donné, elle pénétra dans la pièce où nous étions pour dédouaner sa valise et nous cria en anglais qu'elle n'avait pas le droit de nous parler ; puis elle repartit dans l'autre pièce continuer à subir son interrogatoire, assistée cette fois par une jeune fille d'Air France servant d'interprète, tandis qu'un autre inspecteur prenait des notes. Il était alors 6 heures du soir passées. Je téléphonai à notre délégation à New York, celle-ci avertit notre ambassade à Washington qui se mit en relation avec le Département d'État et protesta contre l'inqualifiable attitude des services de l'immigration. Le fonctionnaire à Washington était au courant de l'arrivée de Mme Joliot avec un visa régulier délivré par l'ambassade des États-Unis à Paris, mais sans doute sans consultation du Département de la justice qui tranchait en dernier ressort ; de toute façon, il était trop tard pour arranger les choses avant le lendemain matin. Finalement, ce fut le départ pour Ellis Island, lieu de détention des candidats à l'immigration en situation irrégulière, d'Irène Joliot, encadrée par deux inspecteurs qui, vingt-quatre ans auparavant, accompagnant sa mère, avait eu aux Etats-Unis l'accueil délirant réservé aux héros de notre époque.

Elle fut relâchée le lendemain matin, et donna une conférence de presse reconnaissant que cet accueil n'avait pas été des plus aimables, mais qu'Ellis Island était très convenable, qu'elle avait passé une excellente nuit dans une chambre où dormaient déjà trois jeunes femmes, avait eu un bon café au lait et avait pu profiter de ce moment de calme pour repriser ses bas. Le soir même, avant de partir pour Princeton, où elle avait rendez-vous le lendemain avec Einstein, elle nous invita à dîner. La conversation fut détendue, abordant les sujets les plus variés depuis Ellis Island, les commandes d'appareillage pour nos laboratoires, les changements en cours au CEA et même... le rapport Kinsey sur le « comportement sexuel du mâle humain » qui venait de paraître aux États-Unis et y faisait fureur. Les Joliot ne devaient plus jamais retourner aux États-Unis. Le seul à le regretter fut Fred tout à fait emballé par New York lors de ses deux seules visites en 1946, l'une pour l'ONU et l'autre pour le bicentenaire de l'université de Princeton.

La détresse de Kowarski

Quoi qu'il en soit, le prestige de Joliot restait considérable et personne en France ne mettait en doute son intégrité et son patriotisme. Malgré l'accélération de la guerre froide provoquée dès l'été par le blocus de Berlin, l'année 1948 s'acheva sans nouvelles attaques contre notre maison, mais au contraire par une période faste pour celle-ci, avec la découverte du premier beau gisement d'uranium national et surtout avec le démarrage, accueilli en fanfare, de Zoe. Ces succès mettaient en vedette le CEA et sa jeune équipe de techniciens, mais déjà arrivaient les premiers nuages et craquements dans un édifice que la tempête allait secouer profondément.

L'étrange attitude de Kowarski en fut le premier signe. Dès 1945, encore au Canada, il avait, par analogie avec les événements du siècle précédent, prédit pour 1948 une période révolutionnaire secouant l'Europe, et la France en particulier, et, dès cette époque, il avait envisagé de ne rester que quelques années dans son pays d'adoption, le temps de payer, par ses connaissances, la dette d'honneur qu'il jugeait lui devoir. Heureusement, sa prédiction pessimiste ne se réalisa pas, néanmoins son instabilité caractérielle, son obsession de ne jamais pouvoir faire partie de l'*establishment* universitaire, industriel ou mondain, ses complexes vis-à-vis des normaliens, des polytechniciens et des gens riches ou puissants, le fortifièrent dans sa tendance centrifuge. Il s'était convaincu que son « milieu naturel » était anglo-américain ; son remariage, en juillet 1948, avec la fille d'un chimiste allemand d'un certain renom, naturalisée américaine et sans aucune attache en France, ne put que l'encourager dans cette voie.

Pourtant, la divergence de Zoe lui apporta une célébrité considérable, faisant certainement des envieux parmi ceux qu'il enviait lui-même, et qui lui aurait ouvert beaucoup de portes dans les milieux dont il se sentait exclu. Malgré cela, dans la quinzaine suivant cet événement, au sommet de la gloire, il demanda à Cockcroft de lui trouver une situation. Notre ancien directeur au Canada, stupéfait et atterré, commença par lui proposer une position relativement subalterne au grand centre nucléaire anglais de Harwell qu'il dirigeait, espérant ainsi le faire renoncer à son projet, puis il se ravisa et annula l'offre arguant d'une opposition de ses autorités et des difficultés d'embaucher un étranger à ce stade du développement nucléaire britannique. Kowarski fut, par la suite, convaincu que ce refus était la conséquence de son intimité avec Joliot, si marqué politiquement. L'impossibilité pour les Anglais de connaître les motifs exacts de son désir d'éloignement de la France à ce moment de sa carrière et, peut-être, le souvenir que certains avaient de la grève qu'il avait cherché à fomenter, lors du transfert au Canada, en 1942, ne furent probablement pas non plus étrangers à cette décision.

Kowarski, durement atteint par ce refus, se tourna vers les États-Unis. Sa première femme venait de s'y installer avec sa fille qu'il adorait ; mais il y possédait beaucoup moins d'appuis que dans les milieux atomiques anglais. Une offre de chaire temporaire fut longue à venir et, quand elle arriva en 1951, le maccarthysme était en pleine vogue et le renouvellement de son visa lui fut refusé. Durant ce temps, devenu irritable et exigeant, il dirigea la construction à Saclay de notre seconde pile, mais il ne cachait pas son intention de quitter le CEA, prétextant la réduction progressive de ses attributions. Cette diminution de ses responsabilités était en réalité la conséquence de son attitude et de la nécessité de préparer son remplacement, dans l'éventualité de son départ. Finalement, il ne s'éloigna du CEA qu'en 1953, pour une situation à Genève au laboratoire européen, le CERN, qu'il avait d'ailleurs contribué à créer. Dans une interview fleuve sur sa vie et sa carrière de plus de trois cents pages, donnée en 1969 et 1970, à l'Institut américain de physique, il décrit parfaitement le drame de son instabilité en ces termes : « Je ne sais — car on ne peut jamais prouver ces choses — si mes jours étaient véritablement comptés au CEA ou si je l'avais seulement imaginé, et ce faisant adopté une conduite qui rendait mon départ inévitable. »

Installé à Genève, où il joua au CERN un rôle décroissant avec le temps, il ne rompit jamais avec l'énergie nucléaire, servant pendant plusieurs années de conseil à l'Agence nucléaire de l'OCDE et donnant des cours aux États-Unis, où il fut réadmis à partir de 1955. Il devait mourir en 1979, ayant malheureusement dans ses dernières années servi de conseil à Genève à un mouvement antinucléaire, combattant, entre autres, la construction de notre centrale Superphenix à neutrons rapides située à soixante-dix kilomètres de la frontière suisse. Seules les centrales à eau lourde, dont le développement lui devait tant, avaient gardé grâce à ses yeux et à son génie complexe.

La révocation de Joliot

Cette triste histoire du départ de Kowarski du CEA avait débuté peu après la divergence de Zoe. Un des épisodes marquants du drame, dans lequel Joliot allait s'enfoncer, eut lieu au même moment. En janvier 1949, peu de jours après la visite officielle du président de la République à Châtillon, Joliot fut l'invité de la presse anglo-américaine, à l'un de ces déjeuners où des personnalités en vogue sont soumises à des interrogatoires serrés. La question du secret atomique ayant été abordée, Joliot expliqua que tout résultat de ses recherches susceptible de contribuer à un programme militaire serait gardé secret tant que les Nations unies ne se seraient pas mises d'accord sur un traité d'interdiction de l'arme atomique et il ajouta, se référant à sa qualité de haut-commissaire, que, pour un communiste français, comme pour tout autre citoyen occupant un poste de confiance, il serait malhonnête de prendre sur lui-même de transmettre à une puissance étrangère, quelle qu'elle soit, des informations ne lui appartenant pas, mais étant le bien de la nation grâce à laquelle le travail avait pu s'effectuer. La réponse était nette et devait désarmer les adversaires de Joliot. Elle fut très mal acceptée par le parti communiste et, quelques jours plus tard, à l'occasion d'un grand meeting organisé à l'occasion du vingt-cinquième anniversaire de la mort de Lénine, la contradiction fut apportée par le secrétaire général du Parti, Jacques Duclos : « Tout homme de progrès a deux patries, la sienne et l'Union soviétique. »

Les semaines suivantes furent cruciales. Publiquement désavoué par son parti, le grand savant français allait-il rompre avec celui-ci ? Un soir, alors qu'il m'avait donné rendez-vous au Collège de France, il me fit attendre plus de trois heures. Il était en conversation avec Laurent Casanova, qu'il me présenta. Celui-ci était un des résistants communistes qui, en accueillant Joliot au Parti en 1942, l'avait conforté dans la validité de sa décision de ne pas s'embarquer pour l'Angleterre en 1940. Joliot, blême de fatigue et d'énervement, ne me cacha pas ce soir-là les affres par lesquelles il passait.

Après deux mois d'incertitude, tout se calma, Joliot resta au Parti, n'ayant sans doute pas eu le courage, lui qui avait toujours eu le besoin de se sentir aimé et admiré, de faire face aux attaques et aux calomnies dont l'auraient abreuvé ses camarades politiques de la Résistance et de l'après-guerre. Ceux-ci étaient décidés à le retenir en lui donnant des satisfactions d'amour-propre et en exigeant de sa part des gages de fidélité. Le processus, qui allait aboutir à son départ du CEA, était engagé.

A la mi-avril 1949, peu après la signature du Pacte Atlantique et cinq mois avant la première explosion atomique soviétique, se tint à Paris, salle Pleyel, le Ier Congrès mondial des partisans de la paix, dont l'origine remontait à deux réunions tenues les mois précédents en Pologne et en Hongrie. Joliot fut nommé président du Mouvement des partisans de la paix dont l'objectif, d'inspiration communiste, était de rassembler les masses pour le désarmement, mais surtout contre l'alliance militaire des pays européens avec les États-Unis. Il devait déclarer pour la première fois : « Si demain on nous demande de faire du travail de guerre, de faire la bombe atomique, nous répondrons : non ! » Il était encouragé dans son attitude par les cellules communistes du centre de Châtillon (il y en avait plusieurs maintenant). Celles-ci le choyaient et venaient de lui envoyer des vœux pour ses quarante-neuf ans.

Au cours d'une suite de voyages (Londres, Rome, Moscou) et de réunions, il s'émerveillait de se sentir à l'unisson avec une foule enthousiaste convaincue de la justesse de sa cause. Déjà en revenant de Pologne en 1947 où son nom avait été étalé sur des panneaux avec ceux de Marx, Engels, Lénine et Staline, il avait déclaré : « Quand on a connu cela on ne peut pas s'en passer. » Les communistes avaient su comprendre le savant, sa vanité et son besoin de popularité.

A la fin de cette année 1949, les relations se tendirent entre Joliot et les ex-Canadiens ; nous étions, tous les trois, devenus responsables de la direction technique d'un CEA de plus de mille agents et nous souffrions des absences répétées de notre haut-commissaire, des difficultés à le voir calmement, lors de ses passages par Paris, et de l'intérêt croissant qu'il portait à ses occupations politiques. La réunion du comité scientifique du 5 décembre fut particulièrement orageuse et Joliot, tendu et excédé par nos reproches, la quitta avant la fin. Deux jours plus tard, il nous convoqua le matin à son bureau, pour nous dire que cela ne pouvait plus durer. Il accusa Kowarski de manquer de respect à son égard et de lui rendre la vie impossible ; il prétendit que j'avais organisé toute l'opération d'extraction du premier milligramme de plutonium en son absence et, enfin, il déclara à Jules Guéron qu'il n'avait pas confiance en ses résultats d'expériences sur le traitement des minerais et qu'il les faisait vérifier par un des membres du laboratoire Curie. Guéron le prit très mal, annonça sa démission et partit furieux du bureau, nous laissant seuls, Kowarski et moi, avec Joliot. Après un grand silence celui-ci avoua : « Je crois que j'ai charrié. » Nous acquiesçâmes... Puis : « Je devrais lui faire des excuses. » Nouvel assentiment de notre part, et enfin : « Mais je ne sais pas où se trouve son bureau. »

Guéron, comme Kowarski et moi, était installé au dernier étage dans les chambres réservées aux domestiques de l'hôtel de Clermont du temps de sa dernière occupation « bourgeoise ». Joliot partit ainsi sur nos indications à la recherche de notre collègue et le ramena. Le déballage de linge sale se poursuivit un long moment, puis tout s'arrangea et, à l'heure du goûter, nous partîmes, réconciliés, dévorer des spaghettis chez Roger la Grenouille, restaurant favori de Joliot pendant l'Occupation. Joliot s'engagea alors à nous consacrer, tous les mercredis, l'après-midi entier pour discuter de la gestion technique de la maison. De notre côté, nous fîmes la promesse de ne plus lui reprocher, au cours des séances du comité, ses activités politiques. Par un curieux retour des choses, l'après-midi se termina par un avancement pour chacun de nous, Guéron et moi reçûmes le titre de directeur, que, seul parmi nous trois, Kowarski avait jusque-là, et ce dernier fut confirmé dans ses fonctions d'adjoint au haut-commissaire.

Nous étions sans illusions, n'ayant aucun espoir d'influencer le comportement politique de Joliot, car les dirigeants du parti communiste paraissaient décidés à le pousser vers sa perte, ayant sans doute conclu qu'il leur serait plus utile comme martyr de ses opinions qu'à la tête d'un organisme dénué de tout secret pour eux. La trop courte période pendant laquelle le « compromis des spaghettis » fut fidèlement appliqué me rapprocha de Fred. J'étais envoûté par son charme et impressionné par son dynamisme et sa compréhension des problèmes humains... autres que politiques. Malgré sa tension nerveuse, il s'intéressait à tous les aspects de la vie du CEA qui lui était redevable, en grande partie, de son existence et dont il allait bientôt se séparer.

L'année 1950 débuta aux États-Unis par une décision du président Truman de franchir une nouvelle marche dans l'escalade de la destruction. En réponse à l'accession récente de l'Union soviétique à l'arme atomique, il avait fait mettre à l'étude une superbombe, la bombe H, un millier de fois plus puissante que celles utilisées contre le Japon. Quelques jours plus tard, le monde nucléaire anglo-saxon fut secoué par une redoutable explosion d'un autre genre : l'arrestation et les aveux de Fuchs montrant l'extension et la gravité de son activité d'espionnage prosoviétique depuis 1942. La presse des États-Unis se déchaîna, n'hésitant pas à lier le nom de Joliot à celui du traître Fuchs. La presse communiste française répliqua que, si le gouvernement Bidault osait toucher au savant français, ce serait la preuve que notre gouvernement était à la solde de Washington. Le gouvernement américain tenait à éviter toute accusation de pression sur la France, bien qu'un rapport secret de la CIA ait classé comme sympathisants communistes la moitié des membres du comité scientifique du CEA, sans doute à la fois les roses et les rouges. Seuls, Guéron et moi étions considérés comme politiquement sûrs, probablement à cause de notre bonne conduite lors de nos brèves visites surveillées en France avant la fin de la guerre.

Au mois de mars 1950, Joliot présida à Stockholm le conseil du Mouvement des partisans de la paix et le 19, jour de ses cinquante ans, il fut le premier à signer l'Appel, portant le nom de cette ville, réclamant l'interdiction de l'arme nucléaire et déclarant coupable de crime contre l'humanité le gouvernement qui l'utiliserait le premier. Cet appel eut un retentissement dans le monde, ayant obtenu, selon ses protagonistes le chiffre ahurissant et incroyable de cinq cents millions de signatures. Il devint un atout redoutable dans le dispositif de propagande soviéto-communiste.

Le mois suivant, le parti communiste français tint son XIIe Congrès à Gennevilliers, dans la banlieue de Paris. Follement acclamé, Joliot y prit la parole le 5 avril faisant référence au thème de l'unification des forces de la Résistance pour chasser l'envahisseur, et rappelant les conditions dans lesquelles il avait adhéré au parti communiste durant l'Occupation, il demandait à tous les hommes de bonne volonté de signer l'Appel de Stockholm et de s'unir pour s'opposer à la guerre d'agression préparée par les impérialistes contre l'Union soviétique. Il concluait en ces termes : « Jamais les scientifiques progressistes, les scientifiques communistes, ne donneront une parcelle de leur science pour faire la guerre contre l'Union soviétique. Et nous tiendrons ferme, soutenus par notre conviction qu'en agissant ainsi nous servons la France et l'humanité tout entière. »

Le lendemain, il nous déclara : « Si cette fois le gouvernement ne me chasse pas, qu'est-ce qu'il leur faut ? » Poussé par son parti, il acculait ce gouvernement à un choix difficile : ou le laisser en place et faire preuve d'une insigne faiblesse envers un fonctionnaire d'autorité, ou décider sa révocation, avant l'achèvement de son mandat à la fin de l'année et en faire la victime de ses idées politiques.

Cette fois, les journaux parlèrent de son départ et, en tout cas, du non-renouvellement de son mandat à la fin de l'année ; dans *La Presse* du 22 avril, un hebdomadaire peu intellectuel, mais assez lu à l'époque, on annonçait l'ouverture prochaine de la succession de Joliot et j'eus la surprise de voir un dessin représentant une charmante jeune femme, Zoe, hésitant entre six prétendants dont Perrin, Kowarski et moi — les autres étaient Louis de Broglie, Louis Leprince-Ringuet et Jean Thibaud. Chacun de nous était représenté par une caricature en noir et blanc, tandis qu'à ses pieds, en rouge, se trouvait celle renversée de Joliot. Je fus moins fier d'apprendre que l'auteur de l'article était la femme de Regnaut, un de mes adjoints qui voulait me faire honneur et ne le faisait qu'à moitié, car après avoir écrit : « Autant Kowarski est rude et péremptoire, autant Goldschmidt est souriant, enveloppant, diplomate, homme du monde », elle concluait par : « Leur nom et leur origine peuvent être, pour l'un comme pour l'autre, un handicap ! »

Quatre jours plus tard, le mercredi 26 avril, nous avions, les trois ex-Canadiens, notre réunion hebdomadaire avec Joliot. A un moment le téléphone sonna, c'était Bidault, le président du Conseil, qui lui demandait de faire un saut et de passer le voir à l'hôtel Matignon à quelques pas du siège du CEA. « C'est la forte remontrance ou le renvoi », nous déclara Fred, manifestement ému. Décidés à être les premiers renseignés, nous attendîmes patiemment et en silence dans le bureau du haut-commissaire. Au bout de quarante minutes celui-ci revint. Sa mine pâle et défaite nous indiqua le sens de la sentence. Il nous la communiqua en nous demandant de garder un secret absolu, car sa révocation ne serait officielle que le surlendemain, après le Conseil des ministres. Bidault, ancien président du Conseil national de la Résistance où il avait rencontré Joliot, lui avait fait connaître qu'il devait « à regret » mettre fin à ses fonctions car, quels que fussent ses mérites scientifiques, son acceptation sans réserve des résolutions votées par le Congrès de Gennevilliers rendait impossible son maintien dans ses fonctions de haut-commissaire. Comme Halban, Joliot allait, contre sa volonté, être écarté, après quelques années, de l'entreprise qu'il avait créée.

Le soir même, un dîner intime, organisé par Echard, pour célébrer avec quelques semaines de retard le demi-siècle de Joliot et avec plusieurs mois d'avance la Saint-Frédéric, réunissait, à la popote des aviateurs de Villacoublay, vingt de ses plus proches collaborateurs du CEA auxquels j'avais obtenu d'adjoindre le disciple de Joliot d'avant la guerre, Bruno Pontecorvo, qui se trouvait chez moi pour quelques jours. A la fin du repas, Joliot, sous l'empire d'une tension extrême, nous fit un interminable discours de trois heures, sorte de testament confus sur tout ce qui lui passait par la tête ; je me rappelle en particulier une longue digression sur la civilisation romaine. En sortant, mon ami italien que, fidèle à ma promesse, je n'avais pu prévenir de la raison de la nervosité de notre invité d'honneur, laissa tomber, méprisant : « Un bon communiste ne se comporte pas comme cela. » Il savait de quoi il parlait ! Je possède encore le menu de cette malencontreuse fête avec les signatures de tous les convives, dont celle des deux hauts-commissaires suivants : Perrin et Yvon ; sous la sienne Joliot avait écrit : « A bientôt ! »

Collaborateurs et amis du grand physicien nucléaire, nous fûmes tous très affectés par cette navrante affaire. Francis Perrin, comme commissaire, Kowarski, Guéron et moi comme directeurs et les huit chefs de service de la branche scientifique du CEA allions signer, le 28 avril, le jour même de la révocation, une déclaration rappelant que le Commissariat n'était pas un établissement de défense nationale et qualifiant la décision prise de regrettable et lourde de conséquences pour l'avenir de l'énergie atomique en France. Quant au personnel du CEA, il prit part en très grand nombre au défilé du 1er Mai avec des pancartes de soutien à son haut-commissaire révoqué.

Pour ma part, j'étais anxieux de savoir quels seraient les remplaçants du haut-commissaire et de son épouse, car je ne pouvais imaginer celle-ci siégeant encore au comité de l'énergie atomique, après l'affront infligé à son mari. Pourtant c'est ce qu'elle fit, montrant ainsi que lui c'était lui, et elle c'était elle, car ils n'avaient pas besoin de sa présence au CEA pour continuer à savoir ce qui s'y passait.

Pour la succession, j'avais tout de suite pensé au plus illustre des ex-Canadiens, Auger, que l'attitude dominatrice de Joliot avait, en 1948, éloigné du Commissariat vers l'UNESCO dont il était maintenant un des dirigeants. Ayant obtenu l'accord de principe de l'intéressé et de Dautry, je demandai à René Mayer, le garde des Sceaux, de sonder le président du Conseil sur sa réaction à une telle solution. Bidault était apparemment favorable ; j'en prévins Auger. Celui-ci, au pied du mur, changea d'attitude et renonça à briguer un poste devenu si politiquement en vue, ne voulant pas non plus sans doute subir les insultes que la presse et le parti communiste ne manqueraient pas de répandre à l'encontre de celui qui remplacerait si rapidement leur illustre « révoqué ». Tout cela s'était passé en à peine plus de vingt-quatre heures, au moment même de la révocation. Pour éviter alors le risque d'une nomination politique, notre souci fut d'obtenir du gouvernement de différer jusqu'à la fin de l'année, terme normal du mandat de Joliot, le remplacement du haut-commissaire. Perrin, Kowarski, Guéron et moi frappâmes à plusieurs portes officielles, dont celle de Robert Prigent, le secrétaire d'État dont dépendait alors le CEA, pour expliquer ce point de vue, qui fut compris et adopté par Bidault dès le début de mai 1950.

Après avoir exploité largement le renvoi de Joliot, la presse communiste française ne parla plus que rarement du savant. Cet oubli relatif allait ajouter à son amertume et lui montrer, si cela était nécessaire, qu'il avait été l'objet d'une opération politique. Par la suite, j'allai parfois le voir le dimanche matin dans sa maison de Sceaux où nous avions apporté triomphalement, à la fin de 1949, le premier milligramme de plutonium français. Il y tenait cour et la porte en était ouverte à ses amis et anciens collaborateurs, mais il n'aimait plus beaucoup parler du CEA. Tout en gardant sa chaire et la direction de son laboratoire du Collège de France et en s'intéressant au nouvel institut de recherche créé par Mme Joliot auprès de la faculté des sciences d'Orsay, il poursuivait inlassablement son activité politique en faveur de la paix. Celle-ci l'entraîna malheureusement à donner son aval à l'accusation d'emploi de l'arme bactériologique proférée par l'Union soviétique contre les États-Unis pendant la guerre de Corée.

La fin de sa vie fut attristée en 1956 par la mort de sa femme, jeune encore, mais minée par l'effet des radiations et la leucémie. Lui-même était déjà atteint par une grave hépatite virale dont les conséquences allaient lui être fatales. Il en suivait l'évolution en scientifique, effectuant lui-même toutes ses analyses. Il allait y succomber le 14 août 1958. Deux semaines auparavant, il avait pu encore se livrer à l'Arcouest à son sport favori, la pêche. Sa belle figure amaigrie m'a hanté pendant que j'écrivais ces lignes. Le général de Gaulle, chef du gouvernement, qui l'avait mis à la tête du CEA, lui offrit des funérailles nationales.

La défection de Pontecorvo

Le choc provoqué par la révocation de Joliot, au printemps de 1950, s'était à peine estompé que les milieux nucléaires internationaux et français allaient être secoués par une nouvelle affaire politique. Durant le mois de septembre 1950, Pontecorvo, le physicien italien, aux allures de play-boy, que contrairement à la décision prise à mon égard le général Groves avait autorisé à rester à Chalk River en 1946, était brusquement passé avec sa femme et ses trois fils en Union soviétique, reniant publiquement, à la radio de Moscou, l'Angleterre, sa récente patrie d'adoption. Naturalisé anglais, il avait dirigé depuis 1948 une section au centre nucléaire de Harwell, mais, au début de 1950, après la révélation de la trahison de Fuchs, les autorités britanniques avaient identifié plusieurs communistes dans sa famille proche en Italie : un oncle parlementaire et un frère, le cinéaste de renom de *La Bataille d'Alger*. Bien qu'aucune preuve d'espionnage ou d'action répréhensible n'ait été trouvée à son égard, Cockcroft lui avait fait savoir qu'il ne pourrait rester au-delà de l'automne au sein de l'organisation atomique et qu'une chaire de physique lui avait été attribuée à l'université de Liverpool, ce qui n'avait pas paru l'enthousiasmer.

Pontecorvo avait passé le mois d'août en Italie à faire du camping avec sa femme et ses enfants, mais ils n'étaient pas passés par Milan où vivaient ses parents, octogénaires et très peu fortunés. Il leur téléphona de Rome pour leur dire son intention de reprendre le lendemain la route pour l'Angleterre et de s'arrêter pendant une huitaine à Chamonix pour faire des expériences sur le rayonnement cosmique au laboratoire de Leprince-Ringuet à l'Aiguille du Midi. Il invita ses parents à prendre le train pour Chamonix et y séjourner à ses frais afin qu'ils puissent voir leurs petits-enfants durant cette semaine.

Mais ce même lendemain, au lieu de prendre la route, il arriva très agité à l'agence de la Scandinavian Air Systems à Rome et acheta pour lui et les siens des places pour un vol le soir même à destination de Stockholm et il les régla en billets de banque américains. De Stockholm, qu'ils atteignirent le matin suivant par train, ayant quitté leur vol à l'escale de Copenhague pour prendre le ferry de nuit, ils repartirent en avion vers Helsinki où les attendait, sur le terrain même de l'aérodrome, une grande voiture noire qui les emmena vers leur nouvelle destinée. Au cours de ce dernier vol, les passagers avaient remarqué sa femme, suédoise d'origine, en larmes et ses fils qui demandaient sans cesse s'ils étaient déjà au-dessus de la Russie.

Les parents du physicien italien arrivèrent, comme prévu, à Chamonix, attendirent en vain toute une semaine leur fils ou de ses nouvelles, puis finalement ils durent demander une aide financière à Leprince-Ringuet pour leurs frais d'hôtel et de retour. Pontecorvo m'avait toujours parlé avec la plus grande affection et admiration de ses parents, il était aussi un homme de cœur. Je ne peux croire un instant à une combinaison machiavélique consistant à brouiller les pistes en envoyant ses parents en France sans l'intention de les y rejoindre. Il avait donc dû être brutalement mis devant la décision de partir pour la Russie, peut-être avec l'interdiction de prévenir qui que ce soit de ce changement.

Il poursuivit avec succès sa carrière en Union soviétique, où il fut comblé d'honneurs. Il y avait obtenu ce à quoi il tenait beaucoup : sa propre voiture et une datcha. Je l'ai rencontré à deux reprises. Il avait l'air heureux et plein d'entrain comme toujours. Il a été autorisé à se rendre deux fois en Italie, la première en 1982 pour le quarantième anniversaire de la divergence de la pile de Fermi, la seconde fin 1986 pour recevoir des soins que sa santé fragile réclamait. Le mystère sur cette affaire n'a jamais été éclairci. Malgré mon intimité de longue date avec Pontecorvo, il ne m'avait jamais donné ni d'ailleurs à aucun de ses autres collègues l'impression d'appartenir à l'extrême gauche ; il désignait même son frère cinéaste comme « mon frère communiste ». La seule remarque un peu significative à cet égard était son jugement après le discours fleuve de Joliot le jour de son renvoi. A-t-il été l'objet d'un chantage de la part des Russes et, si oui, pourquoi ? Ou bien a-t-il cru que la Guerre de Corée, déclenchée à la fin de juin 1950, était le prélude d'un troisième conflit mondial et, pour celui-ci, préférait-il le passer à l'Est plutôt qu'à l'Ouest comme la fois précédente ? En tout cas il avait bien caché ses liens avec le parti communiste.

Les scrupules de Perrin

Le calme était revenu et la vie avait repris au CEA. Les séances du comité scientifique furent remplacées dès la mi-mai 1950 par des réunions présidées par Dautry, dans son bureau orné de boiseries rescapées du château de la Pompadour à Marly. Il était assisté dans sa direction du CEA par René Lescop, nouveau secrétaire général, remplaçant de Denivelle, et troisième personnage du CEA car il était nommé par le gouvernement comme l'étaient le haut-commissaire et l'administrateur général. Ceux-ci avaient d'ailleurs eu grand mal à le choisir, car chacun refusait, pour des raisons d'appartenance politique, les candidats proposés par l'autre. Lescop, polytechnicien et membre du comité dirigeant du parti radical-socialiste, s'était rapidement départi de la neutralité dans la cohabitation pour laquelle il avait été désigné. Sentant le vent tourner, il avait apporté des arguments aux adversaires de Joliot en insistant pour que le CEA ne négligeât pas l'aspect militaire de ses responsabilités. Il joua pendant l'interrègne de la fin de l'année 1950 un rôle important dans la gestion de la maison, aux côtés de Dautry, âgé alors de soixante-dix ans.

Dautry, calme et large d'esprit, s'intéressait aux plus petits détails de la marche du CEA, devenu son affaire. Il nous réunissait régulièrement avec Mme Joliot et Perrin, sur l'avis duquel il se reposait de plus en plus. Il souhaitait, en particulier, voir s'étendre nos relations avec l'étranger. Il avait déjà joué un rôle important vis-à-vis de la Norvège pour nos achats d'eau lourde et du Portugal pour des minerais d'uranium. Il allait, dès le mois de mai, établir les grandes lignes de nos collaborations à venir avec l'Inde et la Suède et chercher en vain à en nouer dans le domaine des piles à eau lourde, avec le groupe en formation des commissions atomiques norvégienne et hollandaise.

Avec l'arrivée de l'automne, l'échéance du remplacement de Joliot se rapprochait et, en novembre, René Pleven, nouveau président du Conseil, interrogea Dautry sur l'organisation et le fonctionnement du CEA. Celui-ci lui répondit : « Surtout ne touchez pas à l'organisme dont vous-mêmes et plusieurs des membres actuels de votre gouvernement avez, sur ma proposition, approuvé les dispositions en octobre 1945. » Toutefois, Dautry accepta volontiers d'amender notre statut afin de modifier en faveur du pouvoir de l'administrateur l'équilibre original de la cohabitation tel qu'il était dans l'ordonnance ; son influence avait dans le passé été un peu réduite par le dynamisme de Joliot, bien que tout acte important dût toujours porter la double signature. Il fut décidé alors qu'en l'absence du président du gouvernement, l'administrateur général assurerait la présidence du comité de l'énergie atomique, fonction que Joliot avait toujours exercée. La composition de ce comité était portée à dix membres. Les savants perdaient la majorité à la suite de l'introduction de trois hauts fonctionnaires représentant la présidence du Conseil, les Affaires étrangères et les Finances.

Début janvier 1951, le gouvernement décida de renouveler le mandat de Dautry et de nommer Perrin haut-commissaire. Les nouveaux membres du comité furent aussi désignés, deux amis s'y trouvaient : François de Rose pour le Quai d'Orsay, et Didier Gregh, le directeur du Budget qui en 1940 m'avait obtenu à Vichy mon visa de sortie de France.

Le choix de Perrin pour la difficile succession de Joliot était le meilleur possible, car il était le seul à pouvoir représenter à son niveau, au CEA, la continuité. Esprit encyclopédique, il était tout indiqué pour être le responsable scientifique d'un organisme aussi multidisciplinaire que le CEA et il le fit avec succès pendant vingt ans. Tout l'intéressait, son intelligence en mouvement était si souple que, dans une discussion où il était opposé à un autre point de vue, il lui arrivait parfois, après avoir soutenu sa thèse, de changer de camp et de s'intéresser aux arguments de la partie adverse, de les renforcer même, devenant alors, pour ainsi dire, l'avocat de celle-ci. Aimant beaucoup voyager, il manquait rarement ses trains ou ses avions, malgré ses retards chroniques dus souvent à son maniement prolongé du verbe, ce qu'il partageait avec Joliot. Il était aussi rose que ce dernier était rouge. Socialiste convaincu, il ne prenait ses ordres que de sa conscience et jamais de son parti.

Ami de longue date de son prédécesseur, ne voulant pas avoir l'air de faire campagne pour sa succession, il était parti pour l'Inde en décembre 1950, prévoyant que sa nomination serait déjà officielle à la date prévue de son retour, mais le sort allait en décider autrement. Le décret renouvelant le mandat de Dautry était paru le 3 janvier, celui nommant les membres du comité de l'énergie atomique, dont le haut-commissaire, devant le suivre d'une semaine, en même temps que celui fixant la composition du conseil scientifique du CEA, organisme prestigieux composé essentiellement de respectables membres de l'Institut, se réunissant rarement, plus pour être informé de nos activités que pour donner des avis éclairés. Or, peu de jours avant la parution de ces décrets au *Journal officiel*, un incident éclata à l'Académie des sciences, mettant en jeu l'intégrité scientifique d'un des savants destiné à faire partie du futur conseil ; il avait, à l'occasion de la correction d'une note présentée à la dernière séance de l'Académie, ajouté quelques lignes donnant l'impression qu'il avait aussi fait une découverte brillante, celle d'une nouvelle particule atomique, annoncée dans une communication faite sur un sujet voisin, par d'autres physiciens, à la même séance. Il avait été pris sur le fait, comme un élève copiant sur son voisin au baccalauréat, et, comble de l'ironie, la découverte en question se révéla fausse et l'affaire n'eut pas de suite. Dans l'attente de son règlement, Dautry proposa au gouvernement de surseoir pendant quelques jours à la parution des décrets au *Journal officiel.*

Perrin, rentrant de son voyage en Inde, trouva les décrets en attente et fut choqué d'apprendre la désignation dans le comité, à titre de personnalités choisies « en raison de leur compétence dans le domaine scientifique et industriel », d'un banquier, Henri Lafond, un des dirigeants du Conseil national du patronat français (CNPF) et ancien secrétaire général de l'Énergie sous le gouvernement de Vichy en 1942. Aux yeux de Perrin, une telle désignation relevait d'un désir manifeste de diminuer l'influence des spécialistes et d'introduire les intérêts privés dans un organisme déjà affecté par la modification de la composition du comité de l'énergie atomique et par l'élimination des Joliot, car Irène n'avait pas été renouvelée dans ce comité.

Perrin fut intraitable. Il n'accepterait pas la charge de haut-commissaire tant que la composition prévue pour le comité resterait inchangée. Le conflit s'envenima. Personne ne discutait les mérites scientifiques du savant, mais ses adversaires lui reprochaient son appartenance au parti socialiste et lui faisaient un procès d'intention, l'accusant d'avance d'être un obstacle au renvoi des éléments communistes de l'entourage de Joliot et dont l'élimination était réclamée par le Parlement. L'opposition au CEA était menée par Lescop, favorable à la candidature d'Yves Rocard, physicien français de premier plan, qui s'était distingué pendant la guerre par ses travaux scientifiques, en particulier dans le domaine de la détection sous-marine. Il n'était pas marqué politiquement, à l'inverse de son fils Michel, appelé à devenir un des ténors du parti socialiste dans les années quatre-vingt.

Les anciens adversaires de Joliot, devenus ceux de Perrin, laissaient entendre que l'épuration, souhaitée au sein du CEA, ouvrirait la porte à la collaboration américaine, preuve qu'ils étaient ignorants, non seulement de l'histoire secrète des relations anglo-américaines pendant la guerre, mais surtout de l'état d'esprit du Congrès et du texte public de la loi Mac Mahon. Une fois de plus, Kowarski, Guéron et moi-même rendîmes visite aux autorités intéressées pour leur expliquer que la France n'était pas assez riche pour se priver de deux de ses meilleurs physiciens nucléaires. Le travail s'en ressentait et nous vivions dans une atmosphère de conspiration, échafaudant les combinaisons les plus variées pour la composition du comité, comme pour les dosages politiques dans la mise sur pied d'un ministère de coalition. Lafond avait accepté de se retirer, mais exigeait d'être remplacé par une autre personnalité du CNPF, tandis que Perrin ne voulait accepter une telle éventualité que si, en compensation, un représentant des organismes syndicaux y était également introduit, par exemple Léon Jouhaux, le secrétaire général de la Confédération générale du travail (CGT). Nos amis du Quai d'Orsay, Parodi, devenu secrétaire général du ministère des Affaires étrangères, et François de Rose, nous donnèrent des conseils et une aide précieuse dans cette bataille politique, où, heureusement, Dautry, fidèle à sa conception de l'indépendance du savant, appuyait personnellement avec vigueur la nomination de Perrin.

Partisans de Perrin et de Rocard s'affrontèrent bientôt au sein du gouvernement, présidé par Pleven, qui avait convoqué à plusieurs reprises Perrin pour l'interroger sur son attitude envers les éléments les plus marqués politiquement de notre maison. Le conflit fut l'objet d'une altercation en Conseil des ministres. Ce n'était pas une question d'énergie atomique mais d'énergie gouvernementale, selon le garde des Sceaux René Mayer, aux yeux duquel Perrin n'avait pas à dicter la composition du comité ; Jules Moch, ministre de la Défense nationale, reprochait à son collègue d'être toujours du côté du capitalisme et prêt à accepter une solution qui nous diminuerait vis-à-vis de l'étranger. Au cours de cette séance, Jules Moch avait dû reconnaître toutefois qu'Yves Rocard était le second sur la liste des personnalités que le gouvernement américain tenait à évacuer de France en cas de conflit avec l'Union soviétique. Un de ses collègues lui ayant demandé quel était le numéro un sur cette liste sa réponse fut : un chimiste spécialiste du plutonium, du nom de Goldschmidt. Le général Groves m'avait chassé en temps de paix, mais m'avait donné une belle priorité pour me revoir en cas de conflit.

Il devint évident que le délicat équilibre gouvernemental serait menacé par une décision quelle qu'elle fût. Comme ce fut souvent le cas sous la IVe République, un changement de gouvernement permit de sortir de l'impasse. Les esprits s'étaient calmés et, sans difficulté, le nouveau président du Conseil, Henri Queuille, confia en avril 1951 à Francis Perrin la charge de haut-commissaire, qu'il assuma brillamment pendant vingt ans, tandis qu'Yves Rocard prenait au comité la place initialement attribuée à Lafond ; ce dernier devait participer plus tard aux travaux du CEA, comme membre d'un comité consultatif sur les questions minières, avant sa fin tragique, en 1963, sous les balles d'un tueur de l'OAS, partisan de l'Algérie française. Yves Rocard devait jouer ultérieurement un rôle important dans notre programme militaire à ses débuts.

Le CEA avait ainsi surmonté sa deuxième crise en moins d'un an. L'organisation bicéphale était prête à fonctionner normalement après environ un an d'interruption. Le premier comité de l'énergie atomique dans sa nouvelle composition se tint le 25 avril 1951. Nous avions obtenu, Kowarski, Guéron et moi, une satisfaction, de la part de Dautry, au cours des négociations écoulées : celle d'assister régulièrement aux réunions de cette plus haute instance de notre maison. Cette victoire fut de courte durée, car, au cours de la séance suivante, au début mai, Dautry proposa la nomination de Guéron à la direction du Centre de Saclay, prêt à entrer en fonctionnement. Cette proposition provoqua une protestation énergique de Gaston Dupouy, directeur général du CNRS, membre de droit du comité, successeur de Teissier, révoqué dès 1948. Dupouy, dont la voix de stentor compensait la petitesse de la taille, déclara que, de sa vie, il n'avait jamais assisté à une discussion sur une nomination à un poste en présence de l'intéressé. Guéron dut quitter la séance, puis fut accepté unanimement pour la fonction envisagée, mais Dautry profita de cet incident pour nous retirer par la suite sa permission, éphémère, d'assister au comité de l'énergie atomique. Ce fut, je crois, la dernière manifestation des ex-Canadiens groupés et le symbole de la disparition de notre influence au sein du CEA. Elle avait duré cinq ans.

Jules Guéron quitta le CEA, en 1958, pour devenir directeur général scientifique d'Euratom, où il resta dix ans, dont trois sous la présidence de son beau-frère, Étienne Hirsch. Il put y satisfaire son penchant multidisciplinaire, en raison de la compétence générale attribuée aux centres de recherches de la Communauté européenne de l'énergie atomique. Il enseigna ensuite à la faculté des sciences d'Orsay jusqu'à sa retraite en 1976.

Au début de juillet 1951, par une belle journée d'été, nous eûmes dans la maison d'hôtes de Gif-sur-Yvette, près de Saclay, une réunion sur le futur programme technique du CEA dans une ambiance campagnarde. Perrin, Yves Rocard et Leprince-Ringuet y participèrent, ce dernier nu jusqu'à la ceinture. La deuxième pile en construction à Saclay étant en voie d'achèvement, la réunion se concentra sur l'étape suivante et s'ensuivit une discussion rappelant les conflits d'opinion de l'année précédente. Perrin voulait limiter la troisième pile à quelques milliers de kilowatts, pour que sa production de plutonium n'attire pas l'envie des militaires. Yves Rocard était opposé à une telle limitation qui allait selon lui à l'encontre du progrès. La réunion s'acheva sans qu'aucune décision ait été prise. Moins de deux mois plus tard, un bouleversement nouveau frappa le CEA : la mort subite de Dautry. Les conséquences de ce triste événement allaient résoudre le différend entre Perrin et Rocard et permettre au CEA de s'engager dans une nouvelle phase de son développement.

26

Le tournant

L'horizon du CEA semblait s'être de nouveau assombri durant cet été de 1951, avec le décès le 21 août de Raoul Dautry. Son enterrement eut lieu par une de ces journées radieuses de l'été en Provence, dans la petite ville de Lourmarin dont il était le maire. Je ne pouvais m'empêcher, en le suivant, de penser à la triste dispersion de l'équipe des fondateurs du CEA. Dautry disparu, les Joliot écartés, Auger ayant quitté la scène nucléaire, Perrin réticent à voir notre développement s'engager dans l'étape normale suivante, celle de la construction de piles dont la production de plutonium serait forcément d'importance militaire, Guéron aux prises avec les multiples problèmes du lancement d'un grand centre de recherches, Kowarski, en butte à son instabilité caractérielle, regardant vers l'extérieur, et moi-même, arrivé à la limite de l'utilisation, au laboratoire, des connaissances obtenues à Chicago et au Canada, et commençant à me complaire dans des missions à l'étranger, comme celles que j'avais effectuées au cours des deux années précédentes en Belgique, en Norvège et en Suède, et celle prévue dans un avenir proche en Inde, sans compter ma participation aux négociations aux Nations unies de 1946 à 1948.

C'est alors que deux hommes providentiels apparurent dans notre ciel obscurci. Le premier fut Félix Gaillard, nommé secrétaire d'État à la présidence du Conseil dans le gouvernement Pleven, formé onze jours avant le décès de Dautry ; le second, Pierre Guillaumat, qui allait, trois mois plus tard, succéder à ce dernier. Gaillard avait demandé et obtenu d'avoir le CEA sous son autorité et il devait conserver cette responsabilité sous quatre gouvernements successifs, ayant été secrétaire d'État à la fois à la présidence du Conseil et aux Finances, et de ce fait ayant bénéficié d'un pouvoir accru, dans deux de ces ministères, ceux d'Edgar Faure et d'Antoine Pinay, car ceux-ci avaient aussi conservé le portefeuille des Finances.

Je n'étais pas étranger à l'intérêt porté par Gaillard aux affaires nucléaires. A la fin de l'hiver de 1949, il nous était revenu au CEA le bruit que des menaces pesaient sur notre budget. Je décidai de prendre conseil de René Mayer. Il ne faisait pas partie du gouvernement, mais avait eu le portefeuille des Finances l'année précédente, et avait, depuis la guerre, toujours été bien disposé envers notre effort atomique. Comme je lui demandais de me recommander un député, membre de la commission des Finances, susceptible de s'intéresser à notre domaine, il me suggéra Félix Gaillard, qu'il avait appelé à ses côtés en 1948, comme secrétaire d'État. Jeune inspecteur des finances, Gaillard avait été, de la fin de 1944 à la mi-1946, chef de cabinet de Jean Monnet qui le dépeint dans ses *Mémoires* en ces termes : « Son intelligence et sa faculté d'assimilation exceptionnelles l'engageaient dans des raccourcis brillants et rapides. Il devait bientôt prendre celui de la politique, seul débouché pour son ambition impatiente et élevée. » Il avait en effet été élu député radical-socialiste de la Charente, en 1946, à l'âge de vingt-six ans. L'ayant rencontré chez les René Mayer, grand et beau jeune homme parlant avec calme, je lui proposai de venir visiter le centre de Châtillon et la pile Zoe, dont la triomphale divergence était encore dans tous les esprits.

Joliot, qui préparait son grand Congrès des partisans de la paix, me promit de venir nous rejoindre avant la fin de la visite. Celle-ci eut lieu le 8 avril au matin et se termina sans le haut-commissaire ; j'essayai de faire prendre patience à mon invité en lui racontant l'histoire de la contribution française aux débuts de l'aventure atomique. Puis, de guerre lasse, je décidai de conduire Gaillard au Collège de France, pour le présenter à Joliot qui y était encore retenu à midi passé. Sous le charme du savant, le jeune député devait y rester au-delà de trois heures. Ils en avaient oublié de déjeuner, mais Gaillard avait définitivement été acquis à l'énergie nouvelle.

Je ne devais revoir Gaillard que deux semaines après la mort de Dautry. Il était maintenant notre ministre et je le rencontrai chez les René Mayer, à sa demande, avant même sa prise de contact avec Perrin, notre haut-commissaire. Le secrétaire d'État nous expliqua son intention de doter la France d'un véritable plan nucléaire à long terme, car, formé à l'école de Monnet, il était très conscient de la nécessité de la planification dans le développement national. Il était décidé à remplacer Dautry par « ce qu'il y avait de mieux en France » et tout le monde lui indiquait Louis Armand, héros de Résistance-Fer et responsable de la brillante remise en état de notre réseau ferré national.

Louis Armand accepta, mais à la veille de sa nomination en Conseil des ministres, retardée du fait qu'on avait oublié de demander à temps l'accord d'Antoine Pinay, ministre des Transports et des Travaux publics dont il dépendait, Armand se ravisa et renonça, ne voulant pas se séparer de la SNCF et de ses collaborateurs auxquels tant de liens l'attachaient. Gaillard, tenant à éviter des candidatures politiques qui se précisaient, désigna en novembre 1951, sur le conseil d'Armand lui-même, Pierre Guillaumat, polytechnicien, ingénieur des Mines et jusque-là spécialiste du pétrole.

Le plan Gaillard

Sans attendre la désignation d'un nouvel administrateur, Gaillard, assisté de son ami et directeur de cabinet, Maurice Aicardi, secrétaire général au Plan, s'était attelé au problème du programme nucléaire à long terme. Dès le 6 septembre, trois jours après notre rencontre, il réunit le comité de l'énergie atomique, dans un des beaux salons à lambris dorés du rez-de-chaussée de l'hôtel Matignon. Je participai à la séance, avec les autres directeurs techniques du CEA. D'emblée, le jeune ministre, après nous avoir rappelé son soutien passé à la cause du CEA devant l'Assemblée nationale, précisa que, pour défendre notre budget, il devait pouvoir montrer que nos travaux n'étaient pas uniquement consacrés à la recherche, mais également orientés vers les applications pratiques et industrielles. Il était nécessaire, à son avis, de prouver que les perspectives de l'énergie atomique ne se matérialiseraient pas dans cinquante ans, mais dans un avenir proche. Il demanda alors aux responsables scientifiques du CEA de définir, avant la fin du mois suivant, un plan quinquennal, permettant la production en quantité notable d'une des deux substances nucléaires concentrées, le plutonium ou l'uranium 235, susceptibles d'être utilisées pour la production d'énergie récupérable : électricité ou force motrice.

Or, l'état d'avancement des travaux du CEA et de ses prospections minières déterminait la direction à suivre : la production de plutonium dans de grandes piles à uranium naturel. La préparation de l'autre combustible, par la voie de l'enrichissement de l'uranium en uranium 235, était à cette date hors de question, les connaissances, les quantités d'uranium nécessaires et les moyens financiers n'étant pas encore disponibles.

Pendant tout le mois de septembre, et au début d'octobre, nous eûmes au CEA, entre scientifiques, des réunions pour préciser les possibilités de production future de plutonium et déterminer l'ampleur des crédits nécessaires. Perrin craignait qu'une production trop importante ne provoquât l'intérêt et l'ingérence des militaires. Le ministre, plus ambitieux, était encouragé par Lescop, partisan déclaré d'un armement atomique français et de l'élimination de tous les éléments d'extrême gauche au CEA, ainsi que par le général Bergeron, le militaire du comité de l'énergie atomique.

Au cours de deux nouvelles séances à l'hôtel Matignon, les 2 et 18 octobre, Gaillard ne cessa de nous pousser à voir plus grand. Les deux points de vue s'affrontèrent quand il annonça son intention de s'adresser au public à la radio et sa détermination de ne pas annoncer un objectif inférieur à une production annuelle de cinquante kilos de plutonium (quantité suffisante pour quelque six à huit bombes). Perrin répliqua qu'il refusait de s'associer à un bluff politique, en raison, disait-il, des difficultés qu'il prévoyait dans la construction rapide de grandes piles de puissance. Le haut-commissaire céda et, dès le mois de novembre, avec Guillaumat et leurs directeurs techniques, ils jetèrent les bases du premier plan quinquennal nucléaire français.

Plusieurs fois par la suite, durant ses vingt années à la tête du CEA comme haut-commissaire, Perrin, symbole et artisan de la continuité de notre maison, manifesta son extrême réticence, sinon son opposition, à des accroissements importants, en qualité et en quantité, du programme français d'armes atomiques. Chaque fois, il céda devant la volonté gouvernementale et mit alors son talent scientifique à la réalisation du programme même auquel sa conscience, plus que son appartenance au parti socialiste, l'avait rendu initialement hostile.

Le plan proposé prévoyait la construction de deux piles au graphite et de l'usine d'extraction de plutonium correspondante. Son but, clairement précisé, était la production de plutonium destiné à être utilisé dans des piles ou réacteurs (comme l'on dit aujourd'hui) ultérieurs : centrales et moteurs. Aucune mention n'était faite d'un éventuel emploi militaire, une décision à ce sujet n'ayant pas lieu d'être prise avant quelques années. Cet aspect du problème était déjà présent et sans doute prédominant dans l'esprit de nombre de responsables et des inspirateurs de ce programme. La note technique d'accompagnement se terminait par : « Il dépend de nous aujourd'hui que la France reste un grand pays moderne dans dix ans. »

Fort de l'appui sans réserve du président du Conseil, Antoine Pinay, qui était aussi ministre des Finances, Gaillard présenta le plan devant le Parlement, qui l'adopta en juillet 1952. J'avais accompagné à plusieurs reprises Guillaumat et Perrin chez notre ministre, pour la préparation des débats, et aussi à l'occasion de leurs auditions devant les commissions concernées des deux Chambres. Un amendement déposé par le parti communiste fut rejeté à une large majorité comprenant les voix des socialistes. Il tendait à obliger le gouvernement à garantir que le plutonium produit ne serait jamais utilisé pour la production de bombes en France ou ailleurs.

Dans sa présentation du plan, Gaillard précisa que la déclaration unilatérale de programme pacifique, faite aux Nations unies en 1946, restait valable. Il ajouta que cette déclaration n'avait pas de valeur contractuelle et qu'il ne voyait pas pourquoi la France renoncerait, par principe, au droit et à la possibilité de fabriquer une arme atomique au moment où la production de celle-ci se poursuivait des deux côtés du rideau de fer. Il avait aussi insisté sur la modestie relative des crédits demandés (quarante milliards d'anciens francs), preuve, selon lui, que la préparation de la bombe n'était pas envisagée.

L'horizon atomique français restait libre, après ce débat caractéristique de l'évolution à venir. Ministre responsable de l'énergie atomique pendant un an encore, Gaillard put surveiller et faciliter la mise en route de son plan et participer au choix du site de Marcoule pour la localisation des grandes piles plutonigènes et de l'usine chimique d'extraction du plutonium correspondant.

Six ans plus tard, en 1958, Gaillard, devenu président du Conseil, prit les mesures nécessaires pour que les premiers essais atomiques français aient lieu au début de 1960 au centre d'expérimentation en cours d'installation au Sahara. Cela représentait l'aboutissement des décisions d'étudier et de préparer un prototype de bombe, prises par deux de ses prédécesseurs à la tête du gouvernement, Pierre Mendès France à la fin de 1954 et Guy Mollet au cours de l'année 1956. Revenu au pouvoir en juin 1958, le général de Gaulle n'eut donc qu'à entériner ces décisions parvenues à un stade avancé d'exécution.

Gaillard devait disparaître prématurément en 1970, à la suite de l'incendie de son voilier dans la Manche, accident qui l'arracha à la conduite des affaires de son pays, où, tôt ou tard, il aurait été conduit à jouer à nouveau un rôle de premier plan. Il ne devait donc pas connaître la satisfaction de constater l'admiration et l'envie suscitées aujourd'hui à l'étranger, et en particulier à Washington, par la réussite de nos réalisations nucléaires tant civiles que militaires, qui lui doivent tant.

Guillaumat joua un rôle capital dans la mutation industrielle du CEA. Indifférent aux fluctuations gouvernementales, il devait, pendant six ans, avant d'entrer en 1958 au gouvernement de Gaulle comme ministre des Armées, poursuivre le même but essentiel : la création d'une puissante industrie nucléaire nationale, condition indispensable pour permettre à notre pays d'aborder, non seulement le développement civil, mais aussi la phase militaire. Pour celle-ci, il fut un farouche défenseur des prérogatives du CEA devant les ambitions des armées qui auraient voulu en prendre la responsabilité. Esprit clair, précis dans ses instructions, sachant manier la taquinerie et travaillant à l'abri de toute publicité personnelle dont il avait horreur, il fut pour moi un excellent patron auquel s'appliquait encore mieux qu'à moi-même le compliment qu'il me fit au moment de quitter le CEA : « Aucune action, aucune équipe ne sont imaginables, pour moi, si les gens sont ennuyeux et vous ne l'avez jamais été. »

Je ne lui étais pas totalement inconnu, car mon frère avait été son camarade de promotion à Polytechnique en 1928. Mon premier contact avec lui, en novembre 1951, fut un peu difficile, car je devais le prévenir de mon intention de m'absenter pendant cinq semaines à une date proche de sa prise de fonctions ; j'avais en effet été invité par Bhabha, président de la commission atomique indienne, à donner une série de conférences en Inde, à visiter ses laboratoires... et quelques sites de son fascinant pays. « Cela va pour cette fois-ci, me dit Guillaumat, mais dorénavant je vous rationnerai à un seul voyage pas très sérieux et pas trop long par an. » La tournée en Inde fut un grand succès. Nous fûmes présentés au pandit Nehru et celui-ci retira de sa boutonnière son habituelle rose rouge pour l'offrir à ma femme. Ce fut le premier jalon d'une longue série d'échanges techniques entre nos deux commissions atomiques, qui se sont poursuivis jusqu'à ce jour.

A mon retour, en janvier 1952, Guillaumat me chargea de préparer, en vue de sa décision et de celle du comité de l'énergie atomique, les éléments du choix de la grande firme chimique à qui serait confiée la responsabilité de construire la première usine d'extraction de plutonium, à partir du procédé récemment mis au point au laboratoire par nos soins, celui qui faisait intervenir le meilleur solvant que nous avions « découvert » en 1951 par des procédés peu orthodoxes, mais de bonne guerre. Entre les trois sociétés n'ayant pas encore de grands contrats avec le CEA, Kuhlmann, Rhône-Poulenc et Saint-Gobain, Guillaumat me demanda de me limiter aux deux dernières, car le souvenir des liens entre Francolor, émanation de Kuhlmann, et la puissance occupante n'était pas encore tout à fait effacé.

Je pris rendez-vous avec les dirigeants des deux sociétés retenues : président, directeur général et responsables des recherches et de la production. Toutefois, une étude préalable de l'activité de chacune d'elles m'avait déjà convaincu à l'avance de donner la préférence à Rhône-Poulenc, spécialiste de la chimie délicate, comme celle de la préparation de la pénicilline, et versée dans le maniement des solvants organiques. Les représentants de Saint-Gobain à qui je rendis visite furent tous unanimes : Rhône-Poulenc était mieux équipé pour affronter les problèmes posés par le maniement de substances hautement radioactives, impliquant des opérations entièrement contrôlées à distance derrière d'épais murs de béton, mais ils ajoutaient que leur société avait envie de se moderniser et le ferait avec enthousiasme si cette tâche d'avant-garde leur était confiée. Les dirigeants de Rhône-Poulenc étaient, sans exception, tous convaincus de la supériorité de leur firme, qui, selon eux, serait bien plus qualifiée à tout point de vue pour s'attaquer à ce défi technologique, mais cela ne leur ferait aucun plaisir de travailler pour l'État et de détourner leur compétence même sur ce domaine nouveau. Le choix s'imposa, et Guillaumat puis le comité de l'énergie atomique suivirent ma recommandation. Nous n'eûmes jamais à regretter d'avoir choisi Saint-Gobain. En revanche, Rhône-Poulenc se ravisa quelques années plus tard, se plaignant qu'elle n'avait pas eu sa part du gâteau des activités chimiques nucléaires. Entre-temps Kuhlmann avait été chargé de l'important domaine du traitement de nos minerais d'uranium et Rhône-Poulenc resta sur sa faim.

La première tâche que je devais confier à Saint-Gobain fut de transformer, au fort de Châtillon, une installation en hauteur, prévue pour l'étude de la concentration physique des minerais, et d'utiliser ses paliers successifs pour les différentes opérations de traitement des barreaux de Zoe et vérifier ainsi à l'échelle pilote la validité de notre procédé.

La relève était en marche, Guillaumat allait consolider son pouvoir, en obtenant la suppression du poste de secrétaire général du CEA et le départ de Lescop, dont l'influence n'avait pas été saine. Puis, pour engager notre développement dans sa phase industrielle, il fit appel à des ingénieurs chevronnés, aux polytechniciens, dont Joliot avait cherché à éviter la pénétration au Commissariat et dont Kowarski s'était plaint qu'il n'arrivait pas à les y attirer. Le nouvel administrateur général appela à ses côtés comme directeur industriel Pierre Taranger, d'une promotion peu postérieure à la sienne, qu'il avait connu et estimé dans la résistance gaulliste en Tunisie, puis à la Libération, à la direction des Carburants. Taranger devint le véritable chef d'orchestre de l'industrialisation nucléaire française. Meneur d'hommes, il en était toujours aimé et devint pour moi un collègue, un conseiller et un ami précieux ; il aimait à citer cette boutade de Louis Armand : « Il n'y a pas de problèmes techniques, il n'y a que des problèmes humains. » Il manifesta d'ailleurs un véritable talent pour résoudre les uns comme les autres. Il allait ainsi prendre une responsabilité, que j'avais envisagé d'exercer : la supervision de la construction de l'usine d'extraction du plutonium de Marcoule confiée à Saint-Gobain.

Autour du monde nucléaire

Cependant, pour la troisième fois, comme je l'avais fait en quittant Chicago en 1942, puis Chalk River en 1946, j'allais m'éloigner du problème du plutonium, au moment où était abordée la phase industrielle. Ce n'était pas, cette fois-ci, par suite d'un changement de pays, mais en raison de mon manque de compétence, ma formation étant trop étrangère aux problèmes technologiques posés par la maîtrise d'une entreprise aussi originale et complexe.

A cette date, en 1952, la gestion du département de chimie, composé de quelque deux cents agents dont une quinzaine d'ingénieurs, ne me laissait guère de temps pour manipuler en laboratoire. L'accroissement constant de la radioactivité des produits à traiter provenant de la pile était une raison supplémentaire de m'éloigner des paillasses et des récipients, car ce n'était pas à quarante ans que j'allais changer de méthode de travail, méthode qui m'avait valu, lors de mon départ de Chicago dix ans auparavant, le don symbolique d'une auge miniature et de son pensionnaire. Il valait donc mieux que je prenne mes distances avec la pratique. La vérification de l'efficacité du « meilleur » solvant pour le plutonium fut mon dernier travail de laboratoire.

C'est encore grâce au plutonium que j'allais prendre une

nouvelle orientation au CEA, la quantité impliquée n'étant plus de quelques microgrammes, comme lors du détournement politico-technique, de Chicago au Canada, en 1943, mais, cette fois, de cinq cents grammes, la limite de production annuelle autorisée pour les partenaires de l'armée européenne projetée, limite inacceptable pour la France.

J'allais m'éloigner progressivement d'une carrière scientifique, qui n'avait jamais cessé d'être passionnante, depuis mon recrutement par Marie Curie, pour prendre la direction, pendant vingt-cinq ans, des relations internationales du CEA, activité non moins captivante que la précédente. Je n'ai jamais regretté un instant d'avoir pris ce tournant.

Comme en tout chose il est bon de commencer modestement, ma première tâche dans mon nouveau métier fut de collecter des signatures. En effet le statut du CEA spécifiait que « le Commissariat est représenté sur le plan national et dans les négociations internationales par le haut-commissaire et l'administrateur général, agissant conjointement ou séparément ». Guillaumat me demanda de veiller d'abord à ce qu'au moins en matière de relations extérieures ce fût toujours « conjointement » et jamais « séparément ». Je fus, ainsi, chargé par lui d'assurer le bon fonctionnement de sa cohabitation avec Perrin, en vérifiant qu'aucune lettre ou document importants, envoyés à une commission atomique ou à un gouvernement étrangers par l'un, ne parte sans avoir eu le visa de l'autre. Ce ne fut pas facile, et je fus même une fois accusé par Perrin, à l'occasion d'un contrat secret, particulièrement délicat et plus tard controversé, avec un pays « ami et allié », de lui avoir extorqué sa signature ; je la lui avais en effet soutirée, au moment où il entrait dans sa voiture pour quitter le Commissariat !

Ma nouvelle activité dépassa rapidement le stade de la navette entre les deux dirigeants de notre maison et, bientôt, je dus prendre un adjoint. Entre Jean d'Ormesson, normalien-lettres, que j'aurais peut-être mis sur la voie de la science-fiction au lieu du roman, et un marin, ancien de Navale, Jean Renou, je choisis le second en raison de sa formation plus technique. Après m'avoir annoncé qu'il me quitterait au bout de cinq ans, il resta à mes côtés plus de vingt années et notre collaboration harmonieuse ne prit fin qu'avec notre retraite, à trois mois l'un de l'autre. Il fut un partenaire efficace, acceptant, avec bonne humeur, de traiter les affaires dont je ne voulais pas et en particulier, aux côtés de Guillaumat, la si difficile mise sur pied du traité d'Euratom.

Je vécus ces années en liaison permanente avec le Quai d'Orsay où mon poste dut faire suffisamment d'envieux pour que, depuis mon départ, il soit devenu un apanage du ministère des Affaires étrangères, escale pour conseillers de première ou de deuxième classe en attente de leur première ambassade.

Mes débuts dans mes nouvelles fonctions coïncidèrent avec un bouleversement complet dans le paysage nucléaire international, avec la levée du secret atomique, tant à l'Ouest qu'à l'Est, à la Conférence de Genève organisée en 1955 par les Nations unies. Les savants travaillant sur le même domaine dans de nombreux pays s'y rencontrèrent et s'y parlèrent pour la première fois. J'avais été désigné comme le membre français d'un comité de représentants de sept pays, chargé de conseiller dans sa tâche Dag Hammarskjöld, le brillant secrétaire général de l'ONU. En faisaient partie, entre autres, le savant indien Homi Bhabha, et deux prix Nobel, l'Américain Isidore Rabi, étincelant d'intelligence et d'humour, et le Britannique John Cockcroft, notre ancien directeur au Canada.

Ce comité survécut à la Conférence et devint, pendant une quinzaine d'années, l'organe consultatif en matière scientifique de Hammarskjöld, puis, après son décès tragique en 1961, d'U Thant, son successeur birman. Il joua un rôle important dans les relations Est-Ouest, en raison de la présence en son sein du chef de l'énergie atomique soviétique, Vassili Emelyanov, grand ami de Nikita Khrouchtchev et de sa famille. Ce dernier lui imposa en 1961, comme adjoint, à la représentation soviétique auprès de l'Agence internationale de l'énergie atomique à Vienne, l'ancien ministre des Affaires étrangères, Viatcheslav Molotov, à la dernière étape de sa disgrâce. Emelyanov avait reçu la sadique consigne de ne jamais manquer une seule séance durant cette année, afin que Molotov, l'habitué de tant de conférences au sommet, fût toujours assis au second rang dans les réunions du conseil des gouverneurs de cette organisation internationale !

Très libre de ses paroles, Emelyanov s'émerveillait de son sort : « Dire que moi, petit professeur de métallurgie, j'ai maintenant le rang de ministre (de l'Énergie atomique), d'ambassadeur (près de l'Agence internationale) et je suis le patron de Molotov, je n'arrive pas à le croire ! »

Cela ne l'empêcha pas de subir à son tour une disgrâce vers la fin des années soixante, au moment où il me devait encore vingt-neuf kilos de caviar sur les trente-trois promis comme droits d'auteur sur la traduction soviétique de mon ouvrage : *L'Aven-*

ture atomique[1]. Plus tard, il m'affirma avoir placé en mon nom une somme équivalente à sa dette de quelques milliers de roubles sur un livret de compte d'épargne dans une banque à Moscou, dont il avait — son âge avancé l'excusant — oublié les coordonnées. Je suis ainsi sans doute le seul Français à avoir un compte bancaire en Union soviétique, si secret que j'en ignore moi-même le numéro et la localisation exacte, et à être de ce fait dans l'impossibilité de me mettre en règle avec le fisc des deux pays concernés !

Durant un quart de siècle, j'ai ainsi usé mes fonds de culotte sur les sièges de délégués à New York, Bruxelles, Genève, Paris et surtout Vienne. J'ai servi de guide dans nos centres nucléaires français à un nombre considérable de personnalités étrangères et j'ai visité des installations atomiques dans tous les continents. J'ai rencontré plus de collègues scientifiques et de diplomates que ma mémoire ne pouvait retenir de noms. J'ai usé et abusé du téléphone international, ne me lassant jamais de faire le numéro moi-même et d'obtenir en quelques secondes Sydney, Johannesburg, Tokyo ou Rio. De cette activité tous azimuts, je n'ai guère retenu une philosophie générale, mais plutôt une ronde désordonnée d'images comme celles d'un kaléidoscope.

J'ai ainsi accompagné dans leurs voyages autour du monde les administrateurs généraux qui succédèrent à Guillaumat : Pierre Couture, Robert Hirsch et André Giraud. J'avais déjà accompagné Hirsch vingt-cinq ans plus tôt quand nous faisions tous les jours ensemble le chemin qui nous menait et nous ramenait du lycée et ce fut une merveilleuse surprise de retrouver comme patron un ami si gai et si affectueux.

J'ai fait des exposés à des personnalités étrangères, comme en 1954 à Londres, à la Chambre des communes, sur l'organisation et le fonctionnement du CEA, devant Attlee et les membres de son contre-gouvernement travailliste. Ils en furent pour les frais de leur invitation, car ils espéraient y puiser des arguments contre le projet du gouvernement conservateur au pouvoir de confier le développement nucléaire britannique à une compagnie de la couronne, analogue en bien des points au Commissariat. Je fus aussi convoqué, en 1981, à Genève, par la commission indépendante sur le désarmement et les questions de sécurité, à la demande de son président Olof Palme, ancien et futur Premier ministre suédois, tragiquement assassiné en 1986, qui avait œuvré, comme

1. Fayard, 1962.

jeune politicien, pour l'abandon de l'option nucléaire de son pays ; il voulait, au contraire, être informé de la suite des événements, facteurs et décisions qui avaient abouti à l'arme et à l'armement atomique français.

Accompagnant en Espagne dans les années soixante mon ministre pour négocier la première exportation d'une centrale nucléaire française, ma principale occupation, couronnée de succès au dernier moment, consista à convaincre mon ami, le président de la commission atomique, physicien et grand d'Espagne, José Maria Otero de Navascues, d'obtenir de son gouvernement que celui-ci renonçât à donner à mon ministre la grand-croix de l'ordre du Mérite mais plutôt le cordon d'Isabelle la Catholique décerné peu auparavant à un ministre de rang moindre, Valéry Giscard d'Estaing. J'avais eu moi-même, quelques années auparavant, beaucoup de mal à trouver une excuse valable pour ne pas me rendre à l'inauguration d'une usine nucléaire espagnole où le Caudillo, Franco lui-même, devait me remettre la plaque de grand officier d'Alphonse X le Sage. Heureusement la date choisie était celle du 13 février 1960, celle de l'explosion de notre première bombe atomique... à laquelle je n'étais pas présent.

Assisté par une charmante collaboratrice, Marie-Paule Lacoste, qui fut un peu la marraine de tous les Français fonctionnaires de l'Agence internationale à Vienne, j'ai animé un club de commissions atomiques européennes où, entre responsables surtout scientifiques et leurs épouses, nous nous réunissions une fois par an dans chaque pays à tour de rôle, de préférence hors saison, pour pouvoir être seuls à occuper un hôtel, dans des sites aussi agréables et éloignés que Taormina au sud ou Bodö en Norvège, au-dessus du cercle polaire. Nous avons ainsi créé de précieux liens d'amitié, tout en discutant et comparant sans prises de notes ni comptes rendus les leçons tirées des difficultés rencontrées par chacune de nos organisations.

J'ai pris tant de goût aux nombreuses missions effectuées en Inde où je me suis fait de nombreux amis que j'ai gardé des liens étroits avec d'anciens collègues et leurs familles et que rares sont les hivers où je ne m'y rends pas maintenant en touriste.

Je suis devenu un peu commerçant, cherchant à acheter de l'uranium sans contrôle d'utilisation pacifique, c'est-à-dire pour notre programme militaire ; j'ai échoué à deux reprises au Canada, mais ai réussi en Afrique du Sud, en 1963, avec un très beau contrat au plus bas prix pratiqué depuis la guerre. J'eus à cette occasion beaucoup de mal à refuser un petit diamant rose de la collection privée de Harry Oppenheimer, le magnat de la De Beers, pour ma femme, clouée depuis de longs mois à l'hôpital après une cruelle atteinte de poliomyélite. Je transigeai pour une peau de gazelle avec de beaux zigzags noirs et bruns, qui fit les délices de notre chien.

J'ai aussi joué au conspirateur, accompagnant, comme traducteur, Taranger dans de mystérieuses réunions d'un cartel de l'uranium groupant tous les producteurs occidentaux, sauf ceux des États-Unis, et dont la dénonciation par un membre de l'association des Amis de la Terre fournit, au milieu des années soixante-dix, un merveilleux alibi à Westinghouse — qui avait perdu des milliards de dollars en vendant de l'uranium à découvert — et qui lorsque le marché se retourna ne put faire face à ses engagements. La cascade de procès qui s'ensuivit rapporta plus de deux cent cinquante millions de dollars aux seuls avocats des sociétés impliquées.

J'avais auparavant présidé à Paris, au milieu des années cinquante, à l'occasion de la négociation du traité de Rome sur l'Euratom, un syndicat d'études pour la création d'une usine européenne d'enrichissement de l'uranium avec tant de succès qu'après deux ans de discussions, huit voix contre une, celle de la France que je représentais, condamnèrent le projet. Il fallut attendre encore quinze ans, l'envolée du prix du pétrole et l'énergie d'André Giraud, pour voir cette entreprise prendre forme sous le nom d'Eurodif. Je participai, comme conseiller diplomatique muet de Taranger, aux premières négociations pour faire enrichir de l'uranium français en Union soviétique. Mon mutisme impressionna tant nos interlocuteurs qu'ils en déduisirent, à tort, que j'étais le chef de notre délégation et à ce titre me demandèrent d'intervenir pour faciliter un compromis sur le prix, pierre d'achoppement de notre négociation.

Je me suis comporté en financier en me rendant en Pologne, en Roumanie et en Tchécoslovaquie pour dénoncer le système adopté dans nos accords bilatéraux nucléaires pour nos échanges de techniciens, par lequel chaque commission prenait à ses frais les dépenses encourues dans son pays par les stagiaires étrangers. Cette sorte de compensation n'en était pas une, car personne chez nous ne voulait aller travailler à l'Est, tandis que beaucoup trop nombreux étaient ceux qui venaient à nos frais dans nos centres. Pendant vingt-trois ans, de 1958 à 1980, je me suis rendu chaque année à cinq ou six reprises pour quelques jours à Vienne afin de représenter la France au conseil des gouverneurs de l'Agence internationale de l'énergie atomique. Tout en étant prêt à intervenir j'y ai beaucoup dormi, au moins d'un œil, j'y ai lu et relu le journal et peiné avec mon voisin, le gouverneur allemand, sur la solution du « jumble », jeu d'anagrammes du *Herald Tribune.* J'y ai admiré les talents acquis de diplomate et d'administrateur du physicien suédois Sigvard Eklund qui en assura, pendant la durée exceptionnelle de cinq mandats de quatre ans, la direction générale et qui devint pour moi un ami très proche. Cet organisme international s'est imposé comme le lieu de choix pour les rencontres avec nos collègues et les représentants des pays de l'Est et de ceux du tiers monde.

La dernière année de ma participation aux travaux de ce conseil des gouverneurs, en 1980, comme le plus ancien parmi mes pairs, je fus porté à la présidence de cette réunion, contrairement à la règle non écrite qui en écartait les représentants des puissances dotées de l'arme nucléaire. Dans mon discours d'adieu, je conseillai à mon successeur de séparer les « P », car les gouverneurs pour le Pakistan, le Pérou et les Philippines, voisins à cause de l'ordre alphabétique, avaient été ceux qui m'avaient donné le plus de fil à retordre, s'excitant l'un l'autre pour réclamer toujours plus d'argent pour l'assistance technique et moins pour le contrôle international. Ayant trop de fois entendu les orateurs à ce conseil commencer par « je serai bref », puis parler une demi-heure, je n'ai jamais usé de cet adjectif, mais me suis spécialisé dans les interventions les plus courtes et les plus dénuées de fioritures diplomatiques.

Enfin, j'ai participé à un nombre infini de discussions sur la non-prolifération, le plus souvent aux frais du gouvernement des États-Unis ou d'illustres fondations comme celles créées par les Rockefeller, les Carnegie ou les Ford, à tel point que j'en suis arrivé à me demander si ce problème n'était pas devenu pour les Américains un moyen de défoulement pour éviter d'être obsédé par le danger autrement plus angoissant représenté par leur course aux armements nucléaires avec l'Union soviétique.

A une époque où un attentat terroriste dévastateur peut être commis avec quelques kilos de plastic, la quantité d'explosifs fissiles présents dans les arsenaux des deux supergrands correspond à une puissance totale de l'ordre d'environ un million de fois celle de la bombe d'Hiroshima, chiffre dépassant l'entendement et équivalant à plus de quatre tonnes d'explosifs conventionnels par habitant du globe. C'est dire la gravité de cet aspect du contexte géopolitique sous-tendant les problèmes importants auxquels j'ai été mêlé du fait de ma fonction de directeur des relations internationales du CEA, et dont, à ce stade du récit, je n'ai esquissé que quelques aspects anecdotiques.

J'avais, comme radiochimiste, cherché à œuvrer au maintien de notre pays dans le peloton de tête de la course atomique. Comme diplomate scientifique, j'ai essayé, pendant un quart de siècle, d'être un de ceux qui contribuaient à soutenir et amplifier notre présence sur la scène et dans le commerce nucléaires internationaux, et à consolider et défendre notre politique d'indépendance atomique. J'ai eu la satisfaction de ne quitter le CEA qu'au moment où la France avait pris la première place dans le monde pour la fraction nucléaire de sa production d'électricité, et, après les deux supergrands, pour son armement atomique, l'uranium restant toujours le seul combustible disponible pour combler, au XXIe siècle, l'inévitable déficit des ressources énergétiques classiques du monde. Mais ceci est une autre histoire.

La retraite, redoutée par les uns, réclamée par les autres, m'a permis de mieux classer dans ma mémoire et comprendre l'importance relative des multiples événements de ma vie professionnelle, et surtout de me rendre compte à quel point, dans la première phase de celle-ci, j'ai été comblé par le hasard et la chance. Je possède une « photo de famille », prise avenue Foch, tout au début du Commissariat où, comme le professeur et sa classe au lycée, les Joliot sont entourés de leurs principaux collaborateurs (seul manque Guéron, alors en mission à New York). Au dos de cette photo, Lydia Cassin, alors assistante de Kowarski et juge lucide et sans pitié des acteurs nucléaires de cette époque, avait écrit en se référant à moi : « S'il n'en reste qu'un, ce sera celui-là. » J'étais alors le plus jeune du groupe photographié et j'ai en effet été, en 1980, le dernier à quitter le CEA. C'est ce qui m'a encouragé à écrire ce récit sur une carrière soumise aux jeux de l'atome et du hasard, afin d'apporter un témoignage sur le rôle des pionniers, dans les débuts de l'aventure atomique française, à laquelle notre pays doit en grande partie sa défense et son électricité.

Remerciements

J'ai proposé en mars 1986 à l'administrateur général du CEA, Gérard Renon, au haut-commissaire, Jean Teillac, et au directeur des relations internationales, Gérard Errera, de m'accréditer auprès des organismes atomiques britannique et canadien pour procurer au CEA les photocopies de tous les documents concernant de près ou de loin la participation française aux travaux de nos alliés pendant la guerre. Je leur suis très reconnaissant d'avoir bien voulu le faire, ainsi qu'à leurs homologues étrangers pour avoir réservé un excellent accueil à leur demande.

Le travail m'a été admirablement simplifié à Londres grâce au Pr Margaret Gowing, historiographe officielle de l'énergie atomique du Royaume-Uni, et à John Clarke, grand spécialiste des archives nucléaires britanniques, et à Ottawa grâce à Ronald Vieilleux, vice-président de l'énergie atomique du Canada qui a mis à ma disposition un historien, Paul Marsden, afin de me servir de guide aux archives d'Ottawa et dans le dédale des documents techniques, souvent encore classés secrets, à Chalk River. Qu'ils trouvent ici tous les quatre l'expression de ma gratitude.

Jules Guéron, qui a rallié le général de Gaulle dès le mois de juin 1940 et dont la mémoire est toujours aussi sûre, m'a donné de précieux éléments pour la reconstitution des périodes « anglaise » et « canadienne » de cet ouvrage, je l'en remercie vivement. Je suis aussi reconnaissant à Léon Denivelle pour des précisions importantes sur la période « française ».

Je voudrais exprimer toute ma gratitude à ceux qui m'ont, en cours de route, encouragé à continuer ce récit : Georgette Elgey, Anka Muhlstein, Laurence Soudet et surtout Lydia Cassin dont j'ai à tant de reprises bloqué le téléphone. Elle a fait sur mon manuscrit la chasse aux anglicismes et à bien d'autres erreurs, comme l'ont fait avec tant de gentillesse mes anciens collègues et amis du CEA, André Finkelstein, Jean-Claude Koechlin, André Petit, et avec un souci extrême, François Perrot, grand défenseur de la langue française.

Un grand merci à Monique Clairet, un de mes dispensateurs d'encouragements qui, durant son temps libre, a su produire à partir de gribouillis collés les uns aux autres avec du Scotch un manuscrit très présentable.

Enfin, je n'aurais jamais pris la plume si, au début des années soixante, Thérèse de Saint Phalle n'était arrivée à me convaincre de le faire pour mon premier livre *L'Aventure atomique* et je trouve particulièrement satisfaisant qu'un quart de siècle plus tard elle soit aussi la marraine de ce dernier ouvrage, pour lequel ma femme, qui en a lu et relu les différents stades, a été un indispensable soutien.

Annexes

Présidence du Conseil

République Française

Paris, le 26 février 1940

ORDRE DE MISSION

Monsieur Jacques ALLIER est habilité par M.le Président du Conseil à traiter avec les détenteurs de la matière faisant l'objet de sa mission pour assurer au Gouvernement français la disposition des quantités les plus importantes possibles.

Il est habilité à procéder à un achat ferme immédiat ou, le cas échéant, à donner aux détenteurs de la matière la garantie du Gouvernement français dans le cas où un dépôt en France pourrait être envisagé.

M.Jacques ALLIER est expressément déchargé du soin d'assurer l. matière, qu'il acheminera ou fera acheminer aux risques et périls du Gouvernement français.

Toutes autorités diplomatiques, consulaires et militaires sont tenues de prêter en toutes circonstances à M.Jacques Allier les concours nécessaires à l'accomplissement de sa mission.

Le Président Du Conseil,
Ministre de la défense Nationale et de la Guerre.

Ed. Daladier

Ordre de mission de Jacques Allier en Norvège pour l'achat d'eau lourde.

16 juin 1940

Ordre

Messieurs Halban et Kowarsky accompagnés de Mesdames Halban et Kowarsky et de deux enfants en bas âge monteront à bord du vapeur Broompark à Bassens (Gironde). Ils sont confiés à Monsieur le comte de Suffolk et Berkshire, afin de poursuivre en Angleterre les recherches entreprises au Collège de France, et sur lesquelles sera observé un secret absolu.

Messieurs Halban et Kowarsky se présenteront à Londres à la mission française (colonel Mayer), 2 Dean Stanley Street, Westminster House.

MINISTÈRE DE L'ARMEMENT

Pour le Ministre et par son ordre
Pour le Secrétaire Général des Fabrications
Le chef du cabinet
[signature]

Ordre de mission de Halban et Kowarski pour l'Angleterre.

A copy of this aide-memoire was left with Pres. Roosevelt. Another copy was given to Adl. Leahy to hand to Lord Cherwell.
J.R.C.

10, Downing Street,
Whitehall.

TOP SECRET

TUBE ALLOYS

Aide-memoire of conversation between the President and the Prime Minister at Hyde Park, September 18, 1944. *Actually 19th. J.R.C.*

1. The suggestion that the world should be informed regarding Tube Alloys, with a view to an international agreement regarding its control and use, is not accepted. The matter should continue to be regarded as of the utmost secrecy; but when a "bomb" is finally available, it might perhaps, after mature consideration, be used against the Japanese, who should be warned that this bombardment will be repeated until they surrender.

2. Full collaboration between the United States and the British Government in developing Tube Alloys for military and commercial purposes should continue after the defeat of Japan unless and until terminated by joint agreement.

3. Enquiries should be made regarding the activities of Professor Bohr and steps taken to ensure that he is responsible for no leakage of information, particularly to the Russians.

FDR WSC

Compte rendu de la rencontre de Hyde Park paraphé par Roosevelt et Churchill prévoyant la poursuite de la collaboration anglo-américaine après la guerre.

Index

A

ACHESON, Dean : 389.
AGOSTINO, Oscar d' : 133.
AICARDI, Maurice : 451.
AKERS, Wallace : 161-162, 167, 177-178, 181, 200, 203, 205, 207 à 215, 218-219, 221, 224, 227, 239, 241-242, 253, 264, 274 à 277, 279 à 281, 286, 289, 308-309, 311, 316, 336.
ALBERT Ier, de Belgique : 116.
ALLIER, Jacques : 99 à 104, 283 à 285, 305, 351, 356, 364.
ALLISON, Samuel : 221, 256.
ANDERSON, Carl : 20.
ANDERSON, Sir John : 160-161, 165, 166, 200-201, 203, 205, 217, 219, 222 à 224, 235 à 239, 242, 253, 255, 258, 264, 270 à 273, 275, 277 à 281, 285 à 287, 289 à 301, 303 à 312, 335, 339, 345, 347, 365 à 368.
ANDRÉ, Gaston : 75.
APPLETON, Sir Edward : 203, 288.
ARMAND, Louis : 451, 456.
ARNOULT, Roger : 93-94.
ARON, Raymond : 143.
ATTLEE, Clement : 335, 339, 459.
AUBERT, Axel : 100-101.
AUGER, Pierre : 29, 83-84, 195-196, 207-208, 212, 219 à 221, 223, 230, 232, 239, 247, 249 à 251, 255, 264 à 267, 270, 287, 291, 297, 313, 317, 336, 341, 352 à 361, 372-373, 385, 392, 408, 439, 449.
AURIOL, Vincent : 416.

B

BALLANDE, Pierre : 373, 378.
BARUCH, Bernard : 390, 392, 396.
BECQUEREL, Antoine : 47.
BECQUEREL, Edmond : 47.
BECQUEREL, Henri : 46 à 49, 54-55, 332.
BECQUEREL, Jean : 48.
BEHOUNEK, F. : 61.
BÉMONT, Gustave : 17, 24, 50.
BEN GOURION, David : 28.
BERGERON, Général : 452.
BERGMANN, Ernst : 413.
BERNARD, Commandant (voir HIRSCH, Étienne.)
BERNSTEIN, Henry : 25, 130.
BHABHA, Homi : 426, 454, 458.
BICHELONNE, Jean : 104, 106, 320, 356.
BIDAULT, Georges : 309, 372, 378, 436 à 439.
BINGEN, Jacques : 138.
BIQUARD, Pierre : 427.
BLANDY, Amiral : 377.
BLOCH, Claude : 382.
BLOCH DASSAULT, Général : 115, 356-357, 359, 364, 424.
BLONDLOT, René : 48.
BLUM, Léon : 29, 124, 429.
BOHR, Niels : 35, 41, 70, 98, 147, 171, 268, 272, 323, 402-403.
BONDON, Jacques : 78-79.
BONET-MAURY, Paul : 418.
BONNAT, Léon : 118.

BONNEAU, Gabriel : 265-266.
BONNEFOUS, Édouard : 406.
BOTHE, Walter : 320.
BRANLY, Édouard : 52.
BREIT, Gregory : 188.
BRETSCHER, Egon : 153-154, 157.
BROGLIE, Louis de : 437.
BROGLIE, Maurice de : 15, 77.
BROOK, Peter : 28.
BULLIT, William : 379.
BUNDY, Harvey : 286, 296-297.
BUSH, Vannevar : 164 à 166, 177-178, 180-181, 200-201, 203, 209, 213, 215, 218, 228, 237 à 241, 251, 269, 272-273, 311, 323.
BYRNES, James : 390.

C

CADOGAN, Sir Alexander : 396, 400.
CAILLAT, René : 405.
CALVERT, Horace : 279, 285-286.
CASANOVA, Laurent : 434.
CASSIN, Lydia : 417, 463, 465.
CHADWICK, James : 20, 30, 36, 146, 148, 153, 162, 164, 167, 205, 207, 241 à 247, 251 à 260, 263, 271, 274 à 276, 280, 287, 289-290, 293-294, 301-302, 307, 315-316, 318, 321, 334-335, 338, 343 à 346, 387, 396.
CHANEL, Coco : 106.
CHANG YAO, Chao : 378.
CHAPSAL, François : 382.
CHATENET, Pierre : 373.
CHERWELL, Lord : 15, 132, 153, 160-161, 166, 200, 222, 235 à 238, 242, 264, 269 à 274, 281, 309 à 311.
CHESNÉ, André : 420.
CHILOWSKI, Constantin : 206.
CHURCHILL, Winston : 9, 132, 153, 160-161, 165-166, 199, 217, 222, 235 à 241, 264-265, 267 à 269, 272-273, 278-279, 291, 294 à 296, 299, 305 à 307, 311-312, 335, 396, 402.
CITROËN, André : 138.
CLAIRET, Monique : 466.
CLARKE, John : 465.
CLAUDE, Georges : 17.
COCKCROFT, John : 36, 148 à 152, 162-163, 205, 246, 254 à 260, 269, 271, 274, 280, 287, 289, 308, 310, 316, 333 à 346, 357, 407, 432, 440, 458.
COHEN, Francis : 421.
COHEN-NORDMANN, Marie-Elisa : 427.
COMPTON, Arthur : 163, 177 à 181, 185 à 190, 195-196, 207, 211, 220-221, 243, 245, 247, 256, 320.
COMPTON, Karl : 377.
CONANT, James : 164 à 166, 178 à 180, 185, 190, 196, 201, 209, 212 à 219, 223 à 225, 239 à 241, 251, 256.
COOK, Leslie : 327, 341.
COTELLE, Sonia : 27, 318.
COUTURE, Pierre : 459.
CURIE, Ève : 25, 49, 52, 108, 130, 136, 208.
CURIE, Irène : (voir JOLIOT Irène).
CURIE, Marie : 13 à 15, 17 à 22, 24 à 26, 28, 30, 32, 35-36, 49 à 56, 58, 60, 104, 108, 169, 174, 244, 332, 457.
CURIE, Pierre : 13-14, 17, 49 à 56, 63, 69, 169, 332.

D

DALADIER, Édouard : 78, 99 à 101, 103.
DARWIN, Charles : 132-133, 165-166, 185, 396.
DAUTRY, Raoul : 97 à 104, 107, 115, 297, 320, 351 à 356, 364-365, 405, 409, 411, 429, 439, 442 à 451.
DEBIERNE, André : 15, 23 à 26, 30 à 32, 51, 55-56, 66, 111, 114, 120, 191, 289, 318, 369.
DENIVELLE, Léon : 106, 141, 320, 356-357, 359, 364, 368, 410-411, 428, 442, 465.
DOUMER, Paul : 103.
DREYFUS, Capitaine Alfred : 383.
DREYFUS, Carle : 95-96, 119, 318.
DREYFUS, Gustave : 116 à 118.
DUCLOS, Jacques : 433.
DUPOUY, Gaston : 446.
DUVEEN, Sir Joseph : 119.

E

ÉCHARD, Roland : 429.
EDEN, Anthony : 304, 306.
EICHNER, Charles : 99, 405, 412-413, 420.
EINSTEIN, Albert : 15, 34, 73, 122, 132, 373, 431.
EISENHOWER, Dwight : 257.
EKLUND, Sigvard : 462.
ELGEY, Georgette : 465.
ÉLISABETH, d'Autriche : 118.
ÉLISABETH, de Belgique : 73.
EMMANUEL, Hélène : 369, 405.
EMELYANOV, Vassili : 458.
ERRERA, Gérard : 465.
ERRERA, Jacques : 396.
ERTAUD, André : 414.

F

FAJANS, Kasimir : 132.
FARGE, Yves : 373, 378-379.
FAURE, Edgar : 450.
FAUVEAU, Jean : 76.
FEATHER, Norman : 153-154, 157.
FEENEY, Mary : 328-329.
FELDENKRAIS, Moshé et Malka : 28.
FERMI, Enrico : 38-39, 68, 122, 133 à 135, 146, 164, 175 à 178, 186 à 190, 194, 205, 221 à 224, 227, 242, 247, 258, 325, 373.
FINKELSTEIN, André : 466.
FISHER, Charlie : 411, 418.
FORRESTAL, James : 377.
FRANCE, Anatole : 118.
FRANCO, Général : 460.
FRIBOURG, Jules : 110, 122.
FRIEDMANN, Gerda : 430.
FRISCH, Otto : 41, 144, 147-148, 162.
FUCHS, Klaus : 243, 302-303, 419, 428, 436.

G

GAILLARD, Félix : 449 à 453.
GAULLE, Charles de : 107, 129, 131, 136, 138, 142-143, 150, 263, 265 à 267, 272, 277, 280, 283, 295 à 297, 304, 306-307, 312-313, 351 à 354, 363, 379, 415, 440, 453-454.
GENTNER, Wolfgang : 37, 319.
GERLACH, Walter : 324.
GIRAUD, André : 459, 461.
GISCARD D'ESTAING, Valéry : 460.
GOERING, Hermann : 324.
GOLDSCHMIDT, Benedict : 115.
GOLDSCHMIDT, Robert : 15, 116.
GONCOURT, Edmond et Jules de : 117.
GORGULOV : 103.
GORODETSKY, Serge : 77 à 79.
GOUDSMIT, Samuel : 323.
GOUIN, Félix : 361, 363, 365.
GOUZENKO, Igor : 302, 334, 343.
GOWING, Margaret : 465.
GREENGLASS, David : 303.
GREGH, Didier : 123, 443.
GRÉGOIRE, Raymond : 83-84, 86.
GROMYKO, Andrei : 391, 399-400.
GROSSE, Aristide von : 134.
GROVES, Général Leslie : 195, 209, 217 à 219, 224, 228, 240 à 247, 250 à 254, 256 à 260, 270-271, 274-275, 279 à 281, 285 à 287, 290 à 295, 298 à 303, 307, 309 à 311, 315, 318, 323, 331 à 335, 338, 343 à 348, 374-375, 387, 419, 440, 445.
GUÉRON, Jules : 167, 180, 196, 232, 244, 249 à 251, 258, 264 à 267, 270-271, 274 à 276, 280-281, 290, 300 à 302, 305, 307, 310, 317, 333, 336-337, 342-343, 346, 357 à 359, 364, 368, 385, 405, 410, 412, 415, 424, 435 à 439, 444, 446, 449, 463, 465.
GUILLAUMAT, Pierre : 7, 79, 449, 452 à 457.
GUILLOT, Marcel : 26, 31.

H

HADAMARD, Jacqueline : 427.
HAHN, Otto : 35, 39 à 41, 65, 134, 327-328.
HALBAN, Daisy von : 139.
HALBAN, Hans : 27, 30, 66 à 73, 77, 80, 96 à 98, 102 à 105, 115, 139 à

141, 144 à 164, 169, 171-172, 177 à 194, 196, 199 à 214, 219, 222 à 227, 230, 236, 239, 242, 247, 252 à 255, 258, 260, 264, 270 à 301, 305 à 309, 312 à 314, 317 à 320, 323-324, 332, 334, 342, 351, 361, 366 à 368, 409, 424, 438.
HALIFAX, Lord : 277.
HAMMARSJKÖLD, Dag : 458.
HARDWICK, Tom : 328.
HAUTECLOQUE, Jean de : 340.
HERCHELL, William : 45.
HIRSCH, Étienne : 264, 275, 317, 405, 446.
HIRSCH, Robert : 459.
HITLER, Adolf : 20, 33-34, 67-68, 85, 91, 122, 134, 189, 199, 317, 325.
HOFMANNSTHAL, Hugo von : 117.
HOLWECK, Fernand : 318-319.
HOPKINS, Harry : 222, 237, 304.
HOROWITZ, Jules : 382.
HOURTICQ, Jean : 112.
HOWE, Clarence : 202 à 204, 209, 211, 218, 223, 227, 239, 254, 291 à 295, 307-308, 311, 335, 338-339.
HUGO, Victor : 118.
HYMANS, Max : 348.

I

IGNATIEFF, George : 396.

J

JOBERT, Michel : 423.
JOINVILLE, Général : 371.
JOLIOT, Frédéric : 19 à 31, 35 à 38, 41, 64 à 78, 90-91, 96 à 99, 102 à 108, 121, 132-133, 139 à 145, 149-150, 154, 162, 164, 167, 169, 190, 206, 266, 270 à 306, 313, 317 à 320, 323-324, 332 à 336, 341, 348, 351 à 369, 372-373, 382 à 385, 392, 405, 408 à 416, 420, 425 à 444, 449-450, 456, 463.
JOLIOT, Hélène : 15, 357, 383.
JOLIOT, Irène : 19, 21, 24 à 32, 35 à 40, 52, 76, 105-106, 111, 169, 318-319, 327-328, 332, 348, 353, 356 à 361, 368-369, 385, 406, 408, 429 à 431, 438-439, 442, 444, 449, 463.
JOUHAUX, Léon : 445.

K

KENNEDY, John : 312.
KERILLIS, Henri de : 129.
KHROUCHTCHEV, Nikita : 458.
KLAPROTH, Martin : 45-46, 53, 59, 153.
KOECHLIN, Jean-Claude : 466.
KOWARSKI, Lew : 27, 30, 66 à 73, 96-97, 102 à 107, 113, 139 à 145, 148 à 163, 167, 177 à 181, 204 à 208, 223, 254, 258 à 260, 264, 271, 281-282, 285, 300-301, 305, 307, 310, 313, 317, 320, 323-324, 333, 336-337, 341, 343, 346, 351, 357 à 368, 372, 385, 407 à 409, 414 à 417, 424-425, 431 à 439, 444, 449, 456, 463.
KRESS, Samuel : 119.

L

LABARTHE, André : 143, 379.
LABINE, Gilbert : 58, 172-173.
LABOUISSE, Henry : 49.
LACOSTE, Marie-Paule : 460.
LAFOND, Henri : 444 à 446.
LANGEVIN, Jean : 427.
LANGEVIN, Luce : 383.
LANGEVIN, Michel : 15.
LANGEVIN, Paul : 13, 15, 18, 23, 28 96, 114, 318, 357.
LANSDALE, John : 275, 285-286, 290 292, 315.
LAPICQUE, Charles : 29.
LAPICQUE, Louis : 28.
LA TOURNELLE, Guy de · 373.
LAUGIER, Henri : 69, 71 83-84 97 142-143, 206, 210-211, 230 232 427.
LAURENCE, George : 253.
LAUTH, Charles : 14
LAVAL, Pierre : 105, 110.
LAWRENCE, Ernest : 36, 169-170, 177.

LAWRENCE, John : 170.
LECHIEN, Gustave : 71 à 75, 174-176.
LECLERC, Maréchal : 340.
LEDUCQ : 13-14.
LÉGER, Alexis : 129.
LE MEUR, Eugène : 414.
LÉOPOLD II, de Belgique : 116.
LÉOPOLD III, de Belgique : 91.
LEPRINCE-RINGUET, Louis : 77, 437, 440-441, 446.
LESCOP, René : 442, 444, 452, 456.
LESSEPS, Ferdinand de : 117.
LÉVY, Sylvain : 30.
LÉVI-STRAUSS, Claude : 124-125.
LILIENTHAL, David : 389-390, 397.
LINDEMANN, Sir Charles : 132, 237.
LINDEMANN, Frederick (voir Lord CHERWELL).
LOMBARD, Victor : 99.
LONGCHAMBON, Henri : 88, 141 à 143.
LOTI, Pierre : 118.
LUCHAIRE, Corinne : 362.
LUCHAIRE, Jean : 362.

M

MACDONALD, Malcolm : 201, 203-204, 236, 253, 290, 292.
MACKENZIE, Jack : 202-203, 207, 209, 212, 216, 218, 223, 227, 236, 242-243, 246, 251 à 254, 257 à 260, 293, 295, 307, 311, 335, 342 à 346.
MACKENZIE KING, William : 202, 237, 339-340.
MACMILLAN, Harold : 312.
MANZIARLY, Sacha de : 82.
MARÇAIS, Jean : 78-79.
MARSDEN, Paul : 465.
MARSHALL, George : 215, 397.
MASARYK, Jan : 429.
MASSÉ, Pierre : 112, 114, 121.
MASSENET, Jules : 118.
MASSON, André : 123, 125
MAURAIN, Charles : 114.
MAURIN, Général : 22.
MAUROIS, André : 129.
MAYER, Antoine : 113.
MAYER, Denise : 113, 450.
MAYER, René : 104-105, 113, 142, 149, 352, 439, 445, 450.
MAZE, Paul : 85.
MAZE, Roland : 83 à 85.
MEITNER, Lise : 39 à 41, 147, 327-328.
MELLON, Andrew : 119.
MENDELEÏEV, Dimitri : 46.
MENDÈS FRANCE, Pierre : 78, 88, 453.
MICHELET, Edmond : 371.
MOCH, Jules : 445.
MOLLET, Guy : 453.
MOLOTOV, Vyacheslav : 458.
MONNET, Georges : 429.
MONNET, Henri : 429.
MONNET, Jean : 450.
MORGAN, Frank : 222.
MORIN, Colonel : 264.
MUHLSTEIN, Anka : 465.
MUSSOLINI, Benito : 33-34, 67, 81, 133.

N

NEHRU, Pandit : 454.
NEUMANN, Jan : 60.
NEUMANN, John von : 35.
NEWELL, R. : 210.
NICHOLS, Kenneth : 228.
NIEPCE, Nicéphore : 47.
NIEPCE DE SAINT VICTOR, Abel : 47.
NOBILE, Umberto : 61, 81.
NODDACK, Ida : 38-39.
NOGUÈS, Charles : 78.
NUNN MAY, Alan : 78, 301-302, 334-335, 343, 365, 416.

O

OPPENHEIMER, Harry : 461.
OPPENHEIMER, Robert : 195-196, 210, 387, 389, 394, 397.
ORMESSON, Jean d' : 457.
ORTOLI, François-Xavier : 423.
OSBORN, Frederick : 397.
OTERO DE NAVASCUES, José Maria : 460.

P

PALEWSKI, Gaston : 266.
PALME, Olaf : 459.
PANETH, Fritz : 196, 230, 244, 246, 251, 254, 333.
PARODI, Alexandre : 372-373, 392, 394, 445.
PATRIS, Colette : 420.
PEGRAM, George : 134, 163, 167, 178.
PEIERLS, Rudolf : 147-148, 162, 167.
PELIGOT, Eugène : 46.
PENDERSON, Arthur : 251.
PEREY, Marguerite : 27, 31.
PERLMAN, Isadore : 191, 221, 245, 373.
PERRIN, Francis : 28-29, 68 à 70, 73, 77, 97, 137, 162, 172, 206-207, 220, 266, 317, 356 à 361, 372, 385, 408 409, 416, 429, 437 à 447, 449 à 453, 457.
PERRIN, Jean : 19, 28-29, 69, 78-79, 102, 121, 137, 171.
PERRIN, Michael : 161, 181, 200, 209, 253, 264, 285-286, 316, 353.
PERROT, François : 466.
PÉTAIN, Philippe : 78, 92, 104-105, 129-130, 317.
PETIT, André : 466.
PEYREFITTE, Alain : 423.
PIENKOWSKI, Stefan : 378.
PINAY, Antoine, 450-451, 453.
PISANI, Edgar : 423.
PLACZEK, George : 171, 212, 232, 253, 270, 313.
PLEVEN, Mme René : 136, 139.
PLEVEN, René : 442, 445.
POCHON, Marcel : 173-174, 176, 226, 229.
POINCARÉ, Henri : 15, 47.
PONTECORVO, Bruno : 27, 39, 122, 133, 212, 230-231, 270, 313, 347, 407, 440-441.
PREGEL, Boris : 58, 131, 171 à 176, 212, 226 à 229, 253.
PRÉVOT, Isabelle : 421.
PRIGENT, Robert : 439.
PROPPER Y CALLEJON, Eduardo : 122.
PROUST, Marcel : 118.

Q

QUEUILLE, Henri : 445.

R

RABI, Isidore : 458.
RAMADIER, Paul : 423, 429.
RANDERS, Gunnar : 425.
RAPKINE, Louis : 136-137, 140, 143, 172, 186, 195, 250, 255, 258-259, 263, 270 à 272, 274, 277, 289-290, 308, 313, 317, 336-337, 341, 343, 345.
REGAUD, Claudius : 19.
REGNAUT, Pierre : 405, 411, 420 à 429, 437.
REINACH, Jean-Pierre : 383.
RENAULT, Louis : 357.
RENON, Gérard : 465.
RENOU, Jean : 457.
REYMOND, François : 13.
REYNAUD, Paul : 91, 99, 103-104.
RICCI, Nina : 348.
ROBERT, Amiral : 87, 124.
ROBILIART, Hermann : 79.
ROCARD, Michel : 444.
ROCARD, Yves : 444, 447.
RÖENTGEN, Wilhelm : 47.
ROOSEVELT, Franklin : 9, 73-74, 108, 131 à 136, 162 à 166, 199, 213, 215, 217-218, 222, 237-238, 267 à 269, 286, 291, 294-295, 305, 311, 317, 373, 402.
ROSE, François de : 373, 394, 443, 445.
ROSENBERG, Julius et Ethel : 303.
ROSENTHAL, Jean : 321, 331.
ROTHSCHILD, Edmond de : 19.
ROTHSCHILD, Henri de : 56, 121.
ROTHSCHILD, Lionel de : 383.
ROUBAULT, Marcel : 414.
ROURE DE BEAUJEU, Scipion du : 422.
ROUX, Monseigneur : 231.
RUEFF, Jacques · 115.
RUTHERFORD, Ernest : 35-36, 52, 63 64.

S

SACHS, Alexander : 73-74.
SAINT PHALLE, Thérèse de : 466.
SAUTERON, Jean : 405, 411, 420.
SAVITCH, Pavel : 39.
SCHUMANN, Erich : 319.
SCHUTZEMBERGER, Paul : 14, 51.
SEABORG, Glenn : 185 à 197, 219, 221, 230, 245, 249, 269-270, 313, 373, 421.
SEIGNOBOS, Charles : 28.
SELIGMAN, Henry : 417.
SENGIER, Edgar : 71, 74, 79-80, 122, 174 à 176, 227-228, 271.
SEYDOUX, Roger : 382.
SIMON, Franz : 148, 160, 162, 167, 309.
SKOBELTZYN, Dimitri : 396.
SMITH, Commandant : 271.
SMITH, Horace : 377.
SMYTH, Henry : 332.
SODDY, Frederick : 53-54, 63-64.
SOLDATI, Agostino : 406, 422.
SOLOMON, Jacques : 318-319.
SOREL, Cécile : 116.
SOUDET, Laurence : 465.
SPEDDING, Frank : 191.
SPEER, Albert : 324.
SPENCE, Robert : 338, 419, 421.
STALINE, Joseph : 280, 307, 330, 399-400, 428.
STAVISKY, Alexandre : 22.
STERN, Maurice : 110.
STETTINIUS, Edward : 295.
STIMSON, Henry : 215, 238, 240, 251, 286, 294 à 296, 304, 311.
STOHR, Jacques : 410.
STONEHAVEN, Lord : 71.
STRASSMANN, Fritz : 40-41.
SUFFOLK, Comte de : 104-105, 141, 357.
SURDIN, Maurice : 414.
SZILARD, Leo : 35, 64 à 67, 73-74, 133 à 135, 146, 175 à 178, 186 à 190, 192, 194, 373, 386-387.

T

TARANGER, Pierre : 456, 461.
TEILLAC, Jean : 465.
TEISSIER, Georges : 427, 446.
TELLER, Edward : 35, 135, 192.
THANT, U. : 458.
THIBAUD, Jean : 437.
THOME-PATENÔTRE, Jacqueline : 422.
THOMSON, George : 70, 146-147, 151-152, 396.
THOMSON, Joseph-John : 70.
TILLON, Charles : 371.
TIMBAL, Charles : 117.
TIZARD, Henry : 71.
TOUTÉE, Jean : 353 à 355, 361.
TROCHERIS, Michel : 382.
TRUJILLO, Rafael : 111.
TRUMAN, Harry : 269, 330, 339, 375, 388, 390, 392.
TUBIANA, Maurice : 418.

U

ULMO, Jean : 382.
UREY, Harold : 36, 98-99, 134, 163-164, 177 à 179, 196, 223-224, 227, 242.

V

VALENÇAY, Duc de : 95-96, 318.
VALENSI, Gabriel : 120.
VAUTREY, Louis : 410.
VEILLEUX, Ronald : 465.
VERTÈS, Paul : 405, 410-411, 420.
VILMORIN, Louise de : 82.

W

WALDECK-ROUSSEAU, Pierre : 118.
WALLACE, Henry : 166, 215.
WALTON, Ernest : 36.
WEISS, Pierre : 23.

WELLS, H. G. : 64-65.
WEYGAND, Maxime : 77
WIGNER, Eugene : 35, 73, 135.
WILDENSTEIN, Georges : 119.
WILSON, Maréchal : 343.
WINANT, John : 272-273, 277 à 280, 285, 292, 295-296.
WINDSOR, Duc et duchesse de : 406.
WOHLUTER, Monique : 405.

Y

YVON, Jacques : 417.

Z

ZABOTIN, Colonel : 301, 334.
ZLOTOWSKI, Ignacy : 396.

Table

AVANT-PROPOS 7

PREMIÈRE PARTIE
LES PIONNIERS

1. De l'école au laboratoire 13
Les aléas du destin, 13 ; L'entrevue, 18 ; Le choix d'un patron, 23 ; La vie du laboratoire, 26.

2. La découverte de la fission 33

3. La vallée de Saint-Joachim 43
Une ruée sur l'argent, 43 ; Un chimiste modeste, 45 ; Dynasties de savants, 46 ; L'uranium et sa famille, 53 ; Monopoles en série, 55 ; Jachymov 1981, 60.

4. Brevets français et uranium belge 63
Les neutrons de fission, 66 ; Le projet d'accord franco-belge, 70 ; Le stock d'uranium belge, 73 ; Transfert de l'uranium au Maroc, 77 ; Les dernières relations avec l'Union minière, 79.

5. De Tahiti à Poitiers 81
Les rayons cosmiques ont du bon, 81 ; Mobilisation à Tahiti, 84 ; Drôle de guerre à Poitiers, 88 ; Prisonnier... libéré par les Allemands, 92.

6. L'eau lourde norvégienne.................... 97
La mission Allier, 99; L'ordre de mission du 16 juin, 104.

7. La double révocation 109
De père belge, 109; De race juive, 114; La collection, 116; La chasse aux visas, 120.

DEUXIÈME PARTIE
LES EXILÉS

8. Le fil coupé 129
Les démarches, 131; Vers la France libre, 136.

9. L'accueil britannique 141
Le comité Maud, 146; L'installation à Cambridge, 150.

10. Le rapport Maud 155
Le rapprochement avec l'industrie, 156; Tube Alloys, 159; Premiers contacts anglo-américains, 162; L'occasion manquée, 164.

11. Le fil renoué 169
Stage canadien, 171; Le radium n'a pas d'odeur, 174; Halban aux États-Unis, 177.

12. En plein secret.................... 185
Le laboratoire Seaborg, 187; La peau de porc, 193.

13. Le transfert au Canada.................... 199
La première entreprise scientifique multinationale, 201; La rupture entre Halban et Kowarski, 204; Le laboratoire de Montréal, 208.

14. Turbulences anglo-américaines 213
La décision de Roosevelt, 213; La lettre de Conant, 216; Tous les moyens sont bons, 220; L'invitation de Halban à New York, 222; Main basse sur l'uranium, 225; La vie à Montréal, 229.

15. Le retour au calme 235
Churchill entre en lice, 235 ; L'accord de Québec, 238 ; La reprise de la collaboration, 241.

16. La collaboration restreinte 249
Enfin un programme, 251 ; Encore ce plutonium, 255.

17. La double allégeance 263
L'initiation de De Gaulle, 263 ; L'aide-mémoire de Hyde Park, 267 ; Chapeau melon et plutonium, 269 ; Halban en Angleterre, 273 ; La rencontre avec Joliot, 280 ; Retour de Halban à Londres, 285.

18. Ouragan sur les ondes 289
Le troisième partenaire, 289 ; Mise au courant de Roosevelt et de Churchill, 294 ; Menaces d'internement, 299 ; Les vrais espions, 301 ; La dernière tentative d'Anderson, 303 ; La sentence, 307.

19. La promesse tenue 315
La visite à Paris, 315 ; La bataille de l'eau lourde, 322 ; L'échec allemand, 323.

20. Rappelé, retenu et renvoyé 327
Le procédé au trigly, 327 ; Les trois explosions atomiques, 330 ; Le 5 septembre 1945, 333 ; Le rappel, 335 ; Deep River, 337 ; La prolongation et le renvoi, 341.

TROISIÈME PARTIE
LES FONDATEURS

21. Les premiers pas du CEA 351
Un statut de cohabitation, 353 ; Le partage des tâches, 356 ; Le comité scientifique, 360 ; Une entente tristement cordiale, 365 ; Un soupçon d'activité technique, 368.

22. Bikini et la renommée 371
La revanche de la marine américaine, 373 ; Une étrange croisière, 376 ; Les essais et leurs effets, 379.

23. La grande négociation 385
Un plan révolutionnaire, 388 ; La proposition soviétique de 1947, 399 ; Une occasion manquée, 402.

24. Une pile toute simple 405
L'usine du Bouchet, 409 ; Poker technique, 412 ; La divergence de Zoe, 414 ; Les enfants de Zoe, 417 ; Prestige de l'atome, 422.

25. Le rouge et le rose 427
Les premières attaques, 429 ; La détresse de Kowarski, 431 ; La révocation de Joliot, 433 ; La défection de Pontecorvo, 440 ; Les scrupules de Perrin, 441.

26. Le tournant 449
Le plan Gaillard, 451 ; Autour du monde nucléaire, 456.

REMERCIEMENTS 465

ANNEXES 467

INDEX 471

Achevé d'imprimer en août 1987
sur presse CAMERON
dans les ateliers de la S.E.P.C.
à Saint-Amand-Montrond (Cher)
pour le compte des Éditions Stock
103, boulevard Saint-Michel, 75005 Paris

Imprimé en France

Dépôt légal : Septembre 1987.
N° d'Édition : 5558. N° d'Impression : 1611-1190.
54-07-3711-01

ISBN 2-234-02070-0

Imprimé en France

Dépôt légal : septembre 1977

N° d'édition : 3858. N° d'impression : 1411-1190.

54-02-3711-01

ISBN 2-234-02070-0

54-3711-6